21世纪技能创新型人才培养系列教材 计算机系列

新工科

计算机网络技术基础

主　编/王立征　赵宪华　张学金
副主编/崔学鹏　李　洋　张　惠　谭显峰
参　编/刘　刚　赵百顺　刘锦锋　杨　波　卢建平　秦天文
罗丽芬　田　来　邵永庆　王　珂　夏榕泽

中国人民大学出版社
·北京·

图书在版编目（CIP）数据

计算机网络技术基础 / 王立征，赵宪华，张学金主编. -- 北京 : 中国人民大学出版社，2021.8
21 世纪技能创新型人才培养系列教材. 计算机系列
ISBN 978-7-300-29481-0

Ⅰ. ①计… Ⅱ. ①王… ②赵… ③张… Ⅲ. ①计算机网络－高等职业教育－教材 Ⅳ. ① TP393

中国版本图书馆 CIP 数据核字（2021）第 109940 号

21 世纪技能创新型人才培养系列教材·计算机系列

计算机网络技术基础

主　编　王立征　赵宪华　张学金
副主编　崔学鹏　李　洋　张　惠　谭显峰
参　编　刘　刚　赵百顺　刘锦锋　杨　波　卢建平　秦天文
　　　　罗丽芬　田　来　邵永庆　王　珂　夏榕泽

Jisuanji Wangluo Jishu Jichu

出版发行	中国人民大学出版社		
社　　址	北京中关村大街 31 号	**邮政编码**	100080
电　　话	010－62511242（总编室）		010－62511770（质管部）
	010－82501766（邮购部）		010－62514148（门市部）
	010－62515195（发行公司）		010－62515275（盗版举报）
网　　址	http://www.crup.com.cn		
经　　销	新华书店		
印　　刷	天津中印联印务有限公司		
规　　格	185 mm × 260 mm　16 开本	**版　　次**	2021 年 8 月第 1 版
印　　张	17.25	**印　　次**	2021 年 8 月第 1 次印刷
字　　数	382 000	**定　　价**	45.00 元

PREFACE 前言

21世纪，我们已进入计算机网络时代，随着通信技术和计算机技术的紧密结合与发展，网络技术已成为当前最活跃的高新技术之一。在短短30余年的时间里，我国的计算机网络技术实现了飞跃式发展，网络技术被广泛应用于政府、企业、机关、学校等部门，大大提高了人们的工作效率。社会对计算机网络人才的巨大需求，推动了职业教育的课程改革。现在，大多数职业院校都把计算机网络技术基础作为计算机类专业的必修课程。

本书遵循职业教育面向工作过程的教学思路，采用项目驱动式编写模式，结合典型案例分析，力求做到“内容新、覆盖面宽，淡化理论、注重应用，深入浅出、通俗易懂”。既要让学生学到知识、学会知识，又要让学生懂得怎样去应用学到的知识，提高分析问题、解决问题的能力。

本书作为计算机网络相关专业的入门教材，主要面向“用网”层次，适当兼顾“管网”和“组网”。本书以Windows Server 2016为平台，引导学生学习网络操作系统的应用，掌握DHCP服务、DNS服务、Web服务、FTP服务、DFS服务等网络概念，掌握Windows Server 2016网络服务的配置，能够熟练使用Internet提供的各种服务，初步具备构建企业内部网络的能力。

本书共包括17个项目，项目1主要介绍计算机网络和数据通信技术的基础概念；项目2主要介绍OSI和TCP/IP网络模型；项目3主要介绍网络拓扑结构、网络传输介质、介质访问控制技术和局域网技术标准等；项目4主要介绍IP地址的分类和特殊的IP地址；项目5主要介绍子网的划分；项目6主要介绍IPv6地址的基础知识，以及IPv4到IPv6的过渡方式；项目7主要介绍VMware的操作和Windows Server 2016的安装；项目8主要介绍Windows Server 2016的基本操作与远程桌面连接；项目9主要介绍Windows Server 2016中的用户和组的管理，以及共享文件的设置；项目10主要介绍DHCP服务器的安装与配置；项目11主要介绍DNS服务器的安装与配置；项目12主要介绍Web服务器的安装与配置；项目13主要介绍FTP服务器的安装与配置；项目14主要介绍 TCP/IP 协议诊断命令的基本应用；项目 15 主要介绍域模式网络的组建和使用；项目 16 主要介绍 DFS 服务器的配置和使用；项目 17 主要介绍本地安全策略的配置。

本书建议授课总学时为 64 学时，可根据学期安排对内容进行增删。

本书主编王立征、赵宪华、张学金，副主编崔学鹏、李洋、张惠均来自山东信息职业技术学院，副主编谭显峰来自陆军某对口承训士官学校。编者团队多年来一直从事计算机网络方面的应用和教学工作，积累了丰富的理论和实践经验。

山东信息职业技术学院拥有 38 年电子信息类专业办学历史，开设计算机网络技术课程已有 20 多年的时间，山东省与华为技术有限公司建立的第一所省级 ICT 学院“华为（山东）ICT 学院”落户该校。该校是山东省服务外包人才培训机构、山东省大数据人才实践基地，是华为信息与网络技术学院、H3C 网络学院、思科网络技术学院的挂牌学校。山东信息职业技术学院的计算机网络技术专业是山东省省级特色专业、山东省品牌专业群、山东省高水平专业群建设专业、陆军定向培养士官专业，专业在校生规模连续 3 年过千人，居山东省高职院校第一位。学校拥有华为、新华三、锐捷、思科、360、深信服、天融信、蓝盾等品牌 2 000 余万元资产的专业实训设备。

本书项目 1 由张学金编写，项目 2、3、4、5、6、10、14 由赵宪华编写，项目 7、8、9 由张惠编写，项目 12、13、16 由李洋编写，项目 11、15 由王立征编写，项目 17 由崔学鹏编写，全书习题由谭显峰汇集。全书由王立征、张学金统稿。

本书作为校企、军地合作开发的技能型教材，在编写过程中得到了华为技术有限公司、新华三集团、锐捷网络、360 政企安全集团、深信服科技股份有限公司等单位的工程技术人员和陆军某士官学校专家的指导和支持，在此表示衷心感谢！

由于编者水平有限，书中难免存在疏漏之处，敬请读者批评指正。编者的 E-mail 地址是 zhaoxh@sdcit.edu.cn。

编者

C O N T E N T S 目录

项目 1

计算机网络与数据通信系统概述

项目导读

计算机网络是计算机技术和通信技术相结合的产物。随着网络技术的发展，以及世界各国对“信息高速公路”建设的重视和推动，电子媒体、电子邮箱、电子商务、网络银行、网络视频、即时通信、电子政务等技术得以大规模发展。网络中的各种应用改变了人们的生活方式，带来了翻天覆地的变化，称为“工业革命”之后的又一次革命——“信息革命”。

网络是信息传输与共享的平台。所传输的信息包括文字、图片、声音和视频等，这些信息并不是直接从网络的一端传到另一端的。以与计算机网络类似的电话网为例，声音并不能通过电话线直接从一端传送到另一端，通话双方之所以能够听到对方的声音，是因为电话系统将声音转换成了电信号，使之得以在电话线上传输。这就涉及如何把信息转换成能够在电话线上传输的电信号的问题，即数据编码问题。当获得了电信号之后，如何进行传输？用几根线传输？信号是双向传输还是单向传输（即通话双方是否能够同时说话）？诸如此类有关终端信号传输的问题即为数据传输技术问题。

在通话双方之间建立一根直接的连线是不经济的。电话是作为终端连接在一个庞大的电话网之中的，也就是说数量庞大的电信号需要在这个电话网中寻找合适的线路传输到对方的终端，这个问题就是数据交换问题。

学习目标

1. 掌握计算机网络的概念和分类。
2. 了解计算机网络的发展过程。
3. 了解 Internet 及其应用。
4. 熟悉信息、数据与信号的概念，以及它们之间的关系。

5. 熟悉数据编码技术、多路复用技术和数据交换技术。

6. 熟悉数据传输技术的相关概念。

任务 1.1 计算机网络的概念与发展

计算机网络是现代计算机技术和通信技术密切结合的产物，是基于网络协议，利用通信设备和传输介质，将分布在不同地理位置的、功能独立的各个计算机系统连接起来，以实现信息传递和资源共享的系统。

计算机网络技术的发展代表了目前计算机体系结构发展的一个极其重要的方向，近年来，计算机应用上的绝大多数创新都与网络应用有关联。可以说，一台不联网的计算机不是一台完备的计算机。计算机网络发展到现在经历了 60 多年的时间，主要经历了以下 4 个阶段：

第一阶段：计算机网络的雏形阶段。该阶段为 20 世纪 50 年代到 60 年代中期。该阶段的计算机网络实际上是以单台计算机为中心的远程终端联机系统。在这样的系统中，除了一台中心计算机，其余的终端都不具备自主处理功能，系统的主要工作之一是终端和中心计算机之间进行通信，如图 1－1 所示。该系统不能称之为完全意义上的计算机网络，只能说是具有了计算机网络的雏形。当时的计算机比较昂贵，而通信线路和通信设备相对便宜，为了共享计算机资源并进行信息的采集和综合处理，联机终端网络是一种被广泛采用的系统结构形式。20 世纪 60 年代初期，美国航空公司使用的订票系统就是由一台中心计算机和覆盖全美范围的 2 000 多个终端组成的远程终端联机系统。由于该类系统的廉价性，20 世纪末期，一些学校等需要多台计算机互联的单位仍然没有基于该系统的计算机机房。随着计算机价格的不断下降，该系统最终退出了历史舞台。

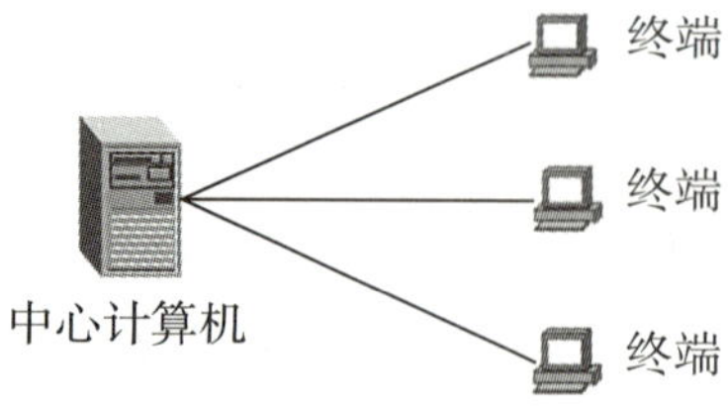

图 1－1 计算机网络的雏形

第二阶段：计算机网络的形成阶段。该阶段为 20 世纪 60 年代后期至 70 年代后期。随着计算机性能的提高和价格的下降，许多机构已经有能力配置独立的计算机。为了实现信息交换和资源共享，这些机构将不同地理位置的计算机互联起来，由此发展到了计算机与计算机之间直接通信的阶段。在该类网络中，计算机之间是不存在主从之分的平等关系。1969 年 12 月，美国国防部高级研究计划署（Advanced Research Project Agency，ARPA）研制的 ARPAnet 投入使用，标志着现代计算机网络的正式诞生。在 ARPAnet 中，分组交换技术被正式使用。

第三阶段：计算机网络结构体系标准化阶段。该阶段为 20 世纪 80 年代至 90 年代初期。由于计算机网络的优越特性，众多机构建立了自己的计算机网络系统，然而这些计算机网络在实现技术上却存在较大的差别，导致不同网络之间不能实现互联的问题。随着计算机网络的发展，使具有不同体系结构的计算机网络实现互联成为人们追求的新目标。伴随 ARPAnet 出现的 TCP/IP 模型和国际标准化组织（International Standardization

Organization，ISO）制定和颁布的“开放系统互联参考模型”（Open System Interconnection Reference Model，OSI/RM）成为国际社会所公认的计算机网络标准的基础。

第四阶段：计算机网络互联阶段。该阶段为 20 世纪 90 年代初期至今。这一阶段计算机网络发展的特点是互联、高速、智能与更为广泛的应用。20 世纪 90 年代，全世界看到了计算机网络发展的前景和重要性，由世界范围内的网络互联而成的 Internet 成为覆盖全球的、最大的信息共享平台。20 世纪 90 年代末至今，计算机网络的普及率和网络应用技术得到飞速发展。随着科技的进步，网络应用将会以更快的速度进入千家万户，必然对人们的生活、工作和社会的进步产生更加深刻的影响。

任务 1.2　计算机网络的组成

计算机网络的组成，可以有多种划分方法。通用的方法是将计算机网络划分为资源子网和通信子网两部分，如图 1-2 所示。

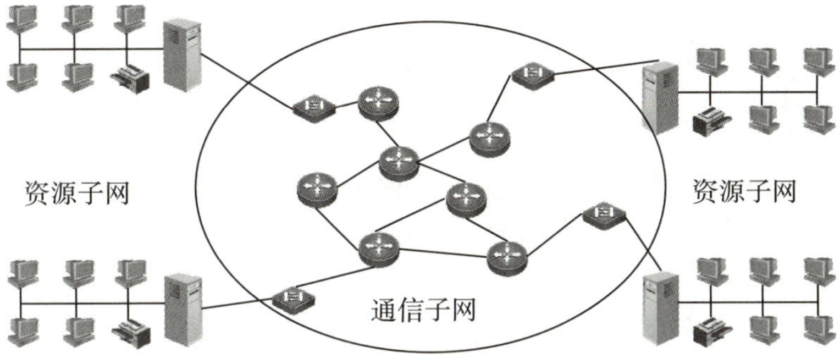

图 1-2　资源子网和通信子网

1. 资源子网

资源子网主要承担全网的数据处理业务，向网络用户提供各种网络资源和网络服务。它主要由联网的服务器、工作站、个人计算机、共享的打印机和其他设备及相关软件等组成。

2. 通信子网

通信子网主要承担全网的数据传输、转发、加工和转换等通信处理工作。它主要由网卡、传输介质、中继器、集线器、网桥、交换机和路由器等设备和相关软件组成。

任务 1.3　计算机网络的分类

计算机网络的分类标准很多，可以依据网络的覆盖范围、交换方式、传输介质和通信方式等划分。最常用的计算机网络分类方法是依据覆盖范围分类。

1. 根据网络覆盖的范围分类

（1）局域网（Local Area Network，LAN）。局域网是在较小的范围内组建的网络，它覆盖的范围通常是几十米到几千米，例如一个办公室、一栋楼房、一个园区、一个单位等。局域网的主要特点是覆盖的地理范围小、数据传输速率高、误码率低、有利于实现排他性的区域资源共享等。局域网拥有完备而成熟的局域网技术。

（2）城域网（Metropolitan Area Network，MAN）。城域网的规模通常限制在一座城市内，覆盖的范围从几十千米到几百千米。在一个城市内可以通过城域网将政府部门、大型企业、机关、部门等连接起来，实现大量用户的信息传递。

（3）广域网（Wide Area Network，WAN）。广域网覆盖的范围从数百千米到数千千米，甚至上万千米，可以是一个地区，一个国家，甚至全世界。最大的广域网是 Internet。

网络传输的实现技术可以分为局域网技术和广域网技术。局域网技术主要用于近距离的、可靠的数据传输和区域资源共享。广域网技术主要实现不同局域网之间的互联。两种技术在网络实现的各个层次上具有很大的不同。局域网的划分不一定以覆盖范围为准，如果一个网络虽然达到了城域网的覆盖范围，但采用了局域网技术，我们仍然可以称之为局域网。

2. 根据数据交换技术分类

按照网络所采用的数据交换技术，可以将网络划分为电路交换网、报文交换网和分组交换网 3 种类型。

（1）电路交换网。

电路交换网采用电路交换技术。电路交换是指在用户通信前，建立一条从发送端到接收端的信道，双方通信期间始终占有该信道。

（2）报文交换网。

报文交换网采用报文交换技术。报文交换不占有专有信道，而是像到邮局寄信一样，只需将发送的数据打包为包含送达地址的报文，而报文在网络中的传输采用“存储—转发”方式。报文的长度不受限制，一般与单次发送的数据量的多少有关。

（3）分组交换网。

分组交换网采用分组交换技术。分组交换技术与报文交换技术类似，所不同的是，转发的不是报文，而是短小且定长的分组。

3. 根据传输介质分类

根据传输介质不同，可以将计算机网络划分为有线网络和无线网络。

（1）有线网络通常是指采用双绞线、同轴电缆以及光缆等有线传输介质组建的网络。

（2）无线网络通常是指采用微波、红外线和电波等无线传输介质进行传输的网络。

通常，在同一个网络之中既采用有线网络技术也采用无线网络技术，没有明显的界线。

4. 根据通信方式分类

根据网络的通信方式不同，可以将计算机网络划分为广播式传输网络和点到点式传输网络。

（1）广播式传输网络。

广播式传输网络中的数据在公用介质中传输，即所有联网的计算机都共享一个通信信道。在广播式传输网络中发送给一个终端的数据，其他端也能接收。

（2）点到点式传输网络。

在点到点式传输网络中，数据以点到点的方式在计算机或通信设备之间传输。与广播式传输网络不同的是，其信道带宽独享，每对用户之间都由专有信道相连，发送给指定设备的数据，其他设备接收不到。

任务 1.4 Internet 技术及应用

Internet 是一个把分布于世界各地不同结构的计算机网络用各种传输介质和网络互联设备连接起来的网络，是世界上最大的广域网，有人称之为网络的网络，中文译名为因特网、国际互联网等。Internet 提供的主要服务有万维网（WWW）、电子邮件（E-mail）、文件传输（FTP）、远程登录（Telnet）等。

1. Internet 技术

Internet 以让计算机能够相互交流为目的，基于 TCP/IP 协议，并通过许多路由器以及大型的网络服务器互联而成，它是一个信息资源共享的平台。目前，Internet 的用户已经遍及全球，有几十亿人在使用 Internet。我国第一次正式接入 Internet 的时间是 1994 年，并于 1997 年建成了中国公用计算机互联网（ChinaNET）、中国教育和科研计算机网（CERNET）、中国科学技术网（CSTNET）和中国金桥信息网（ChinaGBN）四大骨干网。

ISP（Internet Service Provider），即 Internet 服务提供商，是指为用户提供 Internet 接入和 Internet 信息服务的公司和机构，是进入 Internet 世界的驿站。依服务的侧重点不同，ISP 可分为两种，IAP（Internet Access Provider）和 ICP（Internet Content Provider）。IAP 是 Internet 接入提供商，以接入服务为主；ICP 是 Internet 内容提供商，提供信息服务。用户的计算机（或计算机网络）通过某种通信线路连接到 ISP，借助与国家骨干网相连的 ISP 接入 Internet。从某种意义上讲，ISP 是全世界数以亿计的用户通往 Internet 的必经之路。

2. Internet 应用

（1）WWW 服务。

WWW 是 World Wide Web 的缩写，也可以简称为 Web，中文名字为“万维网”。可以将其看作一个资料空间，在这个空间中，所有内容都称为“资源”，并且由一个“统一资源标识符”URL（Universal Resource Locator）标识。这些资源通过超文本传输协议（Hypertext Transfer Protocol）传送给使用者，而后者通过单击链接来获得资源。HTML（Hyper Text Mark-up Language）即超文本标记语言，是 WWW 的描述语言。万维网常被当成因特网的同义词，实际上，万维网是依靠因特网运行的一项服务。

浏览器是查看 Internet 中的信息的必备工具。用户要得到自己想要的内容，必须用客户端程序向 WWW 服务器索取指定的文件，然后再将它显示在本地的屏幕上，而这个客户端程序便是浏览器。随着 WWW 的出现，众多浏览器应运而生。个人电脑上常见的网页浏览器包括 Internet Explorer、Firefox、Safari、Opera、HotBrowser、Chrome、

GreenBrowser、360 安全浏览器、世界之窗、腾讯 TT、搜狗浏览器、傲游浏览器等。

（2）E-mail 服务。

电子邮件（Electronic Mail，E-mail）又称电子信箱，它是一种通过电子手段实现信息交换的通信方式。通过网络的电子邮件系统，用户可以用非常低廉的价格，以非常快速的方式与世界上任何一个角落的网络用户联系，这些电子邮件的内容可以是文字、图像、声音等。

收发电子邮件必须要有一个唯一的电子邮件地址，也就是需要一个电子信箱，电子邮件地址的格式由 3 部分组成。第一部分“USER”代表用户信箱的账号，对于同一个邮件接收服务器来说，这个账号必须是唯一的；第二部分“@”是分隔符；第三部分是用户信箱的邮件接收服务器域名，用以标识其所在的位置。例如 z.xh@163.com。用户可以到网易、腾讯等网站申请注册一个免费的电子邮箱，也可以购买包含专业服务的邮箱。

任务 1.5　信息、数据与信号

信息是现实世界在人们头脑中的反映。计算机网络的主要特征是信息共享，所以对计算机网络来说，如何实现信息的交换是主要的问题之一。通常，人们需要用文字等符号将信息记载下来，此时，符号成为信息的载体。例如，一个班有 40 个学生这个信息，我们可以表示为“40”，可以表示为“四十”，还可以表示为“forty”，即是说，同样的信息可以用不同的符号来表述。那么在计算机中用什么符号记载信息呢？是二进制数据。

数据是信息的载体，是把事件的某些属性规范化后得到的表现形式，它可以被识别，也可以被描述。数据可分为模拟数据与数字数据两种。模拟数据在时间上和幅度取值上都是连续的，其电平随时间连续变化。例如，语音是典型的模拟数据，其他由模拟传感器接收到的数据如温度、压力、流量等也是模拟数据。数字数据在时间上是离散的，在幅值上是经过量化的，它一般是由 0 和 1 构成的二进制代码组成的数字序列。现代计算机所能处理的数据只能是二进制数据。无论是文字、数字，还是图像、声音、视频等，最终都要转化成二进制数据存储在计算机中，进而进行处理。所以无论何种信息，只要转化成二进制数据且存在于计算机系统中，都称为数据。

信号是数据的载体，是数据的具体物理表现形式。对计算机设备来说，数据是抽象的、不能直接处理的，它所处理的是代表二进制数据的信号。在计算机内部，一般使用电信号来表示数据，例如，用一个相对较高的电压代表二进制数据 1，用一个相对较低的电压代表二进制数据 0。当然，也可以用其他载体来承载数据，例如，在通信领域中，常使用光信号、无线电波信号等。

承载数据的信号有数字信号和模拟信号之分。模拟信号是指在幅度和时间上连续变化的信号，如语音信号、光信号、温度压力传感器的输出信号等，如图 1－3（a）所示。数字信号是指时间和幅度都用离散数字表示的信号，如图 1－3（b）所示。数字信号在通信线路上传输时要借助电信号的状态来表示二进制代码的值，电信号可呈现两种状态，分别表示 0 和 1。

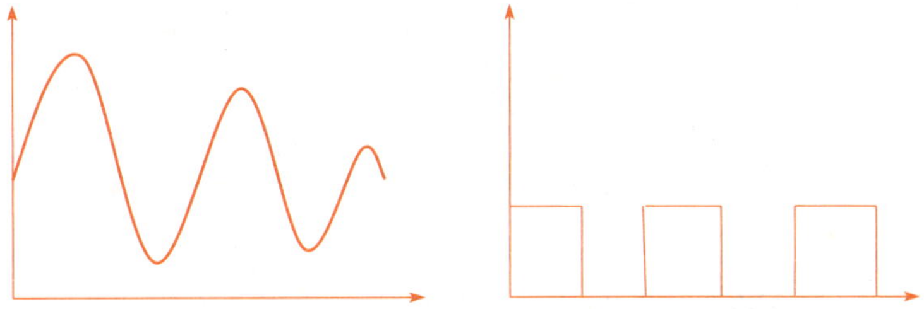

（a）模拟信号　　（b）数字信号

图 1－3　模拟信号与数字信号

虽然模拟信号与数字信号有着明显的差别，但在一定条件下它们是可以相互转化的。模拟信号可以通过采样、编码等步骤变成数字信号，而数字信号也可以通过信号调制技术转化为模拟信号。

信号的第二种分类方法是分为基带信号和宽带信号。基带信号就是将计算机发送的数字信号“0”或“1”用两种不同的电压表示后，直接送到线路上传输的信号。而宽带信号是基带信号经过调制后形成的频分复用模拟信号。

任务 1.6　数据编码

如何将数据转换成能够在信道中传输的信号呢？这就要看数据是数字数据还是模拟数据，要传输的数据是在模拟信道中传输还是在数字信道中传输。如果是数字数据在模拟信道中传输，需要把数据编制为模拟信号；如果是数字数据在数字信道中传输，需要把数据编制为数字信号；而模拟数据要在数字信道中传输，则要把模拟数据转化为数字信号。

1. 模拟信号编码技术

在长距离传输等需要使用模拟信道的情况下，发送端需将数字信号转换成模拟信号，这个过程叫调制，相应的调制设备叫调制器，在接收端需将模拟信号还原为数字信号，这个过程叫解调，相应的设备叫解调器。同时具备调制和解调功能的为调制解调器。在调制过程中，用以传输数据的波称为载波，波是连续的、模拟的。载波信号可以表示为：

$$u(t) = A(t)\sin(\omega t + \Psi)$$

其中，振幅 A、角频率 ω、相位 ψ 是载波信号的 3 个可变电参量。可以用 A、ω 和 ψ 这 3 个参量分别去调整波的振幅、频率和初始相位，并以此将数字信号调制成模拟信号。相应的调制方式分别称为“调幅”、“调频”和“调相”。在 3 个参量中，每种编码技术应当变化一个参量，而固定另外两个参量。

（1）调幅（Amplitude Modulation，AM）。

调幅技术，又称幅移键控（Amplitude Shift Keying，ASK），是利用波的振幅的大小来分别表示数字信号 0 和 1。在振幅调制中，频率和相位都是常数，振幅为变量，即载波的幅度随发送的数字信号的值而变化。例如，数字 1 时可以用一个振幅较大的波表示，数字 0 用振幅较小的波表示，或者用振幅为 0 的波表示（即不输出波）。如图 1－4（a）所示。

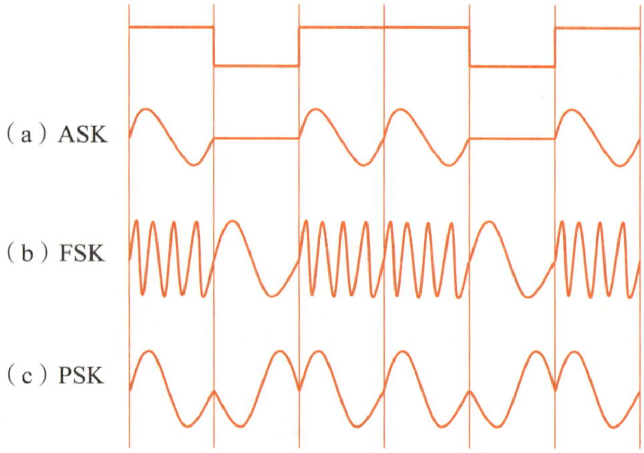

图 1-4　模拟信号编码技术

ASK 的特点是信号容易实现，技术简单，但由于振幅是靠能量维持的，随着波的能量的递减，可能会造成误码率的增加，抗干扰能力差，传输距离较短。

（2）调频（Frequency Modulation，FM）。

调频技术，又称频移键控（Frequency Shift Keying，FSK），是通过改变载波信号的频率来表示数字信号 0 或 1 的调制技术。在频率调制中，振幅和相位为常量，频率为变量。例如，数字 1 可以用一个频率较大的波表示，数字 0 用频率较小的波表示。如图 1-4（b）所示。

FSK 的特点是信号容易实现，技术简单，只要能量存在，波的频率便不会因为能量的改变而发生变化，抗干扰能力较强，传输距离较长。

（3）调相（Phase Modulation，PM）。

调相技术，又称相移键控（Phase Shift Keying，PSK），是利用波的初始相位的大小来分别表示数字信号 0 和 1。在相位调制中，把振幅和频率定为常量，初始相位为变量。例如，用初始相位为 0 表示数字 1，用初始相位为 π 表示数字 0。如图 1-4（c）所示。

PSK 的特点是抗干扰能力较强，但信号实现的技术比较复杂，所以比以上两种技术较少使用。

2. 数字信号编码技术

在数据通信中，将数字数据转化为数字信号的过程叫数字编码，将数字信号还原为数字数据的过程叫数字解码。一般用电压的高低来编制数字信号，主要有以下几种编码方法：

（1）不归零编码（Non-Return-Zero，NRZ）。

不归零编码用电压的高低表示二进制的 0 和 1。例如，用低电平表示二进制 0，用高电平表示二进制 1。不归零编码的优点是易于实现；缺点是无法判断每一位的开始与结束，收发双方不能保持同步。为保证收发双方同步，必须在发送 NRZ 码的同时，用另一个信道同时传送同步信号。如图 1-5（a）所示。

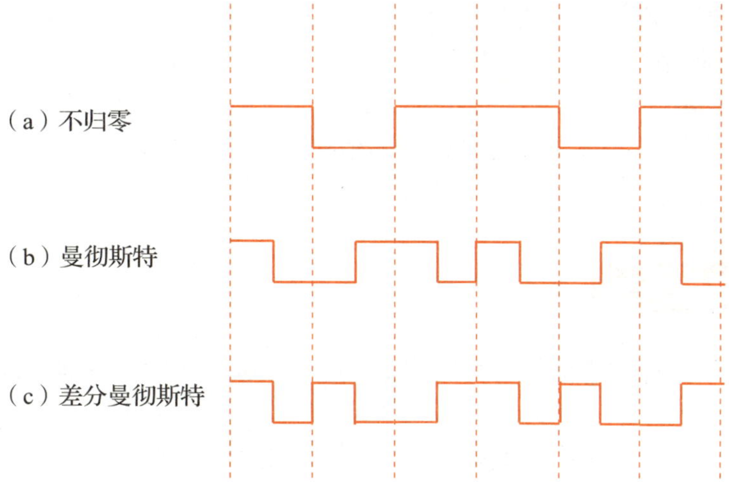

图 1-5　数字信号编码技术

(2) 曼彻斯特编码 (Manchester Encoding)。

曼彻斯特编码不是用电压的高低表示二进制数 0 和 1，而是用电压的跳变来表示。在曼彻斯特编码中，每一个数据位的中间均有一个跳变，这个跳变既作为时钟信号，又作为数据信号。例如，用电压从高到低的跳变表示二进制 1，从低到高的跳变表示二进制 0。曼彻斯特编码的优点是收发双方可以根据自带的时钟信号来保持同步，无须专门传递同步信号，成本低；缺点是效率低，信号占用的频带较宽。如图 1-5 (b) 所示。

(3) 差分曼彻斯特编码 (Differential Manchester Encoding)。

差分曼彻斯特编码是对曼彻斯特编码的改进，每个数据比特位中间的电压跳变仅作同步之用，每比特位的值根据其开始边界是否发生跳变来决定。例如，用每比特位的开始无跳变表示二进制 1，有跳变表示二进制 0。差分曼彻斯特编码的优点是自带同步时钟信号以保持同步，成本低，抗干扰性能好；缺点是实现技术复杂。如图 1-5 (c) 所示。

3. 模拟数据至数字信号的编码技术

模拟数据可通过基带传输，但必须转换成数字信号。模拟数据是连续的，也就是说任何一段模拟数据都会包含无穷多的数据量，比如从波上截取的一段，因而不可能将模拟数据上所有的量都转化成离散的数据。模拟数据转化成数字数据的过程称为数字化。模拟数据数字化的过程必然伴随着数据的失真。脉冲编码调制技术 (Pulse Code Modulation，PCM) 是模拟数据采样编码的主要技术，经过采样、量化和编码 3 个步骤将模拟信号转变为数字信号。

(1) 采样。

采样是指将模拟数据，例如波，用等时间间隔的时间序列划分成离散的模拟信号片段序列，也就是在时间上将模拟数据离散化。对同一个模拟数据来说，划分的时间片段越短，离散化出来的数据量就越多，数据的失真性就越小。

(2) 量化。

量化是对采样出来的每一个模拟数据片段用一个单一的值来表示。对每一个抽样出来的模拟数据片段来说，它仍然含有无穷多个数据，我们需要用一个具有代表意义的数据来表示这个片段。常用的数据有片段的最大值、最小值和平均值。

（3）编码。

编码则是按照一定的规律，把量化后的值用二进制数字表示，然后转换成二进制信号流。这样就将模拟数据转化成了数字信号。

任务 1.7　数据传输

数据传输就是实现通信设备之间的信息传递。数据的传输过程涉及以下概念：

1. 信道

信息（信号）传输的必经之路称为信道。要把信道和物理线路区分开来，因为一条物理线路可以使用多路复用技术划分出多条信道。根据通信介质的属性，还可以将信道分为数字信道和模拟信道。数字信道用来传输数字信号，模拟信道用来传输模拟信号。

2. 通信方式

数据通信的方式有单工、半双工和全双工之分。例如，A、B 两个设备之间的通信，如果只能实现从 A 到 B，或者从 B 到 A 的单向通信，称为单工通信；如果既能实现从 A 到 B 的通信，又能实现从 B 到 A 的通信，但是同一时间内只能实现一个方向的通信，称为半双工通信；如果同时既能实现从 A 到 B，又能实现从 B 到 A 的双向通信，称为全双工通信。目前，大多数网络中的通信都实现了全双工通信。如图 1－6 所示。

（a）单工通信　　（b）半双工通信　　（c）全双工通信

图 1－6　数据通信方式

3. 传输类型

对数据的传输，如果在传输介质中传输数字信号，称为基带传输；如果传输模拟信号，称为频带传输；如果建立多个信道同时传输音频、视频和数字信号，称为宽带传输。

4. 传输方式

数据的传输方式分为并行传输和串行传输两种。在传输过程中，如果同时用多个信道进行传输，称为并行传输；如果只用一个信道传输，称为串行传输。

对同样大小的数据量和相同的信道传输速率来说，8 个信道同时传输（一次可以传输 1 字节），和同时只有一个信道传输（一次只能传输 1 比特位），其传输能力的强弱是相当可观的。但是从成本上考虑，并行传输需要建立多个信道，成本较高，适合短距离传输，而串行传输只需建立一个信道，成本较低，适合长距离传输。

二进制数据表示信息，一般以 1 字节为单位。例如，ASCII 码中的一个字符用 1 字节表示，所以在数据的传输中，接收方必须知道这 1 字节是从哪个比特位开始的，如果字节的起始位弄错了，则接收方对接收的信息的解析就是错的。这就是传输的同步问题。从 A 到 B 实现两个设备之间的数据通信，如果使用 8 个信道并行传输，则一次可以传输

1 字节，接收方不需要对字节的起始位进行判断。如果使用的是串行传输，则接收方需要判断字节的起始位。根据解决串行传输同步问题的方法不同，可将串行传输分为异步传输和同步传输。

（1）异步传输。

异步传输一般以字符为单位（一个字符并不一定是 1 字节，比如一个汉字字符需要 2 字节），在发送每一个字符代码时，前面均加上一个“起”信号，字符代码后面均加上一个“止”信号。起止信号用一串不同于其他符号的二进制串表示，且收发双方都知晓，这样，数据的接收方测到起止信号就能知道一个字符的开始与结束，也就是实现了串行传输收、发双方字符的同步。这种传输方式的优点是同步实现简单，收发双方的时钟信号不需要严格同步，传输速率可以不一致；缺点是需要对每一个字符加入“起、止”码元，使需要传输的数据量膨胀，传输效率降低。

（2）同步传输。

同步传输不是通过向数据流中添加起止符来达到同步的目的，而是以同步的时钟节拍来发送数据信号，因此在一个数据流中，各信号码元之间的相对位置都是固定的（即同步的）。这种同步要求收发双方具有相同的传输速率，对设备的要求较高，但传输速率较快。

5. 传输速率

（1）比特率（bps）。

数据传输的速度单位是比特率。比特率是指单位时间内所传送的二进制码元的有效位数，以每秒多少比特数计，即 bps。

（2）波特率。

波特率也是数据传输的速度单位，波特率是脉冲信号经过调制后的传输速率，它是指单位时间（秒）内传输的码元数目，以波特（Baud）为单位，通常用于表示调制器之间传输信号的速率。码元是对于网络中传送的进制数字中每一位的通称，也常称作“位”，可以是二进制的，也可以是多进制的。波特率 N 和比特率 R 的关系为 $R=N\log2M$，当码元为二进制时，M 为 2；码元为八进制时，M 为 8，以此类推。如果波特率为 100Baud，二进制时，比特率为 100bps；八进制时，比特率为 800bps。

6. 误码率

误码率指信息传输的错误率，是衡量系统可靠性的指标。它是以接收信息中错误比特数占总传输比特数的比例来度量的。误码率越高，说明信道越不可信。

任务 1.8　多路复用技术

为了降低网络建设成本，可以在一条物理线路上建立多条通信信道，这样的技术称为多路复用技术。

1. 频分多路复用（Frequency Division Multiplexing，FDM）

频分多路复用的基本原理是如果每路信号以不同的载波频率进行调制，而且各个载波频率是完全独立的，即各个信道所占用的频带不相互重叠，相邻信道之间用“警戒频带”隔离，那么每个信道就能独立地传输一路信号。

频分多路复用的主要特点是信号被划分成若干通道（频道、波段），每个通道互不重叠，独立进行数据传递。频分多路复用在无线电广播和电视领域中应用较多。

2. 时分多路复用（Time Division Multiplexing，TDM）

时分多路复用是以信道传输时间作为分割对象，通过为多个信道分配互不重叠的时间片的方法来实现多路复用。是各路信号在同一信道上占有不同时间片进行通信。

3. 波分多路复用（Wavelength Division Multiplexing，WDM）

波分多路复用就是在同一根光纤内传输多路不同波长的光信号，以提高单根光纤的传输能力。

4. 码分多址（Code Division Multiple Access，CDMA）

CDMA 采用地址码和时间、频率共同区分信道的方式。CDMA 的特征是每个用户具有特定的地址码，而地址码之间相互具有正交性，因此各用户信息的发射信号在频率、时间和空间上都可能重叠，从而使有限的频率资源得到利用。

CDMA 是在扩频技术上发展起来的无线通信技术，即将需要传送的具有一定信号带宽的信息数据，用一个带宽远大于信号带宽的高速伪随机码进行调制，使原数据信号的带宽被扩展，再经载波调制并发送出去。接收端也使用完全相同的伪随机码，对接收的带宽信号做相关处理，把宽带信号换成原信息数据的窄带信号，即解扩，以实现信息通信。

5. 空分多址（Space Division Multiple Access，SDMA）

空分多址技术是将空间分割以构成不同的信道，从而实现频率的重复使用，达到信道增容的目的。例如，在一颗卫星上使用多个天线，各个天线的波束射向地球表面的不同区域，在同一时间，地面上不同区域的地球站即使使用相同的频率进行工作，也不会互相干扰。

任务 1.9　数据交换技术

在数据通信网络中，依靠网络中节点的转接技术，实现把数据从网络的一端传送到另一端的技术称为数据交换技术。

1. 电路交换

当用户要发信息时，源交换机根据信息要到达的目的地址，把线路接到目的交换机，这个过程称为线路接续。线路接通后，就形成了一条端对端（主叫用户终端和被叫用户终端之间）的信息通路，双方即可在这条通路上进行通信。通信完毕，任一通信方向自己所属的交换机发出拆除线路的要求，交换机收到后就将此线路拆除。拆除后空出来的线路便可以供别的用户呼叫使用。

2. 报文交换

在报文交换中，数据传输的单位是报文，即发送节点一次性要发送的数据块，长度不限且可变。报文交换传送数据的方式采用存储—转发方式，即数据发送端想要发送一个报文，首先要把目的地址附加在报文上，然后将报文投向网络中的节点，网络节点根据报文上的目的地址信息，以接力的形式传送到目的节点。每个节点在收到报文之后，会将报文暂时存储在本节点，然后对报文进行差错校验，校验无误后利用路由信息找出下一个“接力”节点的地址，并把整个报文传送给该节点。因此，在报文交换中，端与端之间（主叫用户终端和被叫用户终端之间）无须先通过呼叫建立连接。

这种方法与电路交换相比有如下优点：

（1）线路效率较高，这是因为许多报文可以分时共享一条节点的通道。对于同样的通信容量来说，需要较少的传输能力。

（2）不需要同时使用发送器和接收器来传输数据，网络可以在接收器可用之前，暂时存储这个报文。

（3）在电路交换网络上，当通信量变得很大时，就不能接受某些呼叫，而在报文交换网络上，却仍然可以接收报文，但传送延迟会增加。

（4）报文交换系统可以把一个报文发送到多个目的地，而电路交换网络很难做到这一点。

报文交换的主要缺点是：它不能满足实时或交互式的通信要求，经过网络的延迟相当长，而且有相当大的变化。因此，这种方式不能用于声音连接，也不适合交互式终端到计算机的连接。有时节点收到过多的数据而不得不丢弃报文，并阻止其他报文的传送，而且发出的报文不按顺序到达目的地。另外，报文交换中，若报文很长，则需要较大容量的存储器，若将报文放到外存储器中，会造成响应时间过长，增加了网络延迟时间。

3. 分组交换

分组交换也称包交换，它是将用户传送的数据划分成多个具有一定长度的部分，每个部分叫作一个分组。分组交换与报文交换都是采用存储—转发交换方式。二者的主要区别是：报文交换时，报文的长度不限且可变；而分组交换时，报文长度不变。分组交换首先把来自用户的数据暂存于存储装置中，并划分为多个具有一定长度的分组，每个分组前边都加上固定格式的分组标题，用于指明该分组的发端地址、收端地址及分组序号等。

以报文分组作为存储—转发的单位，分组在各交换节点之间传送比较灵活，交换节点不必等待整个报文的其他分组到齐，一个分组一个分组地转发。这样可以大大压缩节点所需的存储容量，也缩短了网络时延。另外，较短的报文分组可比较长的报文分组大大减少差错的产生，提高了传输的可靠性。

分组交换通常有两种方式：数据报方式和虚电路方式。

在数据报方式中，每个分组按一定格式附加源地址和目的地址、分组编号、分组起始和结束标志、差错校验等信息，并以分组形式在网络中传输。网络只是尽力地将分组交付给目的计算机，但不保证所传送的分组不丢失，也不保证分组能够按发送的顺序到达接收端。所以网络提供的服务是不可靠的，也不保证服务质量。数据报方式一般适用于较短的单个分组的报文。数据报方式的优点是传输延时小，当某个节点发生故障时不会影响后续分组的传输；缺点是每个分组附加的控制信息多，增加了传输信息的长度和处理时间，增大了额外开销。

虚电路方式与数据报方式的区别主要是在信息交换之前，需要在发送端和接收端之间建立一个逻辑连接，然后才开始传送分组，所有分组沿相同的路径进行交换转发，通信结束后再拆除该逻辑连接。网络保证所传送的分组按发送的顺序到达接收端。所以网络提供的服务是可靠的，也保证了服务质量。这种方式对信息传输频率高、每次传输量小的用户不太适用，但由于每个分组头只需标出虚电路标识符和序号，所以分组头开销小，适用长报文的传送。

在分组交换方式中，由于能够以分组方式进行数据的暂存交换，经交换机处理后，可很容易地实现不同速率、不同规程的终端间通信。

分组交换的特点主要如下：

（1）线路利用率高。分组交换以虚电路的形式进行信道的多路复用，实现资源共享，可在一条物理线路上提供多条逻辑信道，极大地提高了线路的利用率。

（2）不同种类的终端可以相互通信。数据以分组为单位在网络内存储—转发，使不同速率终端、不同协议的设备经网络提供的协议变换功能后实现互相通信。

（3）信息传输可靠性高。每个分组在网络中进行传输时，由于在节点交换机之前应用了差错校验和重发功能，因此传送的误码率大大降低。而且当网络发生故障时，网络中的路由机制会使分组自动选择一条新的路由以避开故障点，不会造成通信中断。

（4）分组多路通信。由于每个分组都包含控制信息，所以分组型终端可以同时与多个用户终端进行通信，可把同一信息发送到不同用户。

4. 信元交换

信元交换又叫异步传输模式（Asynchronous Transfer Mode，ATM），是一种面向连接的快速分组交换技术，它是通过建立虚电路来进行数据传输的。ATM 采用固定长度的信元作为数据传送的基本单位，信元长度为 53 字节，其中信元头为 5 字节，数据为 48 字节。长度固定的信元可以尽量简化 ATM 交换机的功能，只用硬件电路就可以对信元头中的虚电路标识进行识别，因此大大缩短了每一个信元的处理时间。另外，ATM 采用了统计时分复用的方式来进行数据传输，可根据各种业务的统计特性，在保证服务质量要求（Quality of Service，QoS）的前提下，在各个业务之间动态地分配网络带宽。

项目小结

通过学习本项目，我们了解了计算机网络的概念、分类和发展过程，熟悉了 Internet 及其应用，熟悉了信息、数据、信号、数据编码、多路复用、数据交换等通信领域的基本概念。

对于初学者来说，学习本项目可能稍感困惑，因为本项目知识内容零散、跨度大，内部逻辑关联度小。实际上，此类问题会经常困扰我们的学习生涯。就本书来说，本项目仅介绍了通信基础知识，若初学者不考虑自身精力和水平，仅纠结于知识内容的浅显而希望尽快深入了解通信知识，便是“舍本逐末”。其实，做人做事也是如此，事物纷繁复杂，每个人都有擅长和薄弱之处，根据自身能力，学会抓住问题的主要方面，策略性地忽略次要方面，也许能更快地找到通达巅峰之门。

技能检测

一、选择题

1. 世界上第一个计算机网络是（　　）。

A. NSFnet　　B. ARPAnet　　C. X.25 网　　D. ATM

2.（　　）属于通信子网设备。

A. 服务器　　B. 客户机　　C. 交换机　　D. 终端

3. 目前，世界上最大、发展最快、应用最广泛、最热门的计算机网络是（　　）。

A. ARPAnet　　B. Internet　　C. CERnet　　D. Ethernet

4. 计算机网络最突出的优点是（　　）。

A. 精度高　　B. 内存容量大　　C. 运算速度快　　D. 资源共享

5. 将模拟信号变换为数字信号时，第一步是对输入的模拟信号进行（　　）。

A. 编码　　B. 采样　　C. 量化　　D. 滤波

6. 将信道在时间上进行分割的传输技术称为（　　）。

A. 码分多路复用　　B. 频分多路复用　　C. 时分多路复用　　D. 波分多路复用

7. 下列设备属于资源子网的是（　　）。

A. 交换机　　B. 网桥　　C. 扫描仪　　D. 路由器

8. 数据传输速率 bps 表示每秒钟传输的（　　）。

A. 字节数　　B. 位数　　C. 码元数　　D. 字数

9. 电话采用（　　）方式。

A. 分组交换　　B. 报文交换　　C. 电路交换　　D. 虚电路交换

10. 下列哪种类型的线路属于单工通信？（　　）

A. 广播通信　　B. 对讲机通信　　C. 网络通信　　D. 电话通信

二、简答题

1. 什么是计算机网络？

2. 计算机网络的发展经历了哪几个阶段？

3. 依照覆盖范围，计算机网络分为哪几类？简述它们的特点。

项目 2

计算机网络体系结构

项目导读

体系结构（Architecture）是研究系统各部分组成及相互关系的技术科学。计算机网络体系结构是指整个网络系统的逻辑组成和功能分配，它定义和描述了一组用于计算机及其通信设施之间互联的标准和规范的集合。研究计算机网络体系结构的目的在于定义计算机网络各个组成部分的功能，以便在统一的原则指导下进行计算机网络的设计、建造、使用和升级。

就目前的计算机网络的技术状况来说，计算机网络的体系结构具有两大特征，即高度结构化和层次结构。所谓结构化，是将一个复杂的系统设计问题分解为一个个容易处理的子问题加以解决，并协调好各个子问题之间的关系，最终完成系统的整体规划与设计。结构化方法是现代系统设计领域最重要的设计方法之一。所谓层次结构，是指将一个复杂的系统设计问题划分成一组组容易理解的子问题，每一组问题具有相似的功能，并具有前后或上下的层次关系，承担着各自的具体任务。层次结构设计是结构化系统设计中最常用的、最基本的方法之一。现代计算机网络体系结构是层次结构化系统设计的典型范例。

学习目标

1. 掌握网络协议的概念。
2. 熟悉协议分层的原理和优点。
3. 熟悉 OSI 各分层的功能。
4. 熟悉 TCP/IP 各分层的功能。
5. 了解 IEEE 802 局域网模型。

任务 2.1 网络协议与分层

从最根本的角度讲，协议就是规则。例如，在公路上行驶的各种交通工具需要遵守交通规则，这样才能减少交通阻塞，有效地避免交通事故的发生。又如，不同国家的人使用的是不同的语言，如果事先不约定好使用同一种语言的话，他们是无法进行沟通的。同样，在计算机网络通信的过程中，数据从一台计算机传输到另一台计算机（即数据通信或数据交换）也需要遵守一定的规则，以减少网络阻塞，提高网络的利用率。

1. 协议的概念

网络协议，是指为进行网络中的数据交换而建立的规则或约定。联网的计算机以及网络设备之间要进行数据与控制信息的成功传递就必须共同遵守网络协议。

网络协议主要由以下 3 要素组成：

（1）语法。

语法规定了通信双方“如何讲”，即确定用户数据与控制信息的结构与格式。

（2）语义。

语义规定通信的双方准备“讲什么”，即需要发出何种控制信息，完成何种动作以及做出何种应答。

（3）同步（时序）。

同步规定双方“何时进行通信”，即事件实现顺序的详细说明。

2. 协议的分层

计算机网络是一个非常复杂的系统，网络通信过程也比较复杂。网络通信的涉及面极广，不仅涉及网络硬件设备（如物理线路、通信设备、计算机等），还涉及各种各样的软件，所以用于网络的通信协议必然会很多。实践证明，结构化设计方法是解决复杂问题的一种有效手段。其核心思想就是将系统模块化，并按层次组织各模块。因此，在研究计算机网络的结构时，通常也按层次进行分析。

（1）分层的好处。

在计算机网络中采用分层体系结构有以下好处：

1）各层之间可相互独立。

高层并不需要知道低层是采用何种技术来实现的，只需要知道低层通过接口能提供哪些服务。每一层都有一个清晰、明确的任务，实现相对独立的功能，因而可以将复杂的系统性问题分解为一层一层的小问题。当属于每一层的小问题都解决了，那么整个系统的问题也就接近于完全解决了。

2）灵活性好，易于实现和维护。

如果把网络协议作为一个整体来处理，那么任何一个方面的改进必然要对整体进行修改，这与网络的迅速发展是极不协调的。若采用分层体系结构，由于整个系统已被分解成了若干个易于处理的部分，那么这样一个庞大而又复杂的系统的实现与维护也就变得容易了。当任何一层发生变化时（如技术的变化），只要层间接口保持不变，则其他各层都不会受到影响。另外，当某层提供的服务不再被其他层需要时，可以将这层直接取消。

3）有利于促进标准化。

这主要是因为每一层的协议已经对该层的功能与所提供的服务做了明确的说明。

（2）各层间的关系。

如前所述，网络协议都是按层的方式来组织的，每一层都建立在它的下一层之上。不同的网络，其层次数、各层的名字、内容和功能都不相同。然而，在所有的网络中，每一层的目的都是向它的上一层提供一定的服务，而上一层根本不需要知道下一层是如何实现服务的。

每一对相邻层次之间都有一个接口（Interface），接口定义了下层向上层提供的原语操作（即命令）和服务，相邻两个层次都是通过接口来交换数据的。当网络设计者在决定一个网络应包括多少层，每一层应当做什么的时候，其中一个很重要的考虑就是要在相邻层次之间定义一个清晰的接口。低层通过接口向高层提供服务，只要接口条件不变，低层功能不变，低层功能的具体实现方法与技术的变化就不会影响整个系统的工作。

（3）服务（接口）与协议。

服务和协议是完全不同的概念。服务是各层向其上层提供的一组原语，尽管服务定义了本层能够为其上层提供的支持操作，即下层能为上层做什么，但是没有设计这些操作应如何完成。即服务只定义了相邻两层间下层面向上层的接口。与服务相比，协议是定义同层对等实体之间交换的帧、分组和报文的格式及意义的一组规则。实体利用协议来实现它们的服务定义。只要不改变提供给用户的服务，实体便可以任意改变它们的协议。换句话说，服务涉及层与层之间的接口，而协议涉及对等实体同层之间发送分组的格式、意义和规则，如图 2－1 所示。

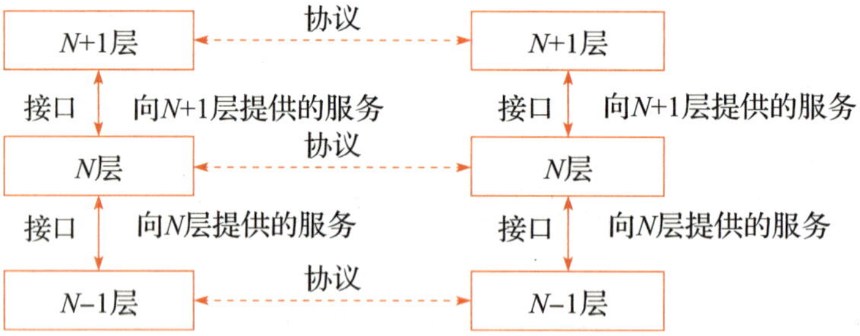

图 2－1　服务与协议的关系

任务 2.2　OSI 参考模型

国际标准化组织（International Standard Organization，ISO）于 1979 年成立机构专门研究网络体系结构与网络协议的国际标准化问题，经过多年卓有成效的工作，提出了一个试图使各种计算机在世界范围内互联成网的标准框架，即著名的开放系统互联参考模型（Open System Interconnection/Reference Model，OSI/RM），并在 1983 年形成了开放系统互联基本参考模型的正式文件，即著名的 ISO 7498 国际标准。“开放”是指只要遵循 OSI 标准，就可以和位于世界上任何地方的、遵循这一标准的其他任何系统进行通信。“系统”是指在现实的系统中与互联有关的各部分。

在 OSI 标准的制定过程中，采用的方法是将整体的、庞大而复杂的问题划分为若干个容易处理的小问题，这就是分层体系结构方法。其分层的原则如下：

（1）根据不同层次的抽象分层。

（2）每层应当实现一个定义明确的功能。

（3）每层功能的选择应该有助于制定网络协议的国际标准。

（4）各层边界的选择应尽量减少跨过接口的通信量。

（5）层数应足够多，以避免不同的功能混杂在同一层中，但也不能太多，否则体系结构会过于庞大。

开放系统互联参考模型是一个抽象的概念，并不是具体的网络。它将整个网络的功能划分成 7 个层次：物理层、数据链路层、网络层、传输层、会话层、表示层和应用层。最高层为应用层，面向用户提供网络应用服务。最低层为物理层，与通信介质相连实现真正的数据通信。两个用户的计算机通过网络进行通信时，除物理层之外，其余各对等层之间均不存在直接的通信关系，而是通过各对等层的协议来进行通信。只有两个物理层之间通过通信介质进行真正的数据通信。OSI 参考模型如图 2－2 所示。

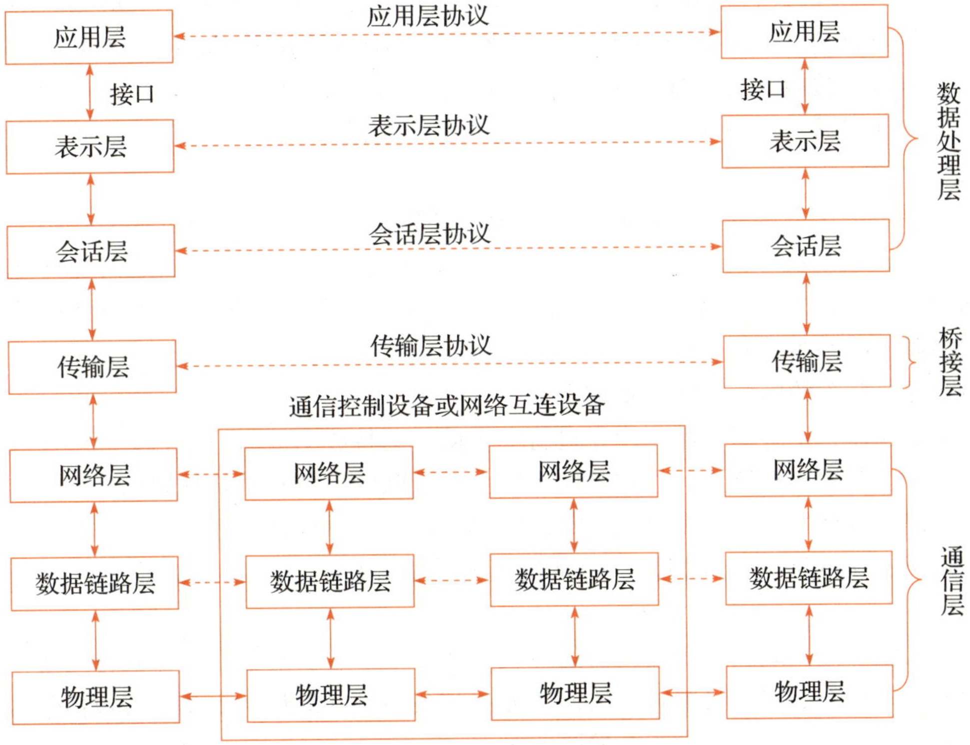

图 2－2　OSI 参考模型

OSI 参考模型的主要特性如下：

（1）它是一种将异构系统互联的分层结构，提供了控制互联系统交互规则的标准框架，定义了一种抽象结构，而并非具体实现的描述。

（2）不同系统上的相同层的实体称为同层实体，同层实体之间的通信由该层的协议管理。

（3）相邻层间的接口定义了原语操作和低层向上层提供的服务。

（4）所提供的公共服务是面向连接的或无连接的数据服务。

（5）直接的数据传送仅在最低层实现。

（6）每层完成所定义的功能，修改本层的功能并不影响其他层。

OSI 参考模型的优点如下：

（1）简化相关的网络操作。并规定了每一层的功能。

（2）具备即插即用的兼容性，提供不同厂商之间集成的标准接口。

（3）具备能使工程师专注于设计和优化不同网络互联设备的互操作性。

（4）防止一个区域的网络变化影响另一个区域的网络。因此，每一个区域的网络都能单独快速地升级。

（5）把复杂的网络连接问题分解成小的、简单的问题，以便于学习和操作。

下面分别对 OSI 参考模型的 7 个层进行讲解。

1. 物理层（Physical Layer）

物理层是 OSI 参考模型的最低层。物理层的主要任务就是透明地传送二进制比特流，即经过实际电路传送后的比特流不发生变化。但是物理层并不关心比特流的实际意义和结构，只是负责接收和传送比特流。作为发送方，物理层通过传输介质发送数据；作为接收方，物理层通过传输介质接收数据。在物理层中的数据以“bit”为单位，所以这种数据又称为比特流。

物理层所解决的网络问题的核心是协调位传输的规则。所有与位相关的协议都围绕一个目的：实现“位”的快速、正确传输。为实现这一目的，物理层定义了物理网络结构，网络传输介质的机械特性和电气特性，位传输编码和计时规则，以及信道的使用方式等网络通信的基本技术要求。

与物理层有关的网络互联设备如下：

（1）集线器、中继器：其作用是进行电子信号的接收、放大、重传。

（2）传输介质连接器：其作用是向传输介质互联的设备提供机械接口。

（3）调制解调器：其作用是完成数字信号与模拟信号的转换。

物理层定义网络硬件的特性，包括使用的传输介质以及与传输介质连接的接头等部件的物理特性。

（1）机械特性：规定所用接线器的形状、几何尺寸、引线数目、排列方式等。

（2）电气特性：规定与信号线的连接方式相关的电气参数。主要内容包括信号 0 或 1 的电平范围、阻抗匹配、传输距离的限制等。

（3）功能特性：描述某条连线上的某种电平所表示的含义。按功能可将接口信号线分为数据信号线、控制信号线、定时信号线、接地线和次信道信号线 5 种。

（4）规程特性：规程特性规定了使用接口线实现数据传输时的控制过程和步骤。不同的接口标准，其规程特性不同。

2. 数据链路层（Data Link Layer）

数据链路层位于物理层与网络层之间。数据链路层的主要功能是实现节点与节点之间的连接。它利用物理层所建立的物理连接形成相邻节点之间的数据链路，将具有一定意义和结构的信息正确地在实体之间进行传输，同时为其上面的网络层提供有效的服务。在数据链路层中对物理链路上产生的差错进行检测和校正，采用差错控制技术保证数据通信的正确性；数据链路层还提供流量控制服务，以保证不会因为发送方速度过快而导致接收方来不及正确接收数据。数据链路层的数据单位是帧。

数据链路层的基本功能如下：

（1）链路管理。

当两个节点开始进行通信时，发送方必须明确知道接收方是否处在准备接收数据的状态。为此，双方必须交换一些必要的信息；同时，在传输数据时要维持数据链路，当通信完毕时要释放数据链路。数据链路的建立、维持和释放叫作链路管理。

（2）帧同步。

在数据链路层，数据以“帧”为单位传送。物理层的比特流按照数据链路层协议的规定被封装在数据帧中传送。帧同步是指接收方应当能从收到的比特流中正确地区分出一帧的开始和结束在什么地方。

（3）流量控制。

发送方发送的数据必须使接收方来得及接收，当接收方来不及接收时，就必须控制发送方发送数据的速率。

（4）差错控制。

在计算机通信的过程中，往往要求达到极低的误码率。为此，必须采用差错控制技术。差错控制技术用于使接收端能够发现传输错误，并能纠正传输错误。数据链路层实体将对帧的传输过程进行检查，发现差错可以用重传方式解决。

（5）寻址。

在多点连接的情况下，要保证每一帧能传送到正确的目的地址。

为了区分网络中的不同设备，OSI 要求每个连接于网络的设备必须拥有一个物理设备地址。由于物理设备地址属于数据链路层中的 MAC 子层（参见 IEEE 802 局域网模型的功能要求），因此常把网络设备的物理设备地址称为 MAC 地址。

在通常所使用的网络设备中，如路由器、交换机、集线器和网卡等均在出厂前拥有一个物理“硬”地址。原则上，世界上所有网络设备的物理设备地址都是不同的。因为所有设备所使用的 MAC 地址均要得到国际标准化组织的批准，这样才能保证所有厂家的设备都具有不同的物理地址，所以在计算机网络设备的安装与调试过程中，不需要设置物理地址，也无法改变其物理地址。MAC 地址一般由 12 位十六进制数（二进制 48 位数）组成。例如，某网卡的地址是 8E178F889922，其中前 6 位是制造商编号，后 6 位是产品序号。网络设备制造商的编码由 IEEE（Institute of Electrical and Electronics Engineers，电子和电气工程师协会）分配和管理。

交换机是工作在数据链路层的典型设备。网卡工作于数据链路层和物理层。如果单就硬件而言，网卡属于物理层上的设备。部分具有智能管理的集线器也工作在数据链路层。工作在数据链路层的设备还有网桥，不过现在已经不常用了。

3. 网络层（Network Layer）

网络层是 OSI 参考模型的第三层。数据链路层解决了相邻节点之间的数据帧的通信问题，实现了点到点的连接，网络层要解决的问题是如何实现在数据所经过的节点上选择下一跳路径，即路由选择的问题。网络层还具有拥塞控制、信息包顺序控制及网络记账等功能。在网络层交换的数据的单位是包。

网络层的基本功能如下：

（1）为传输层提供服务。

根据网络层差错控制、流量控制、路由选择、顺序传输的不同处理方式，网络层向传输层提供的服务主要有两类：面向连接的服务和无连接的服务。

所谓面向连接的服务，就是在网络层传输数据之前必须建立一条从源地址到目的地址的固定的数据传输通路，之后，数据分组将在这条通路上进行有序地传输。而在网络层内部采用分组交换技术，数据经过通信子网内各节点时要存储 - 转发。因此，这条通路并不是一条真正的物理通路，而是一条逻辑连接通路，称为虚电路。当分组传输结束后，还要拆除这种连接。

无连接的服务是指网络层在传输数据之前不需要建立从源地址到目的地址的连接，每个分组在传输时要加上网络地址，根据地址分组在网络上独立地传输。当分组经过转发节点时都要进行路由选择。这样，到达接收端的分组顺序就可能与发送顺序不同。因此，传输层必须对这些分组重新排序，这种服务称为数据报服务。所以说面向无连接的服务是一种无序的服务。

（2）打包和拆包。

在网络层，数据传输的基本单位是数据包（也称为分组）。在发送方，传输层的报文到达网络层时被分为多个数据块，在这些数据块的头部和尾部加上一些相关控制信息后，即组成数据包（打包）。数据包的头部包含源节点和目标节点的网络地址（逻辑地址）。在接收方，数据从低层到达网络层时，要将各数据包原来加上的包头和包尾等控制信息去掉（拆包），然后组合成报文，发送给传输层。

（3）路由选择。

路由选择也叫路径选择，是根据一定的原则和路由选择算法在多节点的通信子网中选择一条最佳路径。确定路由选择的策略称为路由选择算法。在数据报方式中，网络节点要为每个数据包做出路由选择；而在虚电路方式中，只需在建立连接时确定路由。

（4）流量控制。

流量控制的作用是控制阻塞，避免死锁。如果通信双方不考虑网络的拥挤情况而直接发送数据，可能会造成数据包的丢失，甚至网络节点的瘫痪，即死锁。为防止出现阻塞和死锁，需进行流量控制，通常可采用滑动窗口、预约缓冲区、许可证和分组丢弃 4 种方法。

工作在网络层上的最典型的设备就是路由器，另外，具有路由功能的三层交换机也工作在网络层。

4. 传输层（Transport Layer）

传输层的任务是根据通信子网的特性，充分利用网络资源，为两个端系统的会话层之间提供建立、维护和取消传输连接的功能，负责端到端的可靠数据传输。在这一层，信息传送的协议数据单元称为报文。网络层只是根据网络地址将源地址发出的数据包传送到目的地址，而传输层则负责将数据可靠地传送到目的地址相应的端口。

OSI 参考模型中的低三层（物理层、数据链路层和网络层）提供的是通信子网的功能，主要是面向通信的服务。而 OSI 参考模型的高三层（会话层、表示层和应用层）提供的是面向通信管理和数据处理的服务。这样，作为 OSI 参考模型第四层的传输层，便成了连接通信服务和通信管理及数据处理服务的桥梁，担任高三层协议和低三层协议所提供的服务之间的联络工作。

传输层提供了主机应用程序进程之间的端到端的服务，其基本功能如下：

（1）分割与重组数据。在数据的发送端，传输层把数据报文分割为定长的数据分组，并交给下层打包；在数据的接收端，传输层接收下层的数据分组，将之拆包，重组为原数据报文。

（2）按端口号寻址。传输层负责在一个节点内对一个特定的进程进行连接。所有的低层只需考虑把自身与网络地址（一个节点一个地址）联系起来。

（3）连接管理。传输层负责建立和释放连接，由于存在丢失和重发包的可能性，因此这是一个复杂的过程。

（4）流量控制和缓冲。网络中的每个节点都能以一个特定的速率接收信息。这一速率由计算机的计算能力和其他因素决定。每个节点还有一定数量的用于存储数据的处理器内存。传输层确保在接收方节点有足够的缓冲区，且保证数据传输的速率不会造成接收方来不及接收。

5. 会话层（Session Layer）

会话层提供一个面向用户的连接服务，它为会话用户之间的对话提供组织和同步所必需的手段，以便对数据的转送提供控制和管理。在会话层及以上的高层中，数据传送的单位不再另外命名，统称为报文。会话层不参与具体的传输，它提供包括访问验证和会话管理在内的建立和维护应用之间通信的机制。如服务器验证用户登录便是由会话层完成的。

会话层的根本任务是在服务请求方和提供方之间建立通信，并维护通信工作正常。为此，会话层必须完成以下 3 个任务：

（1）建立连接。建立连接的基本任务是使网络上的实体互相识别，并执行实体之间通信所需的相关任务。通常这些任务包括：1）验证用户登录名和口令；2）建立连接识别码；3）批准哪些服务被请求，以及服务的时间范围；4）决定哪个实体开始这个对话；5）协调回答连接编号的次序以及重新传送的过程。

（2）数据传输。数据传输的基本任务是维护数据传输双方的连接或通信，并在两个实体之间传输数据。为此，数据传输必须完成：1）实际的数据传输；2）数据收到的确认（包括没有收到数据时的否定确认）；3）恢复中断的通信。

（3）释放连接。释放连接的基本任务很简单，就是结束这个连接。结束连接的方式可以采用通信实体双方都同意的方式，也可以单方面中断连接。当网络上的实体没有接收预期的确认或否认时，就会认为当前的连接已丢失，并放弃继续通信的要求。一旦连接中断，服务的请求者（或提供者）可以重建上一次的连接，或者重新开始一个新的连接。

6. 表示层（Presentation Layer）

表示层位于 OSI 的第六层。表示层要完成某些特定的功能，主要有不同数据编码格式的转换，提供数据压缩、解压缩服务，对数据进行加密、解密。要解决的问题是：如何描述数据的结构并使之与机器无关。

表示层是特殊层，因为它的存在不影响网络正常通信。这一层的设立是考虑到用户处于网络环境中需要保密、要求格式转换等。表示层向上对应用层服务，下面接受来自对话层的服务。它的目的是对应用层送入命令和内容并加以解释说明，同时，赋予各种语法以应有的含义，使从应用层送入的各种信息具有明确的表示意义。因此，表示层如同应用程序和网络之间的翻译官，在表示层，数据将按照网络能够理解的方案进行格式化，这种格式化会因网络类型的不同而不同。表示层管理数据的解密和加密，如系统口令的处理所使用的即是一种安全连接。通常，用户的账户数据在发送前被加密，在网络的另一端，表示层将对接收到的数据解密。除此之外，表示层协议还对图片和文件格式信息进行解码和编码。

7. 应用层（Application Layer）

应用层是 OSI 参考模型的最高层，是网络与用户之间的窗口，直接面对网络应用程序和用户，为软件提供接口以使应用程序可以享受网络服务。目前，人们已经在应用层中制订了许多非常有用的应用层协议，包括文件传输、文件存取和管理以及电子邮件的信息处理等方面的协议。

OSI 参考模型各层的对比与总结见表 2－1。

表 2－1　OSI 参考模型各层的对比与总结

OSI 层	连接对象	协议数据单元	实现功能
物理层	传输介质	比特流	在物理介质上传输二进制比特流
数据链路层	相邻节点	帧	帧的装配、拆解，流量控制和差错校验
网络层	网络与网络	分组（数据包）	路由选择、流量控制和拥塞控制
传输层	端到端	报文	可靠的端到端的数据传输
会话层	建立连接	报文	信道连接与挂断
表示层	数据表示	报文	数据表示、数据加密与解密
应用层	面向用户	报文	为用户提供服务（WWW、FTP、电子邮件等）

任务 2.3 TCP/IP 模型

20 世纪 60 年代，美国国防部高级研究计划署（ARPA）研制并建立了世界上第一个计算机网络，称为 ARPAnet。ARPAnet 的初期运行情况表明，计算机广域网应该有一种标准化的通信协议，于是在 1973 年 TCP/IP 协议簇诞生了。美国国家科学基金会（National Science Foundation）建立的 NSFnet 借鉴了 ARPA 的 TCP/IP 技术。借助于 TCP/IP 技术，NSFnet 使越来越多的网络互联在一起，最终形成了今天的 Internet。TCP/IP 也因此成为 Internet 上广泛使用的标准网络通信协议。

在 TCP/IP 协议簇中，除了 TCP 和 IP 之外，还包括其他一系列协议。起初人们认为 OSI 参考模型会发展成为一种国际标准，但由于 Internet 的飞速发展，使 TCP/IP 协议得到了广泛的使用，虽然 TCP/IP 不是 ISO 标准，但它的广泛应用却使其成为“实际的网络标准”。

TCP/IP 协议和开放系统互联参考模型一样，是一个分层结构。协议的分层使得各层的任务和目的十分明确，这样有利于软件编写和通信控制。TCP/IP 协议分为 4 层，由下至上分别是网络接口层、网际层、传输层和应用层，其与 OSI/RM 各层的对应关系，以及各层的主要协议如图 2－3 所示。

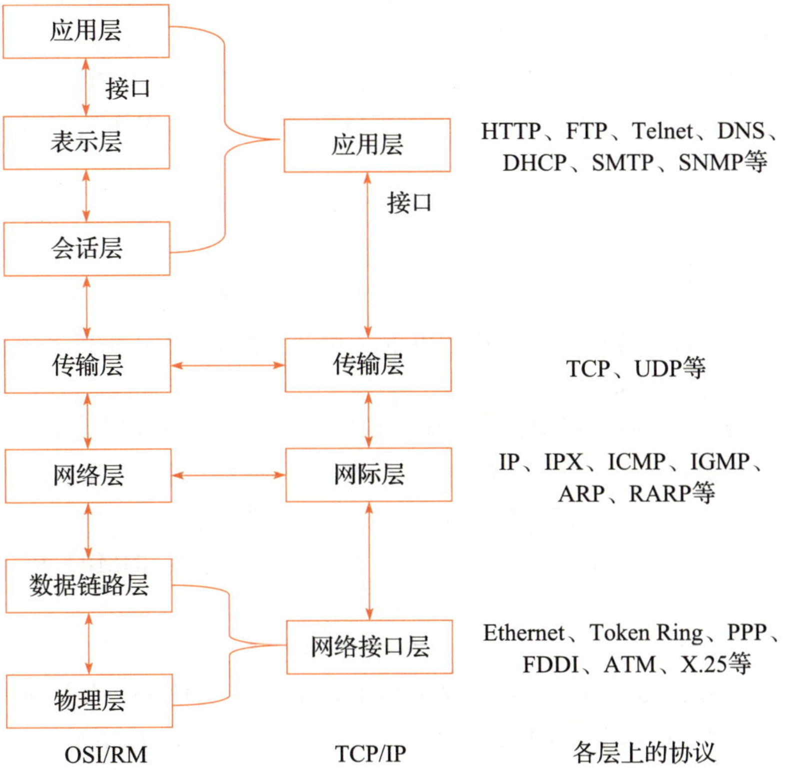

图 2－3 TCP/IP 与 OSI/RM 的对比及各层的主要协议

1. 网络接口层

网络接口层是 TCP/IP 模型的最低层，也称为网络访问层，该层对应 OSI 参考模型的物理层和数据链路层。其功能是接收和发送 IP 数据包，负责与网络中的传输介质打交道。TCP/IP 模型没有定义网络接口层所使用的协议，它提供的灵活性可以适应各种网络类型，包括 LAN、MAN 和 WAN。因此，TCP/IP 协议可以运行在任何网络上。

2. 网际层

网际层对应 OSI 参考模型中的网络层，主要负责处理分组，使分组形成 IP 数据包，并负责为 IP 数据包进行路由选择。本层的网际协议（IP）和传输层的 TCP 协议是 TCP/IP 体系中两个最重要的协议。与 IP 协议配套使用的还有 3 个协议：地址解析协议（Address Resolution Protocol，ARP）、反向地址解析协议（Reverse Address Resolution Protocol，RARP）、Internet 控制消息协议（Internet Control Message Protocol，ICMP）。

3. 传输层

传输层对应 OSI 参考模型的传输层，其主要功能是对其上层应用层传递过来的用户信息进行分段处理，然后在各段信息中加入一些附加说明，如说明各段的顺序等，保证对方收到可靠的信息。该层有两个协议：一个是传输控制协议（Transmission Control Protocol，TCP），另一个是用户数据报协议（User Datagram Protocol，UDP）。

（1）传输控制协议（TCP）。

传输控制协议是一个面向连接的协议，它允许从源主机发出的字节流无差错地传送到网络上的其他主机。在发送端，TCP 把应用层的字节流分成多个报文段并传给网际层；在接收端，TCP 把收到的报文段再拆封成字节流，送往应用层。TCP 同时还要处理流量控制，以避免高速发送方主机向低速接收方主机发送的报文过多而造成接收方主机无法处理的情况。

（2）用户数据报协议（UDP）。

用户数据报协议是一个不可靠的、无连接的协议。UDP 主要用于不需要数据分组顺序到达的传输中，同时它也被广泛地应用于只有一次的、客户 / 服务器（C/S）模式的请求应答查询中，以及快速传送比准确传送更重要的应用程序（如传输语音或影像）当中。

4. 应用层

应用层是 TCP/IP 模型的最高层，对应 OSI 参考模型的会话层、表示层和应用层，应用层负责向用户提供一组常用的应用程序，如电子邮件、远程登录和文件传输等。应用层包含了所有 TCP/IP 协议簇中的高层协议，如文件传输协议（FTP）、电子邮件协议（SMTP）、超文本传输协议（HTTP）、简单网络管理协议（SNMP）和域名系统协议（DNS）等。

应用层协议一般可以分为 3 类：一是依赖于面向连接的 TCP 的，如文件传输协议（FTP）、电子邮件协议（SMTP）等；二是依赖于无连接的 UDP 的，如简单网络管理协议（SNMP）；三是既依赖于 TCP，又依赖于 UDP，如域名系统协议（DNS）。

任务 2.4　IEEE 802 局域网模型

IEEE 是定义网络标准的专业组织。该组织中的 IEEE 802 委员会负责规范局域网标准，这些标准我们称之为 IEEE 802 标准，是目前主要的局域网标准。IEEE 802 标准所描述的局域网模型与 OSI 参考模型的对比关系如图 2－4 所示。

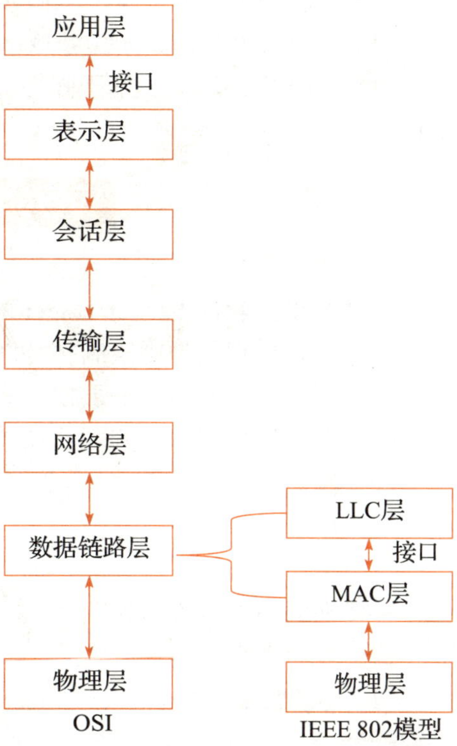

图 2－4　IEEE 802 模型与 OSI 参考模型的对比关系

局域网模型只对应 OSI 参考模型的物理层与数据链路层，它将数据链路层划分为介质访问控制子层（MAC）与逻辑链路控制子层（LLC）。IEEE 802 局域网模型有 3 层，各层功能如下：

1. 物理层

（1）信号的编码 / 解码。

（2）前导码的生成 / 去除（前导码仅用于接收同步）。

（3）比特流的发送 / 接收。

2. 介质访问控制子层（MAC）

（1）在发送时将要发送的数据组装成帧，帧中包含地址和差错检测等字段。

（2）在接收时，将接收到的帧解包，进行地址识别和差错检测。

（3）管理和控制对于局域网传输介质的访问。

3. 逻辑链路控制子层（LLC）

（1）为高层协议提供相应的接口，即一个或多个服务访问点（Service Access Point，SAP），通过 SAP 支持面向连接的服务和复用能力。

（2）端到端的差错控制和确认，保证无差错传输。

（3）端到端的流量控制。

由 IEEE 802 委员会规范的局域网标准目前已有多个，主要如下：

（1）IEEE 802.1：局域网概述、体系结构、网络管理和网络互联。

（2）IEEE 802.2：逻辑链路控制（LLC）。

（3）IEEE 802.3：带冲突检测的载波侦听多路介质访问技术（CSMA/CD）和物理层规范（以太网）。

（4）IEEE 802.4：令牌总线介质访问技术和物理层规范（Token Bus）。

（5）IEEE 802.5：令牌环介质访问技术和物理层规范（Token Ring）。

（6）IEEE 802.6：城域网访问技术和物理层规范（分布式队列双总线网，DQDB）。

（7）IEEE 802.7：宽带技术咨询和物理层课题与建议实施。

（8）IEEE 802.8：光纤技术咨询和物理层课题。

（9）IEEE 802.9：综合语音 / 数据服务的访问方法和物理层规范。

（10）IEEE 802.10：互操作局域网（WLAN）安全标准（SILS）。

（11）IEEE 802.11：无线局域网访问方法和物理层规范。

（12）IEEE 802.14：交互式电视网（包括 Cable Modem）。

（13）IEEE 802.15：简单、低耗能无线连接标准（蓝牙标准）。

（14）IEEE 802.16：无线城域网标准。

（15）IEEE 802.17 ：基于弹性分组环（Resilient Packet Ring，RPR）构建新型宽带电信以太网。

项目实训：网络连接与通信

一、实训目的

Packet Tracer
应用

1. 熟悉模拟软件 Packet Tracer 的使用方法。
2. 掌握在模拟软件中绘制拓扑图的方法，模拟数据传输的过程。
3. 理解计算机网络的分层模型。
4. 掌握利用模拟软件实现协议单元分析的方法。

二、实训环境或设备

Packet Tracer 软件。

三、拓扑结构图

本实训的拓扑结构图如图 2－5 所示。

图 2－5　拓扑结构图

四、实训内容

（1）从网站下载 Packet Tracer 软件，并完成安装。

（2）启动 Packet Tracer 软件，依次选取两台电脑，拖动至工作区域，修改显示名称为“主机 A”和“主机 B”。

（3）选择交叉线，单击主机 A 并选择【 Fastethernet 】接口，再单击主机 B 并选择【 Fastethernet 】接口，如果连线两端呈绿色高亮显示，说明两台电脑连接正确，否则需查看前面的操作是否有误。

（4）为电脑设置 IP 地。单击主机 A，选择【桌面（Destop）】→【 IP 配置（IP Configuration）】→【 Static 】→ IP Address ： 192.168.0.1 → Subnet Mask:255.255.255.0。单击主机 B，选择【桌面（Dcstop）】→【 IP 配置（IP Configuration）】→【 Static 】→ IP Address：192.168.0.2 → Subnet Mask:255.255.255.0。

（5）单击【模式切换】按钮，切换至模拟模式。单击右侧的工具栏的【添加简单 PDU（Add Simple PDU）】按钮，再单击主机 A，说明该信息从主机 A 发出，然后单击主机 B，说明主机 B 接收信息。

（6）单击【自动捕获（Auto Capture）】按钮，观察数据包流向。

（7）在【事件列表（Event List）】中单击某一事件，打开 PDU 信息表（PDU Information），观察 OSI 各层信息和数据单位格式（PDU Formats）。

项目小结

在本项目中，我们了解了网络协议的概念，认识到网络协议就是网络中的“交通规则”。同时，我们熟悉了两种网络结构模型，即 TCP/IP 和 OSI。TCP/IP 模型是伴随 Internet 发展而来的，它把所有网络协议根据功能归类到 4 个层，形成 TCP/IP 协议簇，是当前网络实际使用的网络结构模型；OSI 借鉴了 TCP/IP 模型，进一步将网络结构分为 7 层，因其更强的理论描述，适合作为解释网络问题的理论平台。

网络协议告诉我们“无规矩不成方圆”，大家都遵守协议，“网络”方能畅通。网络体系结构的分层原理告诉我们，处理问题时可以把一个复杂的大问题划分成若干个小问题，再逐个去解决。同时，也阐释了合理的社会分工可确保社会良性运转，做好自己分内事便是对社会的最大贡献。

技能检测

一、选择题

1. 国际标准化组织的英文缩写为（　　）。

A. OSI　　B. ISO　　C. CCITT　　D. FDDI

2. 物理层传输的是（　　）。

A. 比特流　　B. 分组　　C. 信元　　D. 帧

3. 以下哪个功能不是数据链路层需要实现的？（　　）

A. 差错控制　　B. 流量控制　　C. 路由选择　　D. 组帧和拆帧

4. 在网络协议要素中，规定用户数据格式的是（　　）。

A. 语法　　B. 语义　　C. 时序　　D. 接口

5. 以下哪种协议属于传输层协议？（　　）

A. UDP　　B. RIP　　C. ARP　　D. FTP

6.（　　）协议可以将 IP 地址解析为网卡地址。

A. DNS　　B. DHCP　　C. RARP　　D. ARP

7.（　　）负责提供可靠的端到端的数据传输。

A. 传输层　　B. 网络层　　C. 应用层　　D. 数据链路层

8. 协议的语义定义了（　　）。

A. 数据的结构和格式　　B. 数据的意义

C. 事件发生的顺序　　D. 什么时候发送数据

9. 在 OSI 网络层传输的数据单元是（　　）。

A. 比特流　　B. 数据包　　C. 报文　　D. 数据帧

10. 在通信技术中，通信双方为了完成通信而必须遵守的规约称为（　　）。

A. 规则　　B. 协议　　C. 层次　　D. 数据单元

二、简答题

1. 什么是网络协议？网络协议的三要素是什么？

2. 试述网络体系结构分层的好处。

项目 3

局域网技术

项目导读

本项目主要讲解局域网相关技术。局域网是指联网距离有限的资源共享系统。网络拓扑结构是指网络中各个设备相互连接的形式。主要的拓扑结构有总线型、星型、环型、树型和网型。网络传输介质是网络中发送方与接收方之间的物理通路，它对网络的数据通信具有一定的影响。常用的传输介质有双绞线、同轴电缆、光纤，以及无线传输介质。介质访问控制技术是局域网中解决主机共享信道而产生竞争时如何分配信道使用权的技术。主要的介质访问控制技术有载波侦听多路访问 / 冲突检测（CSMA/CD）、令牌环访问控制法（Token Ring）和令牌总线访问控制法（Token Bus）。以太网是现今主要的局域网技术标准，已发展到万兆速率技术阶段。无线局域网（WLAN）是利用无线技术建立的局域网，该方式正成为终端接入局域网的主要方式。

学习目标

1. 了解局域网的基本特点。
2. 掌握计算机网络的 3 种基本拓扑结构。
3. 了解计算机网络的 2 种扩展拓扑结构。
4. 掌握 3 种有线传输介质的特性。
5. 了解无线传输介质的特性。
6. 掌握 3 种介质访问控制技术。
7. 了解以太网技术。

任务 3.1　局域网概述

从地理覆盖范围和网络传输的实现技术划分，可将网络分为局域网（LAN）和广域网（WAN）。局域网产生于20世纪60年代末，20世纪70年代出现了一些实验性的网络，到20世纪80年代，局域网产品已经大量涌现，其典型代表就是以太网（Ethernet）。近年来，随着社会信息化进程的加快，局域网已经成为计算机网络的重要组成部分。

局域网是指联网距离有限的资源共享系统。该系统采用局域网技术，相对广域网来说，带宽较高、建网成本较低，是组成 Internet 的基本单元。

局域网可分为小型局域网和大型局域网。小型局域网是指占用空间小、规模小、组网经费少的计算机网络，常用于办公室、学校计算机实训室、游戏厅、网吧等，甚至家庭中的两台计算机也可以组成小型局域网。大型局域网主要指校园网、企业网等跨越距离较大的网络。

局域网具有如下特点：

（1）为一个单位或者部分用户所拥有，地理范围和节点数目有限。

（2）数据传输速率高，通常在 10 ～ 1000Mbps。由于局域网的通信线路较短，故选用专用的高性能的介质作为通信线路，使线路具有较宽的频带，这样就可以提高通信速率，缩短延迟时间。

（3）误码率低。局域网通信线路短，而且多为专用网络，噪声和其他干扰因素影响小，因而网络信息传输过程中出错的概率小，可靠性高。

（4）建网成本低。网络区域有限，通信线路短，网络设备相对较少，所以大大降低了网络成本，缩短了建网周期。

任务 3.2　网络拓扑结构

拓扑是一个数学概念，它把物理实体抽象成与其大小和形状无关的点，把连接实体的线路抽象成线，进而研究点、线、面之间的关系。计算机网络也采用拓扑学中的研究方法，将网络中的设备定义为节点，把两个设备之间的连接线路定义为链路。从拓扑学的观点来看，计算机网络是由一组节点和链路组成的几何图形，这种几何图形就是计算机网络的拓扑结构。计算机网络的节点分为两类：转接节点和访问节点。集线器、交换机、路由器等网络互联设备属于转接节点，它们在网络中只是转接和交换传送的信息。服务器、工作站、个人计算机等属于访问节点，它们是信息传送的源节点和目的节点。计算机网络拓扑结构反映了网络中各实体间的结构关系。拓扑设计是构建计算机网络的第一步，也是实现各种网络协议的基础，它对网络的性能、系统可靠性等有重大影响。计算机网络的拓扑结构主要是指通信子网的拓扑结构。

计算机网络主要有3种基本拓扑结构：总线型、星型、环型。由基本网络拓扑结构还可以扩展出树型和网型等拓扑结构。

1. 总线型拓扑结构

总线型拓扑结构中所有的站点都通过接口接到总线上，如图 3－1 所示。在总线型拓扑结构中，主机发出的数据帧沿着总线向两端传送，每台主机都会收到该数据帧，并将该数据帧中的目的地址和自己的主

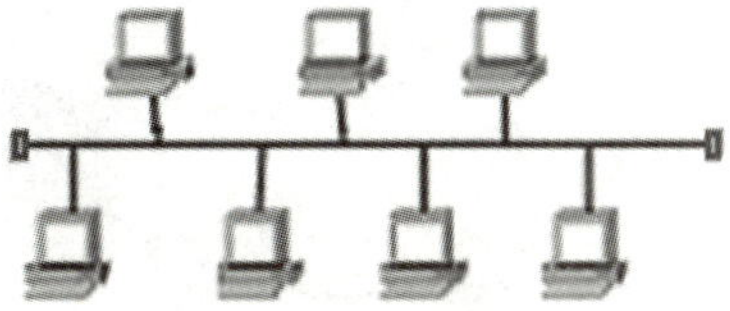

图 3－1　总线型拓扑结构

机地址进行比较，如果相同则接收该数据帧，否则丢弃该数据帧。传送到总线末端的数据帧会被终端匹配器吸收。总线结构的优点是组网实现简单，节约传输介质等；缺点是由于总线是共享介质，如果多台主机同时发送数据就会发生冲突，因此，需要通过介质访问协议进行控制，否则当总线的某个地方出现故障时，将会导致整个网络的瘫痪，且不易查找故障位置。

2. 星型拓扑结构

星型拓扑结构中的所有节点都连接到中心节点，如图 3－2 所示。中心节点是网络中的关键设备，具体包括集线器或者交换机等网络互联设备。与总线型结构相比，其缺点是要占用大量的传输介质，造价相对高很多。如果中心节点出现故障，将导致它所连接的网络全部不能工作。其优点是一根连线出现故障，只会影响该连线上的计算机，而不会影响其他计算机。而作为中心节点的交换机或者集线器的故障率是很低的，因此，星型网络的故障率比总线型网络要低很多，且故障容易查找和处理。星型拓扑结构和由其拓展的树型拓扑结构是目前组建局域网时广泛采用的拓扑结构。

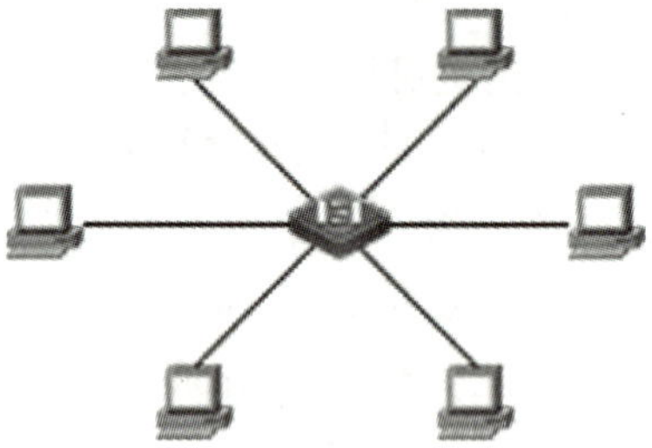
图 3－2　星型拓扑结构

需要特别指出的是由集线器连接的网络在物理上是星型拓扑结构，而在逻辑上却是总线型拓扑结构，这是由集线器对数据传输的性质决定的。

3. 环型拓扑结构

环型拓扑结构是将各主机或终端先连接到一个转发器上，再将所有的转发器连接成一个环而形成的结构，如图 3－3 所示。环型网络同总线网络一样，传输介质是共享的，但数据的传输采用令牌体制，同一个环中只有一个“令牌”，谁握有“令牌”，谁就有权利向环中发送信息，从而避免了总线型拓扑结构中出现的数据发送冲突的问题，所以这种网络又称为令牌环网。令牌环网的优点是避免了总线结构中数据发送的冲突问题；缺点是网络容错能力差，组网的相关设备稀少且昂贵，在国内较少使用。十多年前，许多企业内部的 FDDI 网络即为采用光纤与计算机组成的环型网络，其传输率可达到 100Mbps，但目前鲜有使用。

4. 树型拓扑结构

树型拓扑结构其实是星型拓扑结构的拓展，将多级星型网络按层次排列，即形成树型网络，如图 3－4 所示。采用树型拓扑结构可使数量庞大的终端共享一条通信线路，以提高线路利用率；可增强网络的分布处理能力；可改善星型网络的可靠性和可扩充性。

图 3－3　环型拓扑结构

图 3－4　树型拓扑结构

5. 网型拓扑结构

网型拓扑结构的节点之间的连接没有一定的规律可循，具有任意性，如图 3－5 所示。它的优点是系统的可靠性高，资源共享方便；缺点是结构复杂，软件控制麻烦，必须采用路由算法和流量控制方法。网型拓扑结构是广域网系统所采用的拓扑结构。

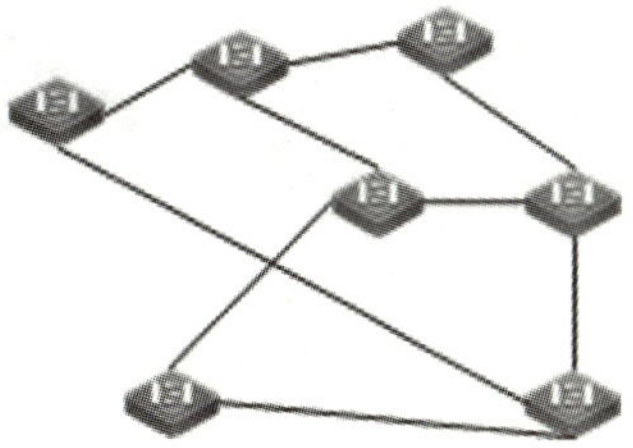
图 3－5　网型拓扑结构

每一种拓扑结构都有两面性，从实际应用的角度来说，在局域网中多采用星型和树型拓扑结构，在广域网中多采用网型拓扑结构。各种网络拓扑结构的比较见表 3－1。

表 3－1　各种网络拓扑结构的比较

拓扑结构	特点	优点	缺点
总线型	只有一条信道，一个时刻只能有一个节点发送数据	费用低，易布线，易维护	故障检测困难，争用总线
星型	节点之间进行通信必须经过中心节点	结构简单，协议简单，易检测，可隔离故障	费用高，中心节点故障会造成整个网络瘫痪
环型	沿环路单向传输	结构简单，性能好，适合用光纤连接	可靠性差，重新配置较难
树型	星型的扩展，根节点和子树节点均可作为转接节点	性能同星型，费用较星型低	时延大
网型	每个节点至少有两条链路与其他节点相连。连接没有一定的规律可遵循，具有任意性	性能好，可靠性高	结构复杂、控制烦琐

任务 3.3　网络传输介质

网络上的数据传输需要有“传输介质”，就好像车辆必须在道路上行驶一样，道路质量会影响行车安全及舒适程度。同样，网络传输介质的质量也会影响数据传输的质量，包括速率、数据丢失率等。常用的网络传输介质可分为两类：一类是有线传输介质；另一类是无线传输介质。有线传输介质包括双绞线、同轴电缆及光缆；无线传输介质包括无线电波、微波、红外线和卫星通信等。

1. 有线传输

（1）双绞线。

双绞线是目前使用最广泛的有线传输介质之一，价格相对便宜。双绞线由 2 根、4 根或 8 根绝缘铜导线组成。两根为一线对作为一条通信链路。为了减少各线对之间的电磁干扰，各线对以均匀对称的螺旋状方式扭绞在一起，如图 3－6 所示。线对的绞合程度越高，抗干扰能力越强。

图 3－6　双绞线

双绞线既可以传输模拟信号，又可以传输数字信号。双绞线的传输距离一般在 100 米之内，超出了这个范围就可能会造成信号失真。中继器等设备可以放大双绞线传输的信号，延长双绞线的传输距离。使用双绞线组网时，网卡必须带有 RJ45 接口。

目前，双绞线分为屏蔽双绞线（Shielded Twisted Pair，STP）和非屏蔽双绞线（Unshielded Twisted Pair，UTP）两类。两者的差别在于屏蔽双绞线在双绞线和外皮之间增加了铅箔屏蔽层，目的是提高双绞线的抗干扰性能，但其价格是非屏蔽双绞线的两倍以上。屏蔽双绞线主要用于安全性要求较高的网络环境中，如军事网络和股票网络等。使用屏蔽双绞线的网络为了达到真正的屏蔽效果，要求所有的接口和配套设施均使用屏蔽设备，所以整个网络的造价会比使用非屏蔽双绞线的网络高出很多，因此使用率较低。

按照 EIA/TIA（电气工业协会 / 电信工业协会）568A 标准，非屏蔽双绞线 UTP 共分为 1 ～ 5 类，计算机网络常用的是其中的 3 类和 5 类。

1 类线：可用于电话传输，但不适用于数据传输。对这一级线缆没有固定的性能要求。

2 类线：可用于电话传输和最高为 4Mbps 的数据传输，包括 4 对双绞线。

3 类线：可用于最高为 10Mbps 的数据传输，包括 4 对双绞线。

4 类线：可用于 16Mbps 的令牌环网和以太网，包括 4 对双绞线。其测试速度可达 20Mbps。

5 类线：既可用于 100Mbps 的快速以太网连接又支持 150Mbps 的 ATM 数据传输，包括 4 对双绞线，是连接桌面设备的首选传输介质。

非屏蔽双绞线具有以下优点：

1）无屏蔽外套，直径小，节省空间。

2）重量轻，易弯曲，易安装。

3）将干扰减至最小甚至可消除干扰。

4）具有阻燃性。

5）具有独立性和灵活性，适用于结构化综合布线。

（2）同轴电缆。

同轴电缆的中央是一根铜芯导体，外面依次包有绝缘体、网状屏蔽导体和塑料保护层，如图 3－7 所示。同轴电缆绝缘效果好，频带较宽，数据传输稳定，价格适中，性价比高。但是随着光缆价格的不断下降，同轴电缆已经基本不被使用。

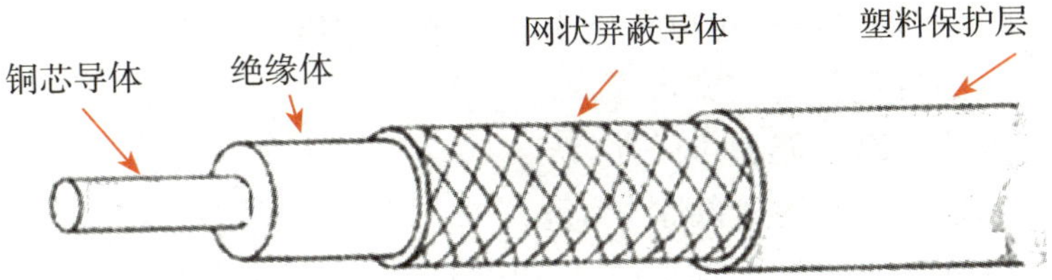

图 3－7　同轴电缆

通常，按特性阻抗数值的不同，可将同轴电缆分为 50Ω 基带同轴电缆和 75Ω 宽带同轴电缆。前者用于传输基带数字信号，是早期局域网的主要传输介质；后者是有线电视（CATV）系统中的标准传输电缆，在这种电缆上传输的信号是采用了频分复用技术的宽带模拟信号。

50Ω 基带同轴电缆可分为两类：粗缆和细缆。粗缆用于 10Base-5 以太网，最大干线长度 500 米，最大网络干线电缆长度 2500 米，每条干线段支持的最大节点数 100 个，收发器之间的最小距离 1.5 米，收发器电缆的最大长度 50 米。细缆用于 10Base-2 以太网，最大干线长度 185 米，最大网络干线电缆长度 925 米，每条干线段支持的最大节点数 30 个，BNC、T 型连接器之间的最小距离 0.5 米。

使用基带同轴电缆组网，需要在两端连接 50Ω 的反射电阻，又叫终端匹配器。对于同轴电缆组网的其他连接设备，粗缆与细缆采用的不尽相同。在与粗缆连接时，接收器是外置在电缆上的，要使用 9 芯 D 型 AUI 接口，网卡上必须带有粗缆连接接口（通常在网卡上标有“DIX”）；在与细缆连接时，收发器是内置在网卡上的，需要 BNC 接口、T 型接口配合使用，网卡上必须带有细缆连接接口（通常在网卡上标有“BNC”）。

（3）光纤。

光纤，又称光缆，由纤芯、包层和涂覆层组成，是新一代的传输介质，如图 3－8 所示。因其介质属性，与铜质介质相比，光纤具有一些明显的优势。因为光纤不会向外界辐射电子信号，所以使用光纤介质的网络无论是在安全性、可靠性，还是在传输速率等网络性能方面都有了很大的提高。

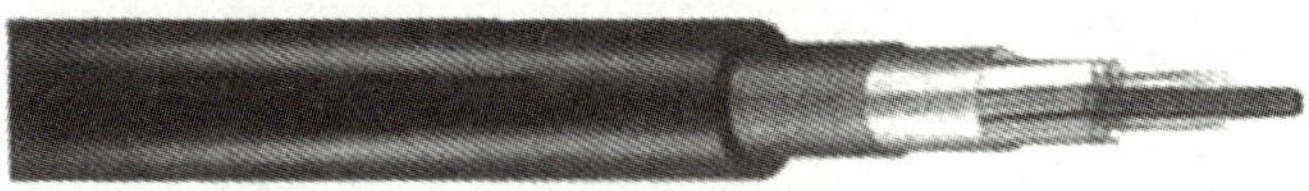

图 3－8　光纤

根据光在光纤中的传播方式，光纤分为两种类型：多模光纤和单模光纤。多模光纤纤芯直径较大，可为 61.5 微米或 50 微米，包层外径通常为 125 微米。单模光纤纤芯直径较小，一般为 9 ～ 10 微米，包层外径通常也为 125 微米。由于单模光纤的直径小于一般的光波波长，使得光在单模光纤中基本不能发生折射和反射，光波的传输路径只能与光纤的轴心一致，所以单模光纤传输速度快，能量散失小，但由于其制造工艺比多模光纤复杂，所以价格较贵。

光纤的很多优点使得它在远距离通信中起着重要作用，其优点如下：

1）光纤有很大的带宽，通信容量大。

2）光纤的传输速率高，能超过千兆。

3）光纤的传输衰减小，连接的距离更长。

4）光纤不受外界电磁波的干扰，适宜在电气干扰严重的环境中使用。

5）光纤无串音干扰，不易被窃听和截取数据，因而安全性高。

2. 无线传输

无线传输是指信号不被约束在一个物理实体内进行的信号传输。

（1）无线电波。

无线电波广泛应用于通信，原因在于它的传播距离可以很远，也很容易穿过建筑物。而且无线电波是全方向传播的，因此无线电波的发射和接收装置不必要求精确对准。

无线电波的传输特性与频率有关。在低频上，无线电波能轻易地绕过一般障碍物，但它的能量会随着传输距离的增大而急剧递减。在高频上，无线电波趋于直线传播并易受障碍物的阻挡，还会被雨水吸收。对于所有频率的无线电波，都很容易受到其他电子设备的各种电磁干扰。

（2）微波。

对于频率在 100 MHz 以上的无线电波，它的能量将集中在一点并沿直线传播，这就是微波。由于微波只能沿直线传播，所以微波的发射天线和接收天线必须精确对准。而且如果两个微波塔相距太远，一方面地球表面就会挡住微波的去路；另一方面，微波经长距离传播会发生衰减，所以每隔一段距离就需要设一个中继站。中继站的距离与微波塔的高度成正比。

（3）红外线。

红外线是一种在计算机网络中被广泛使用的无线传输介质。带有信息的红外线可以直接或经过墙面、天花板反射后被接收装置接收。不过，红外线被反射一次，信号强度大约减小一半，再者，红外线信号没有穿透墙壁和其他固体物的能力，还容易被强光光源所覆盖，所以红外线的最佳应用场所是空旷的房间。

红外线的高频特性决定了它可以支持高速率的数据传输应用。目前，红外线在数据传输方面的技术发展比较慢。

（4）卫星通信。

常用的卫星通信是指地面站之间利用 36 000 千米高空的同步地球卫星作为中继器的一种微波接力通信。

卫星通信可以克服地面微波通信距离的限制。一个同步卫星可以覆盖地球约三分之一的表面，只要在地球赤道上空的同步轨道上等距离放置 3 颗相隔 120 度的卫星就可以覆盖地球上的全部通信区域，这样，地球上的各个地面站之间就都可以互相通信了。

卫星通信的优点是通信容量很大，距离远，信号受到的干扰也比较小，通信比较稳定。缺点是传播延迟时间长。

任务 3.4 介质访问控制技术

介质访问控制（Medium Access Control，MAC）技术是解决局域网中主机共享信道产生竞争时，如何分配信道使用权的技术。对共享信道的争用，有两类基本的解决方式：竞争型和受控型。所谓竞争型，即所有主机自由竞争信道的使用权，会产生冲突。所谓受控型，即每个主机各自有使用介质的时间，不会产生冲突。计算机局域网常用的介质访问控制技术有 3 种，分别是载波侦听多路访问 / 冲突检测（CSMA/CD）、令牌环访问控制法（Token Ring）和令牌总线访问控制法（Token Bus）。

1. 载波侦听多路访问 / 冲突检测（CSMA/CD）

CSMA/CD 是 Carrier Sense Multiple Access With Collision Detection 的缩写，含有两方面的内容：即载波侦听多路访问（CSMA）和冲突检测（CD）。CSMA/CD 访问控制技术主要用于总线型拓扑结构，是典型的竞争型访问控制技术。在总线型拓扑结构中，所有主机连接在一条总线上，而总线一般是传输电信号的同轴电缆或者双绞线。电信号的特点使得网络中的主机在同一时间点只能有一台向总线发送数据，否则会产生冲突。

如何保证同一时间点上只有一台主机向总线发送数据？CSMA/CD 的设计思想如下：

（1）载波侦听多路访问（CSMA）。

总线上的一台主机如果要发送数据，首先要侦听（监听）总线，查看信道上是否有数据。总线上各个主机都有一个“侦听器”，用来测试总线上有无其他主机正在发送数据（也称为载波识别）。如果信道已被占用，则此主机将等待一段时间再争取发送权；如果侦听到总线是空闲的，即没有其他主机发送数据，就立即抢占总线进行数据发送。

（2）冲突检测（CD）。

当信道处于空闲时，如果总线上的两台或两台以上主机在某一瞬间都想发送数据，那么该瞬间它们都会检测到信道是空闲的，都认为可以发送信息，从而一起发送，这就产生了冲突（碰撞）。另一种情况是某主机侦听到信道是空闲的，但这种空闲可能是距离较远的主机已经发送了数据包，但由于在传输介质上信号传送存在延时，数据包还未传送到此主机所连接的节点，如果此主机又发送信息，也会产生冲突。发生了冲突后，总线上会产生一个冲突信号，当发送数据的主机接收到冲突信号，就会等待一个随机时间之后再去争用总线的使用权。发生冲突后，每台主机所等待的随机时间是不一样的，且如果一台主机连续发生冲突，则每一次等待的时间都会比上一次长，以减少再次发生冲突的概率，直至报错而放弃发送。

（3）CSMA/CD 的工作过程与特点。

可以将 CSMA/CD 的工作过程形象地概括为“先听后发，边听边发，冲突停止，延迟重发”。

1）先听后发：发送数据之前先监听网络信道，如果空闲，则发送数据；如果信道忙，则继续监听，直到介质空闲，则立即发送。

2）边听边发：假设有多个节点同时检测到信道空闲，则同时发送数据会造成冲突，所以要一边发送一边监听信道上是否有冲突发生。

3）冲突停止：若在发送的过程中检测到有冲突发生，则立即停止发送，并发出冲突信号，通知其他主机节点冲突已经发生。

4）延迟重发：主机接收到冲突信号后会停止发送数据，并查看是否超出了允许发生冲突的次数。如果超出，则不再请求发送数据，数据发送失败；如果没有超出，则等待一个随机时间后返回第1）步重新争取发送权。

CSMA/CD 的工作过程如图 3－9 所示。

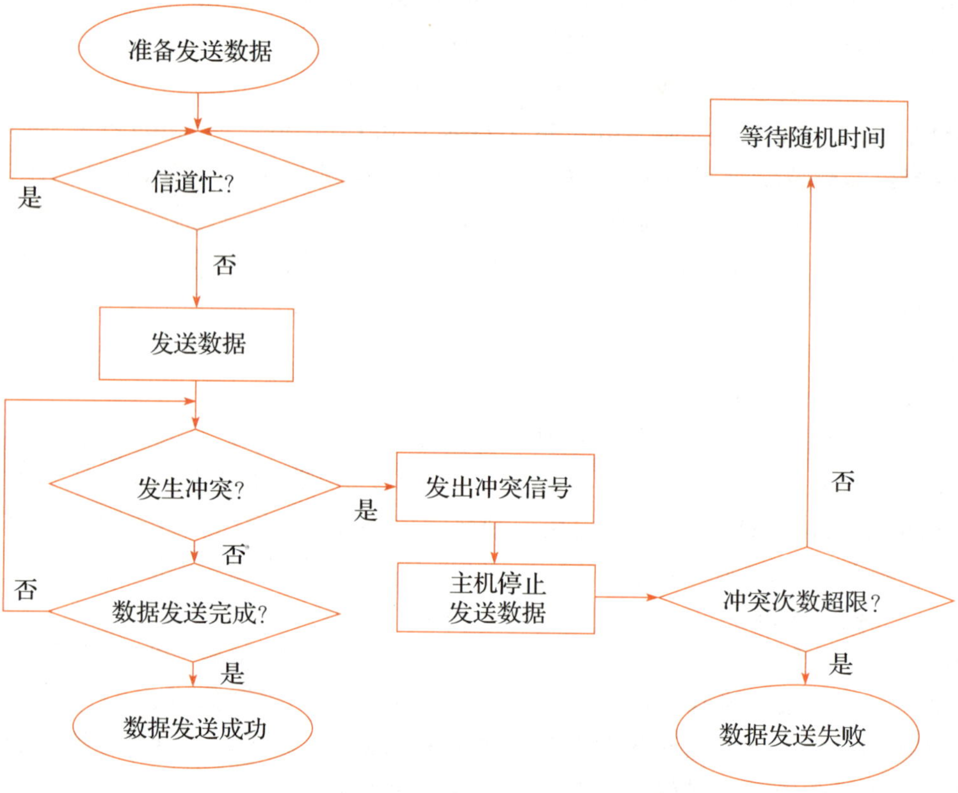

图 3－9　CSMA/CD 的工作过程

CSMA/CD 的主要特点是：原理比较简单，技术上较易实现，网络中各主机处于同等地位，不需要集中控制，效率高。但这种方式不能提供优先级控制，各主机节点平等争用总线，当负载增大时，发送信息的等待时间较长。

2. 令牌环访问控制法（Token Ring）

令牌环访问控制法主要在令牌环网中使用，是典型的受控型访问控制技术。在令牌环中，各主机通过环接口节点连成物理环形。令牌是一种特殊的 MAC 控制帧，令牌帧中有一个位用于标志令牌的“忙”或“闲”。当令牌环工作正常时，令牌总是沿着物理环单向逐节点传送，传送顺序与节点在环中排列的顺序相同。当某一主机节点想发送数据时必须等待，直至检测到经过该节点的令牌为止。这时该主机节点将令牌设为“忙”，此时环上不再有令牌。握有令牌的主机可以向令牌环网上发送数据，其他想要发送数据的主机节点必须等待。发送的数据将在环上环行一周，然后由发送主机将其清除。发送主机不再发送数据时，将令牌设为“闲”，并将其释放。

令牌环访问控制法的优点是具有极好的吞吐能力，且吞吐量随数据传输速率的提高而增加，并随介质的饱和而稳定下来，但并不下降；各主机节点不需要检测冲突，故信号电压允许有较大的动态范围和较远的联网距离；有一定实时性，在工业控制领域中得到了广泛应用。令牌环访问控制法的主要缺点在于其实现的复杂性和时间开销较大。

3. 令牌总线访问控制法（Token Bus）

令牌总线访问控制法是将令牌环访问控制技术应用到总线结构中。在采用令牌总线访问控制法的局域网中，令牌用来控制主机对总线的访问权。从物理结构上看，令牌总线网是一种总线型结构，各主机节点共享总线传输信道；但从逻辑上看，它又是一种环型结构，它将总线的两端在逻辑上连接起来形成一个逻辑环。这种逻辑环通常按主机地址的递减或递增顺序排列，与工作站的物理位置并无固定关系，令牌由高地址向低地址传递，最后由最低地址向最高地址传递，以此循环，从而在一个物理总线上形成一个逻辑环。

任务 3.5　以太网

以太网（Ethernet）是由 Xerox 公司创建并由 Xerox、Intel 和 DEC 公司联合开发的基带局域网规范。以太网不是一种具体的网络，而是一种技术规范。以太网技术规范定义了在局域网中采用的电缆类型和信号处理方法。以太网一般采用 CSMA/CD 技术，在互联设备之间以高于广域网数倍的速率传送信息包。由于成本低、可靠性高、速率高、设备通用性强的特点，以太网成为应用最为广泛的局域网技术之一。随着网络技术的发展，以太网技术经历了标准以太网、快速以太网、千兆以太网、万兆以太网等发展阶段。

1. 标准以太网（Ethernet）

最初，以太网的速率只有 10Mbps，使用的是 CSMA/CD 访问控制方法，这种早期的 10Mbps 以太网称为标准以太网。标准以太网主要有两种传输介质：双绞线和同轴电缆。所有的以太网都遵循 IEEE 802.3 标准，下面列出的是部分 IEEE 802.3 以太网标准，标准前面的数字表示传输速度，单位是“Mbps”，最后的数字表示单段网线长度（基准单位是 100 米），Base 表示“基带”。

（1）10Base-5：使用粗同轴电缆，最大速率 10Mbps，最大网段长度为 500 米，基带传输方法。

（2）10Base-2：使用细同轴电缆，最大速率 10Mbps，最大网段长度为 185 米，基带传输方法。

（3）10Base-T：使用双绞线电缆，最大速率 10Mbps，最大网段长度为 100 米。

（4）10Base-F：使用光纤传输介质，最大速率 10Mbps。

2. 快速以太网（Fast Ethernet）

在 1993 年 10 月以前，对于要求 10Mbps 以上数据流量的局域网应用，只有光纤分布式数据接口（FDDI）可供选择，但它是一种价格非常昂贵的、基于 100Mbps 光缆的 LAN。1993 年 10 月，Grand Junction 公司推出了世界上第一台快速以太网集线器 Fastch10/100 和网卡 FastNIC100，快速以太网技术正式得以应用。随后，Intel、Synaptics、3COM、BayNetworks 等公司相继推出自己的快速以太网装置。与此同时，IEEE 802 工程组亦对 100Mbps 以太网的各种标准，如 100Base-TX、100Base-T4、MII、中继器、全双工等进行了研究。1995 年 3 月 IEEE 宣布了快速以太网标准（Fast Ethernet），快速以太网的时代到来了。

快速以太网与原来在 100Mbps 带宽下工作的 FDDI 相比，具有许多的优点，主要体现在快速以太网技术可以有效地保障用户在布线基础设施上的投资，它支持 3、4、5 类双绞线以及光纤的连接，能有效利用现有的设施。快速以太网的不足其实也是以太网技术的不足，即快速以太网仍是基于 CSMA/CD 技术，当网络负载较重时，会造成效率的降低，不过这可以通过交换技术来弥补。

快速以太网标准类型如下：

（1）100Base-TX：使用 5 类无屏蔽双绞线或屏蔽双绞线的快速以太网技术，最大网段长度为 100 米。

（2）100Base-FX：使用光缆的快速以太网技术，可使用单模和多模光纤。多模光纤连接的最大距离为 550 米，单模光纤连接的最大距离为 3000 米。

（3）100Base-T4：可使用 3、4、5 类无屏蔽双绞线或屏蔽双绞线的快速以太网技术，最大网段长度为 100 米。

3. 千兆以太网（Gigabit Ethernet）

千兆以太网技术作为最新的高速以太网技术，采用了全双工的点到点的通信模式，不再共享带宽，CSMA/CD 机制已不再重要，为用户带来了提高核心网络的有效解决方案，这种解决方案的最大优点是继承了传统以太网技术价格便宜的优点。千兆技术仍然是以太网技术，它采用了与 10M 以太网相同的帧格式、帧结构、网络协议、全 / 半双工工作方式、流控模式以及布线系统。由于该技术不改变传统以太网的桌面应用、操作系统，因此可与 10M 或 100M 以太网很好地配合工作。升级到千兆以太网不必改变网络应用程序、网管部件和网络操作系统，能够在最大程度上实现投资保护。

Gigabit Ethernet 支持的网络类型如下：

（1）1000Base-CX Copper STP：传输介质为铜缆，最大距离 25 米。

（2）1000Base-T Copper Cat 5 UTP：传输介质为 5 类非屏蔽双绞线，最大距离 100 米。

（3）1000Base-SX Multi-mode Fiber：传输介质为长波激光信源，最大距离 500 米。

（4）1000Base-LX Single-mode Fiber：传输介质为短波激光信源，最大距离 3000 米。

4. 万兆以太网（Ten Gigabit Ethernet）

万兆以太网技术与千兆以太网技术类似，仍然保留了以太网的帧结构，也不存在信道争用问题。通过不同的编码方式或波分复用技术提供 10Gbps 传输速率。万兆以太网于 2002 年 7 月在 IEEE 通过。万兆以太网技术提供更加丰富的带宽和处理能力，能够有效地节约用户在链路上的投资，并保持以太网一贯的兼容性好、简单易用和升级容易的特点。

万兆以太网标准包括 10GBase-X、10GBase-R 和 10GBase-W。

万兆以太网在设计之初就考虑到城域骨干网的需求。第一，带宽 10G 足够满足现阶段以及未来一段时间内城域骨干网的带宽需求（现阶段大多数城域骨干网的骨干带宽不超过 2.5G）。第二，万兆以太网最长传输距离可达 40 千米，且可以配合 10G 传输通道使用，足够满足大多数城市的城域网覆盖要求。

任务 3.6　WLAN 技术

无线局域网（Wireless Local Area Network，WLAN）是指采用无线介质组建的网络。与有线局域网通过铜线或光纤等导体传输不同的是，无线局域网使用电磁频谱来传递信息。它是计算机网络与无线通信技术相结合的产物。无线网络适用于布线困难、上网设备经常移动的环境，以及临时性网络的搭建。原来的说法是，无线网络是有线网络的补充；现在，移动设备成为主要的联网终端，无线连接已成为网络终端的主要接入方式。

1. 无线局域网的特点

无线局域网利用电磁波在空气中发送和接收数据，不需要线缆介质。无线局域网的数据传输速率能够达到 54Mbps，传输距离可远至 20 千米。它是对有线联网方式的一种补充和扩展，使网上的计算机具有可移动性，能快速方便地解决使用有线方式不易实现的网络连通问题。

（1）与有线网络相比，无线局域网具有以下优点：

1）安装便捷。

通常，网络建设中施工周期最长、对周边环境影响最大的就是网络布线施工工程。在施工过程中，往往需要破墙掘地、穿线架管。而无线局域网最大的优势就是免去或减少了网络布线的工作量，一般只要安装一个或多个接入点 AP（AccessPoint）设备，就可建立覆盖整个建筑或地区的局域网络。

2）使用灵活。

在有线网络中，网络设备的安放位置受网络信息点位置的限制。而无线局域网建成后，在无线网信号覆盖区域内的任何一个位置都可以接入网络。

3）节约。

由于有线网络缺少灵活性，这就要求网络规划者尽可能地考虑未来发展的需要，往往导致预设大量利用率较低的信息点。而一旦网络的发展超出了设计规划，又要花费较多费用进行网络改造，而无线局域网可以避免或减少以上情况的发生。

4）易于扩展。

无线局域网有多种配置方式，用户可以根据需要灵活选择。也就是说，无线局域网能够应用于从只有几个用户的小型局域网到上千用户的大型网络，并且能够提供像“漫游”等有线网络无法提供的特性服务。目前，无线局域网已经在医院、商店、工厂和学校等不适合网络布线的场合得到了广泛应用。

（2）无线局域网与有线局域网相比也有其局限性：

1）可靠性与服务质量。

无线局域网是依靠无线电波进行传输的，这些电波通过无线发射装置进行发射，而建筑物、车辆、树木和其他障碍物都可能阻碍电波的传输，所以会影响网络的性能。

2）带宽与容量。

无线信道的传输速率与有线信道相比要低得多。目前，无线局域网的最大传输速率为150Mbps，只适合个人终端和小规模网络应用。

3）安全性。

由于无线网络的自身特性，决定了其除了具有有线网络的不安全因素外，还容易遭受窃听、干扰、冒充、欺骗等形式的攻击。

2. 无线局域网标准

以IEEE为代表的多个研究机构针对不同的应用场合，制定了一系列协议标准，推动了无线局域网的实用化。

作为全球公认的局域网权威，IEEE 802工作组建立的标准在局域网领域内得到了广泛应用。IEEE于1997年发布了无线局域网领域第一个在国际上被认可的协议——802.11协议。1999年9月，IEEE提出802.11b协议，用于对802.11协议进行补充，之后又推出了802.11a、802.11g、802.11n、802.11ac等一系列协议，从而进一步完善了无线局域网规范。蓝牙技术是IEEE 802之外的标准，是短距离无线传输的主要标准。

（1）802.11协议。

802.11是IEEE最初制定的一个无线局域网标准，主要用于解决办公室局域网和校园网中用户与用户终端的无线接入，业务主要限于数据访问，工作在2.4GHz频带，速率最高只能达到2Mbps。由于它在速率和传输距离上都不能满足人们的需要，所以802.11标准被802.11b取代了。

（2）802.11a协议。

802.11a是802.11原始标准的一个修订标准，于1999年获得批准。使用5GHz频带。最大原始数据传输速率为54Mbps。802.11拥有12条不相互重叠的频道，8条用于室内，4条用于点对点传输，它不能与802.11b进行互操作，除非使用了对两种标准都采用的设备。由于2.4GHz频带已经被广泛使用，因此采用5GHz频带可以让802.11a发生冲突的概率更小。然而，高载波频率也带来了负面效果。802.11a几乎被限制在直线范围内使用，这导致必须使用更多的接入点；还意味着802.11a不能像802.11b传播得那么远，因为它更容易被吸收。

（3）802.11b协议。

802.11b也称为Wi-Fi技术，是目前最流行的WLAN协议之一，使用2.4GHz频段。最高速率11Mbps，实际使用速率根据距离和信号强度可变，802.11b的较低速率使得无线数据网的使用成本能够被大众接受。另外，由于是通过统一的认证机构认证所有厂商的产品，因此802.11b设备之间的兼容性得到了保证。

（4）802.11g协议。

2001年11月，在IEEE会议上形成了802.11g标准草案，目的是在2.4GHz频段实现 802.11a 的速率要求。802.11g 使用 2.4GHz 频段，对现有的 802.11b 系统向下兼容。它既能适应传统的 802.11b 标准（在 2.4GHz 频率下提供的数据传输率为 11Mbps），也符合 802.11a 标准（在 5GHz 频率下提供的数据传输率为 54Mbps），从而解决了对已有的 802.11b 设备的兼容。用户还可以配置与 802.11a、802.11b 以及 802.11g 均相互兼容的多方式无线局域网，有利于促进无线网络市场的发展。

（5）802.11n 协议。

802.11n 是在 802.11g 和 802.11a 之上发展起来的一项技术，最大的特点是速率提升，理论速率最高可达 600Mbps。802.11n 可工作在 2.4GHz 和 5GHz 两个频段。

（6）802.11ac 协议。

802.11ac 是 802.11n 的后续标准，通过 5GHz 频带进行通信。理论上，它能够提供最多 1Gbps 带宽进行多站式无线局域网通信，或是最少 500Mbps 的单一连接传输带宽。

（7）蓝牙技术（Bluetooth）。

蓝牙技术于 1998 年由 Intel、Nokia、Ericsson、Toshiba 和 IBM 五大公司成立的 BluetoothSIG（Bluetooth Special Interest Group，蓝牙技术特别兴趣小组）提出，蓝牙是该技术标准的代码名称，其目的是实现移动计算机设备和通信设备的简单、快捷连接，取代连接这些设备的电缆。

蓝牙技术是面向网络中各类数据及语音设备，以实现语音和数据无线传输的开放性规范，也是一种低成本、短距离的无线连接技术。蓝牙工作在全球通用的 2.4GHz ISM 频段，全双工通信。蓝牙技术应用的快速确认和调频技术能确保链路的稳定；二进制调频技术的跳频收发器可抑制干扰和防止衰落；向前纠错技术可抑制长距离链路的随机噪声。

项目实训：双绞线的制作

一、实训目的

（1）掌握非屏蔽双绞线的 RJ-45 接头的制作方法。

（2）掌握非屏蔽双绞线直通电缆、交叉电缆的制作方法。

（3）掌握剥线钳、压线钳和网线测试仪的使用方法。

二、实训环境或设备

（1）非屏蔽 5 类双绞线若干米。

（2）RJ-45 水晶头若干。

（3）用于驳接水晶头的专用剥线 / 压线钳。

（4）用于测试线缆是否通畅的网线测试仪。

三、实训内容

1. 双绞线的制作标准

5 类 UTP 是 8 线 4 对呈螺旋排列，两根导线相互绞在一起，并由坚韧外皮包裹。8 根导线以不同颜色区分，白橙与橙为一对，用作发送线对（TD+、TD–）；白绿与绿为一对，用作接收线对（RD+、RD–）；白蓝与蓝为一对，白棕与棕为一对，这两对没用，作为预留对。因此国际上有两种制线标准：T568A 和 T568B。其排线顺序见表 3－2。

表 3－2　T568A 与 T568B 标准线序

标准	1	2	3	4	5	6	7	8
T568A	白绿	绿	白橙	蓝	白蓝	橙	白棕	棕
T568B	白橙	橙	白绿	蓝	白蓝	绿	白棕	棕

2. 直通双绞线和交叉双绞线的制作规范以及各自作用

直通双绞线：两端都采用 T568B 或 T568A 标准排线，如图 3－10 所示。

交叉双绞线：一端采用 T568A 标准，另外一端采用 T568B 标准来排线如图 3－11 所示。

直通双绞线的制作

图 3－10　直通双绞线

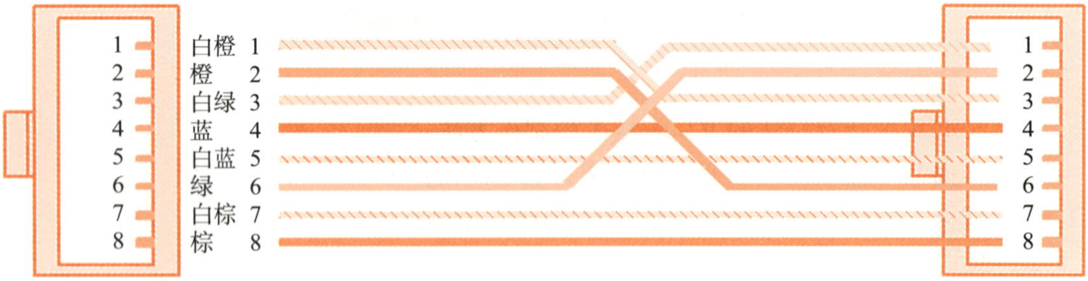

图 3－11　交叉双绞线

直通双绞线的作用：一般用于计算机和集线器（或交换机）的连接；当集线器级联时，用于集线器的级联端口和其普通端口相连。

交叉双绞线的作用：一般用于计算机和计算机的连接；当集线器级联时，用于集线器的普通端口和其普通端口相连。

3. 网线测试

通过网线测试仪测试制作的网线是否连通。

项目小结

在本项目中，我们学习了局域网的基本拓扑结构、常用的网络传输介质、传输介质的控制技术，以及以太网的分类和布网标准。

局域网的 3 种拓扑结构：总线型、星型和环型各有优缺点，要根据具体应用环境来选取。当前，网络布线已经基本不用同轴电缆了，随着成本的降低，光纤有代替所有有线传输介质的趋势。随着移动设备大量接入网络的需求的扩大，无线接入正成为当前网络通信技术的主要开拓领域之一。

从局域网技术的应用联想到为人处世，他人认为好的东西未必适合你，鞋子合不合脚只有自己知道。做事避免盲信盲从，应该身体力行，方知什么才是最适合自己的，能够解决自己的问题才是根本。引申到国家建设层面，中国特色社会主义建设实际上就是中国共产党探索出的适合我国国情的发展道路。

技能检测

一、选择题

1. 局域网常用的拓扑结构一般为（　　）。

A. 环型　　B. 总线型　　C. 星型　　D. 网型

2. 一个城市内的某个计算机网络系统属于（　　）。

A. PAN　　B. LAN　　C. WAN　　D. MAN

3. 根据计算机网络拓扑结构的分类，Internet 采用的是（　　）拓扑结构。

A. 环型　　B. 总线型　　C. 星型　　D. 网型

4. 校园网属于（　　）。

A. LAN　　B. WAN　　C. MAN　　D. Internet

5. 不受电磁干扰和噪声影响的介质是（　　）。

A. 同轴电缆　　B. 光纤　　C. 双绞线　　D. 激光

6. 通常，对于高速局域网通信容量大的情况，为了获得更佳的性能，应当选用（　　）。

A. 同轴电缆　　B. 双绞线　　C. 光纤　　D. 激光

7. 下列介质中属于无线介质的是（　　）。

A. 双绞线　　B. 光纤　　C. 红外线　　D. 同轴电缆

8. 以太网采用的介质访问控制技术一般是（　　）。

A. CSMA/CD　　B. CSMA/CA　　C. WCDMA　　D. CDMA2000

9.CSMA/CD 处理冲突的方法为（　　）。

A. 随机延迟后重发　　B. 固定延迟后重发

C. 等待用户命令后重发　　D. 多帧合并后重发

10. 以太网 10Base-T 采用的介质访问控制技术是（　　）。

A. CSMA　　B. CSMA/CD

C. NOVELL Netware　　D. Token Ring

二、简答题

1. 计算机网络的拓扑结构主要有哪几种？试做比较。

2. 简述 CSMA/CD 的工作过程。

项目 4

认识 IPv4 地址

项目导读

本项目主要讲解 IPv4 地址的基础知识，通过本项目的学习，同学们可以从总体和理论上了解网络终端是如何依靠 IPv4 地址实现区分的，有助于后续项目的学习。

学习目标

1. 了解 MAC 地址、域名，以及它们与 IP 地址的关系。
2. 掌握 IPv4 地址的分类方法。
3. 掌握特殊 IPv4 地址的用途。
4. 了解 ping 命令和 ipconfig 命令的使用。
5. 熟悉 IPv4 地址的配置过程。

任务 4.1　MAC 地址、IP 地址与域名

IP 地址犹如网络设备的门牌号，是网络设备之间实现通信的重要依靠。MAC 地址和域名是与 IP 地址密切相关的两种地址。

在使用计算机网络的过程中，我们常常接触到 3 种地址：MAC 地址、IP 地址和域名。了解它们的作用以及它们之间的关系，有利于掌握网络数据传输的运作过程。

1. MAC 地址

MAC 地址也叫物理地址、硬件地址或链路地址，它主要存在于网卡中，由网卡制造商生产时写入，并且不可更改。每一个网卡的 MAC 地址都是全球唯一的，类似于人的身份证号，表示一个网卡的身份。

MAC 地址为 48 位二进制数（6 字节），为了书写和记忆方便，通常用十六进制表示，

每两位十六进制数之间用冒号或者横线隔开，格式如下：

00:26:9E:D5:FF:DF，或者 00-26-9E-D5-FF-DF

MAC 地址的前 24 位代表网卡生产厂商的编号，后 24 位代表网卡生产厂商给予其生产的网卡的编号。

2. IP 地址

IP 地址就是给每一个连接在网络上的计算机和路由器等网络设备分配的一个全世界范围内唯一的地址。当前的 IP 地址主要是指 IPv4 地址，即基于 IP 协议第四版的地址，提到 IP 地址时，一般指的就是 IPv4 地址，它由 32 位二进制数组成。TCP/IP 利用 IP 地址来标识发送网络数据的源地址和目的地址。IP 地址采用分层结构，由网络地址位与主机地址位两部分组成，如图 4－1 所示。IP 地址的结构使我们可以在因特网上很方便地进行寻址：先按照 IP 地址中的网络地址位找到网络，再按主机地址位找到主机。

网络地址位	主机地址位

图 4－1　IP 地址的结构

对于 IPv4 来说，为了书写简便，32 位二进制数以 8 位为一组，分成 4 组，每组用十进制数表示，各组之间用“.”隔开，例如 192.168.0.190。这种 IP 地址的表示方法称为“点分十进制”，我们的计算机所配置的地址采用的就是这种格式，如图 4－2 所示。需要注意的是，由于每个十进制数是由 8 位二进制数生成的，所以每个十进制数的范围是 0 ～ 255。如 192.272.0.23 便不是一个合法的 IP 地址。

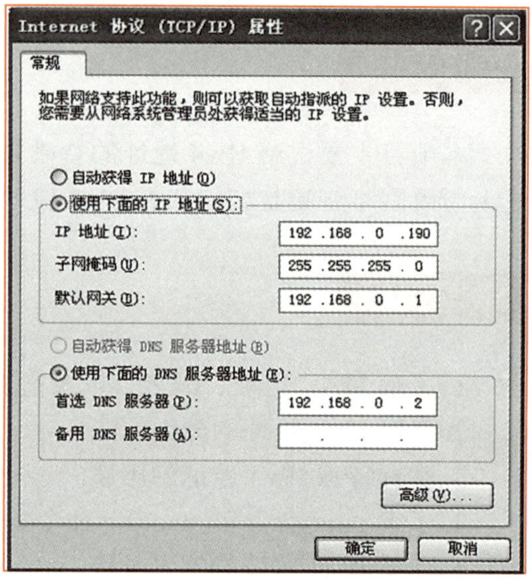

图 4－2　配置 IP 地址

3. 域名

域名就是我们登录网站时在浏览器地址栏中输入的网址。域名和 IP 地址之间通常是一对一的关系，但并不是所有 IP 地址都需要配置域名，只有网站服务器的 IP 地址才需要配置域名。域名由英文字母组成，便于记忆，所以说虽然输入 IP 地址也可以登录网站（前提是网站没有禁止通过 IP 登录），但是人们更喜欢用网站的域名登录。例如，山东信息职业技术学院的 IP 地址是 123.133.28.242，而域名为 www.sdcit.cn。目前，Internet 也支持非英文域名，山东信息职业技术学院的中文域名是“山东信息职业技术学院 . 中国”。

域名是以层次结构的命名方式对网络主机进行的命名，就像覆盖全世界的电话系统一样，比如电话号码 086-0536-2931 × × × 转 003，086 表示中国，0536 表示潍坊，2931 × × × 表示潍坊的一个单位的电话，003 表示该单位中的一个办公室的电话分机号，该号码共分成了四级。相应地，域名 www.sdcit.cn 中的 cn 表示中国，sdcit 表示山东信息职业技术学院，www 表示万维网，如果要进入该学校的网管中心可以通过 wangluo.sdcit.cn 登录，该域名共有三级。依据欧美国家的习惯，域名级别是由右向左排列的，各级之间用“.”隔开，最右面的是一级域名，又称顶级域名。顶级域名由世界 Internet 域名管理机构 ICANN（Internet Corporation for Assigned Names and Numbers，互联网名称与数字地址分配机构）设定。顶级域名分为通用顶级域名和国家及地区顶级域名两大类，表 4－1 列出了部分常用的顶级域名。国家和地区顶级域名由相应的国家和地区管理，并设定其二级域名，比如 www.tsinghua.edu.cn，cn 是中国的顶级域名，edu 是表示教育机构的二级域名。

表 4－1　部分常用顶级域名

通用顶级域名	代表的区域	国家和地区顶级域名	代表的区域
com	公司企业	cn	中国
edu	教育机构	hk	中国香港
org	非营利性组织	tw	中国台湾
gov	政府机构	jp	日本
mil	军事机构	sg	新加坡
net	网络服务机构	uk	英国

4. MAC 地址与 IP 地址的关联

如果把 MAC 地址比喻成人的身份证号，那么 IP 地址就是人的名字，身份证号不能改变，而人的名字是可以改变的，所以我们又称 MAC 地址为物理地址，称 IP 地址为逻辑地址。一台入网的计算机不仅要有 MAC 地址，也要有 IP 地址。从 OSI 模型角度讲，MAC 地址属于数据链路层，而 IP 地址属于网络层，我们从网络上寻找设备靠的是 IP 地址，然而最终数据的传输依靠的是底层的 MAC 地址。那么 MAC 地址和 IP 地址在网络数据传输中的作用是怎样的呢？假设主机 A 给主机 B 发送数据，主机 A 只知道主机 B 的 IP 地址，但数据的传输依靠的是 MAC 地址，所以主机 A 会通过某种机制向主机 B 索要它的 MAC 地址，主机 A 获取主机 B 的 MAC 地址的过程在 IPv4 网络中是依靠 ARP（Address Resolution Protocol，地址解析协议）来实现的。当主机 A 获得主机 B 的 MAC 地址后，主机 A 会在发送给主机 B 的数据上打上主机 B 的 MAC 地址，然后发送到网络中，由网络依据 MAC 地址把数据送到主机 B，这就完成了数据的发送。例如，我给你寄一封信，我知道你的名字，但我不知道你的地址，我需要通过某种途径索取你的地址，然后在信封上写上你的地址才能交给邮局。邮局邮递信件依靠的是信封上的地址。

通常，一台主机只有一个网卡，也就是只有一个 MAC 地址，但有时候一台主机可能配置了多个网卡，则该主机就有多个 MAC 地址。在主机中，MAC 地址与 IP 地址一般是一对一的关系，但是我们也可以为一个 MAC 地址配置多个 IP 地址，配置方法为在图 4－2 所示的【Internet 协议（TCP/IP）属性】对话框中单击【高级】按钮，出现【高级 TCP/IP 设置】对话框，选择【IP 设置】选项卡，在【IP 地址】栏中单击【添加】按钮，在弹出的【TCP/IP 地址】对话框中设置新的 IP 地址和掩码，如图 4－3 所示。

5. IP 地址与域名的关联及 DNS

如果说 IP 地址是人的名字，域名就是易于被更多人记忆的绰号。相比 IP 地址而言，人们更愿意使用便于记忆的域名来登录网站服务器。此时，必须有一个网络系统知道这个域名所代表的 IP 地址是什么，然后使用该 IP 地址代替域名登录相应网站的服务器。这种能够将域名解析为相应 IP 地址的系统称为域名系统（Domain Name System，DNS），运行域名系统的服务器称为 DNS 服务器。Internet 中有众多的 DNS 服务器为网站提供域名解析服务，否则网站是不能通过域名来登录的。DNS 域名解析包括正向解析（从域名到 IP 地址）和反向解析（从 IP 地址到域名），我们通常使用的是正向解析。

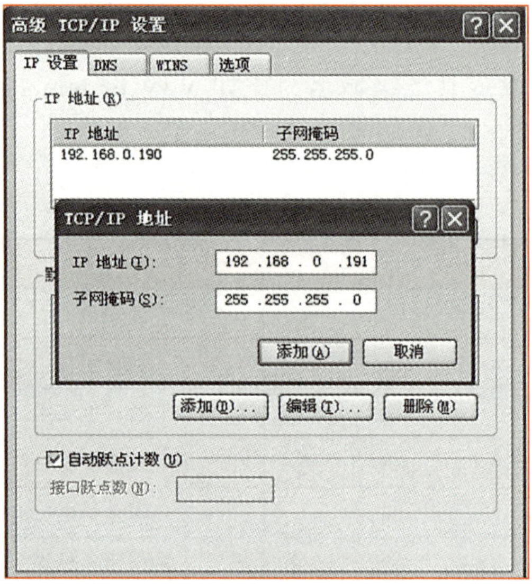

图 4－3　多 IP 地址的配置

DNS 对域名的解析也是分级的。国际顶级 DNS 服务器负责对顶级域名的解析，每一顶级域名都有相应的 DNS 服务器负责解析其下辖的二级域名（可以称为该顶级域名服务器的子域名服务器），以此类推。对 Internet 来说，要靠一个或几个域名解析服务器完成对所有网站的域名解析是不可能的，所以需要众多的 DNS 服务器通过分布和分级的协同工作模式来完成。每一个 DNS 服务器不但能够进行一些域名到 IP 地址的转换，还必须具有连向其他域名服务器的消息，当自己不能进行域名到 IP 地址的转换时，知道到什么地方去找别的域名服务器来进行转换。这样才能使这些域名服务器形成一个庞大的域名服务系统。

例如，如果要访问 dzytx.sdcit.edu.cn，对该域名的解析中，顶级域名服务器只负责解析顶级域名 cn，cn 域名服务器负责解析 edu；edu 域名服务器负责解析 sdcit，sdcit 域名服务器负责解析 dzytx。并非客户主机每次对目标主机域名的访问都需要顶级域名服务器的解析，只要一次解析成功，其信息就会存储在客户主机所关联的本地域名服务器上，下次再访问相同目标的主机时，本地域名服务器就可以独立做出解析。

一般的主机不需要配置域名，只有作为网络服务器的主机才有配置域名的必要。域名与 IP 地址之间一般是一对一的关系，也可以是一对多、多对一、多对多的关系。例如，山东信息职业技术学院有两个域名，分别是“www.sdcit.cn”和“www.sdcit.edu.cn”，无论访问哪个域名，都指向学校服务器网站主页；学校分别向联通公司和移动公司各租用了一个公网 IP 地址，如果客户主机对学校服务器的访问是从联通公司网络发起的，则学校网站域名会被解析为学校服务器的联通公司公网 IP 地址；如果是从移动公司发起的，则域名会被解析为移动公司公网 IP 地址。

任务 4.2 地址的分类

IP 地址采用分层结构。IP 地址由网络地址位与主机地址位两部分组成，其中，网络地址位（net-id）用来标识一个逻辑网络，主机地址位（host-id）用来标识网络中的一台主机。网络地址位相同的主机可以直接互相访问，网络地址位不同的主机需通过路由器才可以互相访问。TCP/IP 协议规定，根据网络规模的大小将 IP 地址分为五类（A、B、C、D、E）。

1. A 类地址

第 1 字节用作网络地址位，且最高位固定为“0”，这样就只有 7 位可以变化，理论上能够表示的网络有 2^7，即 128 个，第 1 字节转换为十进制，值的范围是 0 ～ 127。后 3 字节用作主机地址位，有 24 位，则每个网络能够容纳的主机数为 $2^{24}-2$。减去 2 表示减去了该网段中不能分配给具体主机的网络地址和广播地址，下同。A 类 IP 地址常用于大型网络。

2. B 类地址

前 2 字节用作网络地址位，且最高两位二进制数固定为“10”，第 1 字节转换为十进制，值的范围是 128 ～ 191，最大网络数量为 2^{14}，即 16 384 个。后 2 字节用作主机地址位，每个网络可以容纳的主机数为 $2^{16}-2$，即 65 534 台主机。B 类 IP 地址通常用于中型网络。

3. C 类地址

前 3 字节用作网络地址位，且最高三位二进制数固定为“110”，第 1 字节转换为十进制，值的范围是 192 ～ 223，最大网络数为 2^{21}，即 200 多万。最后 1 字节用作主机地址位，每个网络可以容纳的主机数为 2^8-2，即 254 台主机。C 类 IP 地址通常用于小型网络。

4. D 类地址

D 类地址是组播地址，最高四位固定为“1110”，第 1 字节转换为十进制，值的范围是 224 ～ 239。该类地址主要是留给因特网体系结构委员会（IAB，Internet Architecture Board）使用的。

5. E 类地址

E 类地址是保留地址，最高四位固定为“1111”，第 1 字节转换为十进制，值的范围是 240 ～ 255，保留在今后使用。

五类 IP 地址总结如图 4－4 所示。我们所关注的主要是 A、B 和 C 类地址，每一类地址可以划分的网络数量和每个网络可以含有的主机数量见表 4－2。

图 4－4　IP 地址的分类

表 4－2　IP 地址分类下的网络数量和主机数量

类别	第 1 字节范围	网络地址位范围	网络数量	主机地址位范围	单网主机数量
A	1 ～ 126	前 1 字节	126	后 3 字节	$2^{24}-2$
B	128 ～ 191	前 2 字节	16 384	后 2 字节	$2^{16}-2$
C	192 ～ 223	前 3 字节	2 097 152	后 1 字节	$2^{8}-2$

注：A 类中第 1 字节值为 0 和 127 的 IP 地址是特殊地址，可以不计入 A 类地址。

任务 4.3　特殊的 IP 地址

在 IP 地址中，有些地址是有特殊用途的。

1. IP 地址 0.0.0.0

该地址可以称为缺省路由。严格来说，0.0.0.0 已经不是一个真正意义上的 IP 地址了。对路由器来说，它表示的是这样一个集合：所有不清楚的主机和目的地址的网络（这里的“不清楚”是指在本地的路由表里没有特定条目指明如何到达）。如果设置了缺省路由，则路由器便会将那些不清楚目的地的数据包都转发到目的地址为 0.0.0.0 的缺省路由中，由缺省路由所设置的下一跳路由器处理。

2. IP 地址 255.255.255.255

该地址为本地广播地址或者限制广播地址。对本机来说，这个地址是指本网段（同一广播域）的所有主机。这个地址不能被路由器转发。数据包的发送者如果以此地址为目的地址，则发送者所在的网段的所有设备都会接收到这个广播包。

3. IP 地址 127.*.*.*

此处“*”表示 0 ～ 255 中的任意数，下同。该地址段称为本机地址或者回环地址，主要用于网络编程等方面的测试，经常使用的地址是 127.0.0.1。在 Windows 系统中，这个地址有一个别名“Localhost”。数据包的发送者如果以此地址为目的地址，则表示发送给发送者自己，此时，数据包是不会离开发送者的网络接口的。除非出错，否则在传输介质上永远不应该出现目的地址为“127.0.0.1”的数据包。

4. 网络地址位 + 全 0 的主机地址位

表示一个网段的网络地址，常出现在路由表中，表示目的主机地址所在的网络。该地址不能分配给一个具体的主机。

5. 网络地址位 + 全 1 的主机地址位

表示一个网段的广播地址，发送端如果以一个广播地址为目的地址发送数据包，则该网段的所有主机都会接收到。该地址不能分配给一个具体的主机。要把其与 255.255.255.255 区分开来，如果发送端以 255.255.255.255 为目的地址发送广播包，则与发送端在同一网段的主机会接收到；但是，如果以“网络地址位 + 全 1 的主机地址”为目的地址发送广播包，则是“网络地址位”所代表的网段的所有主机会接收到。

6. IP 地址 224.0.0.0 ～ 239.255.255.255

即 D 类地址，组播地址，需要注意它与广播地址的区别。其中 224.0.0.1 指所有的主机，224.0.0.2 指所有的路由器，224.0.0.5 指所有的 OSPF 路由器地址，224.0.0.13 指 PIMV2 路由器的地址。另外，224.0.0.0 ～ 224.0.0.255 只能用于局域网中，路由器是不会转发的，239.0.0.0 ～ 239.255.255.255 是私有地址（与 192.168.*.* 功能一样），224.0.1.0 ～ 238.255.255.255 可以用于 Internet。

7. IP 地址 169.254.*.*

如果你的主机使用了 DHCP 功能自动获得一个 IP 地址，那么当你的 DHCP 服务器发生故障或响应时间太长而超出系统规定的某个时间时，Windows 系统会为你分配一个这样的地址。也就是说如果发现主机的 IP 地址是类似这样的地址，很可能说明你的网络不能正常运行了。

8. IP 地址 10.*.*.*，172.16.*.* ～ 172.31.*.*，192.168.*.*

上面 3 个网段是私有地址，主要用于企业内部组网，不能在 Internet 上使用，Internet 上没有这些地址的路由。使用这 3 个网段的计算机要上网的话，必须要通过地址翻译（NAT）将私有地址翻译成公有的、合法的 IP 地址。一些路由器或其他的网络设备往往使用 192.168.1.1 作为缺省的地址。由于私有个人网络不会与外部互连，所以可以使用随意的 IP 地址。这 3 个网段的 IP 地址中的地址，只要不是同一个网络的，都可以重复使用。私有地址的使用主要可以起到缓解 IPv4 地址资源面临的枯竭、隔离内外网，以及保护内网安全等方面的作用。

任务 4.4　ping 命令与 ipconfig 命令

1. ping 命令

ping 命令是测试网络连接状况以及信息包发送和接收状况的工具，是最常用的网络测试命令之一。通过它可以知道自己的主机是否与别人的主机连通。ping 命令的格式为：ping+ 对方 IP 地址。开启命令的方式是在操作系统的【开始】→【运行】中输入“cmd”，按【确定】按钮后弹出命令行窗口。在命令引导符后面输入相应命令，例如：

ping 192.168.0.2，系统默认情况下会向目的端发送 4 个数据包，如果本机与该地址是连通的，结果如图 4-5 所示；如果是不连通的，结果如图 4-6 所示。

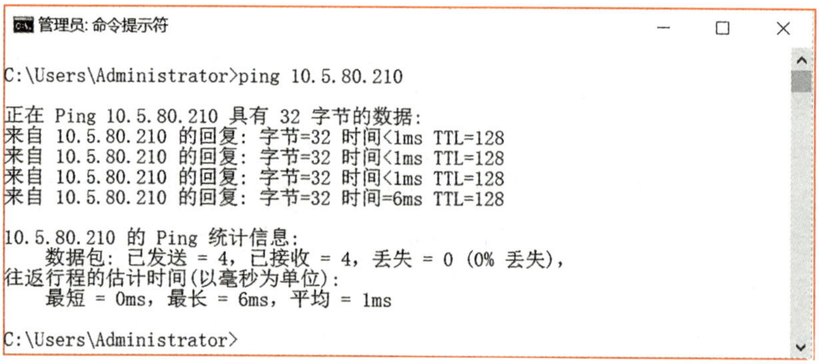

```
管理员: 命令提示符

C:\Users\Administrator>ping 10.5.80.210

正在 Ping 10.5.80.210 具有 32 字节的数据:
来自 10.5.80.210 的回复: 字节=32 时间<1ms TTL=128
来自 10.5.80.210 的回复: 字节=32 时间<1ms TTL=128
来自 10.5.80.210 的回复: 字节=32 时间<1ms TTL=128
来自 10.5.80.210 的回复: 字节=32 时间=6ms TTL=128

10.5.80.210 的 Ping 统计信息:
    数据包: 已发送 = 4，已接收 = 4，丢失 = 0 (0% 丢失)，
往返行程的估计时间(以毫秒为单位):
    最短 = 0ms，最长 = 6ms，平均 = 1ms

C:\Users\Administrator>
```

图 4-5　ping 命令连通的情况

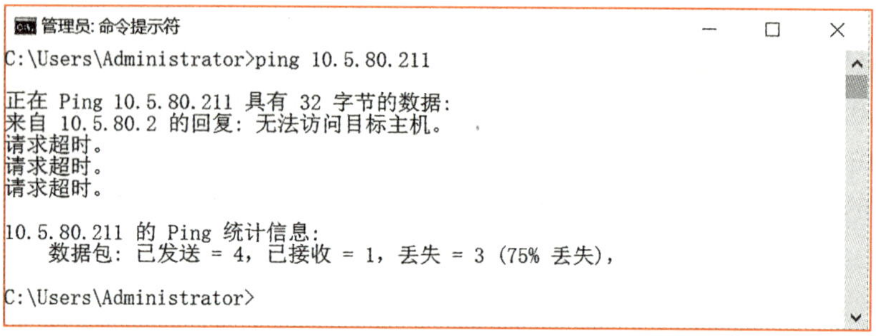

```
管理员: 命令提示符
C:\Users\Administrator>ping 10.5.80.211

正在 Ping 10.5.80.211 具有 32 字节的数据:
来自 10.5.80.2 的回复: 无法访问目标主机。
请求超时。
请求超时。
请求超时。

10.5.80.211 的 Ping 统计信息:
    数据包: 已发送 = 4，已接收 = 1，丢失 = 3 (75% 丢失)，

C:\Users\Administrator>
```

图 4-6　ping 命令不连通的情况

2. ipconfig 命令

如果想了解本机的网卡的配置信息，可以使用 ipconfig 命令，开启命令的方式与 ping 命令相同。在命令引导符后面输入 ipconfig 命令，执行结果如图 4-7 所示，信息显示本机中所有网卡的 MAC 地址、IP 地址的配置情况（包括虚拟网卡）。如果要显示更多信息，可以使用 ipconfig/all，执行结果如图 4-8 所示。查询主机的 MAC 地址，及在自动获取 IP 地址的情况下查询本机的 IP 地址时，经常使用该命令。

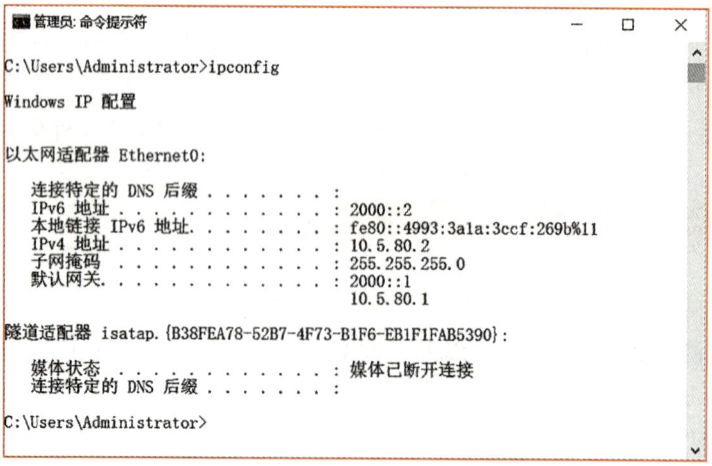

```
管理员: 命令提示符

C:\Users\Administrator>ipconfig

Windows IP 配置


以太网适配器 Ethernet0:

   连接特定的 DNS 后缀 . . . . . . . :
   IPv6 地址 . . . . . . . . . . . . : 2000::2
   本地链接 IPv6 地址. . . . . . . . : fe80::4993:3a1a:3ccf:269b%11
   IPv4 地址 . . . . . . . . . . . . : 10.5.80.2
   子网掩码  . . . . . . . . . . . . : 255.255.255.0
   默认网关. . . . . . . . . . . . . : 2000::1
                                       10.5.80.1

隧道适配器 isatap.{B38FEA78-52B7-4F73-B1F6-EB1F1FAB5390}:

   媒体状态  . . . . . . . . . . . . : 媒体已断开连接
   连接特定的 DNS 后缀 . . . . . . . :

C:\Users\Administrator>
```

图 4-7　ipconfig 执行结果

```
管理员: 命令提示符
C:\Users\Administrator>ipconfig/all

Windows IP 配置

   主机名  . . . . . . . . . . . . . : wangluo
   主 DNS 后缀 . . . . . . . . . . . :
   节点类型  . . . . . . . . . . . . : 混合
   IP 路由已启用 . . . . . . . . . . : 否
   WINS 代理已启用 . . . . . . . . . : 否

以太网适配器 Ethernet0:

   连接特定的 DNS 后缀 . . . . . . . :
   描述. . . . . . . . . . . . . . . : Intel(R) 82574L Gigabit Network Conne
ction
   物理地址. . . . . . . . . . . . . : 00-0C-29-DE-7A-A7
   DHCP 已启用 . . . . . . . . . . . : 否
   自动配置已启用. . . . . . . . . . : 是
   IPv6 地址 . . . . . . . . . . . . : 2000::2(首选)
   本地链接 IPv6 地址. . . . . . . . : fe80::4993:3a1a:3ccf:269b%11(首选)
   IPv4 地址 . . . . . . . . . . . . : 10.5.80.2(首选)
   子网掩码  . . . . . . . . . . . . : 255.255.255.0
   默认网关. . . . . . . . . . . . . : 2000::1
                                       10.5.80.1
   DHCPv6 IAID . . . . . . . . . . . : 50334761
   DHCPv6 客户端 DUID  . . . . . . . : 00-01-00-01-27-00-B4-FD-00-0C-29-DE-7
A-A7
   DNS 服务器  . . . . . . . . . . . : 10.8.8.2
   TCPIP 上的 NetBIOS  . . . . . . . : 已启用
```

图 4-8　ipconfig/all 执行结果

项目实训：IPv4 地址的配置

一、实训目的

（1）掌握 IP 地址的配置方法。

（2）掌握 ping 命令和 ipconfig 命令的使用方法。

IPv4 地址配置

二、实训环境或设备

（1）1 台交换机。

（2）2 台计算机（Windows 系统下）。

（3）2 条直通式双绞线。

三、拓扑结构图

本实训的拓扑结构图如图 4-9 所示。

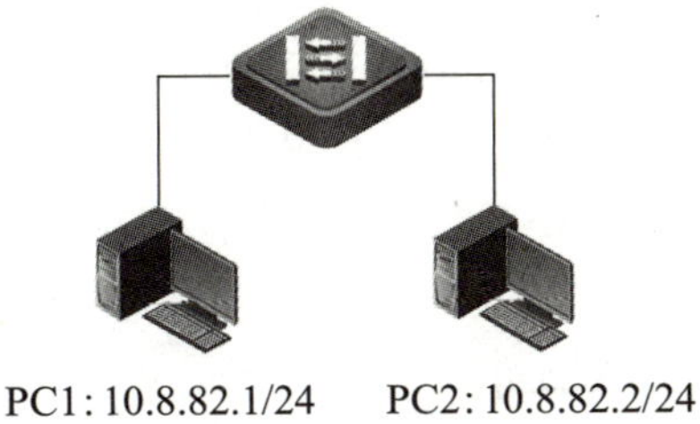

图 4-9　拓扑结构图

四、实训内容

1. IP 地址的配置

（1）将两台计算机通过双绞线连接到交换机。

（2）配置 PC1 的 IP 地址，在计算机 PC1 的【网络邻居】上右击并选择【属性】，在弹出的对话框中单击【本地连接】，出现【本地连接属性】对话框，在【常规】选项卡下单击【Internet 协议（TCP/IP）】，出现【Internet 协议（TCP/IP）属性】对话框，配置 PC1 的 IP 地址为 10.8.82.1，掩码为 255.255.255.0，网关和 DNS 项可不做配置。

（3）按照上一步所述的方式配置 PC2 的 IP 地址为 10.8.82.2，掩码为 255.255.255.0。

2. ping 命令的使用

（1）在 PC1 中选择【开始】→【运行】，输入“cmd”，单击【确定】按钮后弹出命令行窗口。

（2）在命令引导符后面输入命令“ping 127.0.0.1”，回车，记录运行的结果。

（3）在命令引导符后面输入命令“ping 10.8.82.2”，回车，记录运行的结果。

（4）将 PC2 与交换机之间的双绞线断开，再执行上一步命令，记录运行结果。

3. ipconfig 命令的使用

（1）在 PC1 中选择【开始】→【运行】，输入“cmd”，单击【确定】按钮后弹出命令行窗口。

（2）在命令引导符后面输入命令“ipconfig”，回车，记录运行的结果。

（3）在命令引导符后面输入命令“ipconfig/all”，回车，记录运行的结果。

（4）对 PC2 执行同样的命令，记录并比较 PC1 和 PC2 的运行结果。

项目小结

在本项目中，我们认识了 MAC 地址、域名，以及它们与 IP 地址的关系；学习了 IPv4 地址的分类方法、特殊 IPv4 地址的用途、IP 地址的配置方法，以及 ping 命令和 ipconfig 命令的使用。MAC 地址、IP 地址、域名分别在数据链路层、网络层和应用层起到了地址的作用，它们在各自层不可或缺又相互支持。

我们在不同的场合扮演了不同的角色，承担了不同的责任，这些角色往往是不可选择又不可或缺的。对于社会中的任何一个人来说，不抱怨、不气馁、不自私，做好自己的事情便是本分，因为这不仅影响自己，还会影响别人。

技能检测

一、选择题

1. Internet 中，最常用的是 A、B、C 三类网络地址，其中 B 类网络中包含的主机数大约为（　　）台。

A. 2^8-2　　B. $2^{16}-2$　　C. $2^{24}-2$　　D. $2^{32}-2$

2. 要判断两台主机是否在同一个子网中，只要用子网掩码和主机的 IP 地址（　　）运算即可。

A. 相“与”　　B. 相“或”　　C. 相“异或”　　D. 相“同或”

3. 下列 IP 地址中，哪一个是错误的？（　　）

A. 10.1.99.254　　B. 10.1.256.254　　C. 10.1.254.254　　D. 10.1.254.99

4. 如果借用 C 类 IP 地址中的 4 位主机地址位划分子网，那么子网掩码应该为（　　）。

A. 255.255.255.0　　B. 255.255.255.128　　C. 255.255.255.192　　D. 255.255.255.240

5. 主机地址位全为 0 的 IP 地址是（　　）。

A. 网络地址　　B. 广播地址　　C. 环回地址　　D. 保留地址

6. C 类默认的子网掩码是（　　）。

A. 255.0.0.0　　B. 255.255.0.0　　C. 255.255.255.0　　D. 255.255.255.255

7. 某主机的 IP 地址为 203.198.4.3，若要在主机所在的网络进行广播，广播地址应该为（　　）。

A. 203.198.4.1　　B. 203.198.4.5　　C. 203.198.4.255　　D. 203.198.4.0

8. 某主机的 IP 地址为 205.192.23.75，子网掩码为 255.255.255.192，这台主机所在的子网的网络地址为（　　）。

A. 205.192.23.0　　B. 205.192.23.32　　C. 205.192.23.64　　D. 205.192.23.128

9. 给出网络地址 192.168.10.0，子网掩码为 255.255.255.240，该子网掩码可以划分出多少个子网？（　　）

A. 12　　B. 8　　C. 4　　D. 16

10. IPv4 协议规定的 IP 地址是由（　　）位二进制组成的。

A. 16　　B. 32　　C. 48　　D. 128

二、简答题

1. 简述 MAC 地址、IP 地址和域名之间的关系。

2. 试列出主要的特殊 IP 地址。

项目 5

IPv4 地址下子网的划分

项目导读

本项目主要讲解 IPv4 地址的子网划分。子网划分是进行 IP 地址规划的基本环节，是在规划一个网络的基本内容。

学习目标

1. 理解子网划分的必要性。
2. 理解掩码的作用。
3. 理解子网划分的原则。
4. 掌握子网划分的方法。

任务 5.1　子网划分的必要性

二级 IP 划分体制主要存在以下弊端：

（1）IP 地址利用率低下。

一个 C 类地址的理论主机地址数为 2^8-2，即 254 个；一个 B 类地址的理论主机地址数为 $2^{16}-2$，即 65 534 个；一个 A 类地址的理论主机地址数为 $2^{24}-2$，即 16 777 214 个。即使电信部门给用户分配一个 C 类网络地址，也很少有人能够把这些主机地址用完，更何况 A 和 B 类地址，所以这种划分方法造成了极大的 IP 地址浪费。

（2）网络设置不够灵活。

通过二级网络划分体制划分的网络的大小和规模是不可变的，电信部门给予一个网络地址，自身不能再做改变，不能根据需要划分二级网络，网络管理灵活度很差。

（3）造成路由表的体积过大，网络运行效率大受影响。

二级划分体制的网络只有一级网络，对路由器而言，网络数量越多，路由表的规模就越大，则路由器的路由负担就越重。

如何解决二级 IP 划分体制的弊端呢?

造成二级 IP 划分体制弊端的根本原因是网络规模的不可变性。改变这一弊端的方式就是在网络下面再自主划分子网，IP 地址组成由“网络地址位 + 主机地址位”变为“网络地址位 + 子网地址位 + 主机地址位”的三级体制，如图 5 - 1 所示，甚至是子网下面可以再划分子网的多级体制，子网的规模可以自由控制，这样就提高了网络建制的灵活性。这种划分体制能够充分利用有限的 IP 资源。

IP 地址划分的多级体制也可以解决路由器和路由表臃肿的问题。子网是主网络的组成部分，其只对本地路由器可见，对外部路由器不可见。外部路由器根据主网络地址将数据送达本地路由器，由本地路由器将数据送达相应的子网中的主机。如果几个小的网络具有相同的地址前缀，则可以将它们汇集在一个大的网络里，在路由表里只写一条路由信息，从而减少路由的条数，称为路由汇聚。由此可以有效减小各路由器和路由表的负载。

<table>
<tr><td rowspan="2">（二级体制下的）网络地址位</td><td colspan="2">主机地址位</td></tr>
<tr><td>子网地址位</td><td>子网主机地址位</td></tr>
<tr><td colspan="2">（子网划分后的）网络地址位</td><td>主机地址位</td></tr>
</table>

图 5 - 1　子网划分下的 IP 地址结构

任务 5.2　掩码

数据包的转发，大多数的路由器只负责将数据包转发至目的主机所在的网络或子网中，因此需要从目的主机的 IP 地址中提取网络号或子网号。在二级体制下，无论是人还是路由器，判断一个主机所在的网络的网络地址是比较容易的，因为只要看主机 IP 地址的前几位二进制数就能区分 A、B、C 类地址，以及它们的网络地址位是多少位。但是判断划分子网后的三级体制却存在一定的困难，即路由器在路由时无法获知一个子网的子网地址有多少位，是哪些位。子网掩码可以解决这一问题。

子网掩码（subnet mask）用于将某个 IP 地址划分成网络地址位（包括子网地址位）和主机地址位两部分。子网掩码不能单独存在，必须结合 IP 地址一起使用。子网掩码的设定必须遵循一定的规则。与 IP 地址相同，子网掩码由 1 和 0 组成，且 1 和 0 分别连续。子网掩码的长度是 32 位，左边是网络地址位（包括子网地址位），用二进制数字 1 表示，1 的数量等于网络地址位的长度；右边是主机地址位，用二进制数字 0 表示，0 的数量等于主机地址位的长度。确定一个主机地址所在的网络的时候，只要将该主机的 IP 地址与子网掩码二进制相与运算即可。所以，在配置一个主机的 IP 地址时，还要配置该主机的掩码。路由器在存储一个路由信息时，是根据目的主机地址与其掩码的二进制位相与运算得到目的网络地址的。

虽然在二级划分体制下，对于A、B、C类主机地址，不需要掩码也能判断其网络地址位，但是为了与掩码体制统一，系统也给它们配置了掩码，称为缺省子网掩码。

A类网络缺省子网掩码：255.0.0.0。

B类网络缺省子网掩码：255.255.0.0。

C类网络缺省子网掩码：255.255.255.0。

常用的子网掩码见表5-1。

表5-1 常用的子网掩码

子网掩码	子网占用位数			网络地址总位数	主机地址位数	子网中主机数
	A类	B类	C类			
255.128.0.0	1	/	/	9	23	8 388 606
255.192.0.0	2	/	/	10	22	4 194 302
255.224.0.0	3	/	/	11	21	2 097 150
255.240.0.0	4	/	/	12	20	1 048 574
255.248.0.0	5	/	/	13	19	524 286
255.252.0.0	6	/	/	14	18	262 142
255.254.0.0	7	/	/	15	17	131 070
255.255.0.0	8	/	/	16	16	65 534
255.255.128.0	9	1	/	17	15	32 766
255.255.192.0	10	2	/	18	14	16 382
255.255.224.0	11	3	/	19	13	8 190
255.255.240.0	12	4	/	20	12	4 094
255.255.248.0	13	5	/	21	11	2 046
255.255.252.0	14	6	/	22	10	1 022
255.255.254.0	15	7	/	23	9	510
255.255.255.0	16	8	/	24	8	254
255.255.255.128	17	9	1	25	7	126
255.255.255.192	18	10	2	26	6	62
255.255.255.224	19	11	3	27	5	30
255.255.255.240	20	12	4	28	4	14
255.255.255.248	21	13	5	29	3	6
255.255.255.252	22	14	6	30	2	2

注：如果网络互联设备不支持无类别域间路由选择协议（CIDR），则子网最少需要2位。

想一想，255.255.255.254能不能作为掩码？

对掩码的表示方法还有另外一种，即在主机地址的后面直接标出网络地址位的位数，例如120.213.10.8/24，表示该地址的掩码是255.255.255.0。

当我们配置一台计算机的IP地址时，也要配置其掩码，以此来告诉计算机其所属的网络。

任务 5.3 子网划分的原则与方法

1. 子网划分的原则

在一个网络地址下再划分子网的原则有如下几条：

（1）IP 地址中的主机地址位不能全为 1。

主机地址位全为 1 的地址为该网段的广播地址，不能分配给具体的主机。

（2）IP 地址中的主机地址位不能全为 0。

主机地址位全为 0 的地址为该网段的网络地址，不能分配给具体的主机。

当前的互联设备大都支持无类别域间路由选择协议（CIDR）。如果网络互联设备不支持 CIDR，则地址位全为 0 或者全为 1 的子网是不可以出现的。如果网络互联设备不支持 CIDR，则在上两条原则的基础上还应该加两条，即：

（3）IP 地址中的子网地址位不能全为 1。

（4）IP 地址中的子网地址位不能全为 0。

2. 子网划分的方法

对一个网络地址进行子网划分，主要有以下几个步骤：

（1）确定需要划分多少个子网。

（2）确定每个子网的最大主机数量。

（3）确定子网掩码。

（4）确定有效的网络地址。

（5）确定每个子网上有效主机的 IP 地址范围。

（6）确认是否满足了网络数量和最大主机数量的要求。

下面通过一个实例来说明子网掩码的划分过程。考虑到现在的互联设备大都支持 CIDR，在该例中，只考虑允许子网地址位全为 0 和全为 1 的情况。

给出 C 类地址 192.168.10.0，要求至少划分成 12 个子网，且子网地址位最少，根据划分结果写出：

（1）子网掩码。

（2）前 3 个子网的网络地址和最后一个子网的网络地址，以及在这 4 个网络上的有效主机地址的范围。

（3）确定所使用的划分方法最多可以划分多少个子网，以及每个子网拥有的主机地址数量。

问题解析如下：

（1）至少划分为 12 个子网，也就是需要计算出要从 IP 二级体制下的主机地址位拿出多少位放下 12 个子网地址。需要注意的是，0 也算一个子网，即 12 个子网的编号可以是 0 到 11，最大子网的编号是 11，所以，拿出的主机地址位只需要放得下 11 就行。1 转换为二进制数后是 1011，共计 4 位，所以，需要拿出 4 个位作为子网地址位，拿出的子网地址位必须紧靠原有的网络地址位。对 C 类地址 192.168.10.0 来说，原有的网络地址位为 IP 地址最左边的 24 个位，加上现在子网划分需要的 4 个位，则新的网络地址位共 28 位，主机地址位则有 4 位。由此可计算出该种子网划分方式的子网掩码为 255.255.255.240。

划分子网后的主机地址位数为 4 位，4 位二进制数最多可以表示 2^4，共 16 个数，即可以表示 16 个 IP 地址，但是其中要包含主机地址位全为 0 的表示该网络的网络地址的 IP，和主机地址位全为 1 的表示该网络的广播地址的 IP，这两个地址不能分配给具体的主机，所以在这种子网划分方式下，每个子网能分配给具体主机的主机 IP 只有 14 个。如果对每个子网的主机数量有要求，则要看该划分方法是否满足要求，如果不满足，就需要在子网数量或者每个子网的主机数量上做出调整。本例未对子网所含主机数量提出要求。

（2）有了掩码之后，各个子网的网络地址就比较好确定了。对于给定的网络 192.168.10.0 划分子网之后的网络地址，前 24 位是原有二级体制划分下的网络地址位，不可改变。变动的是紧随其后的作为子网地址位的 4 个二进制位，这 4 个位能表示多少个数，就表示可以划分成多少个子网，所以其表示的数由小到大，依次为 0000，0001，0010，……，1111，共 16 个，即 2^4。一个网络的网络地址中主机地址位全为 0，则该种子网划分方式下所有网络地址的最后八位二进制位依次为 00000000，00010000，00100000，……，11110000，转化成十进制也就是 0，16，32，……，240。在该种子网划分方法下，前 3 个子网地址的网络地址为 192.168.10.0，192.168.10.16，192.168.10.32，最后一个子网的网络地址为 192.168.10.240。

对于给定的网络 192.168.10.0，在掩码为 255.255.255.240 的子网划分方式下，每个子网只有 4 个主机地址位。每个子网的主机地址位全为 0 的为网络地址，全为 1 的为广播地址，不能分配给具体的主机。所以说这 4 个位能够表示的主机地址数为 $2^4-2=14$ 个，分别是 0001，0010，0011，……，1110。由此可以得出前 3 个网络地址和最后一个网络地址，以及它们的主机地址范围，如图 5－2 所示。

第一个子网地址：192.168.10.0。主机地址范围：192.168.10.1 ～ 192.168.10.14；

第二个子网地址：192.168.10.16。主机地址范围：192.168.10.17 ～ 192.168.10.30；

第三个子网地址：192.168.10.32。主机地址范围：192.168.10.33 ～ 192.168.10.46；

最后一个子网地址：192.168.10.240。主机地址范围：192.168.10.241 ～ 192.168.10.254。

（3）由（2）中分析即可得，在这种网络划分方式下，可划分出 $2^4=16$ 个子网，每个子网可分配 $2^4-2=14$ 个主机地址。

由上述实例可总结出以下公式：

（1）给出要求划分的子网的数量 n，求子网划分所占的位数 N。

N 的值为 $n-1$ 转换为二进制数后二进制数的位数。

（2）已知子网掩码，求可以生成多少个子网络。

使用公式：2^N，N 为子网地址位数。

（3）求每个网络上有多少个有效主机 IP 地址。

使用公式：2^H-2，H 为主机地址位数。

	192	168	10	0		
	11000000	10101000	00001010	0000	0000	
	←二级体制划分下的网络地址位→			←子网位→	←主机位→	
	←三级体制划分下的网络地址位→					
第一个子网	11000000	10101000	00001010	0000	0000	网络地址
					0001	第一个主机
					……	……
					1110	最后一个主机
					1111	广播地址
	网络地址 192.168.10.0					
	主机地址范围 192.168.10.1 ～ 192.168.10.14					
第二个子网	11000000	10101000	00001010	0001	0000	网络地址
					0001	第一个主机
					……	……
					1110	最后一个主机
					1111	广播地址
	网络地址 192.168.10.16					
	主机地址范围 192.168.10.17 ～ 192.168.10.30					
第三个子网	11000000	10101000	00001010	0010	0000	网络地址
					0001	第一个主机
					……	……
					1110	最后一个主机
					1111	广播地址
	网络地址 192.168.10.32					
	主机地址范围 192.168.10.33 ～ 192.168.10.46					
……	……				……	……
最后一个子网	11000000	10101000	00001010	1111	0000	网络地址
					0001	第一个主机
					……	……
					1110	最后一个主机
					1111	广播地址
	网络地址 192.168.10.240					
	主机地址范围 192.168.10.241 ～ 192.168.10.254					

图 5－2　子网划分的方法

（4）计算每个子网的主机地址范围。

主机地址范围的起始地址 = 子网网络地址 +1

主机地址范围的终结地址 = 下一个子网网络地址 –2

= 本子网网络地址 + 本子网主机地址数量

请思考：

（1）如果网络互联设备不支持子网地址位全为 0 或全为 1 的子网，那么上述实例应如何划分子网？

（2）如果要求将 A 类网络地址 10.0.0.0 划分为 1101 个子网，应如何划分？

项目实训：子网划分

一、实训目的

（1）理解 IP 地址和子网掩码的含义。

（2）掌握计算机 IP 地址的分配原则。

（3）复习 IP 子网划分的概念和划分方法。

子网划分

二、实训环境

（1）1 台交换机。

（2）6 台 PC 机。

（3）6 根直通式双绞线。

三、拓扑结构图

本实训的拓扑结构图如图 5－3 所示。

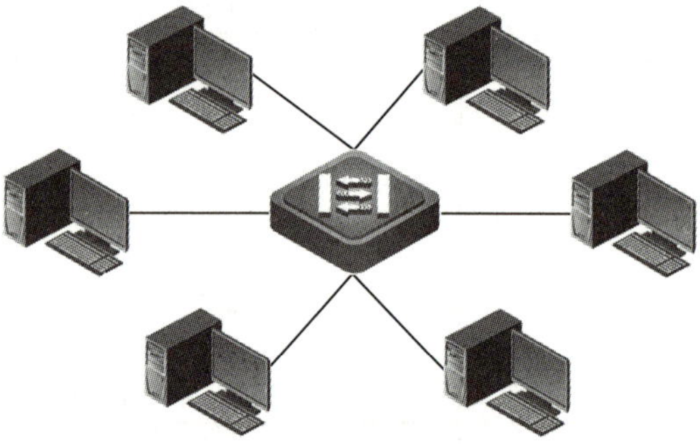

图 5－3　拓扑结构图

四、实训内容

给定 C 类地址 192.168.10.0，复习子网划分的原则和方法，然后按要求进行子网划分。

1. 将 192.168.10.0 划分为 3 个子网

（1）至少要从网络地址 192.168.10.0 的主机地址位中拿出多少位作为子网地址位？计算出子网掩码。

（2）该掩码能将网络 192.168.10.0 划分成多少个子网？写出前 3 个子网的网络地址及其主机地址范围。

（3）将 6 台 PC 机分为 3 组，每两台 PC 机为一个子网。求出掩码和 3 个子网的主机地址范围，并对六台 PC 机的 IP 地址和掩码进行配置。每一台 PC 机的 IP 地址一定要在其所属的子网的主机地址范围内选取，且不要出现在多台 PC 机上设置同一个 IP 地址的情况。网关和 DNS 的配置可以不进行。

（4）测试连通性。根据子网的属性，如果用 ping 命令测试连通性，结果应该是在同一个子网之内的 PC 机之间可以相互 ping 通，在不同子网之间的 PC 机之间 ping 不通。测试是否如此，否则检查子网划分和配置是否正确。

2. 将 192.168.10.0 划分为 10 个子网

依照上面的步骤操作即可。

项目小结

在本项目中，我们了解了为什么要进行子网划分，认识了掩码，学习了子网划分的方法。IPv4 地址出现后，人们面临了多次地址枯竭的问题，业界分别用子网划分、私有地址等方式延缓了地址枯竭。

任何事物都不会生而完美，随着环境的变化不断会有新的问题出现，所谓“兵来将挡，水来土掩”，解决问题，并将事物推到正常发展的轨道上来，可能是每一个人每一天都要承担的责任。

技能检测

一、选择题

1. 网段地址为 154.27.0.0 的网络，若不进行子网划分，能支持（　　）台主机。

A. 254　　B. 1 024　　C. 65 536　　D. 65 534

2. 某公司申请到一个 C 类 IP 地址，但要连接 9 个子公司，最大的一个子公司有 12 台主机，每个子公司在一个网段中，则子网掩码应设为（　　）。

A. 255.254.255.240　　B. 255.255.255.192

C. 255.255.255.128　　D. 255.255.255.240

3. C 类地址可能的最大的子网地址位数是（　　）。

A. 6　　B. 8　　C. 12　　D. 14

4. 如果 C 类子网的掩码为 255.255.255.224，则包含的子网地址位数、子网数目、每个子网中主机数目正确的是（　　）。

A. 2、2、62　　B. 3、8、30　　C. 3、14、30　　D. 5、8、6

5. IP 地址为 172.168.120.1/20，则子网 ID、子网掩码、子网个数分别为（　　）。

A. 172.168.112.0，255.255.240.0，16　　B. 172.168.108.0，255.255.240.0，16

C. 172.168.96.0，255.240.0.0，256　　D. 172.168.96.0，255.240.0.0，16

6. 给定 IP 地址 167.77.88.99 和掩码 255.255.255.240，则它的子网地址是什么？它的广播地址是什么？（　　）

A. 167.77.88.96，167.77.88.111　　B. 167.77.88.64，167.77.88.111

C. 167.77.88.92，167.77.88.192　　D. 167.77.88.96，167.77.88.255

7. 当网络地址 34.0.0.0 使用 8 个二进制位作为子网地址时，它的子网掩码为（　　）。

A. 255.0.0.0　　B. 255.255.0.0　　C. 255.255.255.0　　D. 255.255.255.255

8. 以下地址中，不是子网掩码的是（　　）。

A. 255.255.255.0　　B. 255.255.0.0　　C. 255.241.0.0　　D. 255.255.254.0

9. 子网掩码为 255.255.0.0，下列哪个 IP 地址不在同一网段中？（　　）

A. 172.25.15.201　　B. 172.25.16.15　　C. 172.16.25.16　　D. 172.25.201.15

10. 没有任何子网划分的 IP 地址 125.3.54.56 的网络地址是（　　）。

A. 125.0.0.0　　B. 125.3.0.0　　C. 125.3.54.0　　D. 125.3.54.32

二、简答题

1. 简述子网划分的好处。

2. 要用 B 类地址 172.20.0.0 生成 315 个子网。则：

（1）子网掩码是什么？

（2）列出前 3 个有效子网的网络地址。

（3）列出前 3 个子网的主机 IP 地址范围。

（4）列出最后一个有效子网网络地址及其主机 IP 地址范围。

（5）这个方案允许有多少个子网？

（6）每个子网上可以有多少台主机？

项目 6

认识 IPv6 地址

项目导读

2011 年 2 月 3 日，国际互联网名称和编号分配公司发布的新闻公报表示，在该日于美国迈阿密举行的一个会议上，最后所剩的 5 组 IPv4 地址被分配给了全球 5 大区域互联网注册管理机构，第一代互联网地址的“池子”已经全空了。IPv4 提供了近 43 亿个 IP 地址，为互联网近几十年的发展做出了巨大的贡献，提供了重要的基础，然而由于网络规模的不断扩大，超出了原先的预期，互联网未来发展将系于在全球范围内普及下一代互联网通信协议，即 IPv6。IPv6 提供的地址比 IPv4 的多 40 亿倍。

学习目标

1. 理解 IPv6 的必要性和优点。
2. 理解 IPv6 地址的分类。
3. 掌握 IPv6 地址的简写。
4. 掌握 IPv6 地址的简单配置。

任务 6.1　IPv6 地址概述

IPv6 是“ Internet Protocol Version 6”的缩写，是当前 IP 协议 IPv4 的替代版。IPv4 是 20 世纪 70 年代末期产生的，经过了互联网络几十年膨胀式的发展，一些不可解决的问题也暴露了出来，例如 IPv4 地址资源的枯竭问题，ARP 攻击问题，还有就是网络技术的新发展对 IP 协议提出了新的要求。由此，互联网任务组（Internet Engineering Task Force，IETF）成立的 IPNG（IP Next Generation）工作组在 1994 年提出了下一代网络协议 IPv6 的推荐版本，并于 1999 年开始分配 IPv6 地址。相对于 IPv4 的 32 位二进制地址空间，IPv6 由 128 位的二进制地址空间组成，从理论上讲，会有 $2^{128}=3.4\times10^{38}$ 个。例如，把所有的 IPv6 地址都均匀地覆盖到地球表面，那么一个手指印大小的面积上便可以分配 7×10^{19} 个地址，也就是说在可以预见的很长一段时间里，IPv6 资源都是不可能用完的。IPv6 地址的丰富资源也为人们智能生活空间技术的发展提供了支撑，人们可以尽可能多地为生活空间中的设备配置 IP 地址，如摄像头、空调、电视机、电磁炉等，以实现对这些设备的智能控制与管理。

IPv6 地址有 128 位二进制位，所以再用 IPv4 的点分十进制方法表示就会显得地址太长。IPv6 地址用十六进制表示，分为 8 段，中间用“:”隔开，例如：

2001:0da8:0207:0000:0000:0000:0000:8207

字段如果以 0 开头则 0 可以省略，全 0 的段可用“::”表示，但是在一个 IPv6 地址中只能出现一次“::”。由此，同一个地址可以使用不同的表示法：

2001:0da8:0207:0000:0000:0000:0000:8207

2001:da8:207:0:0:0:0:8207

2001:da8:207::8207

想一想，为什么在一个 IPv6 地址中只能出现一次“::”？

IPv6 的地址结构为：网络前缀 + 接口 ID，网络前缀相当于 IPv4 中的网络位，接口 ID 相当于 IPv4 中的主机位。由于 IPv6 地址空间足够大，所以大多数的网络前缀都定为 64 位。例如，2001:da8:207::8207/64 表示该地址的前 64 位为网络前缀（网络地址位）。接口 ID（主机地址位）一般通过一种叫作“EUI-64”的机制来生成。

EUI-64 机制使用接口本地的 48 位 MAC 地址，中间插入 16 位二进制数（值为 FFFE）形成 64 位接口 ID 值。因而接口 ID 可以自动生成。每一个接口的 MAC 地址本就全球唯一，所以说由 EUI-64 形成的接口 ID 即使没有网络前缀也是全球唯一。

从 Windows Vista 开始，Windows 使用随机生成的接口 ID，而不使用 EUI-64。

任务 6.2　IPv6 地址的分类

IPv6 地址根据其功能和使用范围，可以分类为单播地址、组播地址和任播地址。IPv6 中没有广播地址的概念。

单播地址能唯一代表一个接口。一个单播地址只能设定在一个接口上，但是一个接口可以设定多种单播地址。根据单播地址的用途又可以分为链路本地地址、唯一本地地址、全球单播地址和嵌入 IPv4 地址的 IPv6 地址。

1. 链路本地地址

相邻网络设备之间的连接形成一条链路。在 IPv4 网络中，一条链路两端的接口需要手动配置 IP 地址，使得网络配置和维护比较烦琐，在 IPv6 中，链路两端的接口可以自动获得一个叫作“链路本地地址（Link-local）”的 IPv6 地址，减轻了网络配置的工作量。

链路本地地址只在同一链路上的节点之间有效，在 IPv6 启动后就自动生成，使用了特定的前缀 FE80::/10，接口 ID 使用 EUI-64 自动生成，也可以进行手动配置。

2. 唯一本地地址

唯一本地地址相当于 IPv4 中的私有网络地址，可以在不同私有网络间重复使用。使用特定的前缀 FD00::/8。

3. 全球单播地址

全球单播地址相当于 IPv4 中的公网地址，目前所有 2000::/3 范围内的地址都是全球单播地址。

4. 嵌入 IPv4 地址的 IPv6 地址

嵌入 IPv4 地址的 IPv6 地址是为了从 IPv4 到 IPv6 过渡而使用的一种地址，是将 32 位的 IPv4 地址用 0 或指定数补全 128 位后形成 IPv6 地址。

5. 组播地址

组播地址代表一组接口，目的地址是组播地址的数据包会被属于该组的所有接口所接收。IPv4 中广播地址的功能由组播地址实现。

6. 任播地址

任播地址也代表一组接口，但是与组播地址不同的是，以任播地址为目的地的数据包会由路由导向组中“最优”的接口，并不是所有组中的接口都会收到。IPv6 中没有为任播地址规定单独的地址范围，任播地址和单播地址使用相同的地址范围。

7. :: 与 ::1

:: 即为 0:0:0:0:0:0:0:0，表示未指定地址，相当于 IPv4 中的 0.0.0.0。

::1 即为 0:0:0:0:0:0:0:1，表示回环地址，相当于 IPv4 中的 127.0.0.1。

任务 6.3　从 IPv4 到 IPv6 的过渡

由于目前的网络主要以 IPv4 用户和设备为主，从 IPv4 到 IPv6 的过渡不可能一次性实现，要经过一个循序渐进的过程，能否顺利地实现从 IPv4 到 IPv6 的过渡也是 IPv6 能否取得成功的一个重要因素。实际上，IPv6 在设计的过程中就已经考虑到了 IPv4 到 IPv6 的过渡问题，并提供了一些特性使过渡过程简化。例如，IPv6 地址可以使用 IPv4 兼容地址，自动由 IPv4 地址产生，即在 32 位的 IPv4 地址前面补 0 至 128 位，形成 IPv6 地址。

在当前的 Internet 中，仍然以 IPv4 网络为主，而 IPv6 网络就像一个个独立的小岛，分散在 IPv4 网络的大海中。如何使 IPv6 网络与 IPv4 网络融合在一起，如何使两个被 IPv4 网络隔离的 IPv6 网络实现互联，就成为当前从 IPv4 网络到 IPv6 网络过渡过程中需要解决的关键问题。解决这些过渡问题所采用的主要技术有以下 3 种：

1. 双协议栈技术

双协议栈技术是指在设备上同时使用 IPv4 和 IPv6 两种协议。该类设备既拥有 IPv4 地址，又拥有 IPv6 地址；既可以收发 IPv4 数据包，又可以收发 IPv6 数据包；既支持 IPv4 网络，又支持 IPv6 网络。

2. 隧道技术

这种技术犹如在信封里面套信封，即把 IPv6 数据报封装在 IPv4 数据包中，这样就可以实现 IPv6 网络之间穿越 IPv4 网络进行通信。

3. 协议转换技术

这种技术是在网络中配置具备 IPv4 和 IPv6 协议转换功能的转换设备，修改协议报文头，使 IPv4 网络与 IPv6 网络互通。

项目实训：IPv6 地址配置

一、实训目的

IPv6 地址配置

1. 掌握 IPv6 地址的简单配置方法。
2. 能够在配置了 IPv6 地址的两台主机间实现通信。

二、实训环境或设备

1. 1 台交换机。
2. 2 台计算机（Windows Server 2016 系统下）。
3. 2 条直通式双绞线。

三、拓扑结构图

本实训的拓扑结构图如图 6－1 所示。

四、实训内容

1. IPv6 地址的配置

（1）将两台计算机通过双绞线连接到交换机。

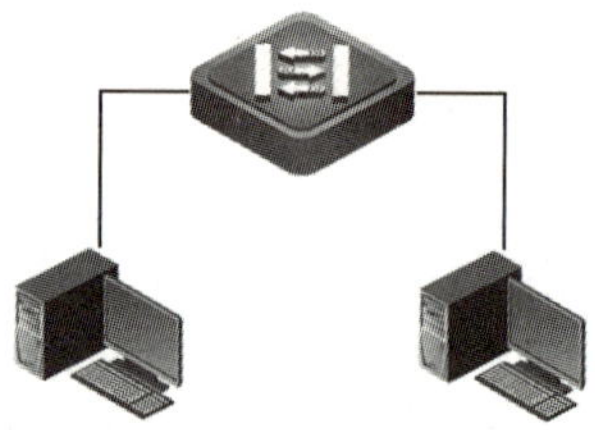

图 6－1　拓扑结构图

（2）配置 PC1 的 IPv6 地址，在计算机 PC1 的“控制面板”中打开“网络和共享中心”，在对话框左侧选择“更改适配器设置”打开“网络连接”对话框，右击要设置 IPv6 地址的适配器，在弹出的快捷菜单中选择“属性”，打开适配器“属性”对话框，如图 6－2 所示。

（3）在适配器“属性”对话框中单击“Internet 协议版本 6（TCP/IPv6）”，出现“Internet 协议版本 6（TCP/IPv6）属性”对话框，如图 6－3 所示。选择“使用以下 IPv6 地址”，在“IPv6 地址”栏输入“2000::2”，在“子网前缀长度”栏输入“64”，在“默认网关”栏输入“2000::1”，单击“确定”按钮，返回上一级对话框，单击“确定”按钮完成地址配置。

（4）对 PC2 做同样的配置，注意在“IPv6 地址”栏输入的是“2000::3”。

2. ping 命令测试

（1）在 PC1 操作系统的“开始”→“运行”中输入“cmd”，按“确定”按钮后弹出命令行窗口。

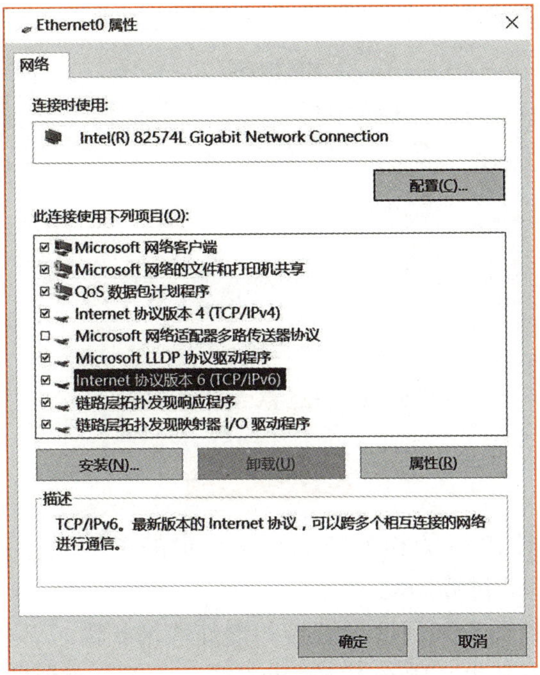

图 6－2　适配器“属性”对话框

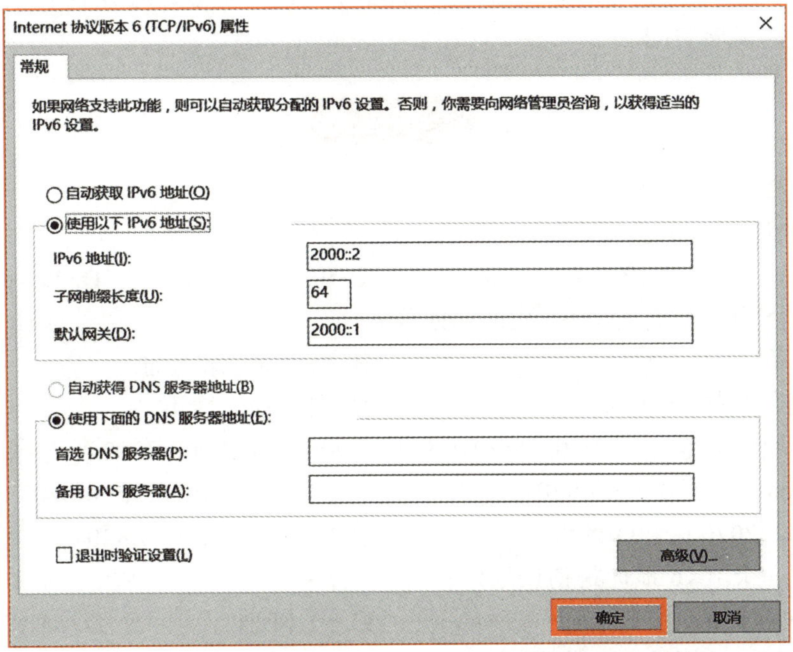

图 6－3　“Internet 协议版本 6（TCP/IPv6）属性”对话框

（2）在命令行窗口输入“ping 2000::3”，回车，如图 6－4 所示，显示可以 ping 通。

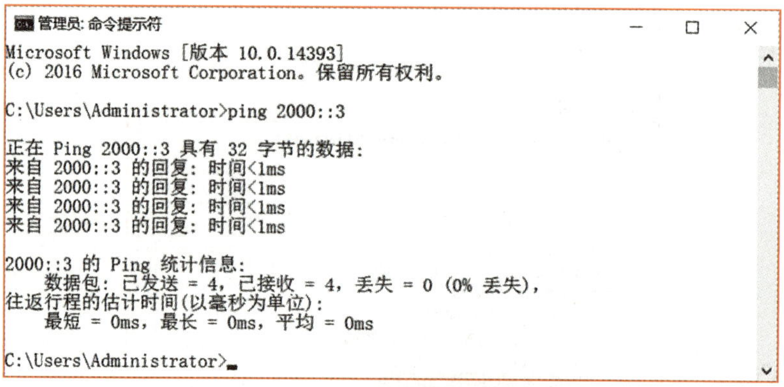
管理员: 命令提示符
Microsoft Windows [版本 10.0.14393]
(c) 2016 Microsoft Corporation。保留所有权利。
C:\Users\Administrator>ping 2000::3
正在 Ping 2000::3 具有 32 字节的数据:
来自 2000::3 的回复: 时间<1ms
来自 2000::3 的回复: 时间<1ms
来自 2000::3 的回复: 时间<1ms
来自 2000::3 的回复: 时间<1ms
2000::3 的 Ping 统计信息:
数据包: 已发送 = 4，已接收 = 4，丢失 = 0 (0% 丢失)，
往返行程的估计时间(以毫秒为单位):
最短 = 0ms，最长 = 0ms，平均 = 0ms
C:\Users\Administrator>

图 6-4　ping 命令测试连通性

项目小结

在本项目中，我们对 IPv6 的相关知识有了一定的了解，包括 IPv6 的书写方式、分类，以及从 IPv4 到 IPv6 的过渡问题。

包括物联网在内的各类新兴领域对链接的爆炸式增长需求，使得 IPv4 地址无法再通过“缝缝补补”的方式来满足，IPv6 代替 IPv4 早已是无可避免的事。然而，较高的设备更换成本和人们的使用习惯阻碍了这一进程。相关主管部门出台了多项政策不断推进这一进程。新事物代替旧事物如长江入海不可阻挡，虽然可能要付出不菲的成本，但却可以带来更广阔的发展空间。

技能检测

一、选择题

1. IPv6 中 IP 地址的长度为（　　）。

A. 32　　B. 64　　C. 96　　D. 128

2. 目前，下面哪些描述是 IPv4 的主要不足？（　　）

A. 地址不足　　B. 路由表急剧膨胀

C. 无法提供多样的 QOS　　D. 网络安全性不高

3. 下列哪项是与地址 2001:0da8:2070:0000:0000:0000:0000:8207 不等同的？（　　）

A.2001:0da8:2070:0:0:0:0:8207　　B.2001:da8:207:0:0:0:0:8207

C.2001:da8:2070:0:0:0:0:8207　　D.2001:0da8:2070::8207

4. 下列哪一个 IPv6 地址是错误地址？（　　）

A. ::FFFF　　B. ::1　　C. ::1:FFFF　　D. ::1::FFFF

5. 下列哪些地址不是 IPv6 链路本地地址？（　　）

A. FC80::FFFF　　B. FE80::FFFF　　C. FE88::FFFF　　D. FE80::1234

二、简答题

1. IPv6 地址主要有哪几类？

2. 从 IPv4 到 IPv6 的过渡形式有哪些？

项目 7

安装 Windows Server 2016

项目导读

Windows Server 2016 是一个全面、完整、可靠的服务器操作系统，可以帮助 IT 人员搭建功能强大的网站与应用服务平台，无论大、中、小型企业网络，都可以通过其强大的管理功能及安全措施来简化网站与服务器的管理。

与之前的版本相比，Windows Server 2016 系统在组策略配置方式上发生了改变，鼓励用户使用最简便的方式配置服务器操作系统。

本项目主要介绍 Windows Server 2016 在虚拟机上的安装步骤，有助于同学们通过整个操作流程了解操作系统和虚拟机。

学习目标

1. 熟悉 Windows Server 2016 操作系统。
2. 熟悉 VMware 虚拟机。
3. 掌握 Windows Server 2016 在虚拟机上的安装方法。

任务 7.1　Windows Server 2016 简介

Windows Server 2016 是微软于 2016 年发布的服务器操作系统，是基于 Windows10 1607（LTSB）内核所开发的，整个核心架构很稳定，可以将其看作服务器版的 Windows 10。

1. Windows Server 2016 的新特点

Windows Server 2016 是对之前各版本的操作系统的一次全面升级，围绕软件定义存储、网络和虚拟化引入了新的功能，包括引入新的安全层来保护用户数据及控制访问权限等，有助于企业打造更强大、更灵活的 IT 基础架构。关键功能如下：

（1）拓展安全性：引入新的安全层，加强平台安全性，规避新出现的威胁，控制访问权限并保护虚拟机。

（2）弹性计算：简化虚拟化升级，启用新的安装选项并增加弹性，在不限制灵活性的前提下确保基础设施的稳定性。

（3）缩减存储成本：在保证弹性、降低成本及增加可控性的基础上拓展软件定义储存的功能性。

（4）简化网络：新网络为用户数据中心带来了网络核心功能集以及直接来自 Azure 的 SDN 架构。

（5）提高应用程序效率和灵活性：Windows Server 2016 在封装、配置、部署、运行、测试及保护用户应用（本地或云端）方面引入了新方法，采用了诸如 Windows 容器与新 Nano Server 轻量级系统部署选项。

2. Windows Server 2016 在其他方面的升级

（1）Nano Server。

Windows Server 2016 在 Windows Server 系列上最大的改变就是提供了 Nano Server。Nano Server 是一个精简的“headless”的 Windows Server 版本。Nano Server 可减少 93% 的 VHD 的大小，减少 92% 的系统公告，减少 80% 的系统重启。Nano Server 采用 Windows Server 的安装设置方法并且完全是“headless”，它没有 GUI 和命令提示符。Nano Server 的目标是运行在 Hyper-V 集群、扩展文件服务器（SOFSs）和云服务应用等方面。

（2）Windows Server 容器和 Hyper-V 容器。

Windows Server 2016 另一个比较大的改变是提供了对容器的支持。容器允许将应用程序从底层的操作系统中隔离，从而改善应用程序的部署和可用性。Windows Server 2016 提供两种原生的容器类型：Windows Server 容器和 Hyper-V 容器。两种类型的容器运行时都带有不同程度的应用程序隔离，但都是同时运行在系统中的。Windows Server 容器使用命名空间和进程隔离，Hyper-V 容器使用轻型虚拟机隔离。

（3）Docker 的支持。

Docker 是一个开源的，用于创建、运行和管理容器的引擎，用户能够使用 Docker 来管理 Windows Server 和 Hyper-V 容器。

（4）滚动升级的 Hyper-V 和存储集群。

Windows Server 2016 中一个比较有新意的改变是对 Hyper-V 集群的滚动升级。滚动升级功能允许用户为 Windows Server 2012 R2 添加一个新的 Windows Server 2016 节点与 hyper-V 集群节点。集群会继续运行在 Windows Server 2012 R2 的功能级别中，直到所有的集群节点都升级到 Windows Server 2016。集群混合水平节点管理会在 Windows Server 2016 和 Windows 10 中完成。

（5）热添加和删除虚拟内存网络适配器。

Windows Server 2016 允许用户在虚拟机运行的过程中动态地添加和删除虚拟内存网络适配器。在以前的版本中，用户需要在 VMware 保持运行的状态下使用动态内存去改变 RAM 的最大和最小设置。

（6）嵌套的虚拟化。

嵌套虚拟化是 Windows Server 2016 Hyper-V 推出的诸多新特性之一。借助于这种全新特性，管理员可以对 Hyper-V 主机进行虚拟化，并且在虚拟机当中嵌套运行 Hyper-V 主机及其附属虚拟机。

（7）PowerShell 管理。

PowerShell 是一个非常强大的自动化管理工具，管理员可以使用 PowerShell 命令通过来宾账户操作系统的虚拟机，而不需要经过网络层。

（8）Linux 安全启动。

Linux 安全启动是 Windows Server 2016 上 Hyper-V 中的新增功能，该功能使第二代虚拟机上运行的 Linux 操作系统支持通过“安全启动”选项进行启动，保护了虚拟机的硬件内核代码，防止其受到恶意软件的攻击。在此之前，第二代虚拟机支持通过“安全启动”启动 Windows 8/8.1 和 Windows Server 2012 虚拟系统，但不支持运行 Linux 的虚拟系统。

（9）新的主机守护服务。

主机守护服务是 Windows Server 2016 的一个新的角色，主要作用在于保护虚拟机和数据免遭未经授权的访问，包括来自 Hyper-V 的管理员的访问。

（10）存储空间管理。

Windows Server 2016 系统中还有一个重要的改进就是直接存储空间的功能，Windows Server 2016 直接存储空间允许集群在内部存取访问 JBOD 存储（例如 Windows Server R2）或者能够存取访问 JBOD 和 SAS 硬盘的内部集群节点。

3. Windows Server 2016 系列版本介绍

（1）Windows Server 2016 Essentials edition。该版本是专为小型企业而设计的，对应于 Windows Server 的早期版本中的 Windows Small Business Server，最多可容纳 25 个用户和 50 台设备。它支持两个处理器内核和高达 64GB 的 RAM，但不支持的 Windows Server 2016 的功能有很多，包括虚拟化。

（2）Windows Server 2016 Standard edition（标准版）。该版本是为具有很少或没有虚拟化的物理服务器环境设计的，提供了 Windows Server 2016 操作系统可用的许多角色和功能，最多支持 64 个插槽和最多 4TB 的 RAM，包括最多两个虚拟机的许可证，并且支持 Nano 服务器安装。

（3）Windows Server 2016 Datacenter edition（数据中心版）。该版本专为高度虚拟化的基础架构设计，包括私有云和混合云环境，提供了 Windows Server 2016 操作系统可用的所有角色和功能，最多支持 64 个插槽、640 个处理器内核和 4TB 的 RAM。它为在相同硬件上运行的虚拟机提供了无限基于虚拟机的许可证。另外，该版本还提供了一些新功能，如储存空间直通和存储副本，以及新的受防护的虚拟机和软件定义的数据中心场景所需的功能。

（4）Microsoft Hyper-V Server 2016。作为运行虚拟机的独立虚拟化服务器，包括 Windows Server 2016 中虚拟化的所有新功能。主机操作系统没有许可成本，但每个虚拟机必须单独获得许可。该版本最多支持 64 个插槽和 4TB 的 RAM，并支持加入域。除了有限的文件服务功能，它不支持其他 Windows Server 2016 的角色。该版本没有 GUI，但有一个显示配置任务菜单的用户界面。

（5）Windows Storage Server 2016 Workgroup edition（工作组版）。该版本最多可容纳 50 个用户、一个处理器内核和 32GB 的 RAM，并支持加入域。可充当入门级统一存储设备。

（6）Windows Storage Server 2016 Standard edition（标准版）。该版本支持多达 64 个插槽，但是以双插槽递增的方式获得许可，最多支持 4TB 的 RAM。它包括两个虚拟机许可证，并支持加入域。

任务 7.2 VMware 介绍

VMware Workstation（中文名“威睿工作站”）是一款功能强大的桌面虚拟计算机软件，使用户可在单一的桌面上同时运行不同的操作系统，是进行开发、测试、部署新的应用程序的最佳解决方案。VMware Workstation 可在一部实体机器上模拟完整的网络环境。对于 IT 开发人员和系统管理员而言，VMware 在虚拟网络、实时快照、拖曳共享文件夹、支持 PXE 等方面的优势使它成为必不可少的工具。

由于虚拟机软件可以真正实现多个操作系统“同时”运行，所以可以在主系统的平台上像切换 Windows 应用程序那样自由切换多个虚拟机系统，并且可以在每个虚拟机中进行分区、格式化、系统安装等操作而不会影响真实硬盘的数据。同时，多个虚拟机能够通过网卡连接为一个局域网，便于进行网络服务的配置与测试。

项目实训：在 VMware 环境下安装 Windows Server 2016

一、实训目的

（1）会进行虚拟机环境搭建。

（2）会在虚拟机上安装并优化操作系统。

二、实训环境或设备

（1）1 台 Windows 7/8/10 物理机。

（2）Windows Server 2016 系统镜像。

（3）WMware 虚拟机安装软件。

三、实训内容

1. 虚拟机环境搭建

下面以 VMware Workstation Pro 15.5 为例进行虚拟机环境的搭建。

（1）推荐配置。

目前，主流配置的计算机都能够满足使用要求，本项目测试环境为：Intel Core i7 双核 CPU，主频 2.6G，内存 8GB，硬盘 1 000GB。

（2）安装 VMware Workstation Pro 15.5。

1）下载软件，运行安装程序，进入安装向导。

2）在安装向导中单击“下一步”按钮，选择“我接受许可协议中的条款”，单击“下一步”按钮，如图 7－1 所示。

创建 WMware

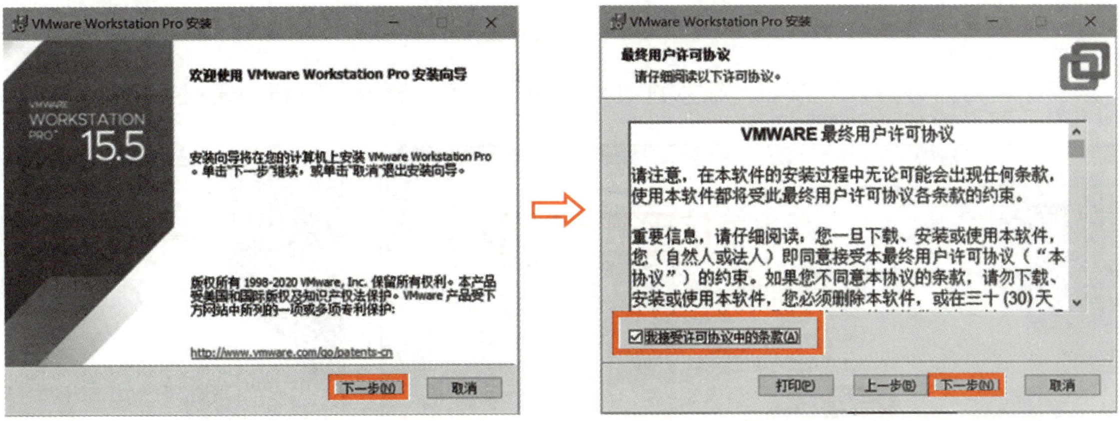
VMware Workstation Pro 安装
欢迎使用 VMware Workstation Pro 安装向导
WORKSTATION PRO 15.5
安装向导将在您的计算机上安装 VMware Workstation Pro。单击“下一步”继续，或单击“取消”退出安装向导。
版权所有 1998-2020 VMware, Inc. 保留所有权利。本产品受美国和国际版权及知识产权法保护。VMware 产品受下方网站中所列的一项或多项专利保护:
http://www.vmware.com/go/patents-cn
下一步(N)
取消
VMware Workstation Pro 安装
最终用户许可协议
请仔细阅读以下许可协议。
VMWARE 最终用户许可协议
请注意，在本软件的安装过程中无论可能会出现任何条款，使用本软件都将受此最终用户许可协议各条款的约束。
重要信息，请仔细阅读：您一旦下载、安装或使用本软件，您（自然人或法人）即同意接受本最终用户许可协议（“本协议”）的约束。如果您不同意本协议的条款，请勿下载、安装或使用本软件，您必须删除本软件，或在三十 (30) 天
我接受许可协议中的条款(A)
打印(P)
上一步(B)
下一步(N)
取消

图 7－1　进入安装向导并接受许可协议

3）选择安装位置（推荐默认设置），单击“下一步”按钮，选择快捷方式，单击“下一步”按钮，如图 7－2 所示。

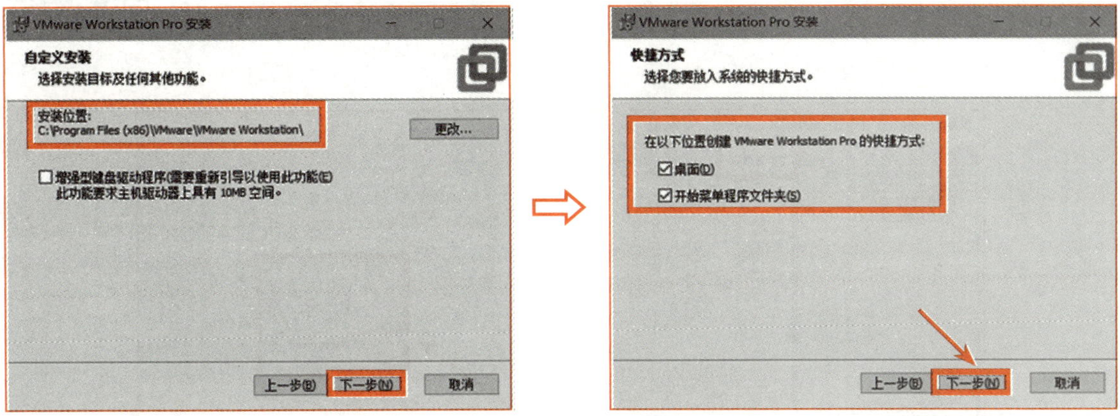
VMware Workstation Pro 安装
自定义安装
选择安装目标及任何其他功能。
安装位置:
C:\Program Files (x86)\VMware\VMware Workstation\
更改...
增强型键盘驱动程序(需要重新引导以使用此功能(E)
此功能要求主机驱动器上具有 10MB 空间。
上一步(B)
下一步(N)
取消
VMware Workstation Pro 安装
快捷方式
选择您要放入系统的快捷方式。
在以下位置创建 VMware Workstation Pro 的快捷方式:
桌面(D)
开始菜单程序文件夹(S)
上一步(B)
下一步(N)
取消

图 7－2　选择安装位置和快捷方式

4）单击“安装”按钮，等待安装完成，如图 7－3 所示。

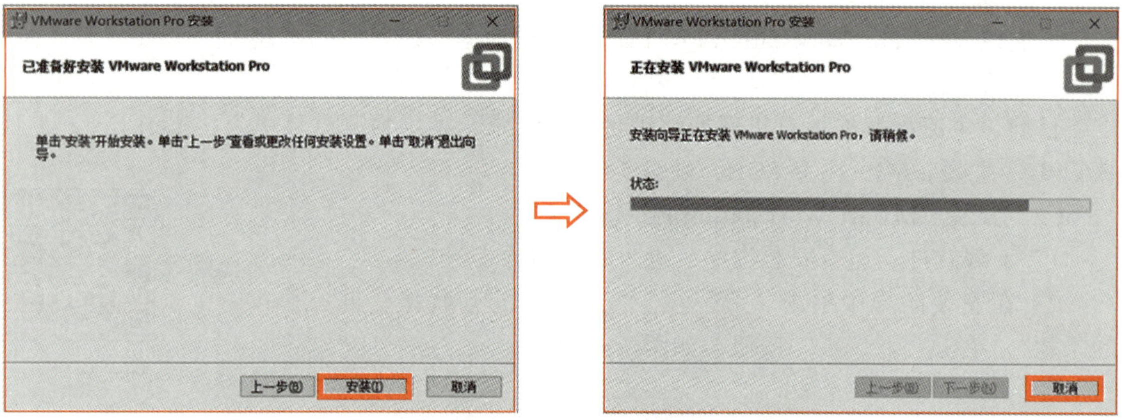

图 7－3　文件安装

5）单击“许可证”按钮，输入许可证密钥，单击“完成”按钮，完成安装。

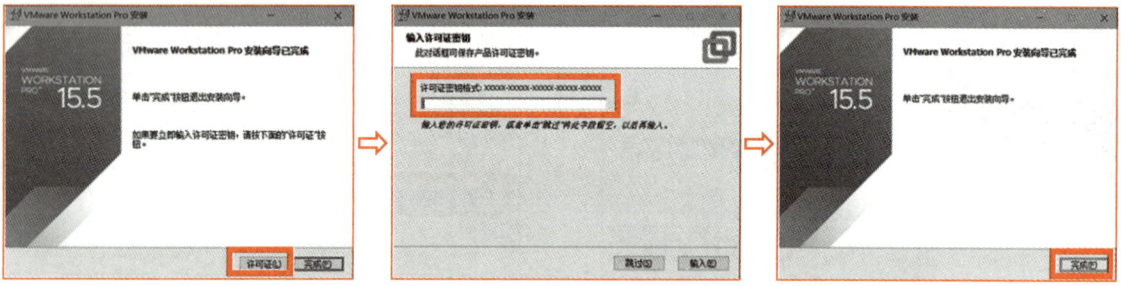

图 7－4　输入许可证密钥并完成安装

（3）新建虚拟机。

1）双击桌面上的 VMware Workstation 程序图标，启动虚拟机软件。在虚拟机“主页”窗口中单击“创建新的虚拟机”，如图 7－5 所示。

新建虚拟机

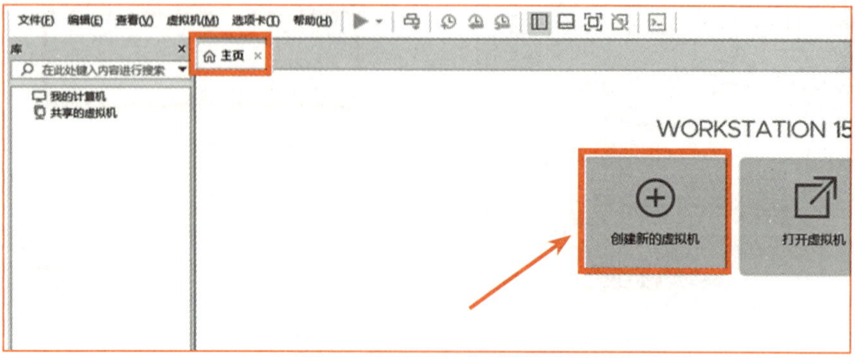

图 7－5　启动虚拟机软件并创建虚拟机

2）在新建虚拟机向导中选择“典型”，单击“下一步”按钮，为新建虚拟机选择安装操作系统的方式，这里选择第三种方式“稍后安装操作系统”，单击“下一步”按钮，如图 7－6 所示。

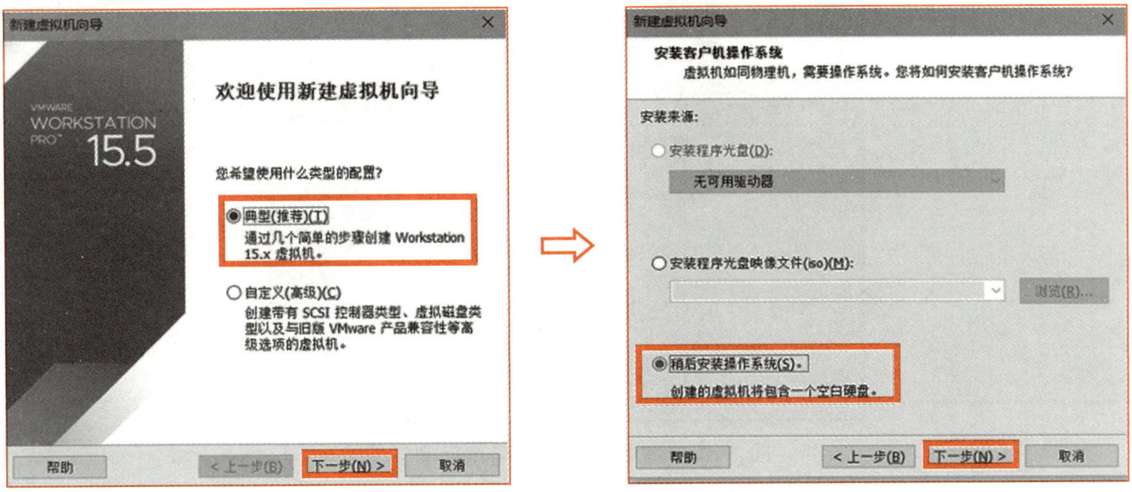

图 7－6　选择配置并确定安装方式

3）为虚拟机选择操作系统及版本，这里选择“Microsoft Windows”，版本为“Windows Server 2016”，单击“下一步”按钮，如图 7－7 所示。

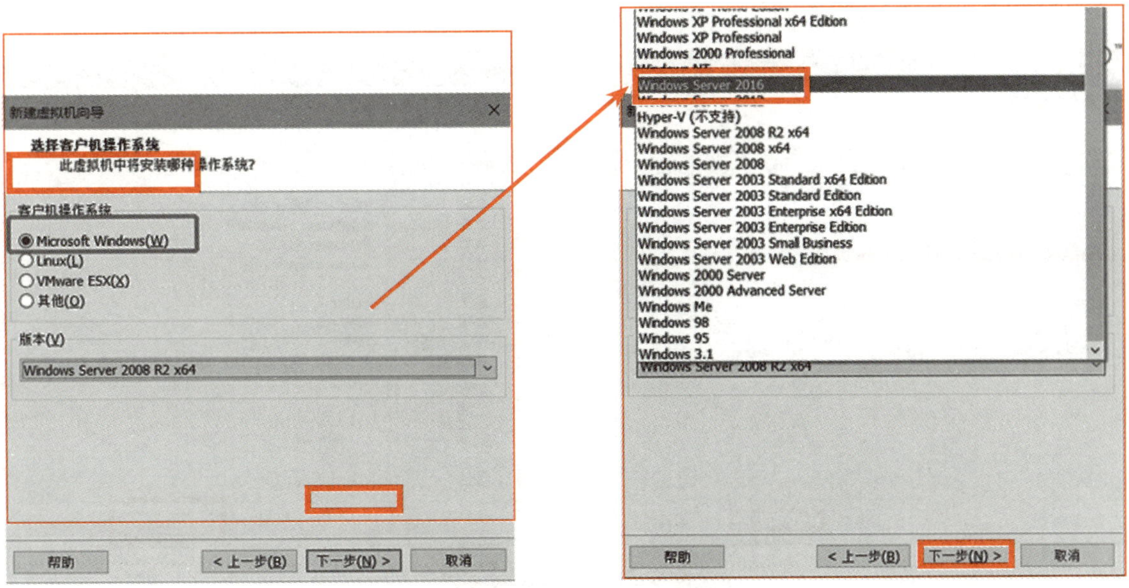

图 7－7　选择操作系统版本

4）设置虚拟机名称和虚拟机的存储位置。VMware Workstation 将一个虚拟机及其系统视为一个文件夹进行存储与管理，如在 E 盘新建一个文件夹，命名为 Windows Server 2016，则其存储位置如图 7－8 所示。单击“下一步”按钮。

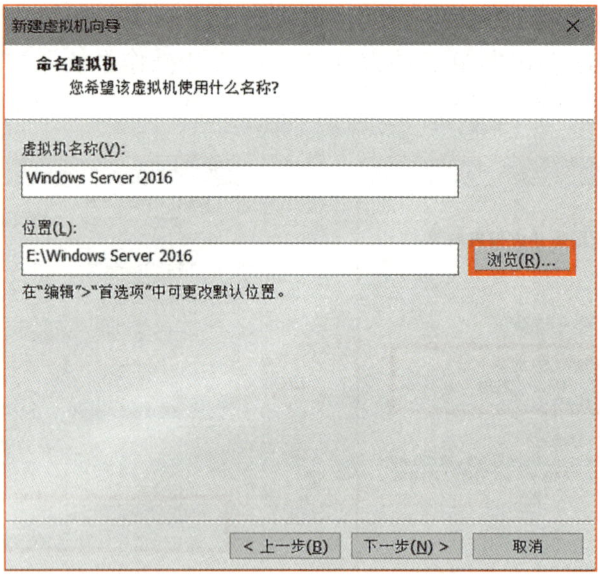

图 7-8　命名虚拟机并确定存储位置

5）为虚拟机的硬盘指定磁盘大小。注意这里的设置以存储目录所在分区的可用空间为依据。设置的大小是虚拟硬盘占用分区空间的上限，并不是固定的，设置好后单击“完成”按钮，如图 7-9 所示。虚拟硬件的配置可以通过单击“自定义硬件”按钮具体进行。

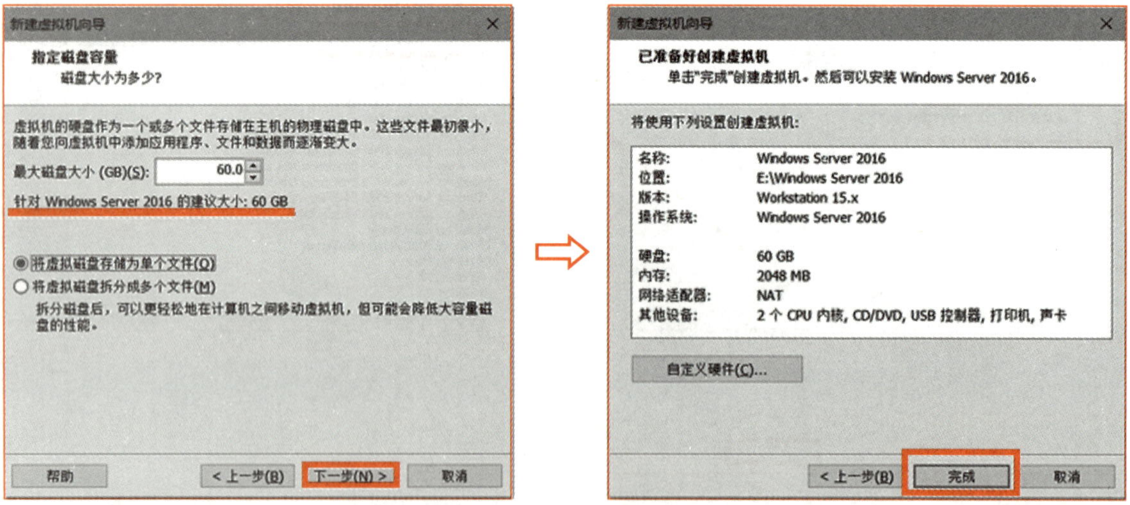

图 7-9　分配磁盘大小

虚拟机创建完成后，VMware Workstation 软件界面便会显示虚拟机的管理信息，如图 7-10 所示。左边栏的“我的计算机”中列出所有的虚拟机，可以分别进行启动、挂起、关机等基本操作，也可以进行快照、克隆等高级操作。右侧主窗口显示选中的虚拟机的信息，可以通过单击相应项目直接修改虚拟设备。

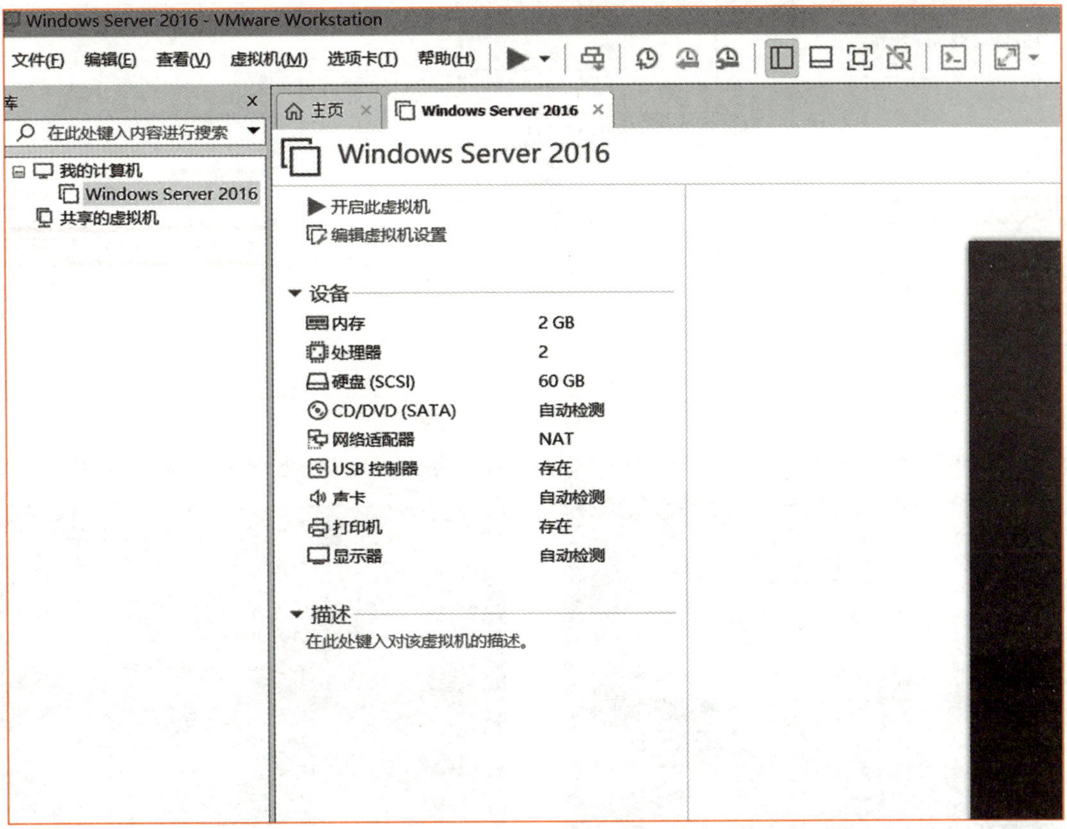

图 7－10 虚拟机的管理信息

2. 安装服务器操作系统

可采用在物理机中安装操作系统的方式在虚拟机中安装操作系统，如系统光盘引导安装、U 盘启动盘引导安装等，采用系统镜像安装是最简单、方便的方式。下面以系统镜像方式安装 Windows Server 2016。

安装 Windows Server 2016

（1）下载 Windows Server 2016 系统镜像。

（2）安装 Windows Server 2016。

1）在前面新建的虚拟机中对光驱进行设置，并加载 ISO 映像文件。在虚拟机加电开机前，单击“CD/DVD（SATA）”，打开“虚拟机设置”对话框，选择“使用 ISO 映像文件”，单击“浏览”按钮找到下载的系统镜像文件，单击“确定”按钮，如图 7－11 所示。

2）单击 VMware Workstation 左上角的绿色三角按钮，启动虚拟机。注意主机系统和虚拟机系统对于鼠标和键盘的使用是独占的，需要在虚拟机系统中使用时，用鼠标在虚拟机系统界面中单击即可；如果要在主机系统中使用，按“Ctrl+Alt”组合键释放鼠标即可。进入虚拟机系统，选择要安装的语言，推荐默认设置，单击“现在安装”按钮，开始安装，如图 7－12 所示。

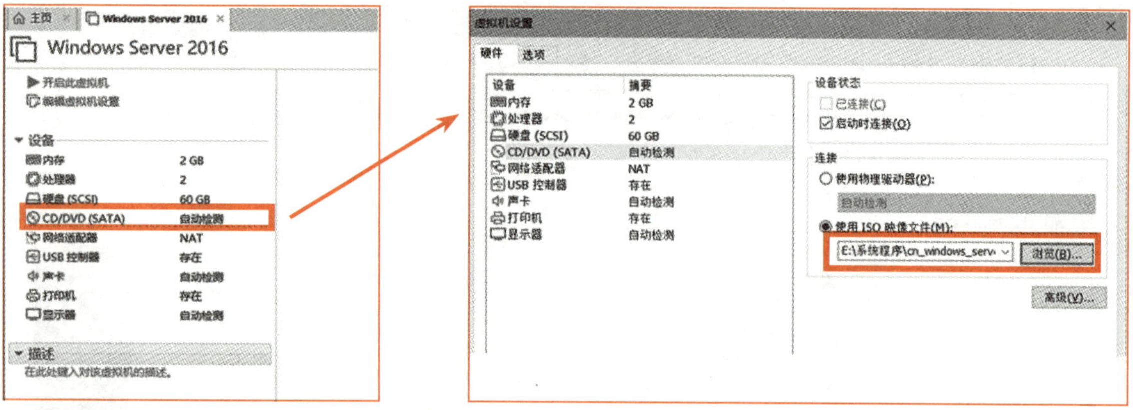

图 7－11　虚拟机设置

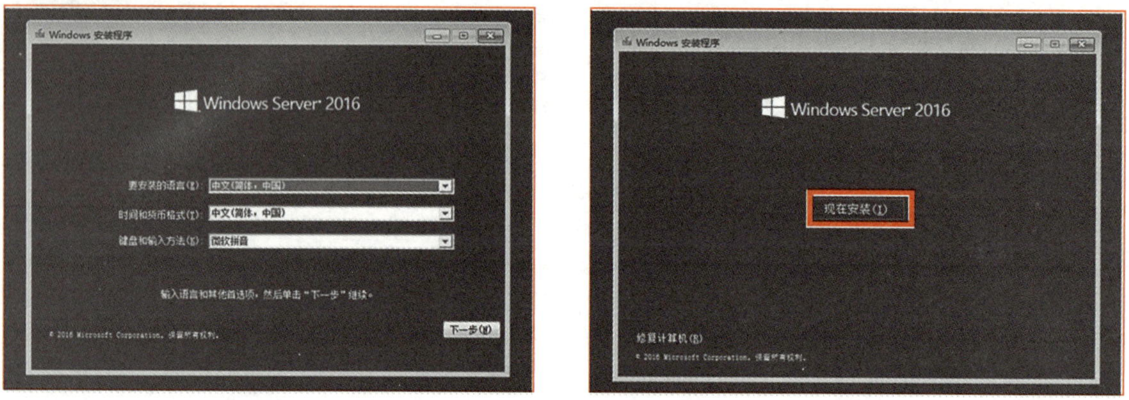

图 7－12　安装 Windows Server 2016

3）输入 Windows 产品密钥，单击“下一步”按钮。选择要安装的版本，这里选择“Windows Server 2016 Standard（桌面体验）”，单击“下一步”按钮，如图 7－13 所示。非“桌面体验”版本只能通过命令行操作。

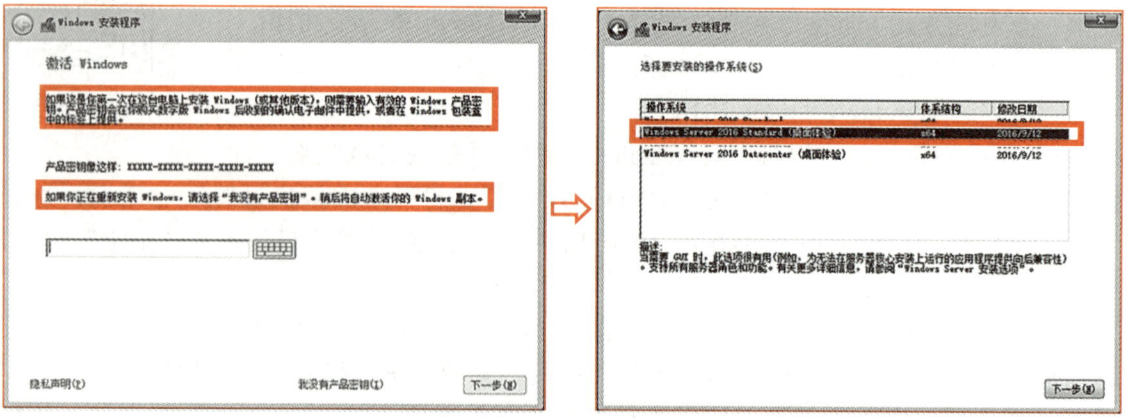

图 7－13　输入产品密钥并选择版本

4）选择“我接受许可条款”，单击“下一步”按钮，选择安装类型，这里选择“自定义：仅安装 Windows（高级）”。

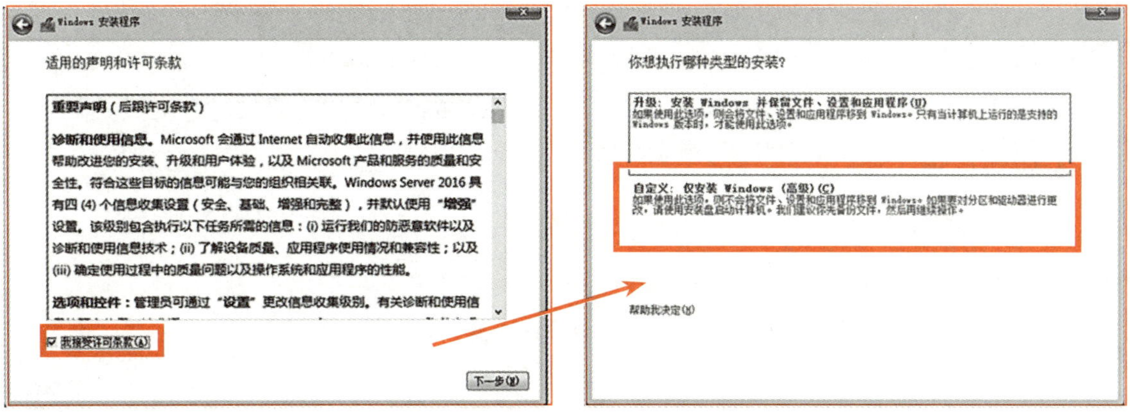

图 7－14　接受许可条款并选择安装类型

5）在虚拟机中的硬盘上进行分区操作，将 60GB 的硬盘分出 30GB 作为主分区，如图 7－15 所示。对剩余未分配空间进行分区操作，可创建多个分区。

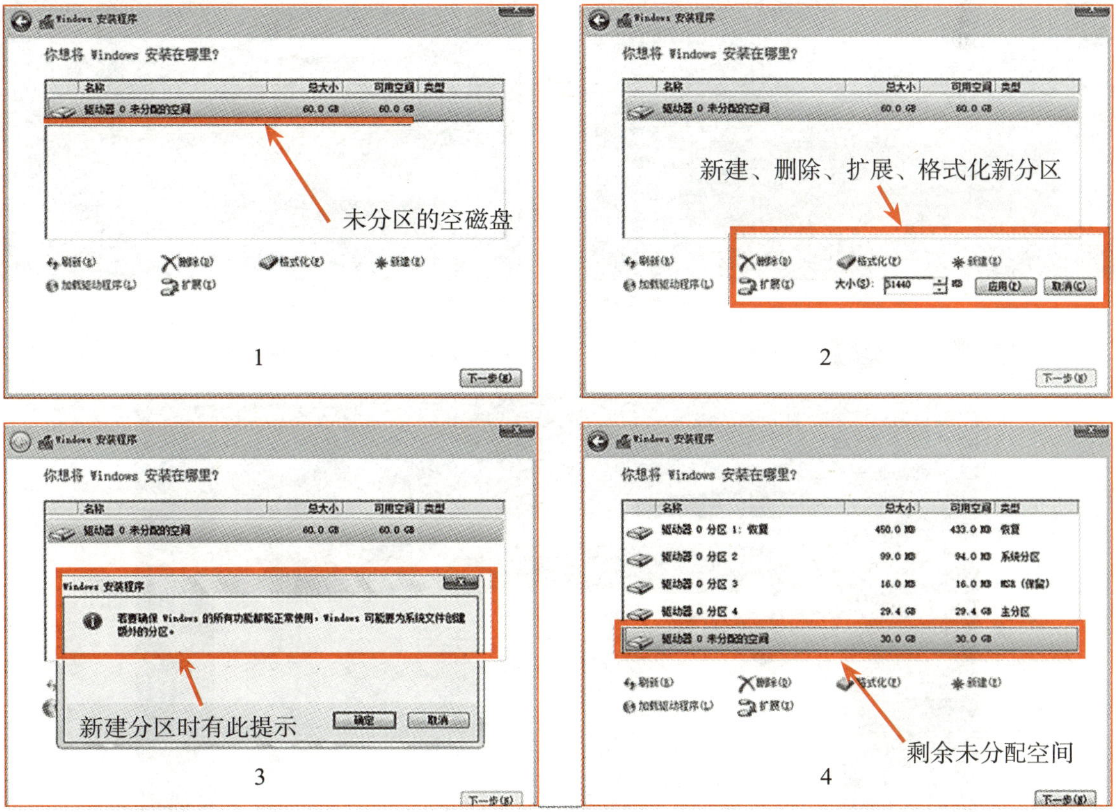

图 7－15　磁盘分区

6）选择系统安装的分区，单击“下一步”按钮，开始复制、安装系统文件，如图 7－16 所示。

7）系统启动后，用户名默认为 Administrator，需要设置登录密码，如图 7－17 所示。输入符合复杂度要求的密码：密码长度不少于 8 位，由大小写字母、数字、符号等至少 3 种字符构成。

图 7-16　系统文件的复制、安装

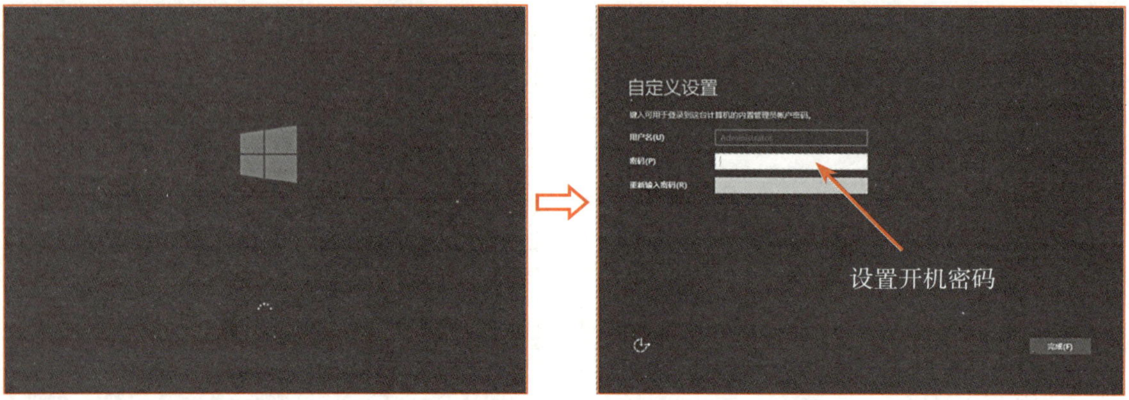

图 7-17　设置登录密码

8）密码设置成功后，即可登录系统，如图 7-18 所示。

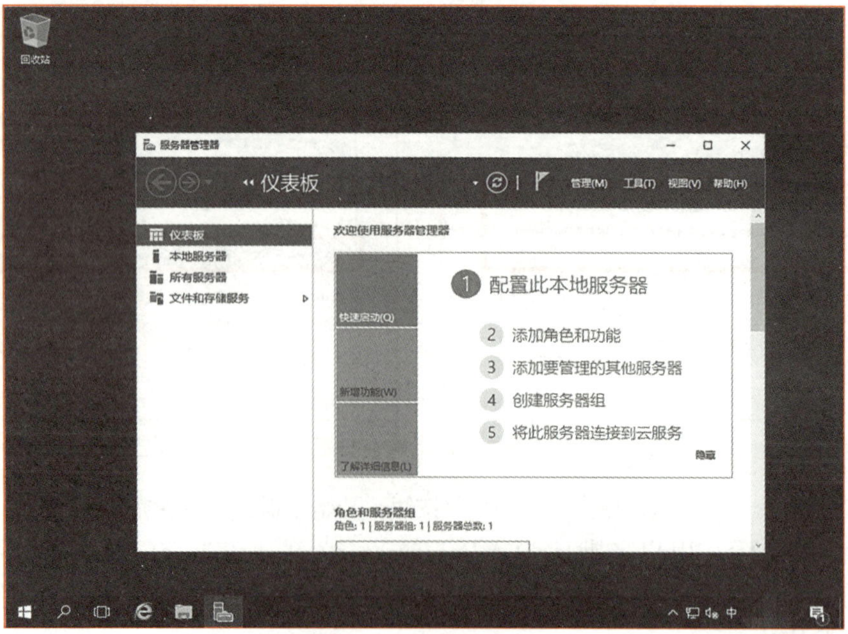

图 7-18　登录系统

3. 系统优化设置

Windows Server 2016 安装完成后，可以进行一些设置，以提高运行速度。

优化 1

（1）改变系统登录页面。

Windows Server 2016 开机后，系统界面出现如图 7－19 所示的提示，此时在虚拟机系统中按“Ctrl+Alt+Del”组合键即可进入新系统登录界面。

图 7－19　系统登录界面

通过以下安全策略的设置可以直接进入系统登录界面。

1）按“Win+R”组合键，打开“运行”命令窗口，输入 gpedit.msc，进入“本地组策略编辑器”。

2）选择“计算机配置”→“Windows 设置”→“安全设置”→“本地策略”。

3）展开“本地策略”下的“安全选项”，双击右侧的“交互式登录：无须按 Ctrl+Alt+Del”选项，在弹出的对话框中选择“已启用”单选按钮，单击“确定”按钮即可，如图 7－20 所示。

（2）设置密码有效期限。

通过对密码策略的设置，可以定期修改登录密码，保护个人隐私，也可以设置修改后的密码长久有效，方便记忆。具体步骤如下：

1）按“Win+R”组合键，打开“运行”命令窗口，输入 gpedit.msc，进入“本地组策略编辑器”。

2）选择“计算机配置”→“Windows 设置”→“安全设置”→“账户策略”。

优化 2

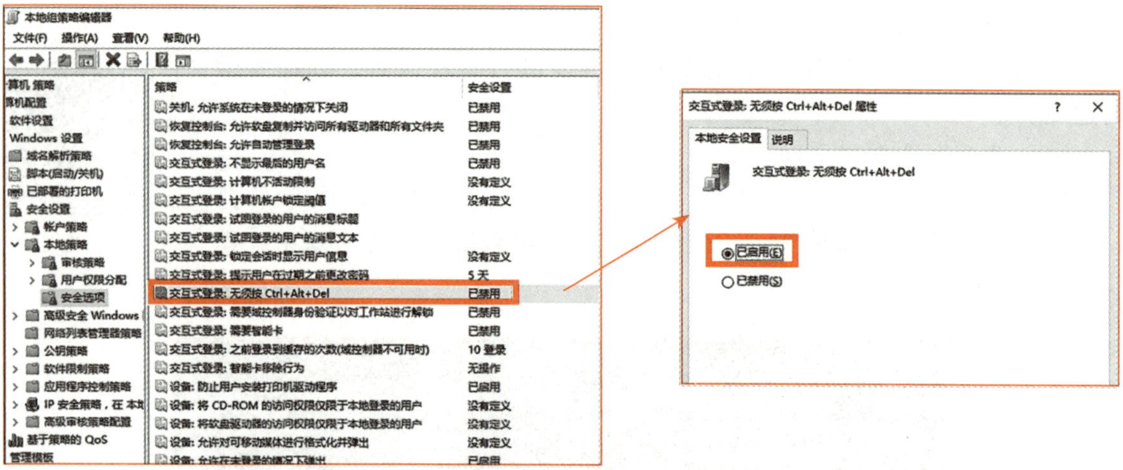

图 7－20　设置“交互式登录：无须按 Ctrl+Alt+Del”属性

3）展开“账户策略”下的“密码策略”，双击右侧的“密码最长使用期限”选项，在弹出的对话框中输入 0（天），表示没有期限，即密码永久有效，如图 7－21 所示。用户也可以根据需求修改其他选项，如禁用“密码必须符合复杂性要求”。

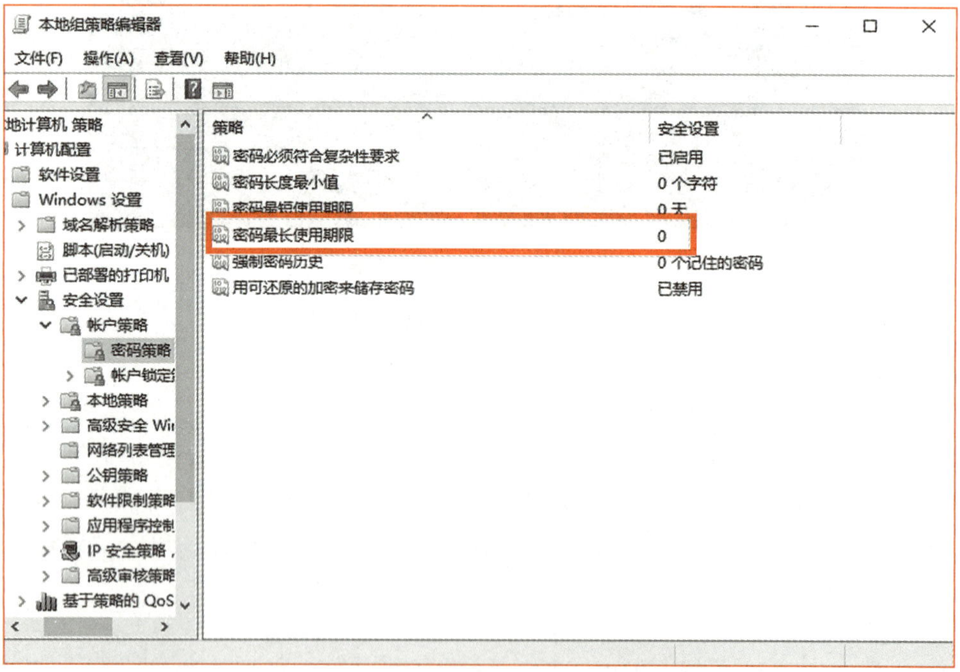

图 7－21　修改“密码最长使用期限”

（3）取消关机原因。

每次关闭系统时，都需要选择关机原因，如图 7－22 所示。

在系统环境中可以取消关机原因的选择，具体步骤如下：

1）按“Win+R”组合键，打开“运行”命令窗口，输入 gpedit.msc，进入“本地组策略编辑器”。

优化 3

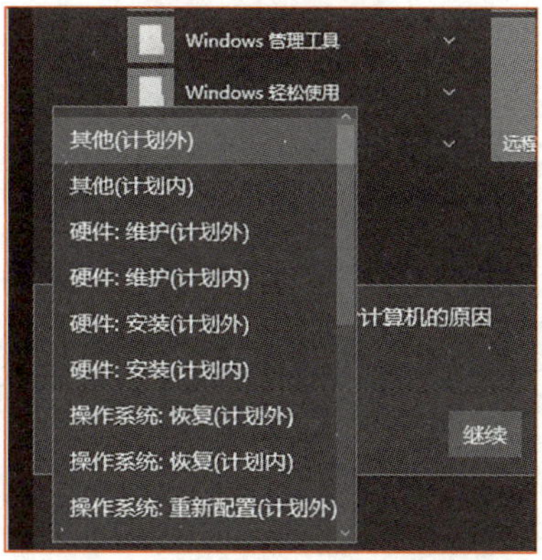

图 7－22　选择关机原因

2）选择“计算机配置”→“管理模板”→“系统”。

3）双击“系统”将其展开，双击右侧的“显示‘关闭事件跟踪程序’”选项，在弹出的对话框中选择“已禁用”单选按钮，然后单击“确定”按钮，如图 7－23 所示。

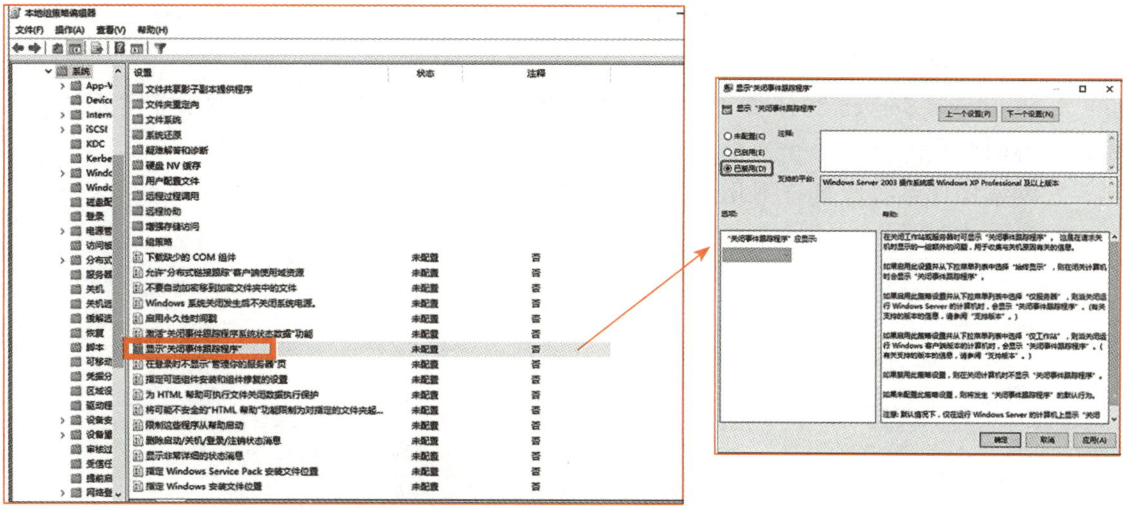

图 7－23　取消“关机原因”

项目小结

通过本项目的学习，我们认识了 VMware 虚拟机和 Windows Server 2016 操作系统，并了解了如何在虚拟机中安装 Windows 操作系统，以及如何进行登录优化。

可能对于初学者来说，一次便安装成功是比较困难的，就像现实生活中，大多数事情都是要亲身经历并多次尝试的。勇于尝试，敢于创新，才是适应社会、发展自身的正道。

计算机系统若出现不可逆转的错误，我们可以通过重新安装来解决，但人生中发生的事都是不可重置的，所以为人处世必须要行得端、做得正，虽说人无完人，但原则性错误是绝对不能犯的。

技能检测

一、选择题

1. Windows 操作系统的主要功能是（　　）。

A. 实现软、硬件转换　　B. 管理计算机系统所有的软、硬件

C. 把源程序转换为目标程序　　D. 进行数据处理

2. 在 VMware Workstation 虚拟机中可以安装（　　）个系统。

A. 0　　B. 1　　C. 2　　D. 多

3. 下列说法正确的是（　　）。

A. 一台服务器可以管理一个域　　B. 一台服务器可以同时管理多个域

C. 一个域可以同时被多台服务器管理　　D. 以上答案皆是

4. 一个磁盘上最多可以有（　　）主分区。

A. 1 个　　B. 2 个　　C. 3 个　　D. 4 个

5. 管理员 Administrator 默认的权限是（　　）。

A. 特别权限　　B. 来宾访问　　C. 完全控制　　D. 用户访问

二、简答题

1. Windows Server 2016 是对之前操作系统的一次全面升级，其关键功能主要体现在哪几个方面？

2. 网络操作系统应具有哪几个方面的功能？

项目 8

Windows Server 2016 的基本操作与远程桌面连接

项目导读

管理员可通过本地和远程两种方式登录服务器。所谓远程登录，就是允许用户通过网络中的任意一台计算机登录 Windows Server 2016 服务器，一旦进入服务器，用户就可以像在现场一样，对服务器进行系统允许的操作，如读取、删除和编辑文件。

学习目标

1. 掌握 Windows Server 2016 的基本操作。
2. 熟练运用远程桌面连接实现远程登录。

任务 8.1 Windows Server 2016 的基本操作

1. 将“计算机”等图标添加到桌面

Windows Server 2016 系统安装完成后，桌面上默认只有“回收站”图标，为便于操作，可将一些常用的图标（如计算机、网络）添加到桌面，其步骤如下：

（1）选择“开始”→“控制面板”，在控制面板中的搜索框内输入“桌面图标”进行搜索，在搜索结果中单击“个性化”，如图 8-1 所示。

基本操作 1

（2）在“个性化”对话框中单击“更改桌面图标”，进入“桌面图标设置”对话框，勾选需要在桌面上显示的图标，单击“确定”按钮，如图 8-2 所示。

基本操作 2

2. 更改计算机名

在安装 Windows Server 2016 时，系统会随机生成一个冗长且不便记忆的计算机名，为了便于标识，用户可对该计算名进行修改。其步骤如下：

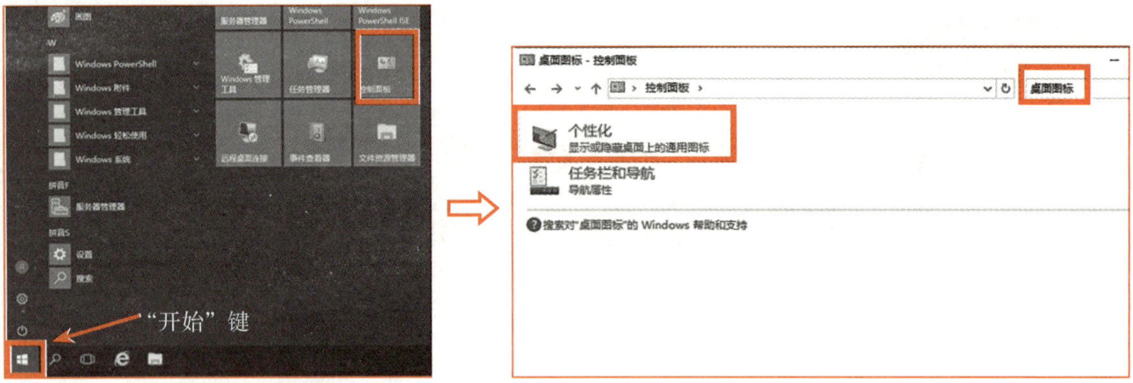

图 8－1　搜索“桌面图标”

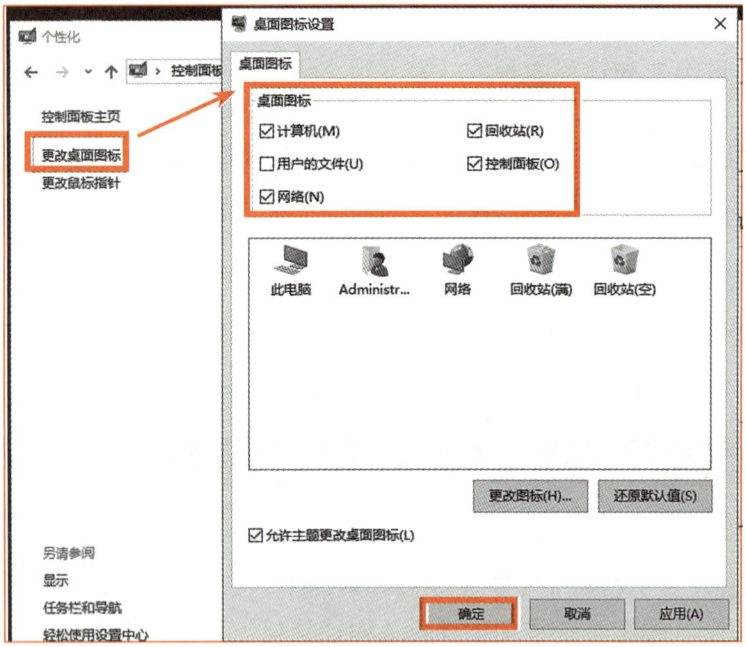

图 8－2　选择桌面图标

（1）选择“开始”→“服务器管理器”，打开“服务器管理器”对话框，在左侧单击“本地服务器”，在打开的右侧窗口中单击计算机名的名称链接，如图 8－3 所示。

（2）在打开的“系统属性”对话框中的“计算机名”窗口内单击“更改”按钮，打开“计算机名 / 域更改”对话框，输入新的计算机名，单击“确定”按钮，系统弹出“必须重新启动计算机才能应用这些更改”提示框，单击“确定”按钮，如图 8－4 所示。单击“立即重新启动”按钮，系统重启。

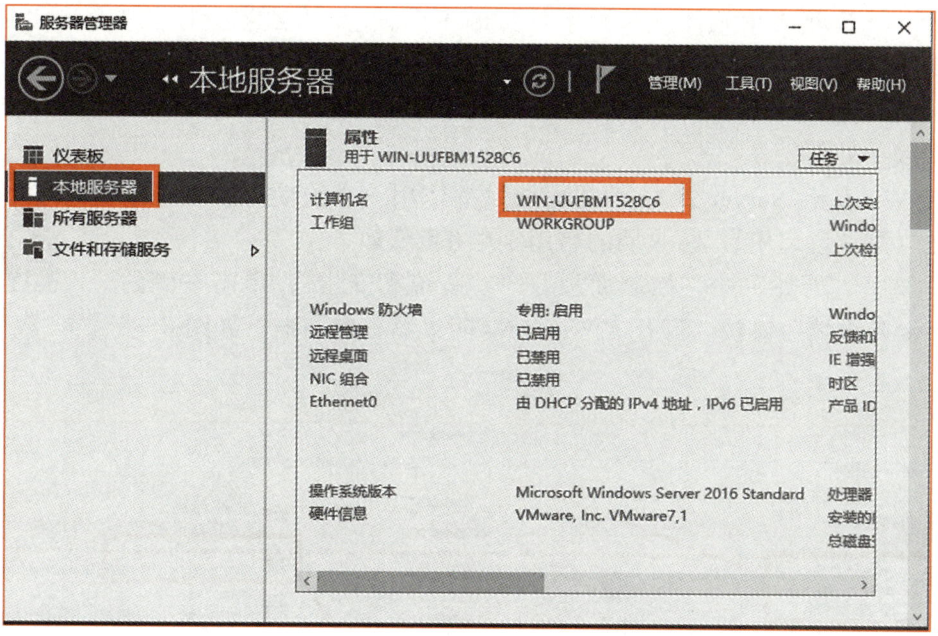

图 8-3　查看计算机名

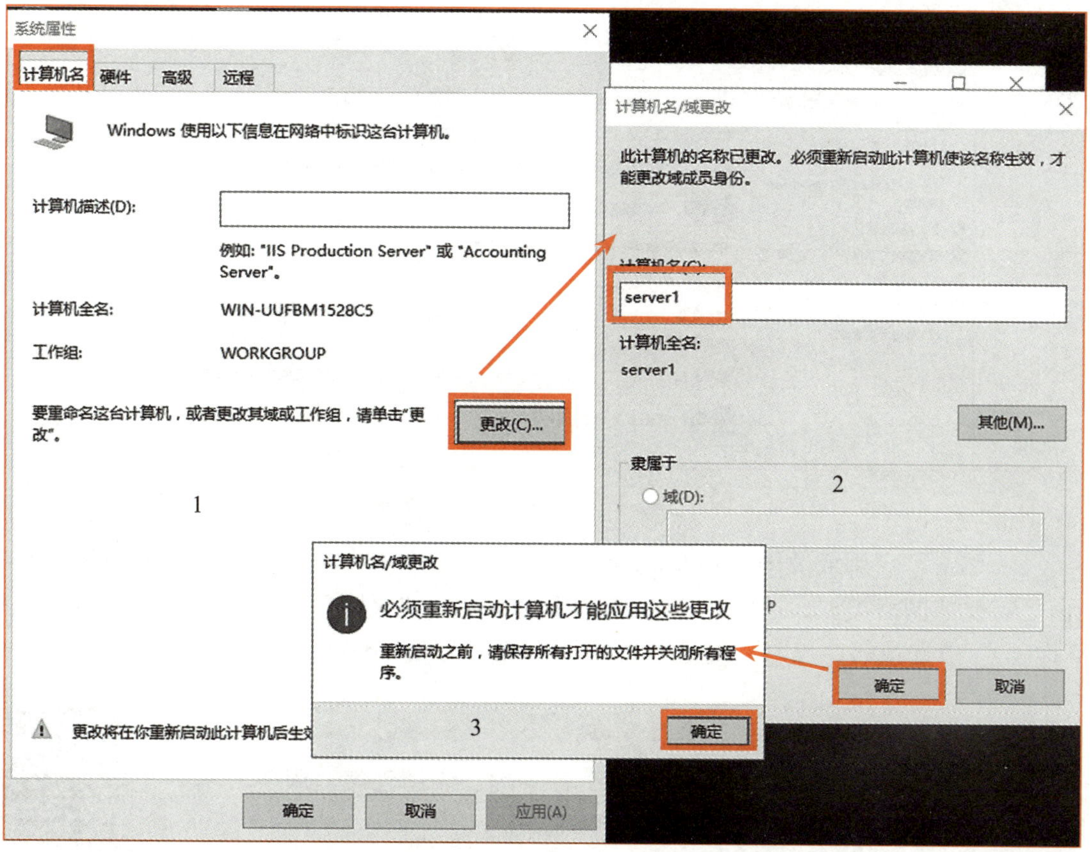

图 8-4　更改计算机名

提示：计算机名中允许使用的字符包括 0～9、A～Z 大小写字母和连字符“-”。计算机名不能完全由数字组成、不能包含空格，也不能与用户名完全相同，还不能包含<、>、;、:、”、*、+、=、\、|、？等特殊字符。

3. 启用 / 关闭防火墙

要使 Windows Server 2016 的防火墙发挥作用，必须使防火墙处于启用状态（默认已启用）。防火墙的启用 / 关闭步骤如下：

基本操作 3

（1）选择“开始”→“控制面板”→“系统和安全”，单击右侧的“Windows 防火墙”链接，打开“Windows 防火墙”对话框，如图 8－5 所示。

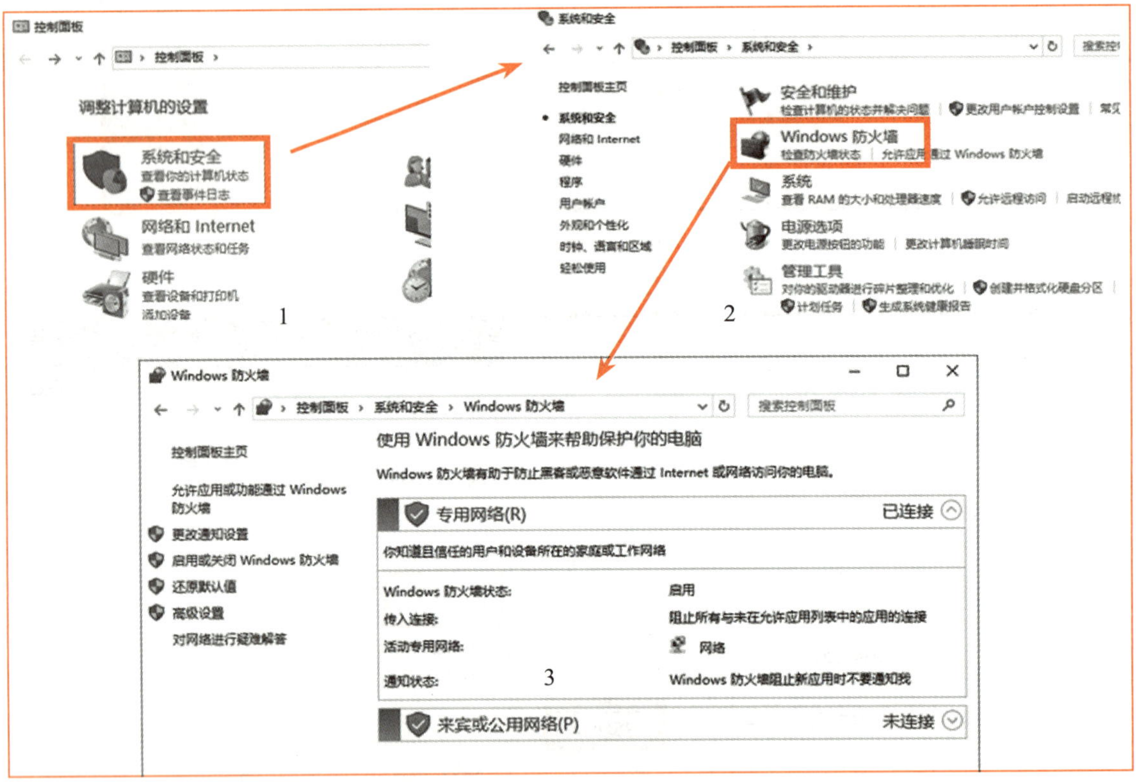

图 8－5　打开“Windows 防火墙”

（2）单击“启用或关闭 Windows 防火墙”链接，打开“自定义设置”对话框，根据当前已连接的网络类型，选中相应的“启用 Windows 防火墙”或“关闭 Windows 防火墙（不推荐）”单选按钮，单击“确定”按钮以更改当前 Windows 防火墙的状态，如图 8－6 所示。

4. 使用任务管理器查看资源的使用情况

通过任务管理器可以实时显示系统中各进程、应用程序、服务、本地登录的用户、CPU、内存、网卡等的使用情况。

任务管理器的启动和使用方法如下：

基本操作 4

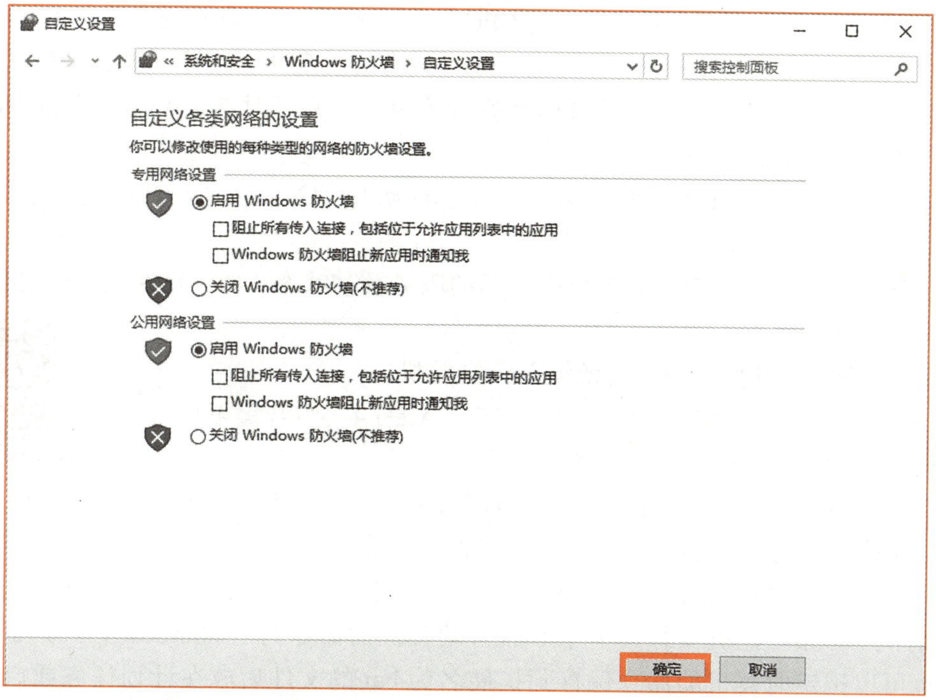

图 8-6　更改“Windows 防火墙”状态

右击桌面底部的“任务栏”，在弹出的快捷菜单中选择“任务管理器”，打开“任务管理器”对话框（若初始为简略信息列表，则需要打开“详细信息”），包括“进程”“性能”“用户”“详细信息”“服务”共 5 个选项卡，如图 8-7 所示。

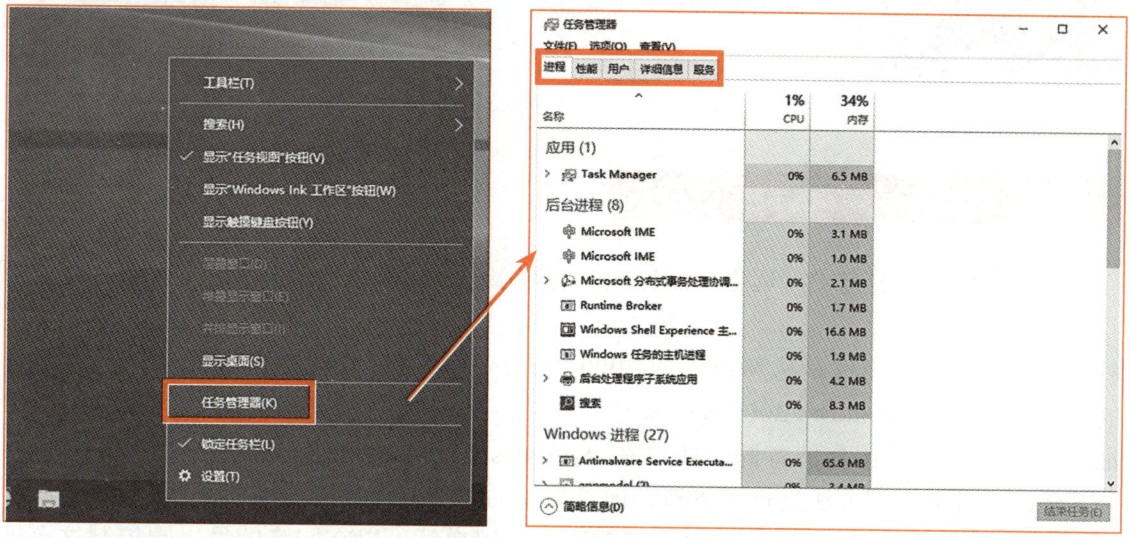

图 8-7　任务管理器

- 进程：该选项卡中显示了当前正在运行的程序（及进程）及其占用的 CPU 和内存的资源数量。可以通过单击窗口下面的“结束任务”按钮结束选定的进程。

- 性能：该选项卡用于查看计算机的 CPU、内存和以太网的使用情况。单击其中的“打开资源监视器”后，可以查看本计算机的 CPU、内存、磁盘和网络等资源的详细使用情况。
- 用户：该选项卡用于查看登录本计算机的用户，并可对选定的用户进行中断连接、注销等操作或发送信息给用户。
- 详细信息：该选项卡用于查看每个执行的应用程序的用户、CPU 使用率、占用内存等信息。
- 服务：该选项卡用于查看系统中包括的服务及其状态（如：正在运行或已停止）。

5. 关机方法

基本操作 5

方法 1：选择“开始”→“电源键”→“关机”。

方法 2：在桌面上没有活动窗口时，按“Alt+F4”组合键可以直接调出关机对话框，以便进行关机操作。

方法 3：按“开始 +R”组合键，在打开的“运行”对话框中输入“cmd”，单击“确定”按钮，在打开的命令窗口中输入“shutdown”命令，按回车键后可以看到 shutdown 的语法，关机是“/s”，强制关机是“/f”，定时关机是“/d 时间”。如：让机器每天下午 6 点自动关机的命令为“shutdown /s /f /d 18:00”。此外，也可以把定时关机的命令保存到扩展名为 bat 的文件后放在计划任务或启动项中，这样系统每天都会定点准时关机，如图 8－8 所示。

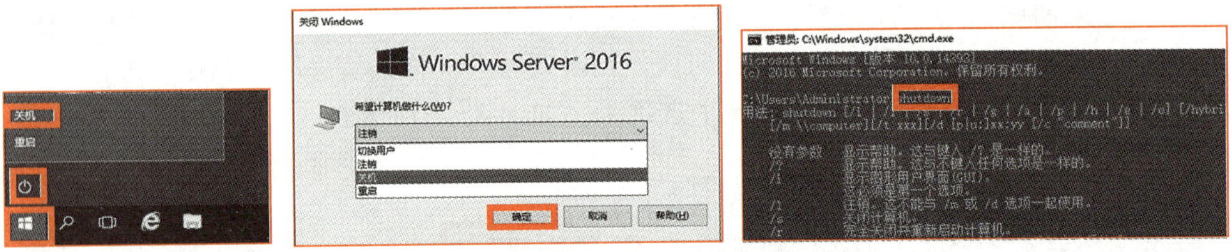

图 8－8 “关机”的 3 种方法

任务 8.2 远程桌面连接的方式

实现远程登录的方式有远程桌面连接、终端服务和远程协助等。

远程桌面连接

1. 远程桌面简介

远程桌面连接组件是从 Windows 2000 Server 开始由微软公司提供的，但该组件在 Windows 2000 Server 中不是默认安装的。该组件一经推出便得到了很多用户的青睐，所以在 Windows XP 和 2003 中，微软公司将该组件的启用方法进行了更新，通过简单的勾选就可开启。

当某台计算机开启了远程桌面连接功能后，用户就可以在网络的另一端控制这台计算机了，包括在该计算机上安装软件，运行程序。网络管理员可以通过该功能在家中安全地控制单位的服务器，而且由于该功能是系统内置的，所以比第三方远程控制工具使用起来更方便、更灵活。

2. 开启远程桌面

（1）在服务器端开启远程桌面并选择登录用户。

1）要建立远程桌面连接，首先要做的是允许网络上的其他计算机连接本地计算机。考虑到 Windows Server 2016 的安全性要求，需要对防火墙进行如下操作：选择“服务器管理器”→“工具”→“高级安全 Windows 防火墙”→“入站规则”，启用“远程服务管理（RPC）”和“远程桌面 – 用户模式（TCP-in）”，如图 8 – 9 所示。

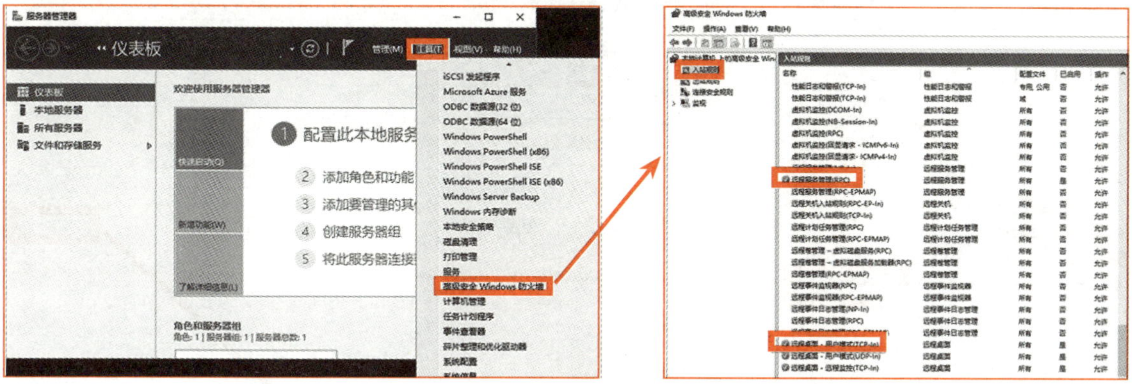

图 8 – 9　启用防火墙服务

2）右击“此电脑”，选择“属性”→“系统”→“远程设置”，进入“系统属性”对话框，单击“允许远程连接到此计算机”，在弹出的“远程桌面连接”对话框中单击“确定”按钮，如图 8 – 10 所示。勾选“仅允许运行使用网络级别身份验证的远程桌面的计算机连接（建议）”，单击“确定”按钮，即可开启远程连接。

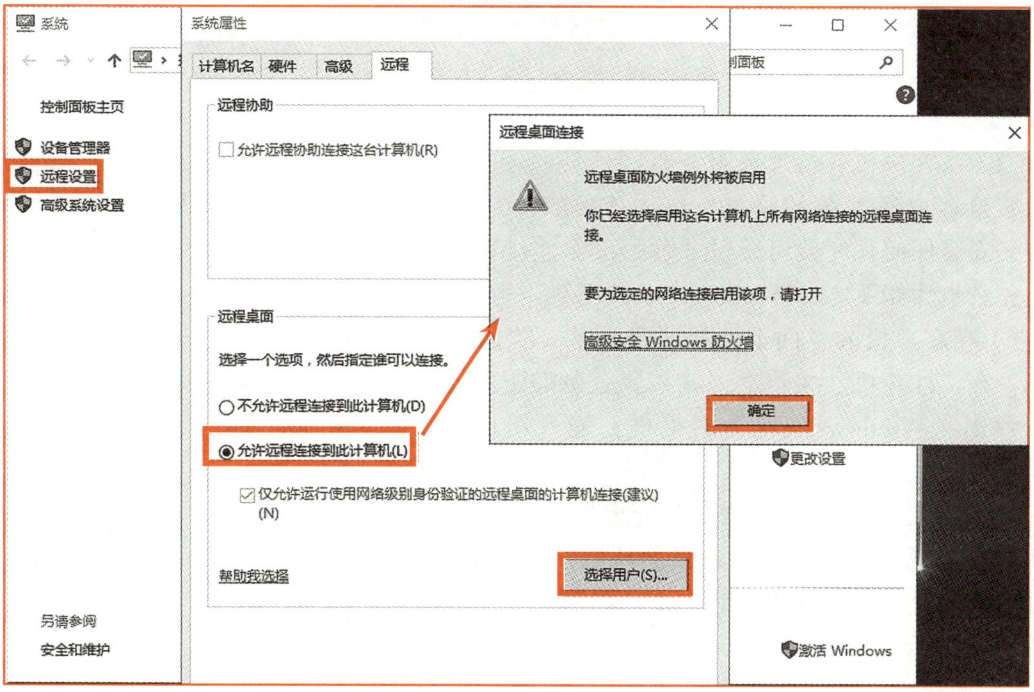

图 8 – 10　开启远程桌面连接

3）此处的用户可以是 Administrator，也可以是自定义用户。依次单击“选择用户”按钮、“添加”按钮、“高级”按钮，进入“选择用户”对话框，单击“立即查找”按钮，在“搜索结果”列表中选择用于进行远程登录的用户，依次单击“确定”按钮，直至逐级返回“系统”对话框，如图 8 - 11 所示。

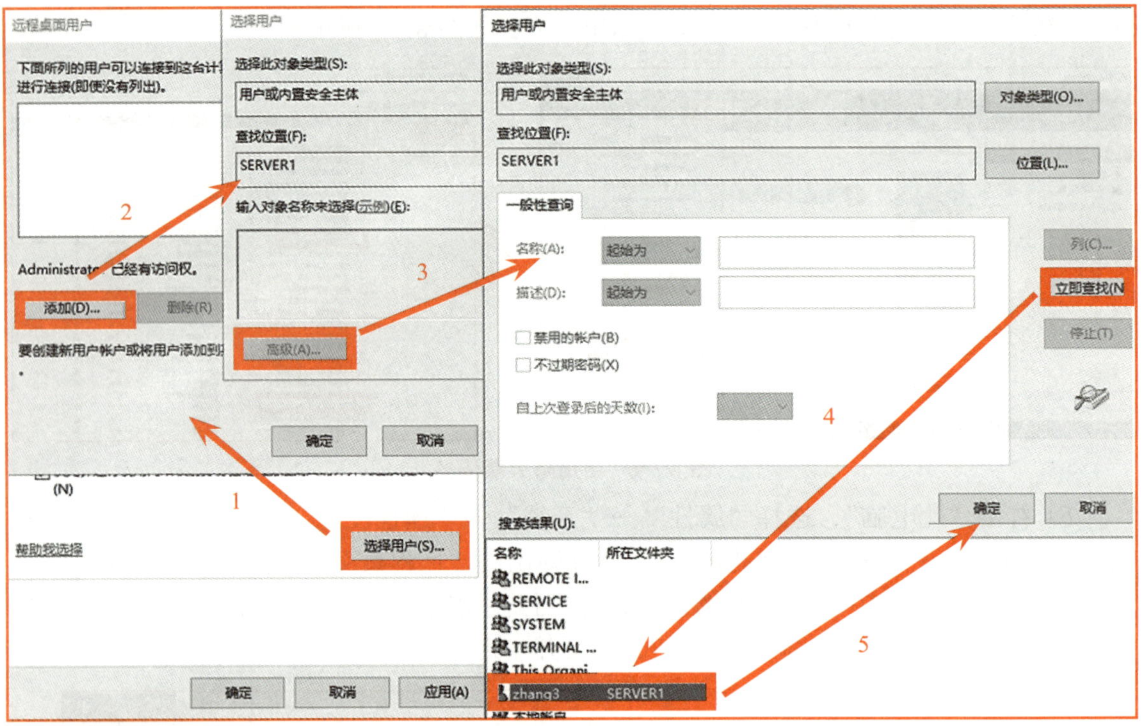

图 8 - 11　选择允许远程登录的用户

（2）从客户机登录远程服务器。

如果客户机安装的是 Windows XP/7/8/10 或者 Windows Server 2008/2012 系统，用户不必安装任何程序便可通过“远程桌面连接”登录服务器。

登录步骤如下（以 Windows Server 2012 为例）：

1）在客户机的桌面上选择“开始”→“远程桌面连接”，弹出“远程桌面连接”对话框，在“计算机”编辑框中输入要登录的服务器的 IP 地址（或域名），单击“连接”按钮，弹出“ Windows 安全”对话框，输入用户名和登录密码，单击“确定”按钮，如图 8 - 12 所示。

2）连接过程中会提示无法验证远程计算机的身份，单击“是”按钮继续连接，连接成功后会出现登录的服务器的桌面环境，与在本地登录的桌面环境是完全相同的，此时便可根据用户权限进行相应的操作，如图 8 - 13 所示。

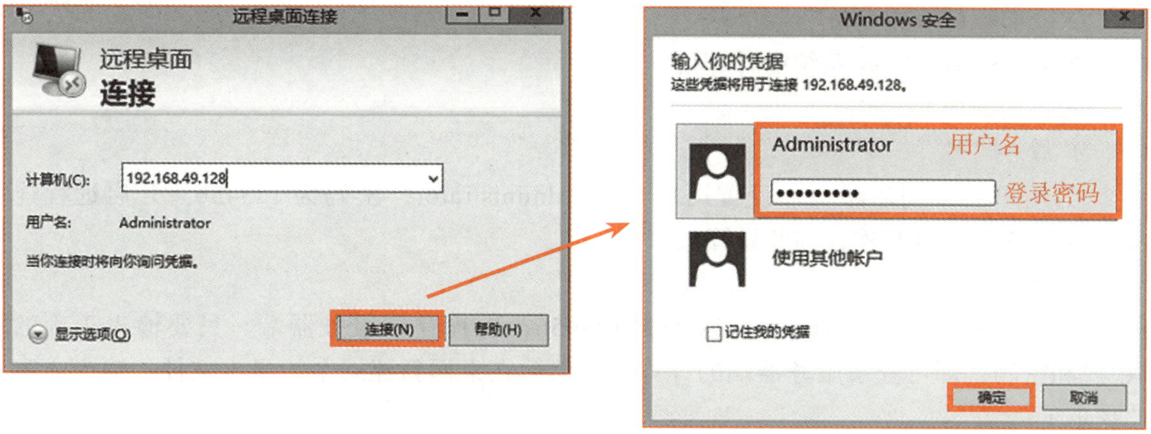
远程桌面连接
远程桌面
连接
计算机(C):
192.168.49.128
用户名:
Administrator
当你连接时将向你询问凭据。
显示选项(O)
连接(N)
帮助(H)
Windows 安全
输入你的凭据
这些凭据将用于连接 192.168.49.128。
Administrator
用户名
登录密码
使用其他帐户
记住我的凭据
确定
取消

图 8-12　客户端远程连接登录

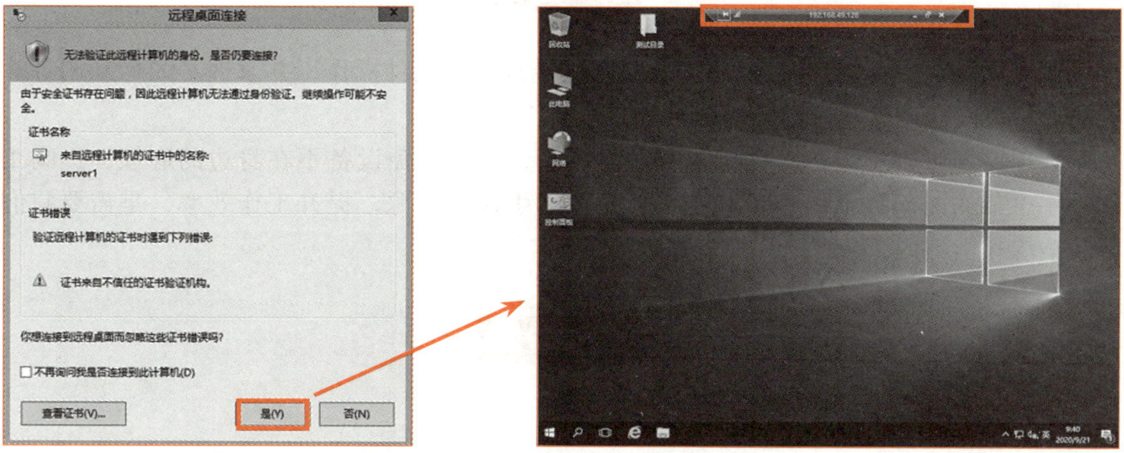
远程桌面连接
无法验证此远程计算机的身份。是否仍要连接?
由于安全证书存在问题，因此远程计算机无法通过身份验证。继续操作可能不安全。
证书名称
来自远程计算机的证书中的名称:
server1
证书错误
验证远程计算机的证书时遇到下列错误:
证书来自不信任的证书验证机构。
你想连接到远程桌面而忽略这些证书错误吗?
不再询问我是否连接到此计算机(D)
查看证书(V)...
是(Y)
否(N)

图 8-13　远程桌面连接成功

提示：

（1）如果是系统管理员登录，就可以拥有管理远程服务器的全部权限。若要退出远程连接，在登录桌面注销用户即可。

（2）开启远程桌面连接有一定的安全隐患。由于远程桌面的 3389 端口是公开的，“黑客”往往通过扫描 3389 端口寻找攻击目标。在确实需要远程桌面功能时注意结合安全设置，如合理设置防火墙的安全规则、修改端口号、禁用 Administrator 用户、严格限定远程登录用户的权限等。

项目实训：远程桌面连接的配置

一、实训目的

（1）掌握远程桌面连接客户端与服务器端的设置。

（2）能够灵活应用远程桌面功能。

二、实训环境或设备

2 台装有 Windows 系统的计算机。

三、实训内容

1. 服务器端

为用户登录创建账户，设置用户名为 Administrator，密码为 123456。开启远程连接，允许客户端远程连接到此计算机。

2. 客户端

设置账户为 Administrator，密码为 123456，远程登录服务器端。只要输入正确的账户和密码，即可登录服务器端的计算机，然后在桌面新建一个记事本文件，输入内容“我来了”。

项目小结

在本项目中，我们学习了 Windows 系统最常用的几种操作，并掌握了如何利用计算机的远程桌面功能远程控制另一台计算机进行工作。

远程控制可以实现不同计算机资源的共享，从而避免设备不在身边的麻烦，提高工作效率，节约时间成本。善于利用可以利用的手段和资源，提升工作效率，是需要我们不断锻炼和学习的。

技能检测

一、选择题

1. 远程客户端登录终端服务器必须提供一定的信息，（　　）属于这种必要的信息。

A. 用户名　　B. 域　　C. USB 端口　　D. 连接名称

2. 下列（　　）选项可以赋予用户登录终端服务器的权限。

A. Guests　　B. Users

C. Remote Desktop Users　　D. Backup Operators

3. 网络管理员要远程管理服务器，如果登录时出现“由于用户限制，您无法登录”的提示，最可能的原因是（　　）。

A. 用户名和密码错误　　B. 该用户没有加入远程桌面用户组

C. 该用户密码为空　　D. 该用户不是管理员用户

4. 关于远程桌面与终端服务的说法，错误的是（　　）。

A. 远程桌面最多只允许一至两个连接，而终端服务没有限制

B. 远程桌面同时允许一个管理员和一个非管理员登录

C. 远程桌面与终端服务都是需要许可（license）的

D. 远程桌面也称为终端服务

5. 通过“更改桌面图标”，不可能将（　　）的快捷方式添加到桌面上。

A. 此电脑　　B. 网络　　C. QQ　　D. 回收站

二、简答题

1. 什么是远程登录?

2. 远程登录有哪些方式?

项目 9

用户管理与共享文件

项目导读

网络的一个重要应用就是可以实现各种资源的共享。不管是对等网，还是小型 C/S 网络，由于使用者基本上是本地、本部门的可信用户，且用户数量少，因此可以设立公用账户和私有账户，将必要的本机资源直接通过共享的方式发布，并通过设置用户访问权限来控制访问。

在对等网中，用户对自己的计算机拥有管理权限，因此可以决定将哪些资源共享给哪些用户；在小型 C/S 网络中，一般是在服务器上设置共享空间，每个用户根据权限来发布和访问共享资源。

学习目标

1. 掌握用户组的创建方法。
2. 掌握本地用户和本地组账户的创建与管理方法。
3. 掌握共享文件夹的创建、访问、隐藏与管理方法。

任务 9.1 Windows Server 2016 中的用户和组的管理

Windows 识别用户是根据账户在创建时建立的安全标识符 SID（Security ID）进行的。根据 Windows Server 2016 的工作模式、工作组模式和域模式，用户的账户分为本地账户和域账户。

本地账户只能在本地计算机上登录，依据权限访问本地计算机的资源。本地账户建立在独立服务器、域中的成员服务器以及客户端上，分为系统内置账户（包括系统管理员 Administrator，具有本地计算机的最高权限，不能删除也不能禁止该账户的登录；来宾 Guest，为临时访问计算机的用户提供的，不能被删除，但可以禁止登录）和用户建立的账户。

1. 用户管理

用户管理

（1）创建账户。

1）以管理员身份登录，选择“开始”→“服务器管理器”→“工具”→“计算机管理”，如图 9－1 所示，打开“计算机管理”对话框。

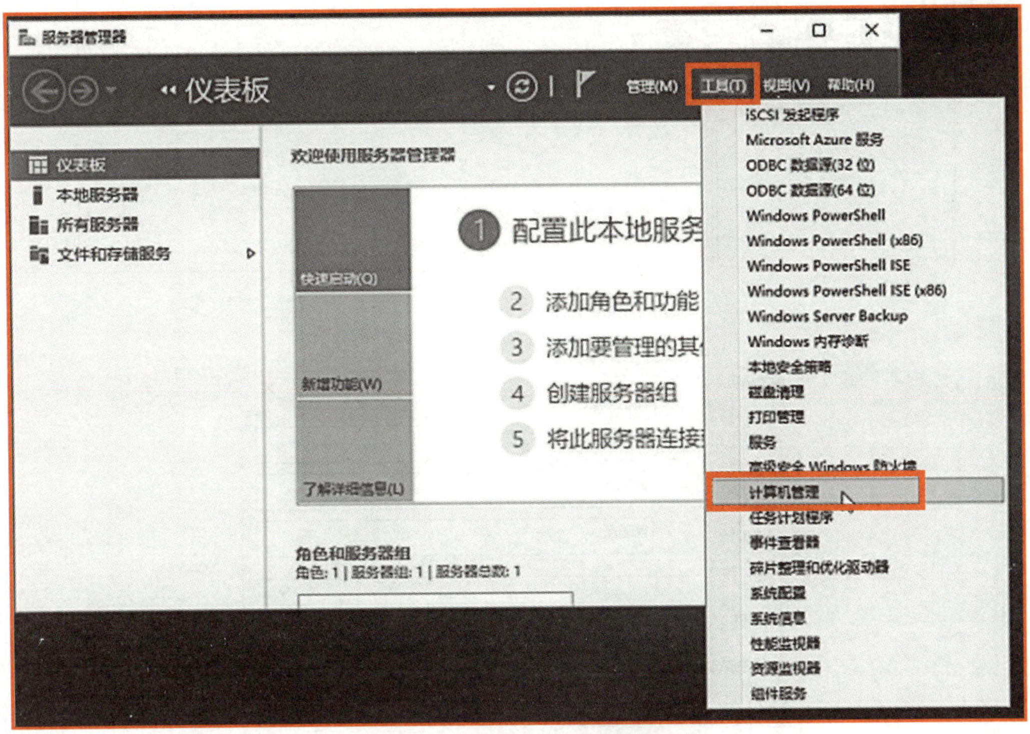

图 9－1　选择“计算机管理”

2）在“计算机管理”对话框中展开“本地用户和组”，右击“用户”文件夹，在弹出的快捷菜单中选择“新用户”，如图 9－2 所示，打开“新用户”对话框。该对话框也可以通过在“计算机管理”对话框的右侧空白处右击并选择“新用户”来打开。

3）在图 9－3 所示的“新用户”对话框中输入用户名、全名、描述、密码、确认密码；选择用户登录时密码的限制（用户下次登录时须更改密码、用户不能更改密码、密码永不过期、账户已禁用等），单击“创建”按钮，完成用户创建。

（2）删除用户。

在“计算机管理”对话框的左侧展开“本地用户和组”，单击“用户”文件夹，在右侧选择要删除的账户名，右击，在弹出的快捷菜单中选择“删除”即可，如图 9－4 所示。

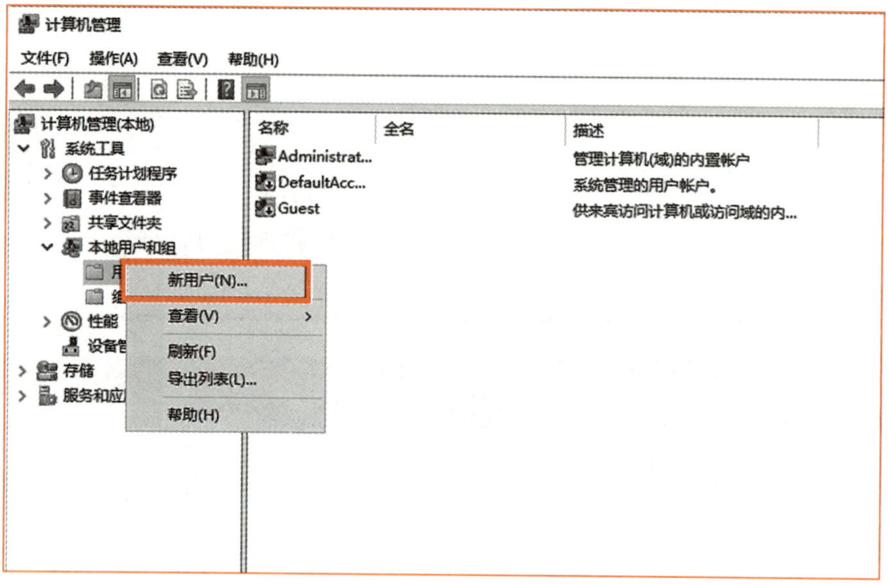

图 9－2　创建新用户

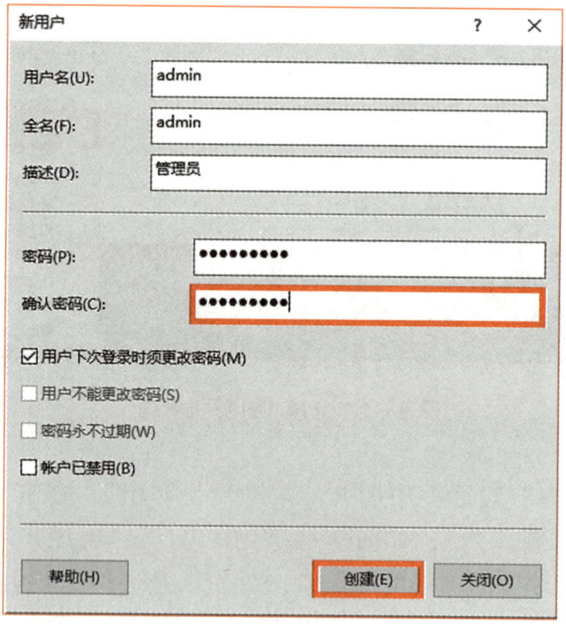

图 9－3　设置“新用户”

（3）更改用户名和密码。

在“计算机管理”对话框的左侧展开“本地用户和组”，单击“用户”文件夹，在右侧右击要更名的账户，在弹出的快捷菜单中选择“重命名”，即可完成用户账户名的修改。

右击账户名，选择“设置密码”，可以更改用户密码。用户密码的更改只能由管理员或拥有本账户的用户完成。如果未禁用“密码必须符合复杂性要求”，则新修改的密码也要满足密码的复杂性要求。

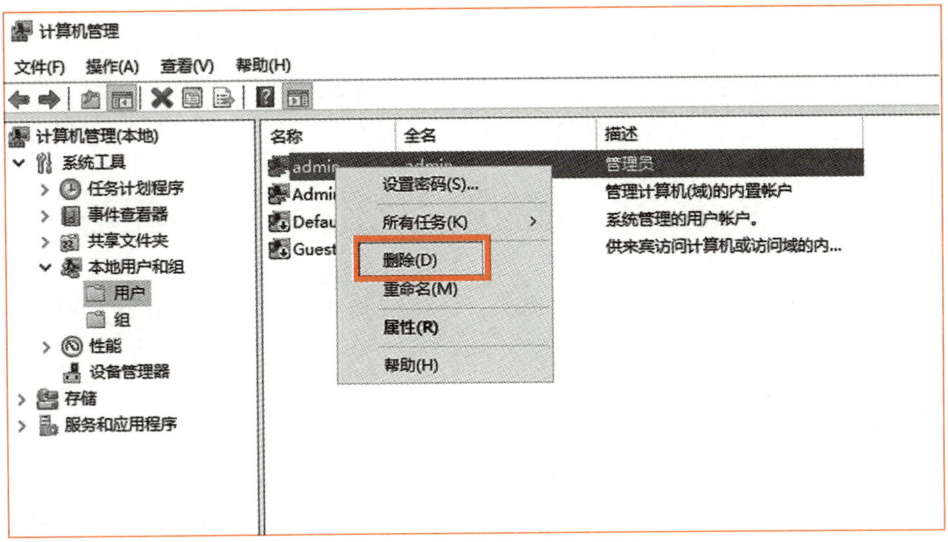

图 9－4　删除用户

（4）禁用与激活账户。

在“计算机管理”对话框的左侧展开“本地用户和组”，单击“用户”文件夹，在右侧右击要修改的账户，在弹出的快捷菜单中选择“属性”，通过选中或取消“账户已禁用”复选框，完成禁用与激活账户操作，如图 9－5 所示。

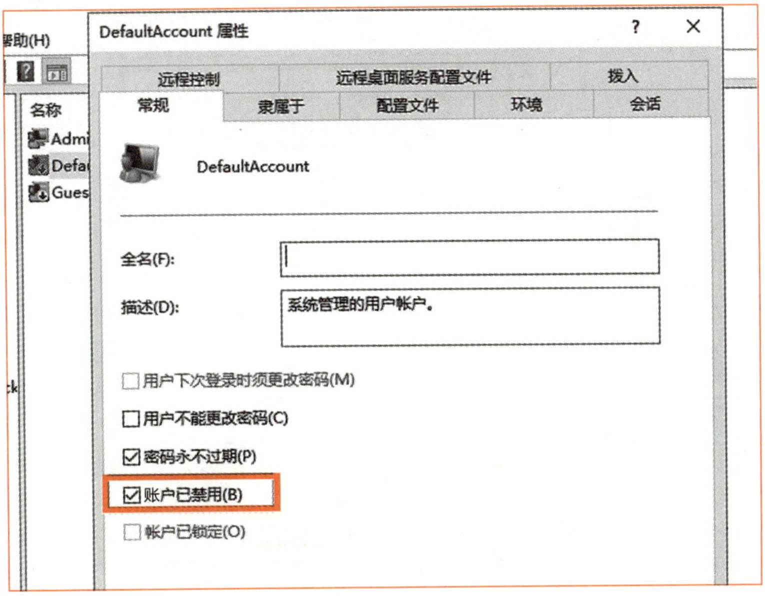

图 9－5　禁用 / 激活账户

2. 用户组的管理

用户组分为系统内置的本地组和用户自己建立的组。

（1）系统内置的默认本地组。

在 Windows Server 2016 中有以下内置组：

- Administrators：该组成员具有最高权限。
- Backup Operators：备份操作员组，主要进行备份和还原工作。
- Users：用户组，该组成员只具有一些基本权利，可以运行授权的应用程序，使用网络资源，不可以改变系统的配置。
- Guests：来宾用户组，该组中的用户只能执行被管理员授权的权限并访问授权资源。
- Access Control Assistance Operators：该组成员可以远程查询此计算机上的资源的授权属性和权限。
- Printer Operators：管理域打印机。
- Replicator：负责域中的文件复制，也可执行目录复制程序。

（2）用户自己建立组。

1）与创建新用户类似。在“计算机管理”对话框的左侧展开“本地用户和组”，右击“组”文件夹，在弹出的快捷菜单中选择“新建组”，打开“新建组”对话框。

创建用户组

2）在“新建组”对话框中输入组名、组的描述，按“创建”按钮完成空组的创建，如图 9－6 所示。

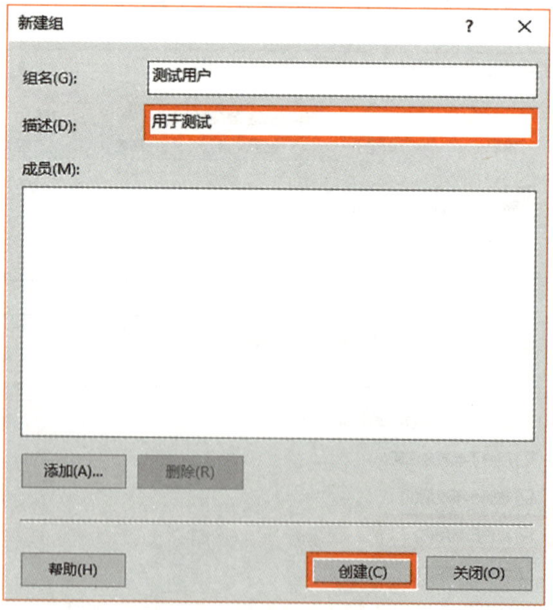

图 9－6 新建组

3）通过单击图 9－6 中的“添加”按钮，可以选择系统已有的用户作为该组成员，如图 9－7 所示。

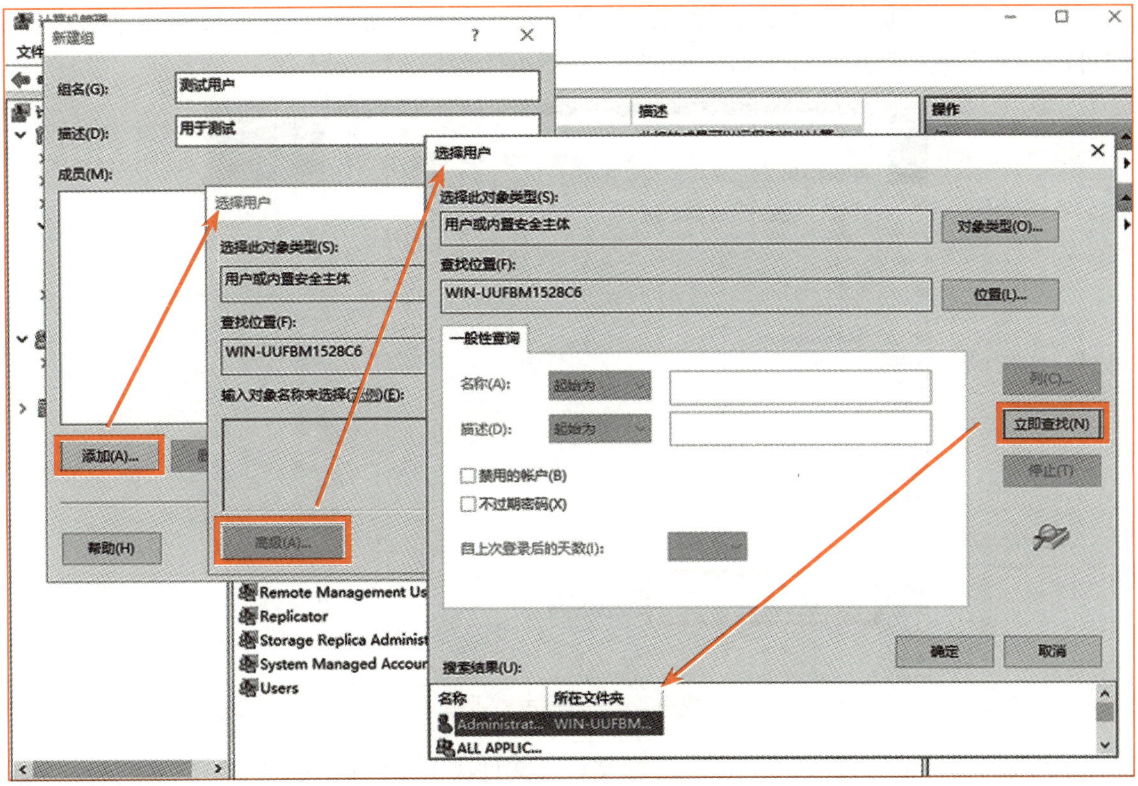

图 9－7　添加“用户组成员”1

4）用户组成员的添加还可以通过已有组的右键菜单命令“添加到组”来实现，同时，通过“Guest 属性”对话框中的“隶属于”选项卡也可以将选定用户添加到组中，如图 9－8 所示。

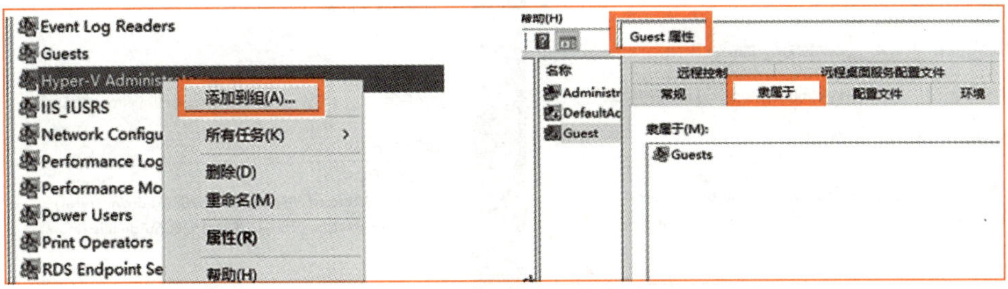

图 9－8　添加“用户组成员”2

（3）用户组的权限设置。

1）系统访问权限。

①按“Win+R”组合键，打开“运行”命令窗口，输入 gpedit.msc，进行组策略设置。

②选择“计算机配置”→“Windows 设置”→“安全设置”→“本地策略”。

③展开“本地策略”下的“用户权限分配”，在右侧展开的多个策

系统访问权限

略中，选择某个策略，右击，在弹出的快捷菜单中选择“属性”，打开策略属性对话框，即可添加用户或组以应用该策略，如图 9－9 所示。

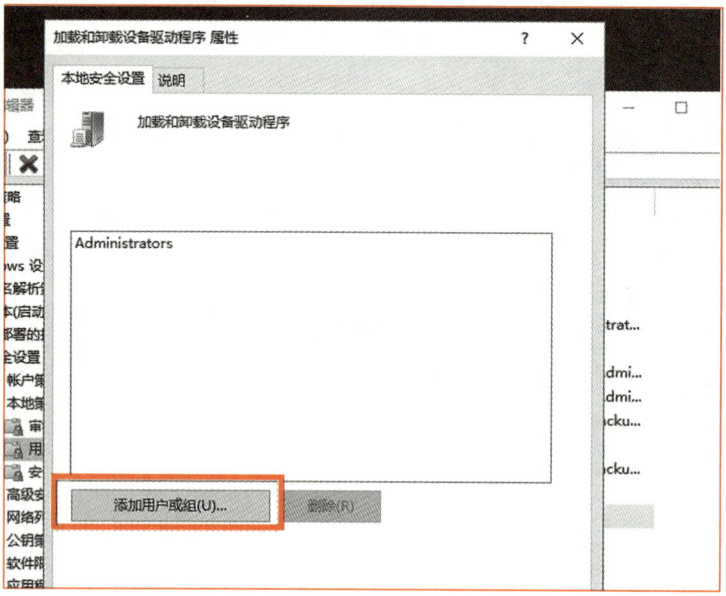

图 9－9　添加用户或组

2）文件 / 目录管理权限：右击目标文件（文件夹），在弹出的快捷菜单中选择“属性”，在属性对话框中选择“安全”选项卡，单击“编辑”按钮即可在打开的对话框中修改用户（用户组）对本对象的操作权限，也可以添加已有用户或组，如图 9－10 所示。

文件管理权限

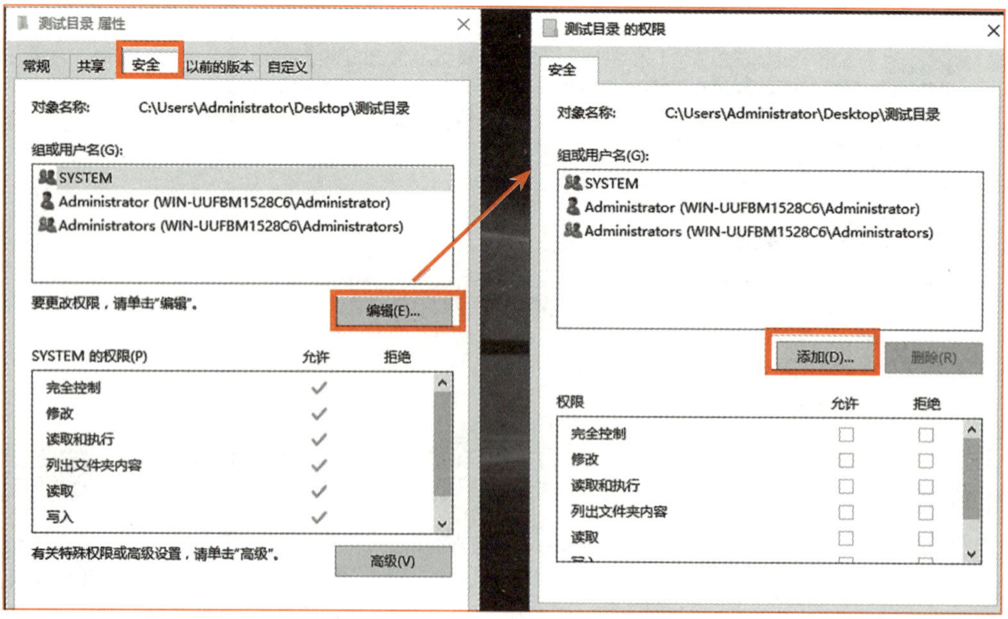

图 9－10　修改“测试目录”的权限

3. 账户安全管理

（1）合理使用用户数据库：计算机上所有本地账户和组的安全信息都存储在用户数据库 SAM（Security Accounts Managers，安全账户管理器）中，该文件的路径是“%windir%\system32\config\sam”，删除该文件，则本地计算机所有账户信息都会丢失，Administrator 账户的密码将被设置为空。用户可通过光盘启动系统后，删除该文件，重设用户。

（2）禁用 Guests 账户。

（3）少用 Administrator 账户。

（4）设置账户安全策略：在“安全设置”对话框中选择“账户策略”，设置其中的“账户锁定策略”和“密码策略”

任务 9.2　共享文件的设置

网络的主要意义之一是资源共享，通过共享文件夹可以实现文件资源的共享。当某个文件夹设置共享后，网络上的用户在权限许可的情况下，便可访问其中的文件和子文件夹。

1. 创建共享

在 Windows Server 2016 成员服务器或独立服务器中创建共享的用户必须有相应的权限，必须是 Administrators 组或 Power Users 组的成员。要在域控制器上创建共享，必须是 Administrators 的成员。

设置共享的方法如下：

右击目标文件夹，在弹出的快捷菜单中选择“属性”，打开“属性”对话框，选择“共享”选项卡，单击“高级共享”按钮，在弹出的“高级共享”对话框中选中“共享此文件夹”，并设置共享名、用户数量限制等，如图 9－11 所示。

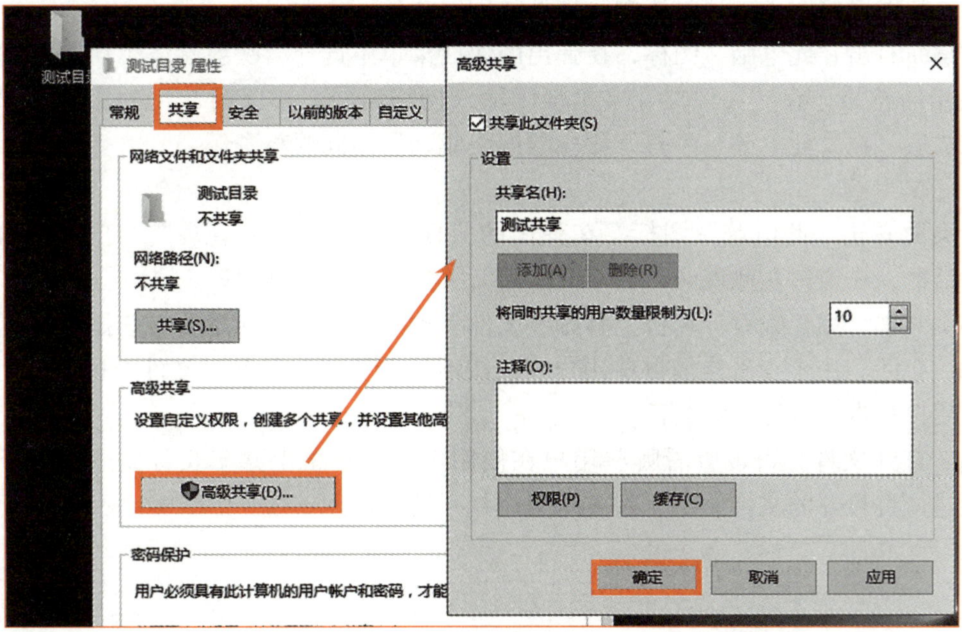

图 9－11　高级共享

2. 设置共享权限

共享权限是用户通过网络访问共享文件夹时的权限，用户在本地访问时不受共享权限的限制。Windows Server 2016 中，共享权限的默认设置是 Everyone 组的成员都有读取的权限。Everyone 组指共享文件夹所在计算机上的所有本地用户。

（1）共享权限的类型。

共享权限包括：完全控制、更改、读取。

（2）共享权限的规则。

用户账户的共享权限是其所在用户组和本身所获得共享权限的累积；共享权限也遵守拒绝优先与允许的原则；在网络上访问共享文件夹，如果该共享文件夹在 NTFS 分区上，则用户对共享文件夹的最终权限是其共享权限和 NTFS 权限的交集。

3. 创建隐藏共享

隐藏共享是在创建共享时，在共享名的后面加上“$”符号，该共享不会在“网上邻居”中出现。操作系统自动创建的默认共享都是隐藏共享，这些共享只能被 Administrators 组的成员访问。可以在“计算机管理”对话框中查看默认共享有哪些。

4. 访问共享文件夹

（1）通过“网上邻居”访问。

双击桌面上的“网上邻居”图标，打开“网上邻居”，找到共享文件所在的计算机并双击打开，输入用户在该计算机上的账户名和密码，即可访问共享文件夹。

（2）通过网络路径访问。

在“运行”对话框或“资源管理器”对话框的地址栏中输入网络路径，可以访问共享文件夹。网络路径格式：\\计算机名或计算机 IP 地址 \ 共享文件名。

（3）映射网络驱动器通过资源管理器访问。

在桌面右击“此电脑”图标，在弹出的快捷菜单中选择“映射网络驱动器”；选择驱动器使用的符号，在“文件夹”文本框中输入网络路径、访问时使用的用户名和密码。设置完成后，在“此电脑”中打开相应的网络驱动器访问共享资源。

5. 管理共享

在桌面右击“此电脑”图标，在弹出的快捷菜单中选择“管理”，打开“计算机管理”对话框，在窗口左侧展开“共享文件夹”，可以进行共享管理。

（1）共享。用于查看计算机上有哪些文件夹被共享，可以通过右击选择停止共享。

（2）会话。用于查看当前哪些用户在使用本地计算机上的共享文件，可以关闭会话，以停止用户和本地计算机的会话。

（3）打开文件。可以查看哪些用户在使用本地计算机上共享文件夹中的哪个文件，可以通过“将打开的文件关闭”来关闭用户打开的文件。

项目实训：基于用户和组的共享文件配置

一、实训目的

（1）会创建用户组。

（2）会创建并管理本地用户和组账户。

（3）会创建、访问、管理共享文件夹。

（4）会创建、访问、隐藏和取消隐藏共享文件夹。

二、实训环境或设备

（1）1 台 Windows 7/8/10 物理机。

（2）1 台 Windows Server 2016 虚拟机。

3. 1 台 Windows 7/8/10 虚拟机。

三、实训内容

1. 创建用户组

（1）以管理员的身份登录 Windows Server 2016 虚拟机（虚拟机 1），创建名称为“hnwy”的工作组，根据提示重启计算机。

（2）启动 Windows 7/8/10 虚拟机（虚拟机 2），将其加入“hnwy”用户组，根据提示重启计算机。

2. 创建本地用户

（1）在虚拟机 1 上创建 user1、user2、user3 和 user4 用户，要求 user1 用户在第一次登录时更改密码。

（2）注销用户，以 user1 用户登录并修改密码。

（3）再次注销用户，以 administrator 用户登录。

3. 管理本地用户

（1）user2 忘记了用户密码，为 user2 用户重设用户密码。

（2）user3 需要休假一段时间，请禁用 user3 用户。

（3）注销当前用户，以 user3 用户登录，测试 user3 用户是否能成功登录。若不能登录，请列出提示信息。

（4）用户辞职后离开了公司，请删除 user4 用户。

4. 创建和管理本地组

（1）user4 创建组名为 group1 的本地组。

（2）将 user1 和 user2 用户加入 group1 本地组中。

（3）将 user3 加入内置组 Administrators 中，使其具有管理员权限。

5. 共享文件夹的设置和访问

（1）在虚拟机 1 上创建两个文件夹 a1、a2，并在其中随意创建几个文本文件，然后按表 9-1 设置共享。设置共享权限时应只保留表中列出的组或用户，其他组或用户都删除；另外，在 NTFS 权限中应添加相应的组，设置的 NTFS 权限要等同于或高于设置的共享权限，否则，会影响实际验证效果。

表 9－1　设置共享

文件夹位置	文件夹名	共享名	共享权限
虚拟机 1	a1	a1	Everyone 读者
	a2	a2	Users 读者
	a2	a2-1	Users 参与者
	a2	a2-2$	Users 共有者

（2）在虚拟机 2 上，user4 访问虚拟机 1 中的共享文件夹。验证以下操作，并把结果填入表 9－2。

表 9－2　访问共享文件夹

共享文件夹	用 user4 账户访问	
a1	能否打开该文件夹？（　　）	能否打开里面的文件？（　　）
	能否修改里面的文件？（　　）	能否删除里面的文件？（　　）
a2	能否打开该文件夹？（　　）	能否打开里面的文件？（　　）
	能否修改里面的文件？（　　）	能否删除里面的文件？（　　）
a2-1	能否打开该文件夹？（　　）	能否打开里面的文件？（　　）
	能否修改里面的文件？（　　）	能否删除里面的文件？（　　）
a2-2$	能否通过“网上邻居”或“网络”看到文件夹 a2-2$？（　　） 能否用其他方法访问 a2-2$ 文件夹？（　　） 此时能否删除文件夹中的文件？（　　）	

（3）在虚拟机 2 上为 a1 文件夹创建一个映射网络驱动器。想一想，能否把它移到其他位置使用？

（4）若在虚拟机 1 的 C 盘和 D 盘上各有一个名为 a1 的文件夹，想一想，能否把他们都设置为共享名为 a01 的共享文件夹？

项目小结

通过本单元的学习，我们掌握了如何进行用户组的创建与管理，实现了文件资源的共享；掌握了在最大化地实现数据资源共享的基础上，为不同的用户设置权限，保护好自己的私有资源，防止信息泄露以及损毁，进而造成信息资产的流失。

在保护好私有资源的基础上，仅仅依靠自身的单一资源难以获得持久的发展，所以我们需要懂得分享！1 永远是 1，当我们突破自己，追求更广泛的合作与发展时，当我们领会 1+1 大于 2 的意义时，当我们理解并能够运用共赢原理时，我们将获得更长久、更旺盛的生命力和竞争力，我们的人生将更加辉煌！

技能检测

一、选择题

1. 在工作组中，默认每台 Windows 计算机的（　　）能够在本地计算机的 SAM 数据库中创建并管理本地用户。

A. Guest 用户　　B. Guests 组
C. 普通用户　　D. Administrator 用户

2. 基于 Windows 的组网模式有工作模式和域两种。下列关于工作组的叙述正确的是（　　）。

A. 工作组中的计算机不宜太少
B. 工作组中的每台计算机都在本地存储账户
C. 工作组中的操作系统必须一样
D. 本机计算机的账户可以在其他计算机上登录

3. 下列对于 Windows Server 2016 用户名描述正确的是（　　）。

A. 用户名最长可以达到 25 个字符　　B. 用户名可以与组名相同
C. 用户名不能包含“<”字符　　D. 用户名不能只包含句号和空格

4. 关于用户账户，描述正确的是（　　）。

A. Administrator 账户不可以删除，普通用户则可以删除
B. 一个用户账户可以加入多个不同的组
C. 删除后的用户，可以建立同门账户，并具有原来账户的权限
D. 删除用户只能通过系统备份来恢复

5. 关于组的叙述，以下正确的选项是（　　）。

A. 组中的所有成员一定具有相同的网络访问权限
B. 组只是为了简化系统管理员的管理，与访问权限无关
C. 创建组后才能创建组中的用户
D. 组账户的权限自动应用于组内每个用户账户

6. 要全面了解计算机所有共享文件夹的位置，可以使用的方法是（　　）。

A. 通过资源管理器查看
B. 通过此电脑查看
C. 通过计算机管理控制台下的“共享文件夹”查看
D. 通过文件管理系统查看

二、简答题

1. 简述工作组的特点。
2. 在什么情况下，管理员应该禁止用户更改账户密码？举例说明。
3. 本地组账户具有哪些特征？
4. 工作组和组有什么区别？
5. 哪些账户组能创建共享文件夹？

项目 10

DHCP 服务器的安装与配置

项目导读

在使用 TCP/IP 协议的网络上，每一台计算机都拥有唯一的计算机名和 IP 地址。IP 地址的配置方法有两种：一种是手工添加，即静态 IP 地址；另一种是通过 DHCP 服务器自动分配，即动态 IP 地址。DHCP 服务器是采用动态主机配置协议（Dynamic Host Configuration Protocol，DHCP）对网络中的 IP 地址进行自动动态分配的服务器，旨在通过服务器集中管理网络上使用的 IP 地址和其他相关配置信息，以减少管理地址配置的复杂性。

学习目标

1. 了解 DHCP 服务器的工作原理。
2. 掌握 DHCP 服务器的配置过程。

任务 10.1 DHCP 简介

在计算机网络中，管理与分配客户端 IP 地址的工作非常重要，每一台计算机都必须有一个唯一的 IP 地址，通过这个 IP 地址与其他计算机进行通信。在网络中的主机数量较少时，可以为计算机手动配置 IP 地址；但在网络规模比较大的情况下，网络管理员为每台计算机设置静态 IP 地址就会力不从心。DHCP 的功能就是为网络中的计算机动态分配 IP 地址。启用 DHCP 不仅可以减轻网络管理员的工作负担，还能对 IP 地址资源的使用实施有效的管理。

如果网络中安装并配置了 DHCP 服务器，则在该网络中的主机便可以通过租借的形式租用 DHCP 服务器地址池中的 IP 地址。这时，网络中接受 DHCP 服务器服务的主机就是 DHCP 客户端，如图 10－1 所示。

DHCP 具有以下优点：

（1）主机可以迅速获取 IP 地址，而使用者不需要知道 IP 地址是怎么设置的。

（2）管理员可以迅速有效地配置网络中所有主机的 IP 地址和其他参数，而不用去检查每一台主机。

（3）DHCP 服务器不会同时将相同的 IP 地址租给两台主机，避免了手动操作中可能出现的重复问题。

（4）大大方便了便携机用户，更改便携机位置的时候不需要手动更换 IP 地址，实现即插即用。

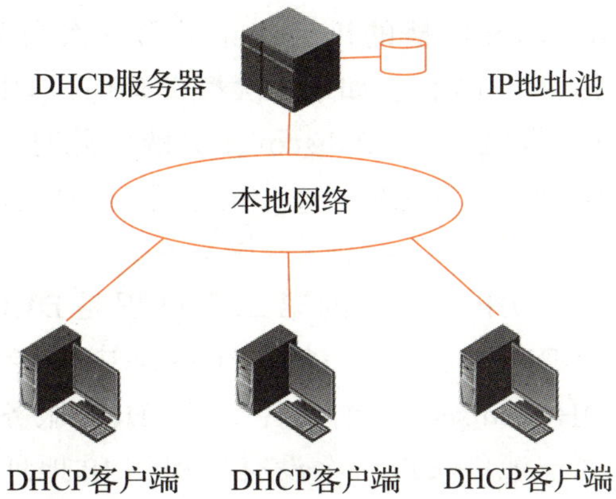

图 10－1　DHCP 服务器与 DHCP 客户端

任务 10.2　DHCP 的交互过程

若要在配置了 DHCP 服务器的网络中实现自动分配 IP 地址，则 DHCP 服务器和客户端之间需要经过 4 个交互过程，如图 10－2 所示。

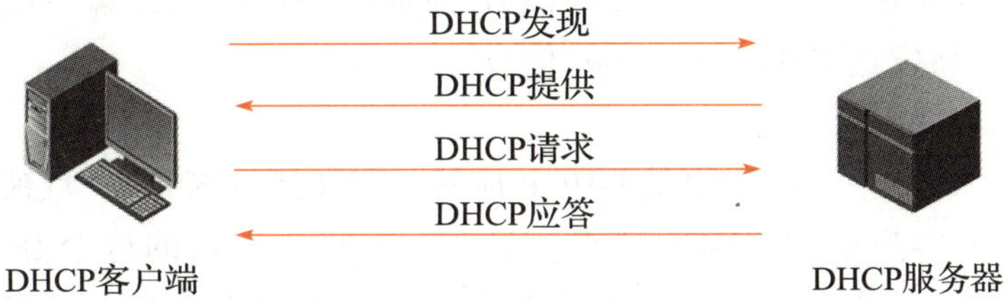

图 10－2　DHCP 的交互过程

1. DHCP 发现（客户端）

DHCP 工作的第一个过程是 DHCP 发现（DHCP discover），该过程也称为 IP 发现。以下几种情况需要进行 DHCP 发现：

（1）当主机第一次以 DHCP 客户端方式使用 TCP/IP 协议栈时，即第一次向 DHCP 服务器请求 TCP/IP 配置时。

（2）主机从使用固定 IP 地址转向使用 DHCP 动态分配 IP 地址时。

（3）DHCP 客户端所租用的 IP 地址由于某种原因（如租约到期了或连接断开了）已被 DHCP 服务器收回，并已提供给其他的 DHCP 客户端使用时。

（4）DHCP 客户端自行释放已经租用的 IP 地址，而要求一个新的 IP 地址时。

当 DHCP 客户端发现本机上没有绑定 IP 地址时，它会向网络发出一个 DHCP discover 消息数据包。因为 DHCP 客户端还不知道自己属于哪一个网络，所以数据包的源地址被设为 0.0.0.0，而目的地址则为 255.255.255.255，然后再附上 DHCP discover 的信息并向网络进行广播。当 DHCP 客户端将第一个 DHCP discover 消息广播出去之后，在 1 秒之内没有得到响应的话，就会进行第二次 DHCP discover 广播。DHCP 客户端一共有 4 次 DHCP discover 广播的机会，除了第一次会等待 1 秒之外，其余 3 次的等待时间分别是 9 秒、13 秒、16 秒。如果 4 次都没有得到 DHCP 服务器的响应，DHCP 客户端则会显示错误信息，宣告 DHCP discover 失败。此时，DHCP 客户端可能会得到一个形如 169.254.*.* 的 IP 地址（参见项目 2 中的特殊 IP 地址）。

2. DHCP 提供（服务器端）

DHCP 工作的第二个过程是 DHCP 提供（DHCP offer），是指当网络中的任何一个 DHCP 服务器（同一个网络中可能存在多个 DHCP 服务器）在收到 DHCP 客户端的 DHCP discover 消息后，该 DHCP 服务器若能够提供 IP 地址，就从该 DHCP 服务器的 IP 地址池中选取一个没有出租的 IP 地址，然后通过广播方式提供给 DHCP 客户端，若没有，则不做出响应。

3. DHCP 请求（客户端）

DHCP 工作的第三个过程是 DHCP 请求（DHCP request）。如果 DHCP 客户端收到网络上多台 DHCP 服务器的 DHCP offer 响应，它只会挑选其中一个 DHCP offer，通常是最先抵达的那个。在 DHCP 客户端收到 DHCP 服务器提供的 DHCP offer 响应后，就会向网络发送一个 DHCP request 广播封包，告诉所有 DHCP 服务器它将指定接受哪一台服务器提供的 IP 地址。同时，客户端还会向网络发送一个 ARP 封包，查询网络上面有没有其他机器使用该 IP 地址；如果发现该 IP 地址已经被占用，客户端则会拒绝接受其 DHCP offer，并重新发送 DHCP discover 信息。

4. DHCP 应答（服务器端）

DHCP 工作的最后一个过程便是 DHCP 应答（DHCP ACK）。一旦被选择的 DHCP 服务器接收到 DHCP 客户端的 DHCP 请求信息后，就将已保留的这个 IP 地址标识为已租用，然后也以广播方式发送一个 DHCP 应答信息给 DHCP 客户端。该 DHCP 客户端在接收 DHCP 应答信息后，就完成了获得 IP 地址的过程，便开始利用这个已租到的 IP 地址与网络中的其他计算机进行通信。

一旦 DHCP 客户端成功地从 DHCP 服务器取得 IP 地址租约，除非其满足上面提到的执行 DHCP discover 的条件，否则就无须再执行 DHCP 发现和 DHCP 提供过程，而会直接进入 DHCP 请求过程，使用已经租用的 IP 地址向提供该 IP 地址的 DHCP 服务器发出 DHCP request 信息。DHCP 服务器会尽量让客户端使用原来的 IP 地址，如果没问题的话，其会直接向客户端发送 DHCP ACK 消息来确认。如果该地址已经失效或已经被其他机器使用，服务器则会响应一个 DHCP NACK 信息给客户端，要求其重新执行 DHCP discover。

任务 10.3　地址的租用和续租

当一台 DHCP 客户端租到一个 IP 地址后，该 IP 地址不可能长期被其占用，会约定一个使用期，即租期。当 DHCP 客户端的 IP 地址使用时间达到租期的一半时，它就向

DHCP 服务器发送一个新的 DHCP 请求（DHCP 交互的第三个过程），若服务器在接收到该信息并且没有理由拒绝该请求时，便返回一个 DHCP 应答信息（DHCP 交互的最后一个过程），当 DHCP 客户端收到该应答信息后，便重新开始一个新的租用周期。此过程就像对一个合同的续约，只是续约时间必须在合同期经过一半时签订。

在进行 IP 地址续租的过程中有以下两种特例：

1. DHCP 客户端重新启动时

不管 IP 地址的租期有没有到，每一次启动 DHCP 客户端时，系统都会自动利用广播的方式给网络中所有的 DHCP 服务器发送一个 DHCP 请求信息，请求该 DHCP 客户端继续使用原来的 IP 地址及其配置。如果此时没有 DHCP 服务器对此请求应答，且原来 DHCP 客户端的租期还没有到期时，DHCP 客户端则继续使用该 IP 地址。

2. IP 地址的租期超过一半时

当 IP 地址的租期过半时，DHCP 客户端会向 DHCP 服务器发送（非广播方式）一个 DHCP 请求信息，以续租该 IP 地址。续租成功后，DHCP 客户端将开始一个新的租用周期；若续租失败，DHCP 客户端仍然可以继续使用原来的 IP 地址及其配置，但是该 DHCP 客户端将在租期到达 87.8% 时再次利用广播方式发送一个 DHCP 请求信息，以便找到一台可以继续提供租期的 DHCP 服务器。如果续租仍然失败，则该 DHCP 客户端会立即放弃其正在使用的 IP 地址，以便重新向 DHCP 服务器获得一个新的 IP 地址（需要经过完整的 4 个交互过程）。

项目实训：DHCP 服务器的启用和配置

一、实训目的

（1）熟练安装 DHCP 服务器角色。

（2）熟练运用 DHCP 服务器管理控制台对 DHCP 服务器进行管理。

（3）掌握 DHCP 客户端的配置。

DHCP 配置

二、实训环境或设备

（1）1 台交换机。

（2）2 台计算机（作为服务器的计算机安装 Windows Server 2016 系统及 DHCP 服务器角色）。

（3）2 条直通式双绞线。

三、拓扑结构图

本实训的拓扑结构图如图 10－3 所示。

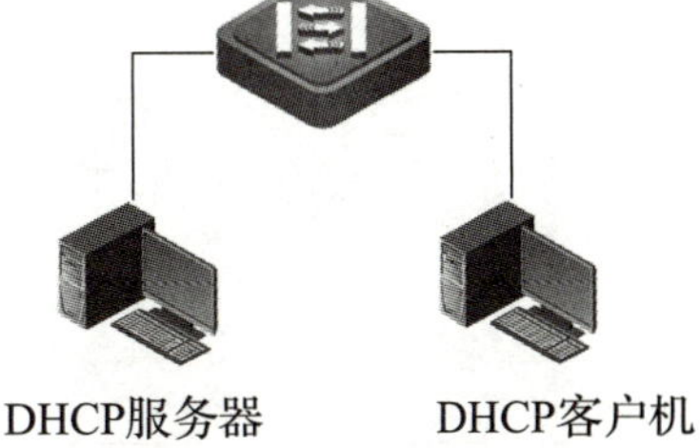

图 10－3　拓扑结构图

四、实训内容

1. DHCP 服务器的安装

在 Windows Server 2016 中安装和配置 DHCP 服务器功能，即添加 DHCP 服务器角色，让其所在的主机成为 DHCP 服务器。

（1）选择“开始”→“服务器管理器”，打开“服务器管理器”对话框，如图 10－4 所示。

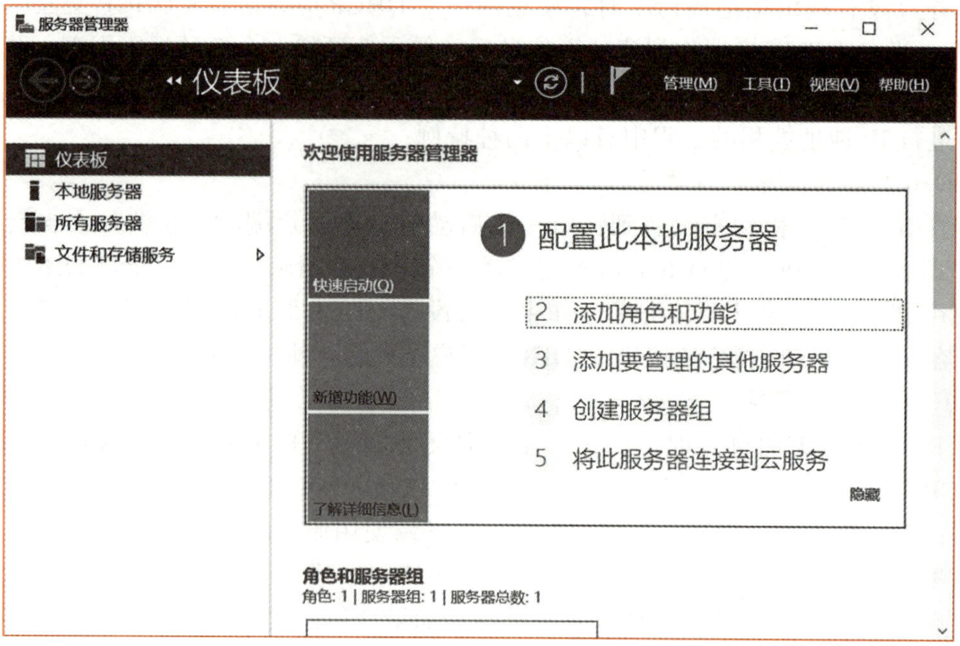
服务器管理器
仪表板
管理(M)
工具(T)
视图(V)
帮助(H)
仪表板
本地服务器
所有服务器
文件和存储服务
欢迎使用服务器管理器
快速启动(Q)
新增功能(W)
了解详细信息(L)
1 配置此本地服务器
2 添加角色和功能
3 添加要管理的其他服务器
4 创建服务器组
5 将此服务器连接到云服务
隐藏
角色和服务器组
角色: 1 | 服务器组: 1 | 服务器总数: 1

图 10－4　“服务器管理器”对话框

（2）在“服务器管理器”对话框中单击“添加角色和功能”，启动“添加角色和功能向导”的第一步“开始之前”，如图 10－5 所示。

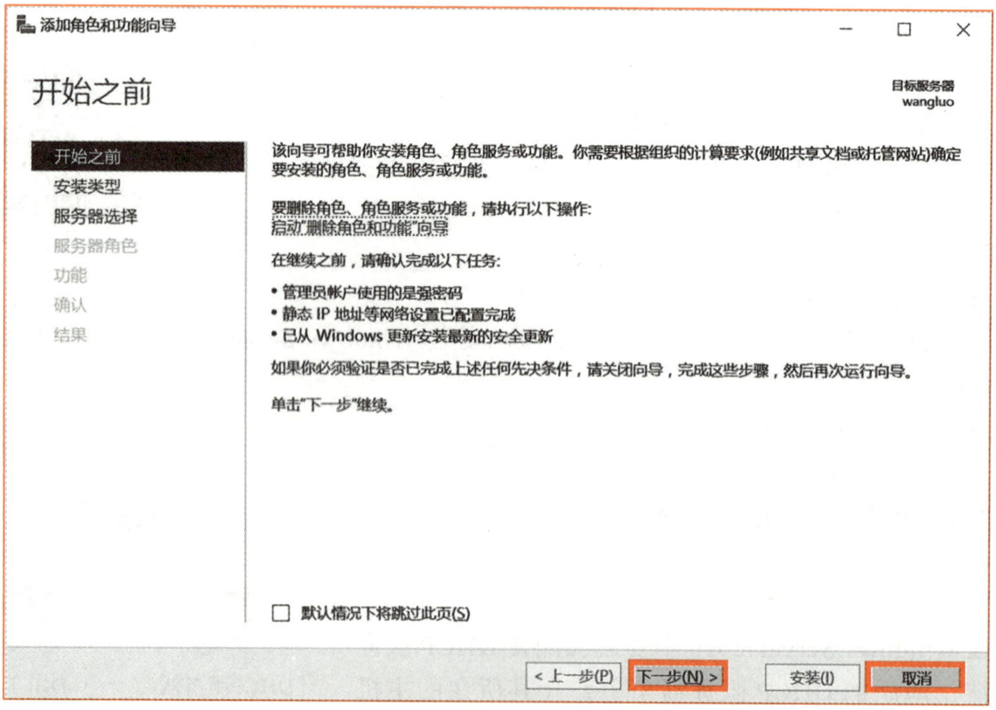
添加角色和功能向导
开始之前
目标服务器
wangluo
开始之前
安装类型
服务器选择
服务器角色
功能
确认
结果
该向导可帮助你安装角色、角色服务或功能。你需要根据组织的计算要求(例如共享文档或托管网站)确定要安装的角色、角色服务或功能。
要删除角色、角色服务或功能，请执行以下操作:
启动"删除角色和功能"向导
在继续之前，请确认完成以下任务:
• 管理员帐户使用的是强密码
• 静态 IP 地址等网络设置已配置完成
• 已从 Windows 更新安装最新的安全更新
如果你必须验证是否已完成上述任何先决条件，请关闭向导，完成这些步骤，然后再次运行向导。
单击"下一步"继续。
默认情况下将跳过此页(S)
< 上一步(P)
下一步(N) >
安装(I)
取消

图 10－5　“添加角色和功能向导－开始之前”对话框

（3）单击“下一步”按钮，进入“安装类型”步骤，如图 10－6 所示。

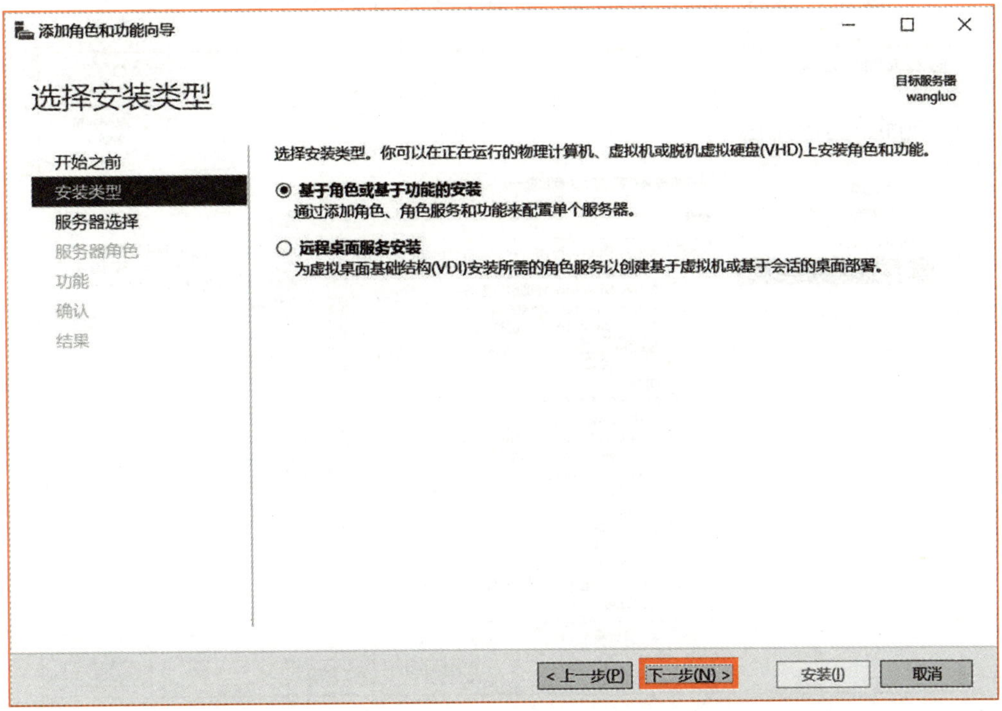
添加角色和功能向导
选择安装类型
目标服务器
wangluo
开始之前
安装类型
服务器选择
服务器角色
功能
确认
结果
选择安装类型。你可以在正在运行的物理计算机、虚拟机或脱机虚拟硬盘(VHD)上安装角色和功能。
基于角色或基于功能的安装
通过添加角色、角色服务和功能来配置单个服务器。
远程桌面服务安装
为虚拟桌面基础结构(VDI)安装所需的角色服务以创建基于虚拟机或基于会话的桌面部署。
< 上一步(P)
下一步(N) >
安装(I)
取消

图 10－6 “添加角色和功能向导－安装类型”对话框

（4）采用默认设置，单击“下一步”按钮，进入“服务器选择”步骤，如图 10－7 所示。

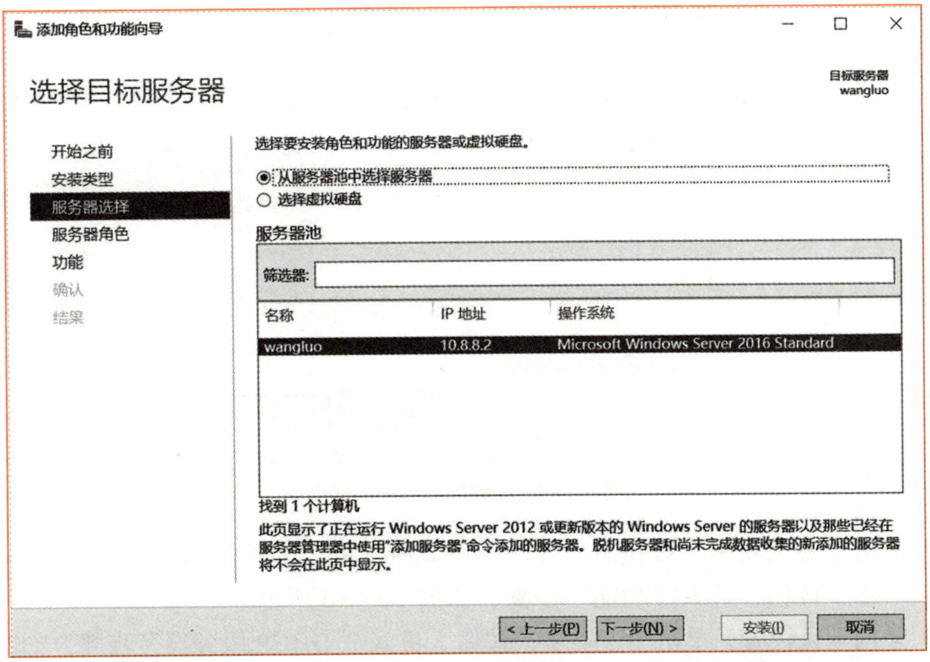
添加角色和功能向导
选择目标服务器
目标服务器
wangluo
开始之前
安装类型
服务器选择
服务器角色
功能
确认
结果
选择要安装角色和功能的服务器或虚拟硬盘。
从服务器池中选择服务器
选择虚拟硬盘
服务器池
筛选器:
名称
IP 地址
操作系统
wangluo
10.8.8.2
Microsoft Windows Server 2016 Standard
找到 1 个计算机
此页显示了正在运行 Windows Server 2012 或更新版本的 Windows Server 的服务器以及那些已经在服务器管理器中使用"添加服务器"命令添加的服务器。脱机服务器和尚未完成数据收集的新添加的服务器将不会在此页中显示。
< 上一步(P)
下一步(N) >
安装(I)
取消

图 10－7 “添加角色和功能向导－服务器选择”对话框

（5）选择要安装DHCP角色的服务器，本例中只有一个服务器，所以不做修改，单击“下一步”按钮，进入“服务器角色”步骤，如图10－8所示。

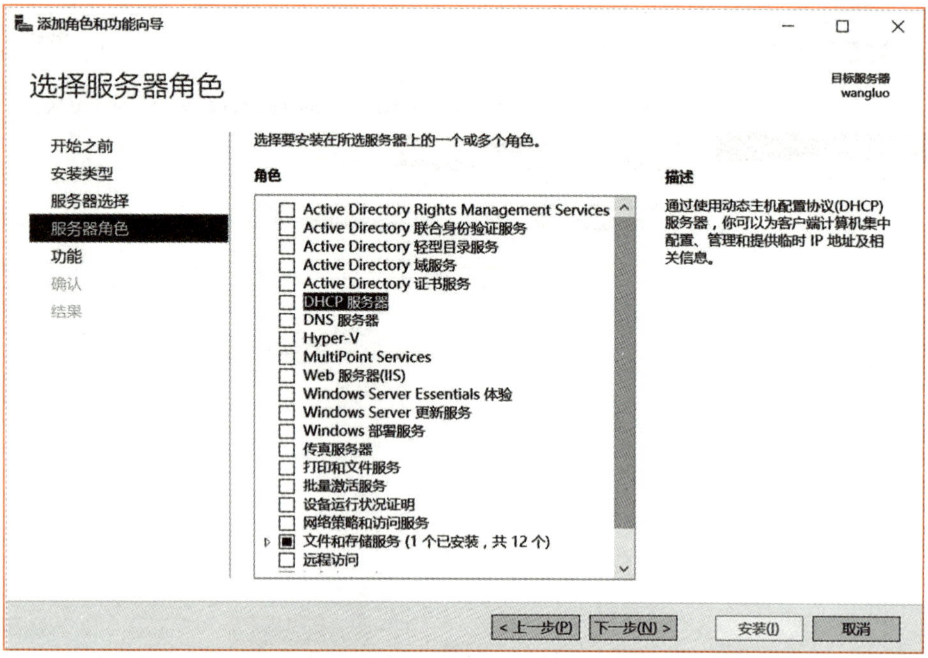

图10－8 “添加角色和功能向导－服务器角色”对话框

（6）单击“DHCP服务器”复选框，弹出确认窗口，如图10－9所示。

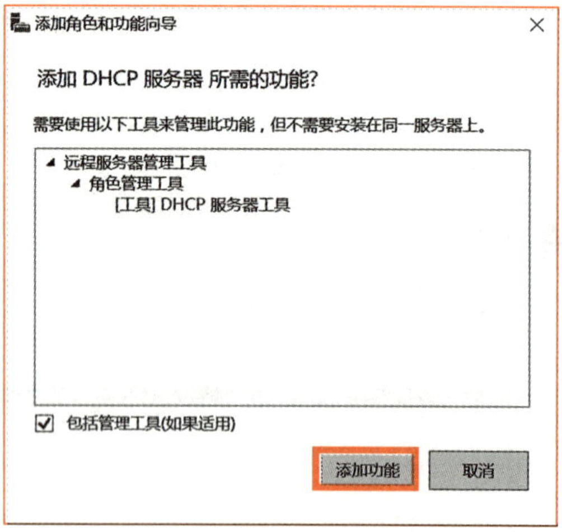

图10－9 添加功能确认窗口

（7）单击“添加功能”按钮后，如图10－8所示的“DHCP服务器”复选框被选中，单击“下一步”按钮，进入“功能”步骤，如图10－10所示。

（8）采用默认设置，单击“下一步”按钮，进入“DHCP服务器”步骤，如图10－11所示。

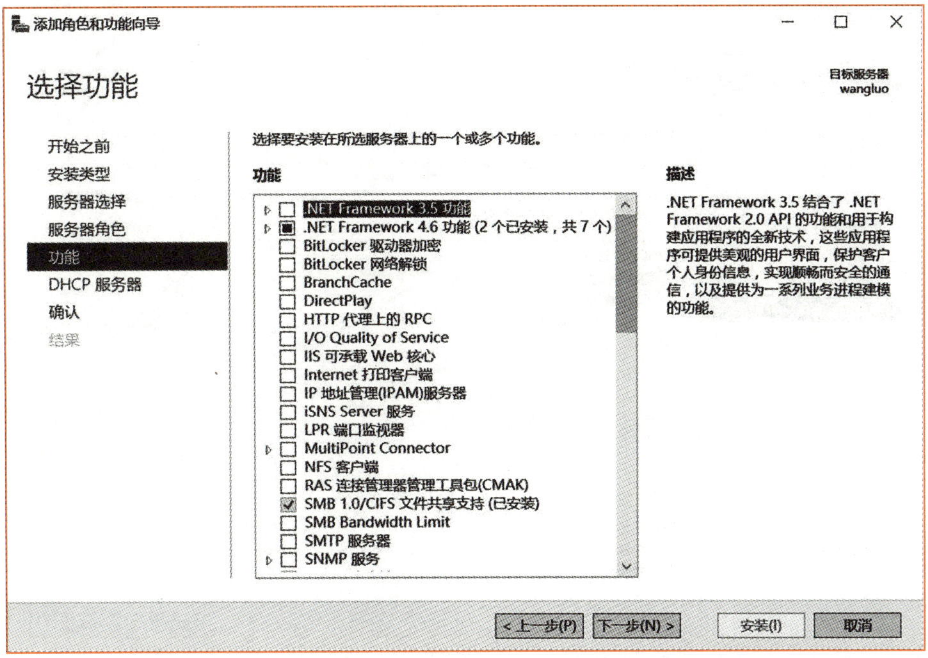

图 10－10 “添加角色和功能向导－功能”对话框

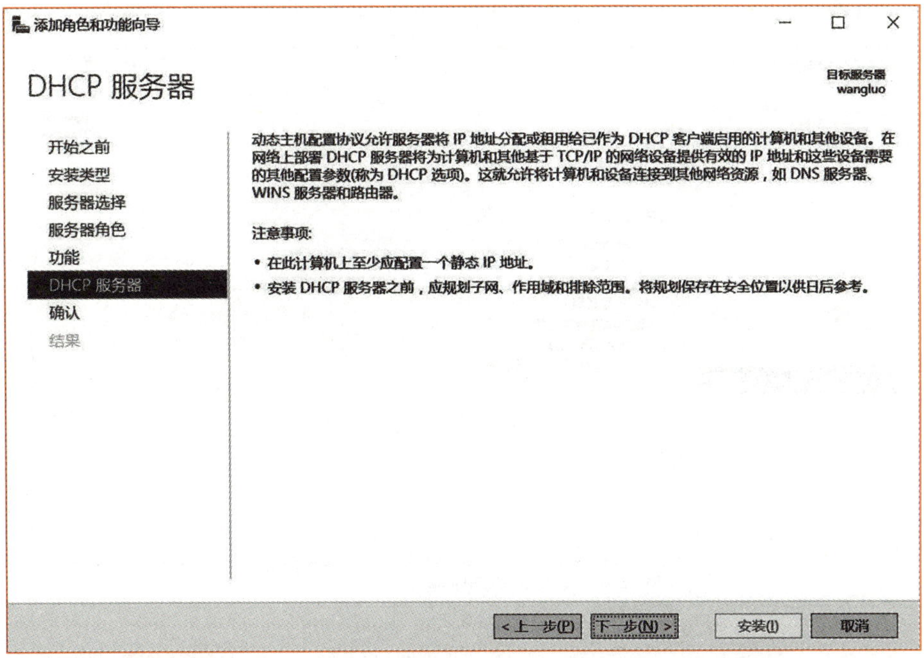

图 10－11 “添加角色和功能向导－DHCP 服务器”对话框

（9）确认“注意事项”中的两项内容已经完成后单击“下一步”按钮，进入“确认”步骤，如图 10－12 所示。

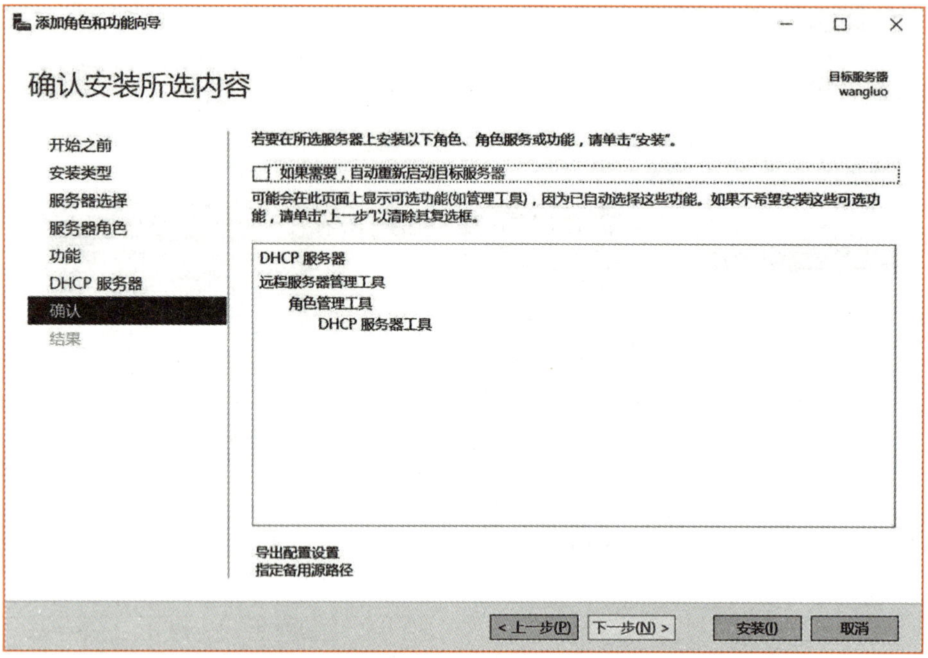

图 10－12 “添加角色和功能向导－确认”对话框

（10）采用默认设置，单击“安装”按钮，进入安装过程，如图 10－13 所示。

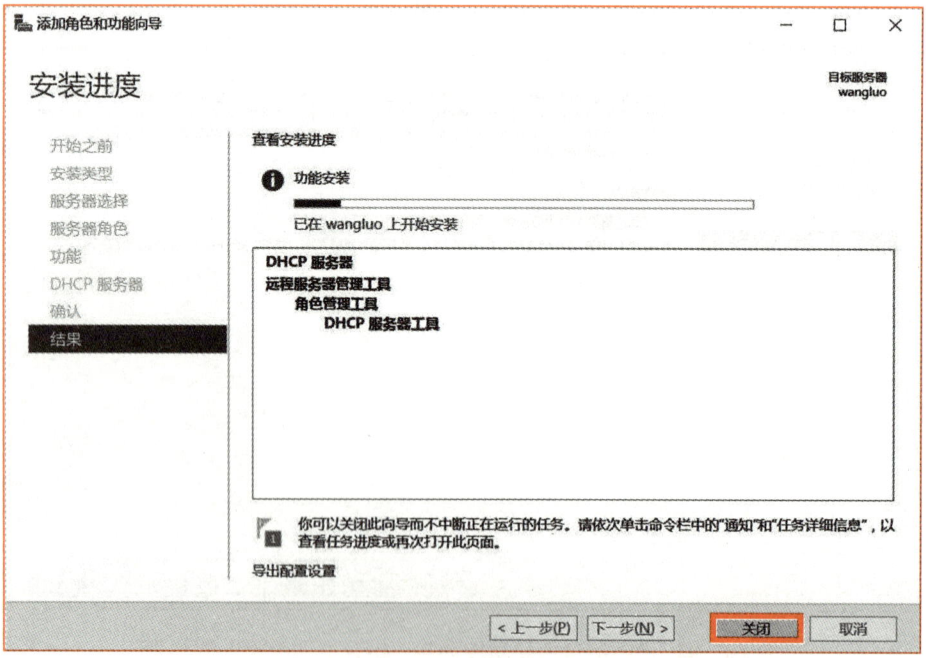

图 10－13 “添加角色和功能向导－结果”对话框

（11）安装完成后，单击“关闭”按钮。“服务器管理器”对话框左侧出现“DHCP”项，单击后右侧窗口出现提示信息，显示 DHCP 仍需完善，如图 10－14 所示。

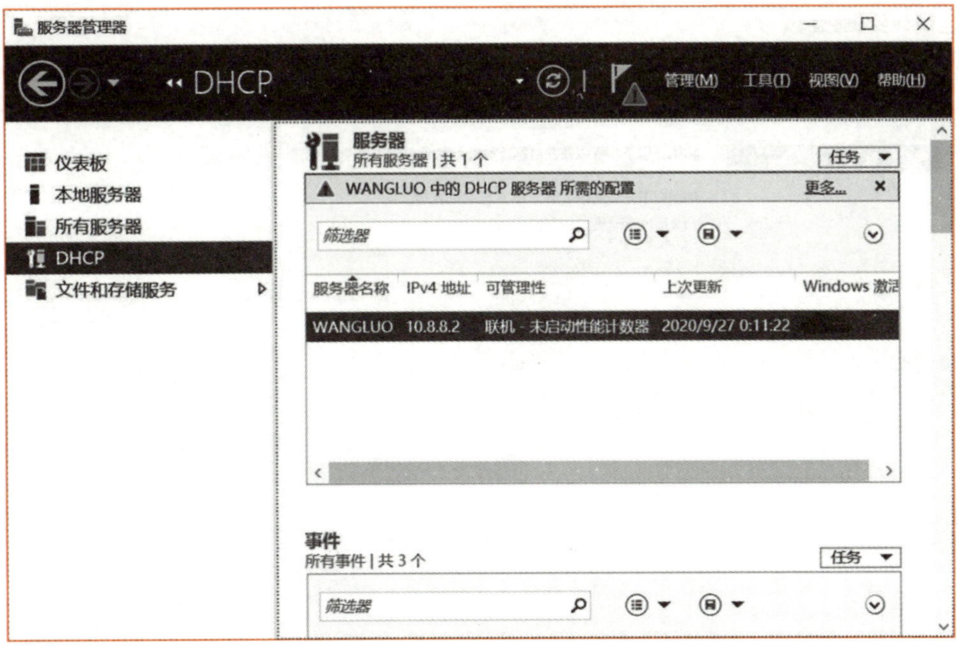

图 10－14 “DHCP”未完成配置提示

（12）单击“更多”，出现“所有服务器任务详细信息”对话框，如图 10－15 所示。

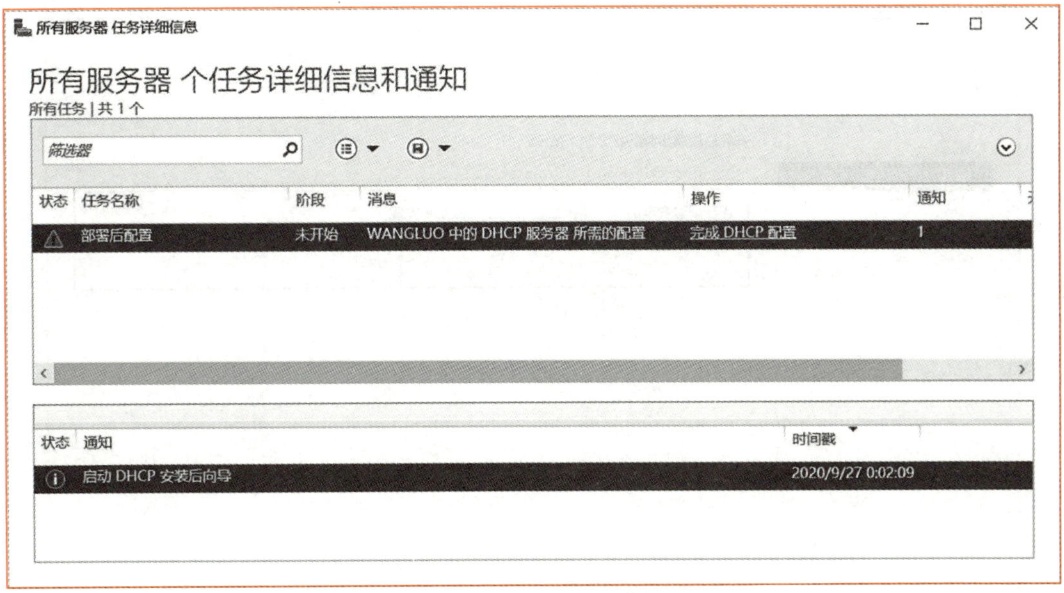

图 10－15 “所有服务器任务详细信息”对话框

（13）单击“完成 DHCP 配置”，出现“ DHCP 安装后配置向导”对话框，提示需要创建安全组，如图 10－16 所示。

（14）单击“提交”按钮，完成安全组的创建，状态如图 10－17 所示。

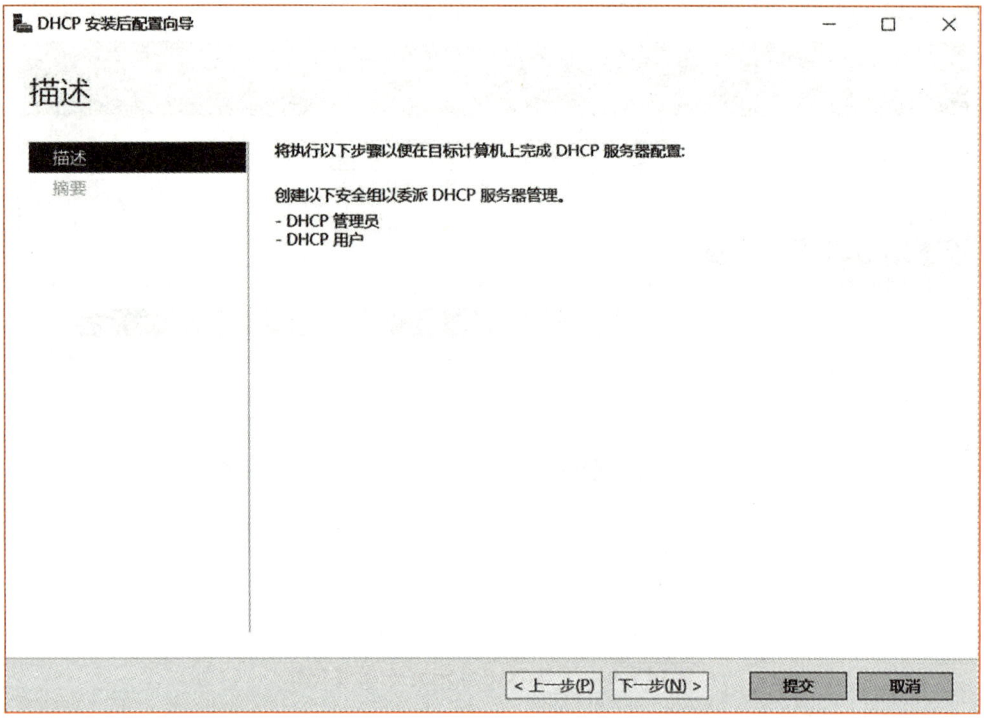
DHCP 安装后配置向导
描述
描述
摘要
将执行以下步骤以便在目标计算机上完成 DHCP 服务器配置:
创建以下安全组以委派 DHCP 服务器管理。
- DHCP 管理员
- DHCP 用户
< 上一步(P)
下一步(N) >
提交
取消

图 10－16 “DHCP 安装后配置向导－描述”对话框

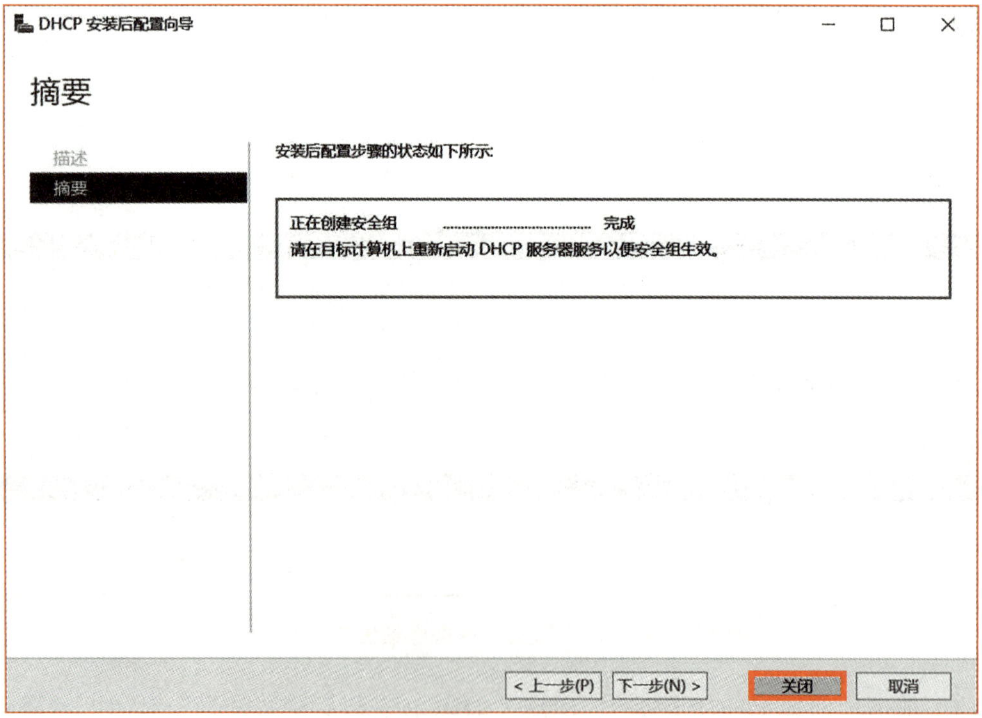
DHCP 安装后配置向导
摘要
描述
摘要
安装后配置步骤的状态如下所示:
正在创建安全组 .... 完成
请在目标计算机上重新启动 DHCP 服务器服务以便安全组生效。
< 上一步(P)
下一步(N) >
关闭
取消

图 10－17 “DHCP 安装后配置向导－摘要”对话框

（15）单击“关闭”按钮后，重启服务器，完成 DHCP 服务器角色的安装。

2. DHCP 服务器的配置

（1）选择“开始”→“Windows 管理工具”→“DHCP”，打开 DHCP 服务器管理控制台，如图 10－18 所示。

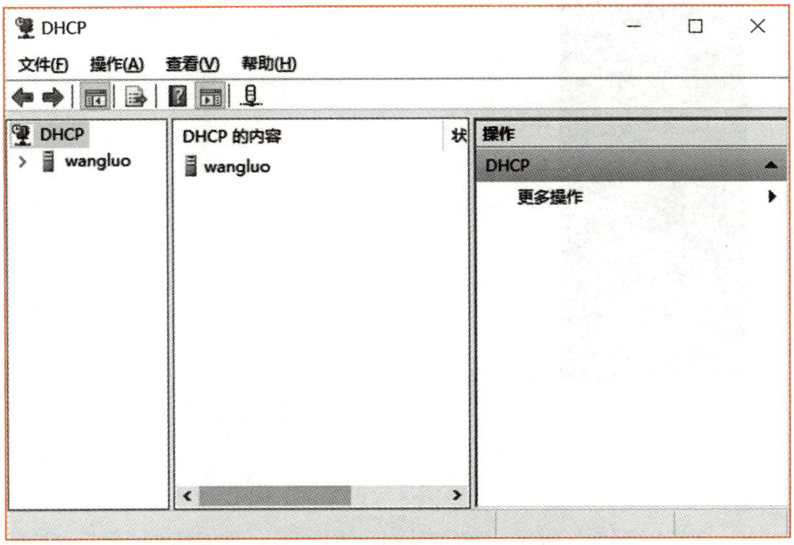

图 10－18 DHCP 服务器管理控制台

（2）在左侧窗口打开“wangluo”（本例中服务器的计算机名称）的子列表项，在“IPv4”上右击，在弹出的快捷菜单中选择“新建作用域”，如图 10－19 所示，打开“新建作用域向导”对话框，如图 10－20 所示。

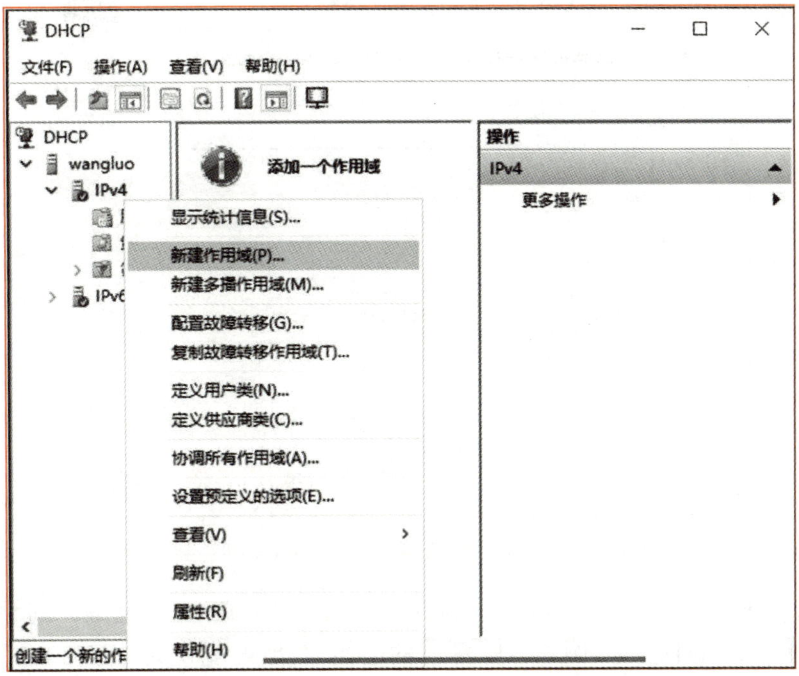

图 10－19 选择“新建作用域”

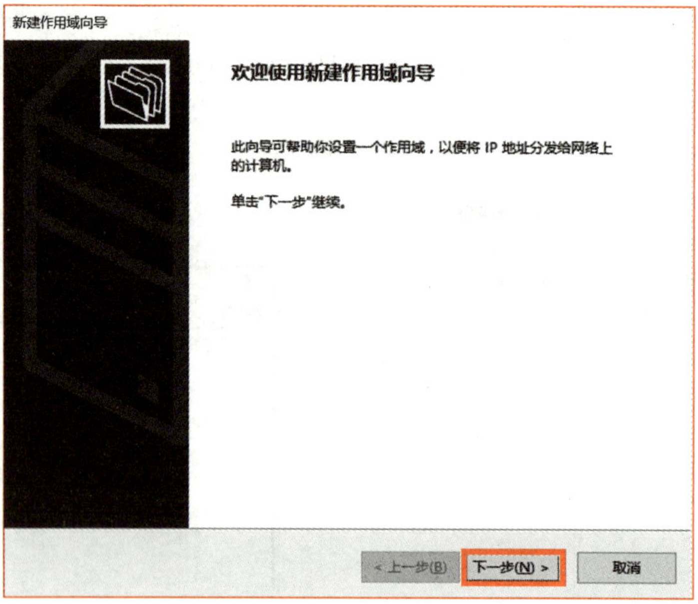
新建作用域向导
欢迎使用新建作用域向导
此向导可帮助你设置一个作用域，以便将 IP 地址分发给网络上的计算机。
单击"下一步"继续。
< 上一步(B)
下一步(N) >
取消

图 10－20 “新建作用域向导”对话框

（3）单击“下一步”按钮，进入“新建作用域向导－作用域名称”对话框，为要创建的作用域命名，如“newRange”，如图 10－21 所示。作用域是指 DHCP 功能所能调配的一段连续的 IP 地址范围，通常是提供 DHCP 功能的网络上的一段有效的主机地址范围。

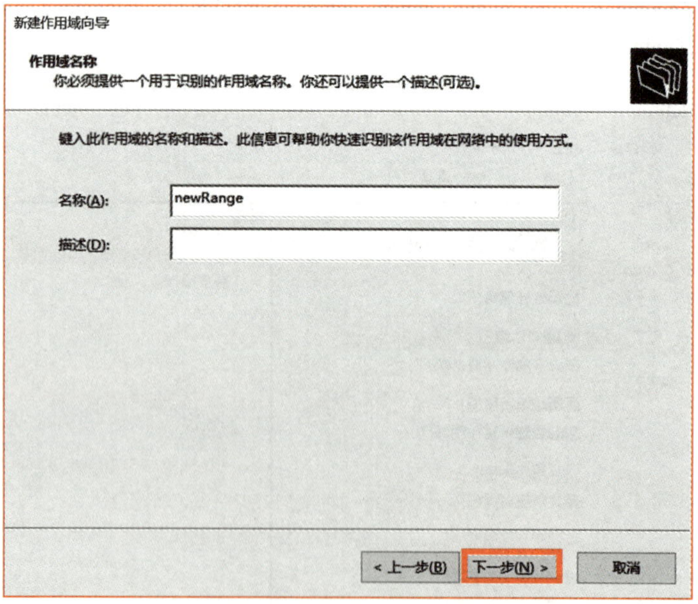
新建作用域向导
作用域名称
你必须提供一个用于识别的作用域名称。你还可以提供一个描述(可选)。
键入此作用域的名称和描述。此信息可帮助你快速识别该作用域在网络中的使用方式。
名称(A):
newRange
描述(D):
< 上一步(B)
下一步(N) >
取消

图 10－21 “新建作用域向导－作用域名称”对话框

（4）单击“下一步”按钮，进入“新建作用域向导 -IP 地址范围”对话框，配置作用域的地址范围和子网掩码。例如，作用域的起始 IP 地址配置为“10.8.8.1”，结束 IP 地址配置为“10.8.8.254”，掩码长度设置为 24 位，子网掩码配置为“255.255.255.0”，如

图 10－22 所示。

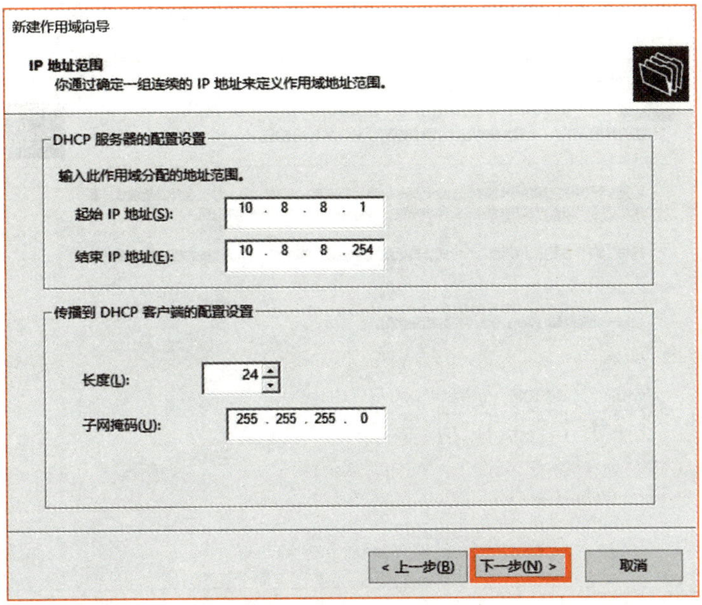

图 10－22 “新建作用域向导 -IP 地址范围”对话框

（5）单击“下一步”按钮，进入“新建作用域向导－添加排除和延迟”对话框，把一些不允许 DHCP 服务器分配的 IP 地址或者地址段从作用域中排除。需要排除的地址一般是指分配给需要手动配置 IP 地址的主机和网络中的互联设备使用的 IP 地址，DHCP 服务器不会把这些 IP 地址通过自动分配的方式分配给具体的主机。例如，把 10.8.8.1 ～ 10.8.8.10，10.8.8.201 ～ 10.8.8.254，以及单个地址 10.8.8.88 排除，如图 10－23 所示。所谓 DHCP 服务器的地址池，即作用域扣除排除范围之后剩余的 IP 地址的集合。

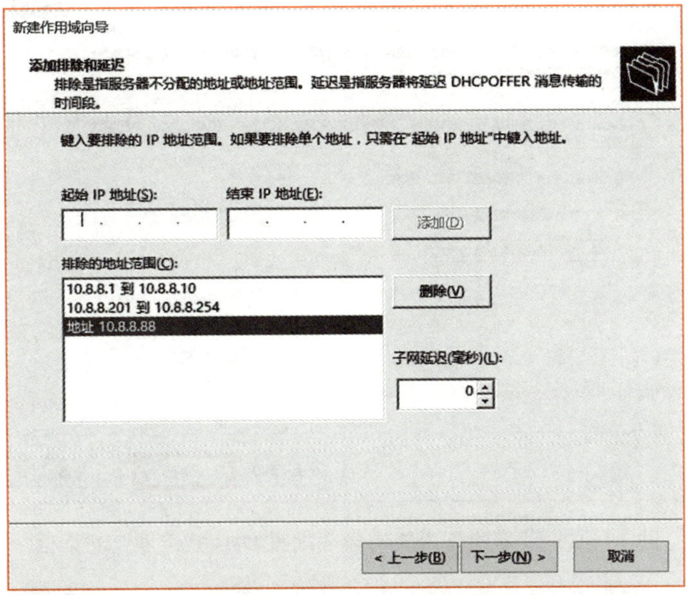

图 10－23 “新建作用域向导－添加排除和延迟”对话框

（6）单击“下一步”按钮，进入“新建作用域向导－租用期限”对话框，设置IP地址的租期长度，默认是8天，如图10－24所示。

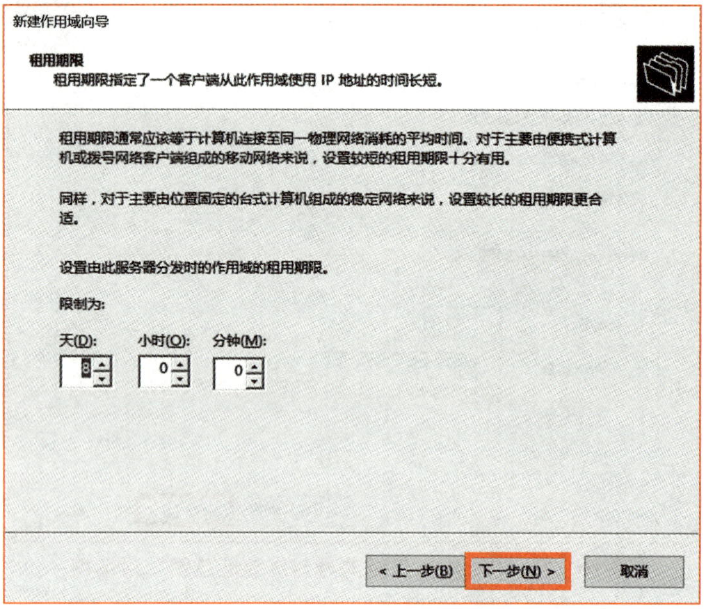
新建作用域向导
租用期限
租用期限指定了一个客户端从此作用域使用 IP 地址的时间长短。
租用期限通常应该等于计算机连接至同一物理网络消耗的平均时间。对于主要由便携式计算机或拨号网络客户端组成的移动网络来说，设置较短的租用期限十分有用。
同样，对于主要由位置固定的台式计算机组成的稳定网络来说，设置较长的租用期限更合适。
设置由此服务器分发时的作用域的租用期限。
限制为:
天(D):
小时(O):
分钟(M):
< 上一步(B)
下一步(N) >
取消

图10－24 “新建作用域向导－租用期限”对话框

（7）单击“下一步”按钮，进入“新建作用域向导－配置DHCP选项”对话框，该对话框用于询问是否现在就配置网关等相关参数，这里选择“否”，如图10－25所示。

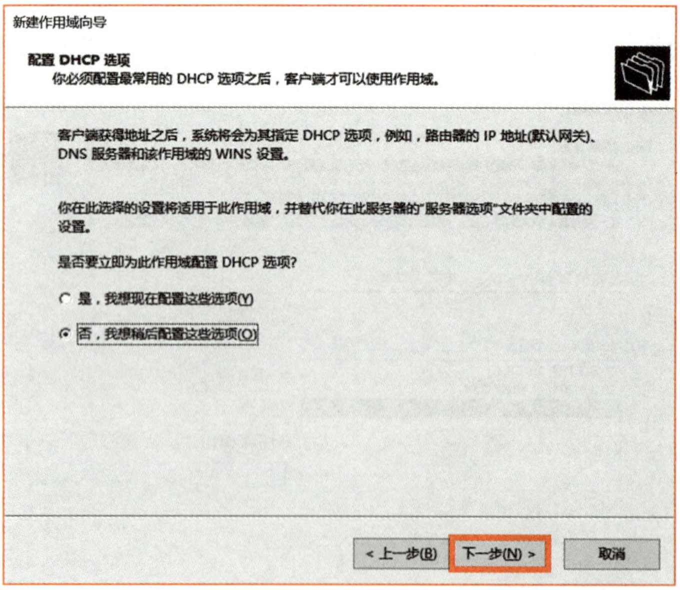
新建作用域向导
配置 DHCP 选项
你必须配置最常用的 DHCP 选项之后，客户端才可以使用作用域。
客户端获得地址之后，系统将会为其指定 DHCP 选项，例如，路由器的 IP 地址(默认网关)、DNS 服务器和该作用域的 WINS 设置。
你在此选择的设置将适用于此作用域，并替代你在此服务器的"服务器选项"文件夹中配置的设置。
是否要立即为此作用域配置 DHCP 选项?
是，我想现在配置这些选项(Y)
否，我想稍后配置这些选项(O)
< 上一步(B)
下一步(N) >
取消

图10－25 “新建作用域向导－配置DHCP选项”对话框

（8）单击“下一步”按钮，确认作用域配置是否完成。如果需要对前面的配置进行修改，可单击“上一步”按钮返回，否则单击“下一步”按钮，出现“DHCP 服务器配置完结”对话框，单击“完成”按钮，建立 DHCP 服务器功能。

3. DHCP 服务器端的启用

（1）启动 DHCP 服务器管理控制台，在控制台左侧的导航栏（控制台树）中可以看到“DHCP”下只有一个 DHCP 服务器，名为“wangluo”。在其下的“IPv4”中有“作用域 [10.8.8.0]newRange”，“newRange”是其名称，“10.8.8.0”是作用域作用的网段。如果该处图标标有向下的红色箭头，表示该作用域未激活，在图标上右击，并在弹出的快捷菜单中选择“激活”即可将其激活。例如，“zhaoxh”是主机名称，“192.168.0.2”是主机的 IP 地址。“zhaoxh[192.168.0.2]”服务器图标中标有向上的绿色箭头，表示服务器正处于运行状态。“zhaoxh[192.168.0.2]”服务器下有一个作用域，名称为“newRange”，其图标中标有向下的红色箭头，表示此作用域还未激活，将其激活后，单击“newRange”作用域下的“地址池”，便可在右侧窗口中查看该作用域向 DHCP 客户端分发的 IP 地址范围和排除范围，如图 10－26 所示。

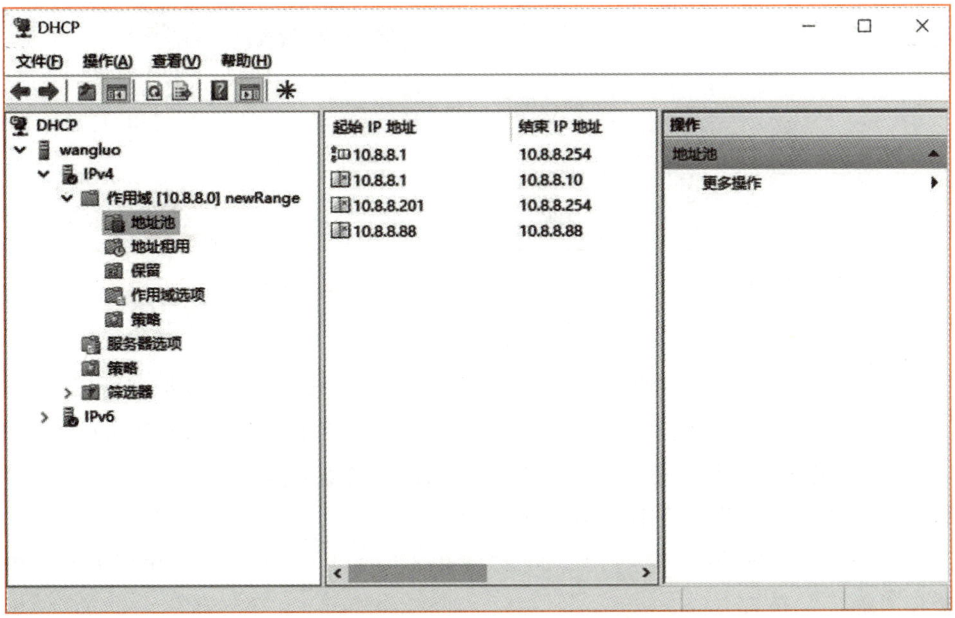

图 10－26　创建作用域后的 DHCP 服务器管理控制台

（2）在“作用域 [10.8.8.0]newRange”下的“作用域选项”上右击，在弹出的快捷菜单中选择“配置选项”，打开“作用域选项”对话框。在其中配置的参数会在 DHCP 服务器分发 IP 地址时，同时被配置到相应的 DHCP 客户端中，包括对网络网关的设置和对 DNS 服务器的设置。在“作用域选项”对话框的“常规”选项卡中选中“003 路由器”，在“IP 地址”输入框中输入要为 DHCP 客户端配置的网关 IP 地址，如本例中的网关是“10.8.8.1”，单击“添加”按钮，如图 10－27 所示。

（3）在“作用域选项”对话框的“常规”选项卡中选中“006 DNS 服务器”，在“IP 地址”输入框中输入要为 DHCP 客户端配置的 DNS 服务器的 IP 地址，如本例所使用的

DNS 地址为“10.8.8.2”，单击“添加”按钮，再单击“确定”按钮，完成对“作用域选项”对话框的配置，如图 10－28 所示。如果给出的 DNS 地址检测无效，可以先不做处理，在提示框中选择继续使用，后续可以自行完成 DNS 服务器的配置。

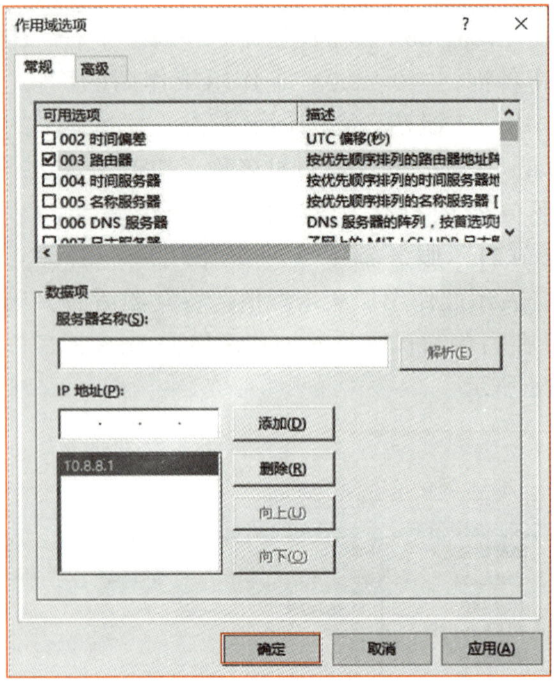

图 10－27 “作用域选项”对话框

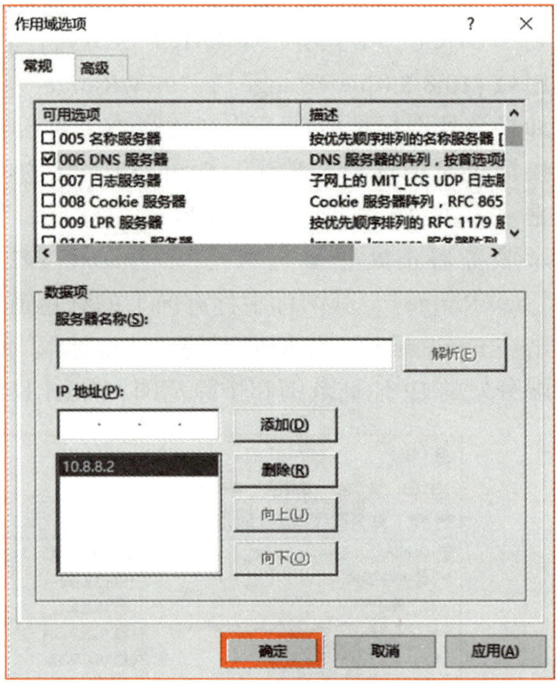

图 10－28 DNS 选项设置

4. DHCP 客户端的启用

与 DHCP 服务器在同一网络中的主机要成为 DHCP 客户端，需要进行以下设置：

（1）在作为客户端的 Windows 操作系统（本例使用 Windows Server 2016 作为客户端，当然也可以使用其他操作系统）中打开 IPv4 地址配置页的“Internet 协议版本 4（TCP/IPv4）属性”对话框，如图 10－29 所示。

（2）在“常规”选项卡中选择“自动获得 IP 地址”和“自动获得 DNS 服务器地址”，单击“确定”按钮。

（3）选择“开始”→“搜索”，在搜索框中输入“cmd”，单击“确定”按钮，打开命令行窗口，输入命令“ipconfig/release”，回车，以释放该客户端原来占有的 IP 地址。接着输入命令“ipconfig/renew”，回车，以向 DHCP 服务器申请新的 IP 地址，如图 10－30 所示。

（4）输入命令“ipconfig/all”，回车，以显示从 DHCP 服务器端租用的 IP 地址及其他相关参数，如图 10－31 所示。可知，客户端从 DHCP 服务器端租用的是“10.8.8.13”，网关和 DNS 是在 DHCP 服务器端的“作用域选项”对话框中配置的“10.8.8.1”和“10.8.8.2”，DHCP 服务器的地址是“10.8.8.2”，IP 地址的租约是从 2020 年 9 月 28 日 22：44：53 到 2020 年 10 月 6 日 22：44：53，即之前设定的 8 天。

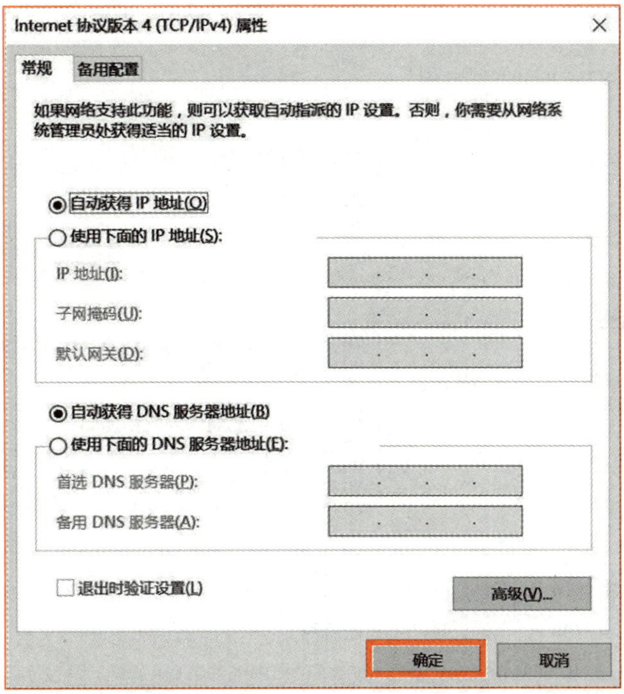

图 10－29 “Internet 协议版本 4（TCP/IPv4）属性”对话框

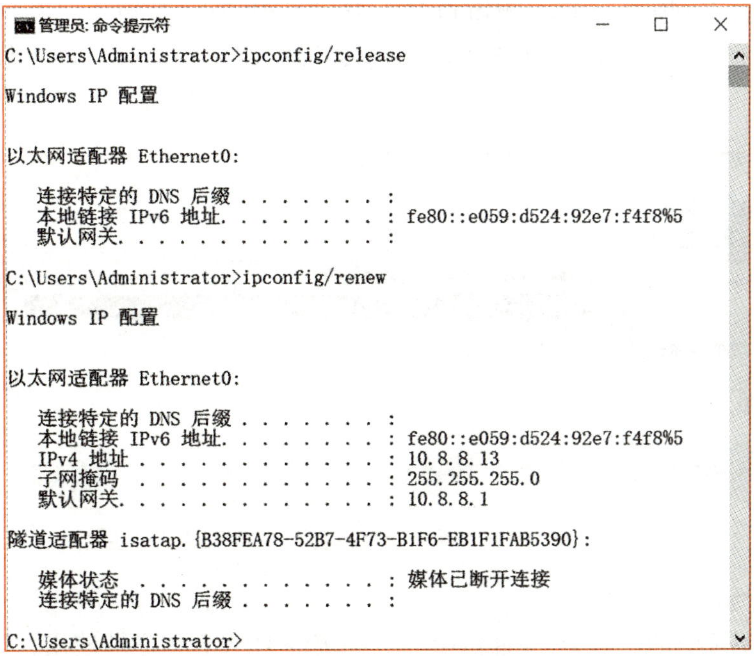

图 10－30 客户端重新租用 IP 地址

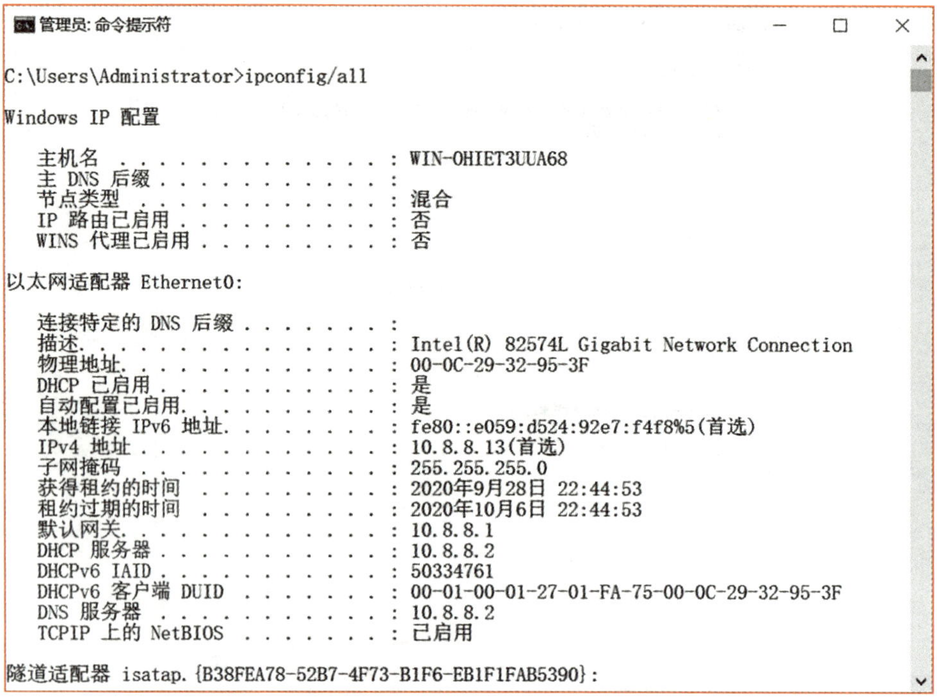

图 10－31　显示客户端租用的 IP 地址及相关参数

（5）返回 DHCP 服务器端的 DHCP 服务器管理控制台，单击“newRange”作用域下的“地址租约”，控制台的右侧窗口显示有一个 IP 地址被租用，并列出了租用者的主机名称、MAC 地址、租约到期时间等信息，即刚刚设置的客户端参数，如图 10－32 所示。

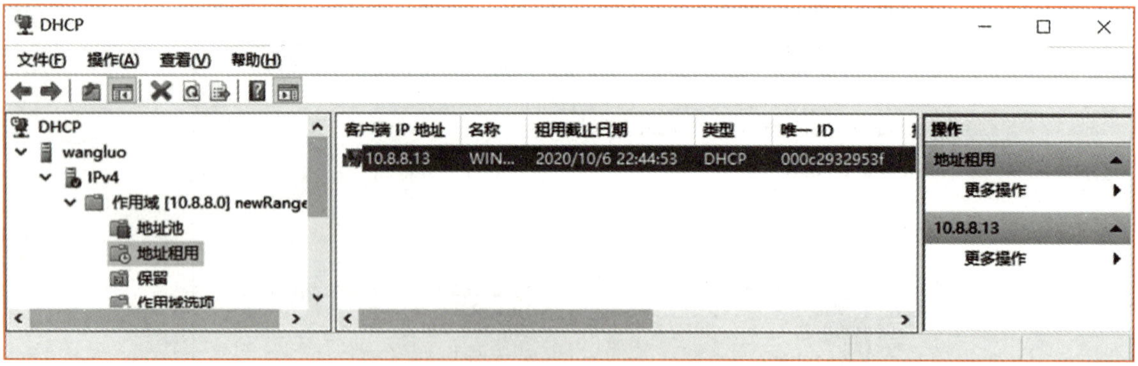

图 10－32　DHCP 服务器管理控制台显示的地址租约

5. IP 地址的保留

可以把作用域中的一些 IP 地址留给一个固定的 DHCP 客户端使用，这些地址可以是通过“添加排除”操作排除在地址池之外的 IP 地址。保留的方式是把 IP 地址与相应客户端的 MAC 地址绑定。例如，把作用域中的“10.8.8.8”保留给前面设置的客户端，保留设置及验证过程如下：

（1）在 DHCP 服务器端的 DHCP 服务器管理控制台中右击“newRange”作用域下的“保留”，在弹出的快捷菜单中选择“新建”，打开“新建保留”对话框，如图 10－33 所示。

（2）在“新建保留”对话框中设置保留名称、给予其保留地址的客户端 MAC 地址、保留给它的 IP 地址。本例按照图 10－33 所示设置。单击“添加”按钮，即可完成一个保留地址的设定。

（3）在 MAC 地址为“000C2932953F”的 DHCP 客户端打开命令行窗口，输入命令“ipconfig/release”，回车，以释放该客户端原来占有的 IP 地址。再输入命令“ipconfig/renew”，回车，以向 DHCP 服务器申请新的 IP 地址，如图 10－34 所示。可知，客户端从 DHCP 服务器端租用的是我们刚刚设置的保留地址。

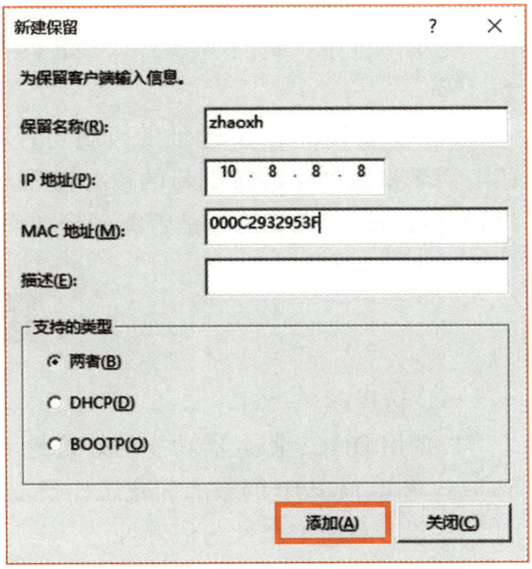

图 10－33 “新建保留”对话框

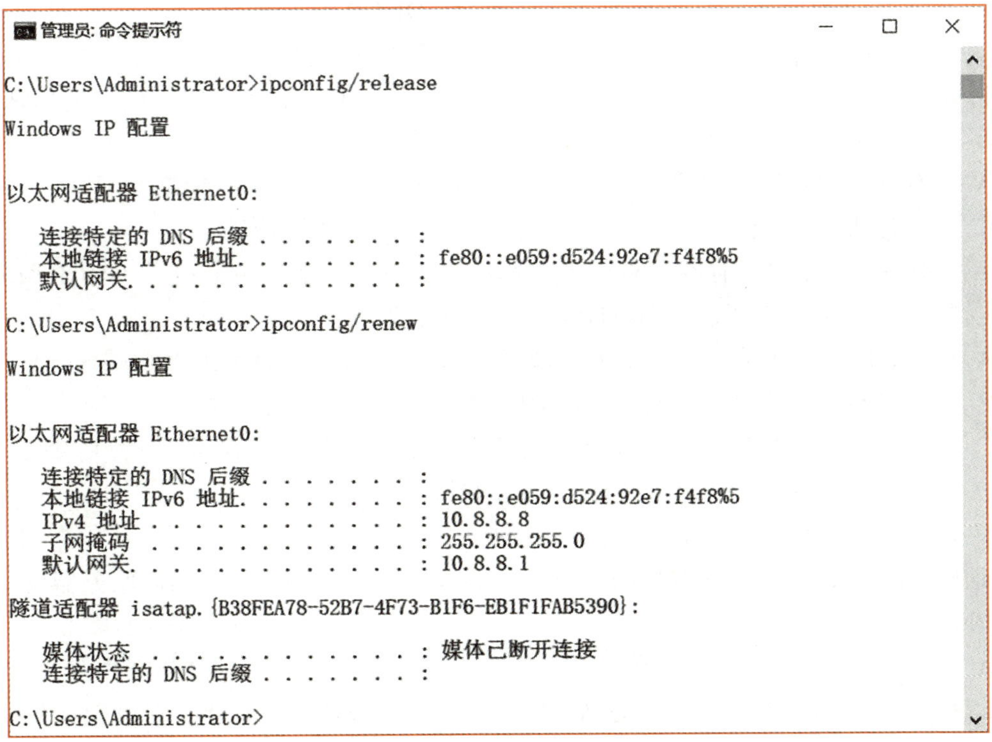

图 10－34 客户端租用保留地址

项目小结

在本项目中，我们学习了 DHCP 的工作过程、DHCP 租期的概念，以及 DHCP 的配置过程。

DHCP 自动分配 IP 地址的机制为管理网络带来了便利。通过技术手段为我们的工作和生活带来便利是科技创新的重要体现。创新对一个普通人来说并非遥不可及，取决于我们在看问题、做事情时是否能做到常思、善思，并能付之于行动。

技能检测

一、选择题

1. 使用 DHCP 服务器功能的好处是（　　）。

A. 降低 TCP/IP 网络的配置工作量

B. 提升系统安全性与依赖性

C. 对于经常变动位置的主机，DHCP 能迅速更新位置信息

D. 以上都是

2. 要实现动态 IP 地址分配，至少要求网络中有一台计算机的网络操作系统中安装（　　）。

A. DNS 服务器　　B. DHCP 服务器

C. IIS 服务器　　D. WINS 服务器

3. 如果要将一台计算机配置为 DHCP 服务器，必须满足相应的条件。下列选项中，哪项不是必需的？（　　）

A. 具有静态配置的 IP 地址　　B. 具有可分配的 IP 地址范围

C. 安装有两块以太网卡　　D. 配置有子网掩码

4. 如果在同一子网中存在一台以上可用的 DHCP 服务器，并且这些 DHCP 服务器的作用域中包含相同的 IP 地址，则可能会导致什么后果？（　　）

A. DHCP 服务器可能将同一个 IP 地址分配给一个以上的 DHCP 客户端

B. 该问题不会自动纠正，除非那台 DHCP 服务器也成为客户端

C. 第一台发现重复 IP 地址的 DHCP 服务器将自动关机，直到问题得到解决

D. 重复的地址将自动从 IP 地址作用域中排除

5. 如果将 DHCP 服务器上一个作用域的租约期限设置为一天，则在从该作用域租用 IP 地址的 DHCP 客户端一直开机的情况下，系统会间隔多长时间试图向服务器更新其 IP 地址租约？（　　）

A. 6 小时　　B. 12 小时　　C. 24 小时　　D. 48 小时

6. 如果一台 DHCP 客户端未能从 DHCP 服务器端租用 IP 地址，则可能会发生什么情况？（　　）

A. 客户端无法与其他子网中的计算机通信

B. 客户端上初始化 TCP/IP 时，所有的数据包都将发往默认网关

C. 分配给客户端一个地址 127.0.0.1，直到可以从 DHCP 服务器租用 IP 地址为止

D. 来自和发往该客户端的数据包都保存在 DHCP 服务器上，直到客户端租用到 IP 地址之后再一起发往客户端。

二、简答题

1. 简述 DHCP 的工作过程。

2. DHCP 租约有什么作用？ DHCP 客户端是如何更新租约的？

项目 11

DNS 服务器的安装与配置

项目导读

网络中的计算机都是通过 IP 地址来区分的，所以用户才可以通过 IP 地址来访问其中的计算机。但是在访问过程中，人们发现 IP 地址很难记忆。那么，能不能用符合人们认知习惯的名称来标识计算机呢？

ARPAnet 曾采用 HOST 文件的方式定义网络中的计算机名称与 IP 地址的对应关系，每台计算机上都需要保存一个 HOST 文件，一旦拥有该文件，用户就可以通过计算机名称来访问网络中的计算机。不过，这种方式需要用户在连接网络后到指定的计算机下载 HOST 文件，以便更新本地计算机上的 HOST 文件，否则，只能使用 IP 地址访问其他计算机。

随着网络规模的扩大，每天会有大量的计算机加入或退出网络，而且，网络中的计算机还可能会修改本身的 IP 地址，这就会造成保存 HOST 文件的计算机由于访问过于频繁而不堪重负，同时也造成了网络中的大量计算机无法访问的后果。为了解决这个问题，ARPAnet 的管理者开始研究新的系统，以取代现有的 HOST 模式，最终于 1984 年发布了 DNS 管理规范。

本项目主要讲解在 Internet 或 Intranet 中，DNS 服务器的工作原理和配置方法。

学习目标

1. 了解 DNS 服务器的基本工作原理。
2. 掌握 DNS 服务器的安装方法。
3. 掌握 DNS 服务器的配置方法。

任务 11.1　DNS 服务器的工作原理

DNS（Domain Name System，域名系统）的名称由主机名称与域名称两部分组成：

主机名称是指所在计算机的名称；域名称由两个或两个以上的词构成，中间由点号分隔。最右边的词称为顶级域名。顶级域有两种划分方法：地理域和通用域。地理域是为世界上每个国家或地区设置的，常见的地理顶级域名有：中国（cn）、俄罗斯（ru）、美国（us）、英国（uk）、法国（fr）、德国（de）、澳大利亚（au）、日本（jp）等。通用域是按照机构类别设置的，主要的通用顶级域名有：商业机构（com）、教育机构（edu）、政府机构（gov）、网络机构（net）、军事机构（mil）、其他非营利性组织（org）等。

顶级域名的下一级就是二级域名。通常，域名注册指的就是注册一个二级域名。域名注册成功后，便需要指定网络中的计算机的 DNS 名称。

例如 www.baidu.com，其中“com”为顶级域名，“baidu”为二级域名，“www”为主机名。

域与域名

域名中只能包含以下字符：

（1）26 个英文字母，不区分英文字母的大小写。

（2）数字“0，1，2，3，4，5，6，7，8，9”。

（3）“-”（英文连词号）。

DNS 数据库的结构就像一棵倒置的树，如图 11－1 所示。

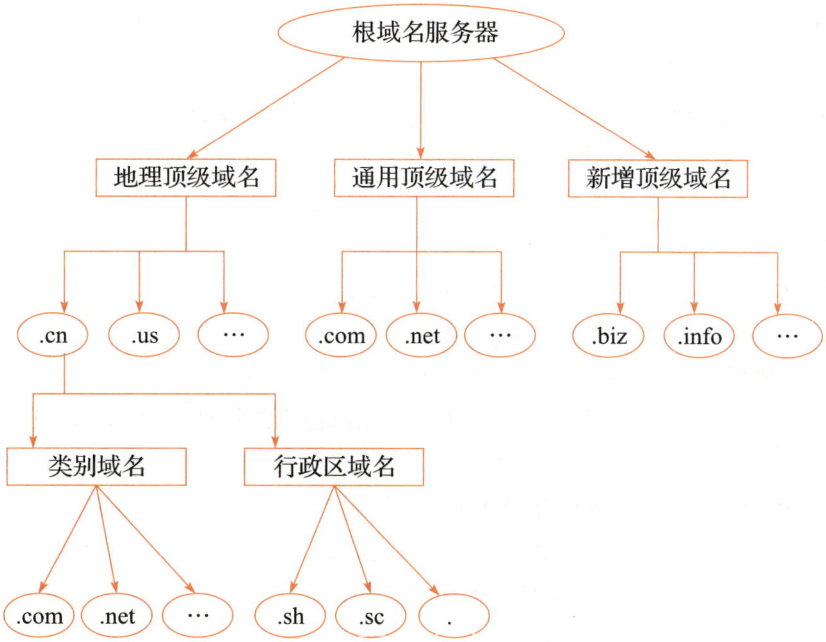

图 11－1　DNS 数据库的结构

从图 11－1 中可以看出，DNS 实际上是一个分布式的、具有层次结构的数据库系统，所有的主机信息存放在分布式域名服务器中，域名服务器又组成一个具有层次结构的系统，顶层便是根域（ROOT），每一个下级域都是上级域的子域。每个域都有自己依据的域名服务器，这些服务器中保存着当前域的主机信息和下级子域的域名服务器信息。例如，根域服务器不必知道根域内所有主机的信息，只要知道所有子域的域名服务器的地址即可。

一般来说，每个组织都有自己的 DNS 服务器，用于维护域的名称映射数据库记录或资源记录。当客户端请求名称解析时，DNS 服务器先在自己的记录中检查是否有对应的 IP 地址，如果未找到，它就会向其他 DNS 服务器询问该信息。具体查询过程同其分层结构一样，一旦 DNS 服务器在自身的数据库中没有找到 IP 地址，就会请求上一级 DNS 服务器来查找，这个过程会继续下去，直到找到答案或超时。

计算机采用的 IP 地址和物理地址不易被用户记忆和理解，为了向用户提供一种直观的主机标识符，TCP/IP 协议提供了域名服务，类似于在电话号码簿或查号台通过名字就可以找到电话号码一样，DNS 服务器用于将由一串字母组成的名字（即域名）转换为 IP 地址。对网络中的计算机而言，它只知道 61.135.169.105，但这串数字对计算机用户来说难以理解，而 www.baidu.com 对计算机是没有任何意义的，但这种计算机标识方法符合人们的普遍认知习惯并且容易记忆。这个矛盾的解决方法就是在网络中专门设置这样一类服务器，负责根据域名找到相应的 IP 地址。所以说，在计算机的 TCP/IP 属性中，DNS Server 的设置是很重要的，务必设置正确，否则，输入 www.baidu.com 时，计算机将不知道去哪查询对应的 IP 地址。DNS Server 的设置有两种方式：一种是手动输入，是静态的，需要网络管理员协助；另一种是在动态获得 IP 地址的同时，也获得了 DNS server 的 IP 地址。

DNS 采用的是客户端 / 服务器运行模式，DNS 服务器存放着一部分 DNS 名称空间的信息，并将此信息提供给客户端使用，而客户端也可以向 DNS 服务器查询该信息。另外，为了响应客户端的请求，DNS 服务器之间也会进行相互查询。即当 DNS 服务器接收到客户端的 DNS 查询请求后，首先在自己的数据库中查找相关的信息，如果没有找到，便会与其他 DNS 服务器通信，完成客户端的请求。

IP 地址与 DNS 服务器

DNS 中有两种常用的查询方式：迭代查询、递归查询。

（1）迭代查询。客户端向某 DNS 服务器发出查询请求时，该 DNS 服务器将在其高速缓存和数据库中查找相应记录，如果有满足客户端请求的主机地址，则将其返回给客户端；如果 DNS 服务器不能够直接查询到主机地址，则给客户端提供一个指针，该指针指向域名称空间中另一层次的 DNS 服务器。接着，客户端会向该指针指向的新的 DNS 服务器发出查询请求。客户端与 DNS 服务器之间不断重复这一过程，直到服务器给出的提示中包含需要查询的主机地址为止。通常，每次指引都会更靠近根服务器（向上），查寻到根域名服务器后，则会再次根据提示向下查找。该过程会在查找成功、出现错误或超时后终止。

（2）递归查询。客户端向某个 DNS 服务器发出查询请求后，该 DNS 服务器即承担了此后的全部的查询工作。该服务器将作为客户端向其他服务器发送一些独立的迭代查询，最后向客户端返回一个主机地址。如果出现错误或超时，该过程会终止。

任务 11.2 DNS 服务器的安装

如果要在 Windows 网络中配置 DNS 服务，作为 DNS 服务器的计算机需要分配一个静态的 IP 地址，以便及时准确地提供域名服务。因为 DNS 服务器地址会动态更改，从而使客户端与 DNS 服务器失去联系（事实上，网络中的所有服务器都应该有一个静态的 IP 地址，以便于网络用户的访问和使用）。同时，在 TCP/IP 协议属性参数中配置其 DNS 服务器为它本身。

DNS 服务器的安装

选择一台安装了 Windows Server 2016 的计算机来配置 DNS 服务。先确认其已安装 TCP/IP 协议，再将自己的 IP 地址设为静态，并设置自身 TCP/IP 协议的 DNS 配置。如果系统还没有安装 DNS 服务，则需要手动安装，操作步骤如下：

（1）在安装了 Windows Server 2016 的计算机上选择“开始”→“服务器管理器”，打开“服务器管理器 · 仪表板”对话框，如图 11－2 所示。

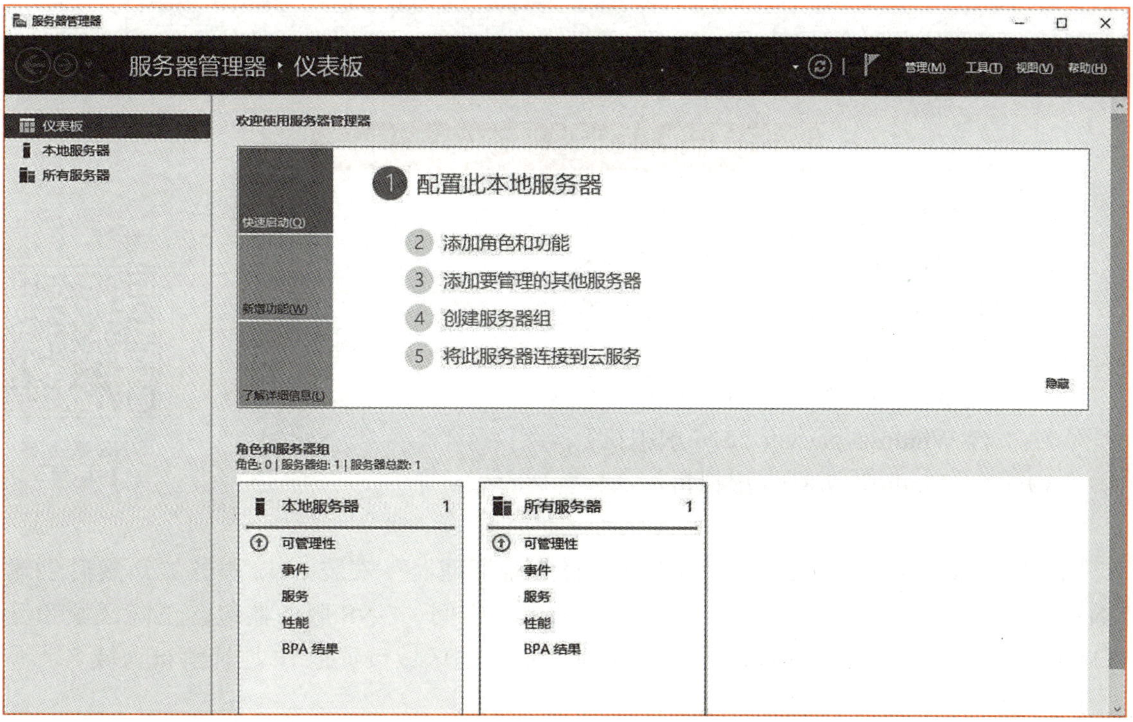

图 11－2 “服务器管理器 · 仪表板”对话框

（2）因为需要在网络中增加一台 DNS 服务器，所以在“服务器管理器 · 仪表板”对话框中单击“添加角色和功能”，依次单击“下一步”按钮，直到出现如图 11－3 所示的对话框。勾选“ DNS 服务器”，依次单击“下一步”按钮，最后单击“安装”按钮，系统会自动安装 DNS 服务器。安装程序将 DNS 服务器所需的文件复制到计算机后，DNS 服务器便安装完成。

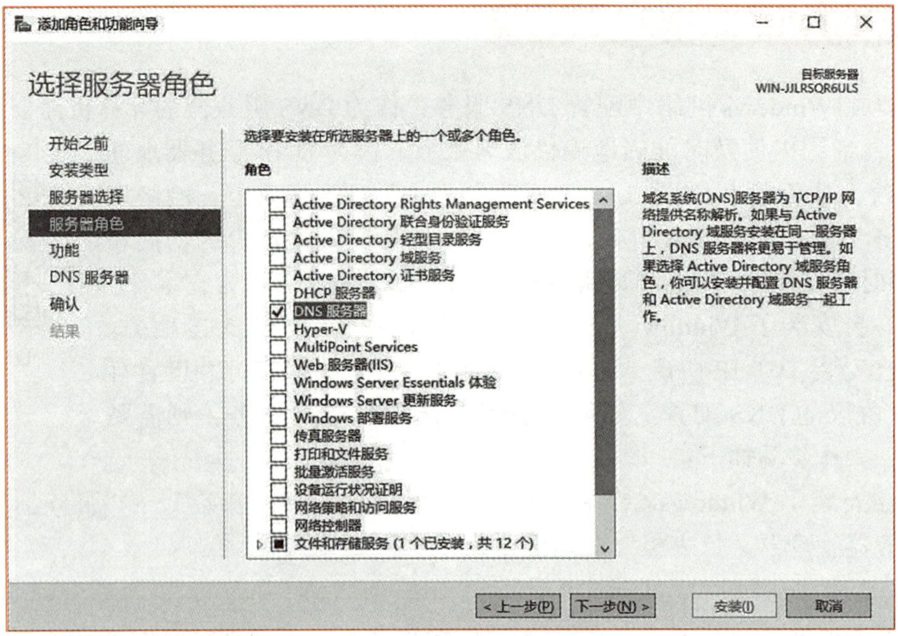

图 11－3　选择服务器角色

项目实训：DNS 服务器的配置

一、实训目的

（1）了解 DNS 服务器的工作原理和过程。

（2）掌握 DNS 服务器的配置方法。

DNS 服务器的配置

二、实训环境或设备

（1）1 台 Windows 7/8/10 物理机。

（2）1 台 Windows Server 2016 虚拟机。

（3）1 台 Windows 7/8/10 虚拟机。

三、实训内容

启动 Windows Server 2016，先通过“服务器管理器”安装 DNS 服务器，然后创建 DNS 区域。区域是 DNS 服务器所负责解析的名称空间，DNS 服务器包含正向区域和反向区域，正向区域负责把域名解析为 IP 地址，而反向区域负责把 IP 地址解析为域名。

1. 创建正向查找区域

（1）安装好 DNS 服务器后，选择“开始”→“管理工具”→“DNS”。在弹出的“DNS 管理器”中单击“操作”，然后单击“新建区域”，打开“新建区域向导”对话框，如图 11－4 所示。

DNS 区域有 3 种类型：主要区域、辅助区域和存根区域。要理解区域类型，先要明白 DNS 服务器的主服务器和辅助服务器的区别。一般情况下，企业申请域名后对网络进行部署时会考虑配备两个 DNS 服务器，一个是主服务器，另一个是辅助服务器。一般的 DNS 解析请求由主服务器负责，辅助服务器中的数据是从主服务器复制而来的，是只读数据，只有当主服务器出现故障或由于负载太重无法响应客户端的解析请求时，辅助服务器才会担负起域名解析的任务。主服务器使用的区域就是主要区域，辅助服务器使用的区域就是辅助区域。存根区域可以看作一个特殊的、简化的辅助区域。

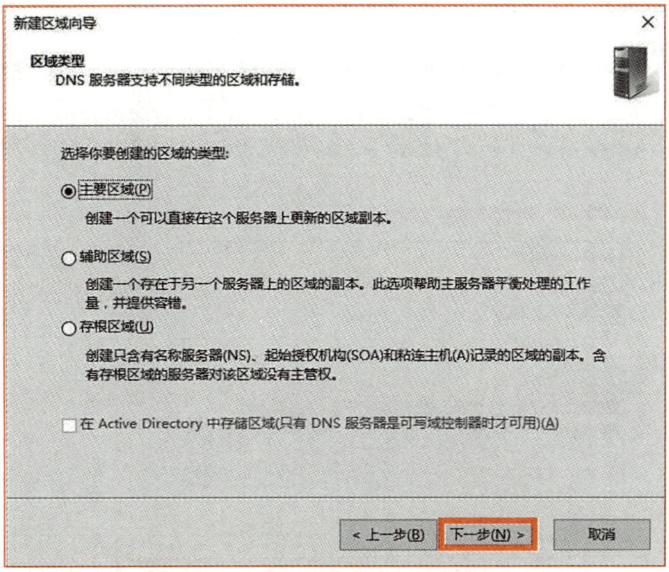
新建区域向导
区域类型
DNS 服务器支持不同类型的区域和存储。
选择你要创建的区域的类型：
主要区域(P)
创建一个可以直接在这个服务器上更新的区域副本。
辅助区域(S)
创建一个存在于另一个服务器上的区域的副本。此选项帮助主服务器平衡处理的工作量，并提供容错。
存根区域(U)
创建只含有名称服务器(NS)、起始授权机构(SOA)和粘连主机(A)记录的区域的副本。含有存根区域的服务器对该区域没有主管权。
在 Active Directory 中存储区域(只有 DNS 服务器是可写域控制器时才可用)(A)
< 上一步(B)
下一步(N) >
取消

图 11－4　选择要创建的区域的类型

通常，使用较多的是主要区域，而且从逻辑上考虑，必然是先创建主要区域，因为辅助区域和存根区域都需要从主要区域复制数据。我们现在的任务是要为区域 sdcit.cn 创建一个正向的主要区域。

（2）将新建区域命名为 sdcit.cn，最好与在 Internet 上申请的域名一致，这样便于用户记忆，如图 11－5 所示。单击“下一步”按钮。

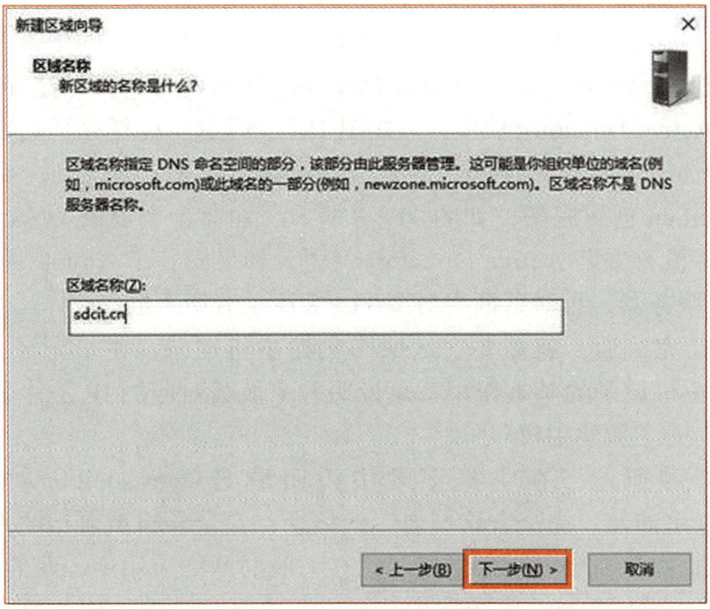
新建区域向导
区域名称
新区域的名称是什么?
区域名称指定 DNS 命名空间的部分，该部分由此服务器管理。这可能是你组织单位的域名(例如，microsoft.com)或此域名的一部分(例如，newzone.microsoft.com)。区域名称不是 DNS 服务器名称。
区域名称(Z):
sdcit.cn
< 上一步(B)
下一步(N) >
取消

图 11－5　设置区域名称

（3）由于一个区域中可能包含多台计算机以及其他相关对象，所以要为每个区域建立一个文件，以便对区域进行管理，通常采用默认值，如图 11－6 所示。

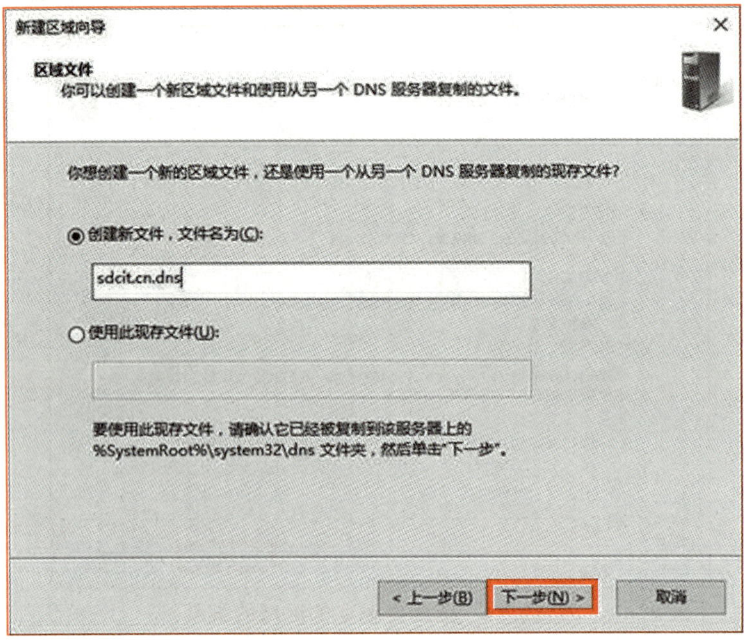
新建区域向导
区域文件
你可以创建一个新区域文件和使用从另一个 DNS 服务器复制的文件。
你想创建一个新的区域文件，还是使用一个从另一个 DNS 服务器复制的现存文件?
创建新文件，文件名为(C):
sdcit.cn.dns
使用此现存文件(U):
要使用此现存文件，请确认它已经被复制到该服务器上的
%SystemRoot%\system32\dns 文件夹，然后单击"下一步"。
< 上一步(B)
下一步(N) >
取消

图 11－6　设置区域文件

（4）由于人们习惯使用域名系统，而让 DNS 服务器中的数据保持最新状态有助于提升网络应用体验，因此选择“允许非安全和安全动态更新”。该选项主要用于局域网，如果用于 Internet，那么一般不需要动态更新。

另外，还需要指定 Active Directory 区域的复制作用域。由于在 Windows Server 2016 域模式网络中，Active Directory 与 DNS 联系紧密，在局域网中需要利用 DNS 服务器找到目标计算机，因此在安装了 Active Directory 的网络中，最好选择“只允许安全的动态更新（适合 Active Directory 使用）”，如图 11－7 所示。选择完毕后，单击“下一步”按钮。

（5）区域 sdcit.cn 创建完毕，如图 11－8 所示。注意：当前的 DNS 服务器是单独安装的，计算机中并没有安装 Active Directory，因为如果安装了 Active Directory，系统便会自动安装 DNS 服务器，且对话框会与图 11－8 所示有所不同。

（6）区域创建完成后，就需要在区域中创建主机记录，主机记录是应用最广泛的 DNS 记录之一，主机记录的基本作用就是说明一个域名对应的 IP 是什么。在 sdcit.cn 区域中选择“操作”→“新建主机”。

（7）如图 11－9 所示，在主机记录中说明域名 www.sdcit.cn 对应的 IP 地址是 192.168.101.2。这里涉及“完全合格域名”的概念，完全合格域名指的是点结尾的域名，例如 www.sdcit.cn. 就是一个完全合格域名。在一般的网络应用中，我们可以省略完全合格域名最右侧的点，但在 DNS 服务器中这个点不能随便省略。因为这个点代表 DNS 的

根，有了这个点，完全合格域名就可以表达为一个绝对路径，例如 www.sdcit.cn. 就可以表示为 DNS 根下的 cn 域下 sdcit 域中一台名为 www 的主机。如果 DNS 发现某个域名不是以点结尾的完全合格域名，就会把这个域名加上当前的区域名称作为后缀，让其满足完全合格域名的形式要求。例如 DNS 会把域名 www 处理为 www.sdcit.cn.。因此，如果系统要求输入完全合格域名，我们就应该注意以点作为域名的结尾。

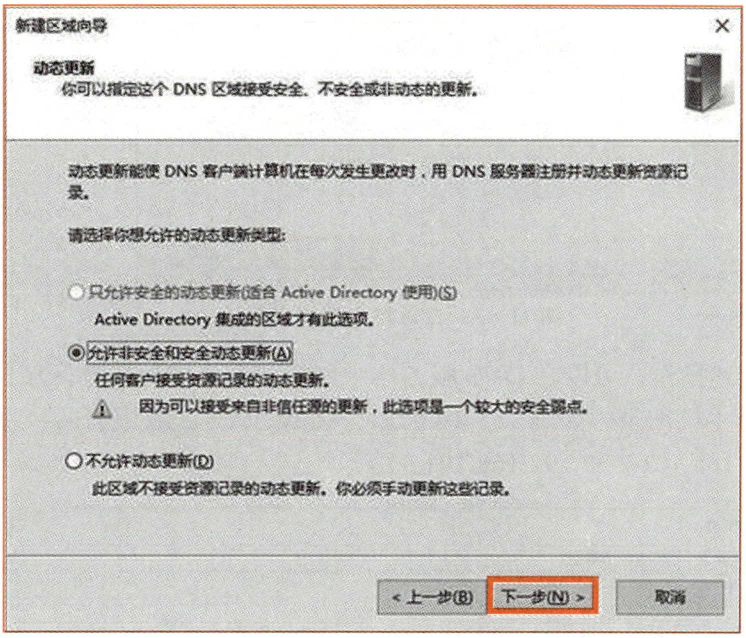
新建区域向导
动态更新
你可以指定这个 DNS 区域接受安全、不安全或非动态的更新。
动态更新能使 DNS 客户端计算机在每次发生更改时，用 DNS 服务器注册并动态更新资源记录。
请选择你想允许的动态更新类型:
只允许安全的动态更新(适合 Active Directory 使用)(S)
Active Directory 集成的区域才有此选项。
允许非安全和安全动态更新(A)
任何客户接受资源记录的动态更新。
因为可以接受来自非信任源的更新，此选项是一个较大的安全弱点。
不允许动态更新(D)
此区域不接受资源记录的动态更新。你必须手动更新这些记录。
< 上一步(B)
下一步(N) >
取消

图 11－7　设置动态更新

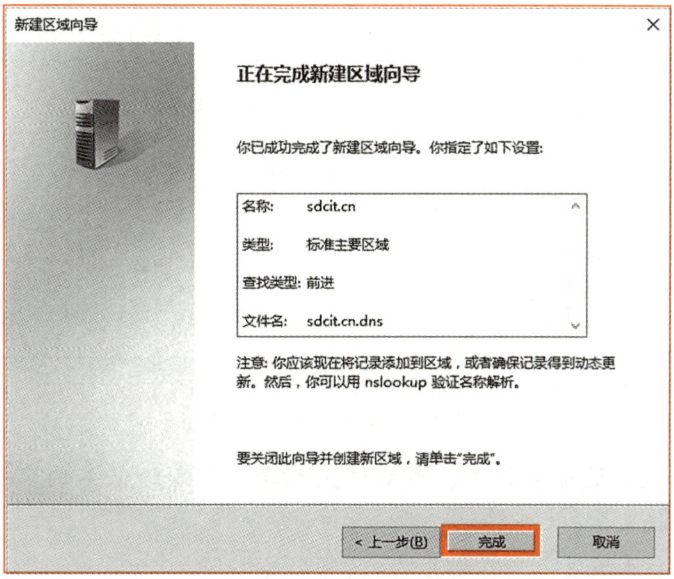
新建区域向导
正在完成新建区域向导
你已成功完成了新建区域向导。你指定了如下设置:
名称:　sdcit.cn
类型:　标准主要区域
查找类型: 前进
文件名:　sdcit.cn.dns
注意: 你应该现在将记录添加到区域，或者确保记录得到动态更新。然后，你可以用 nslookup 验证名称解析。
要关闭此向导并创建新区域，请单击"完成"。
< 上一步(B)
完成
取消

图 11－8　区域创建完成

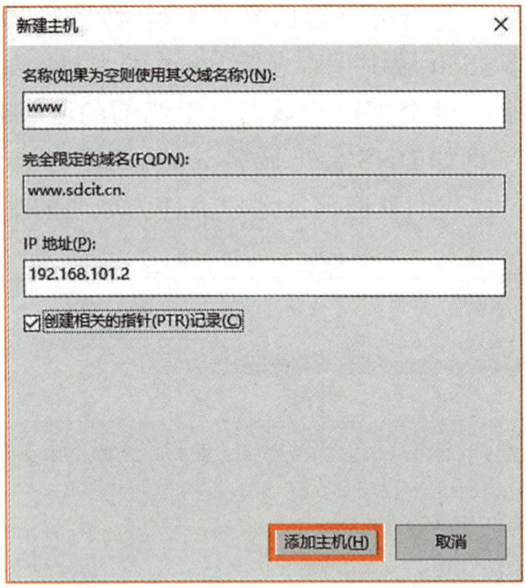

图 11－9　在区域中新建主机记录

（8）重复上述操作，可以在 DNS 服务器中创建多个不同的主要区域，也可以在一个区域中创建多个主机记录。如图 11－10 所示，在 sdcit.cn 区域中有两台主机，它们的 IP 地址分别是 192.168.101.2 和 192.168.101.31。

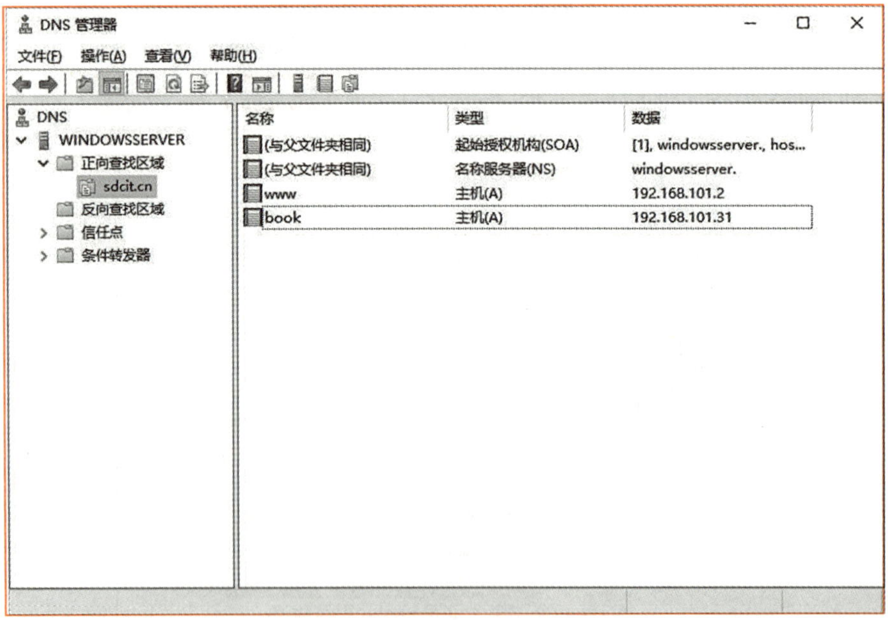

图 11－10　区域中的主机记录

提示： 不管是域名还是主机名，最好选用符合人们普遍认知的名字来命名，不要标新立异，以免引起歧义。

2. 创建反向查找区域

在网络应用中，除了需要将域名解析为 IP 地址外，有时还需要根据 IP 地址找出对应的域名，这时就需要用到反向查找区域。

反向查找区域即 IP 反向解析，它的作用是找到 IP 地址指向的域名，当然，要成功得到域名就必须有该 IP 地址的相关记录。

（1）在 DNS 管理器中，选择“反向查找区域”→“操作”→“新建区域”，然后在弹出的“新建区域向导”对话框中单击“下一步”按钮，出现“新建区域向导 – 区域类型”对话框，选择“主要区域”，此时根据网络的实际情况选择“IPv4 反向查找区域”或“IPv6 反向查找区域”，单击“下一步”按钮，弹出“新建区域向导 – 反向查找区域名称”对话框，如图 11 – 11 所示。

（2）在对话框中选择“网络 ID”，并在其下方输入网络号。如果是 A 类网络，需要输入 IP 地址的第一段数字；如果是 B 类网络，需要输入前二段数字；只有 C 类网络才需要将 3 段数字全部输入。输入网络号后，反向查找区域被自动命名。单击“下一步”按钮。

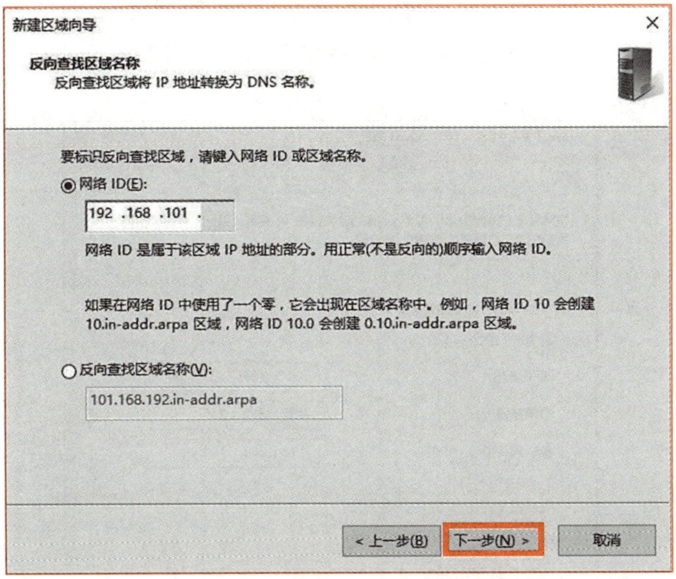
新建区域向导
反向查找区域名称
反向查找区域将 IP 地址转换为 DNS 名称。
要标识反向查找区域，请键入网络 ID 或区域名称。
网络 ID(E):
192 .168 .101 .
网络 ID 是属于该区域 IP 地址的部分。用正常(不是反向的)顺序输入网络 ID。
如果在网络 ID 中使用了一个零，它会出现在区域名称中。例如，网络 ID 10 会创建 10.in-addr.arpa 区域，网络 ID 10.0 会创建 0.10.in-addr.arpa 区域。
反向查找区域名称(V):
101.168.192.in-addr.arpa
< 上一步(B)
下一步(N) >
取消

图 11 – 11　设置反向查找区域名称

（3）接下来的操作与创建正向查找区域的操作相同，包括设置反向查找区域文件名称以及是否动态更新等，采用默认值即可。单击“下一步”按钮，弹出如图 11 – 12 所示的对话框，表示反向查找区域创建完成，单击“完成”按钮。

3. DNS 客户端的配置

客户端要解析 DNS 的域名，必须手动指定（或在网络中的 DHCP 服务器指定）使用哪些 DNS 服务器，如果企业内部网络中有自己的 DNS 服务器，则客户端的首选 DNS 服务器就应该设置为企业内部 DNS 服务器的 IP 地址。辅助 DNS 服务器可以设置为外部网络提供的 DNS 服务器的 IP 地址，如图 11 – 13 所示。原则上，客户端要选择与自己的网络距离最近的一台 DNS 服务器来进行域名解析，这样性能会更好。

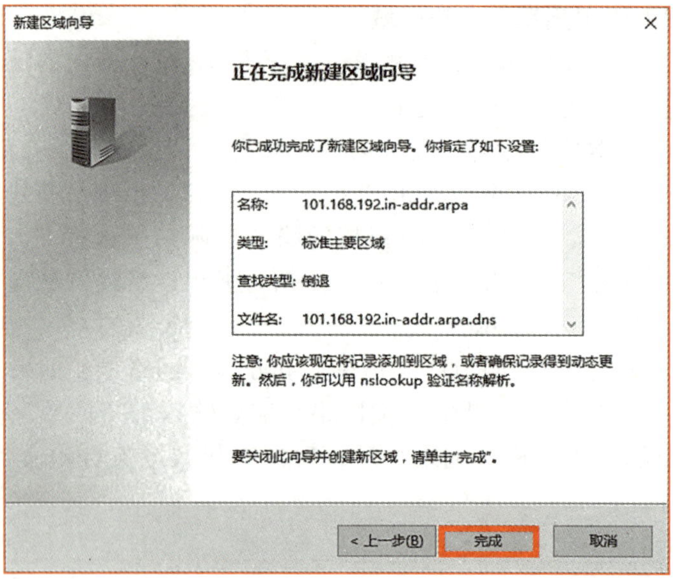

图 11－12　反向查找区域创建完成

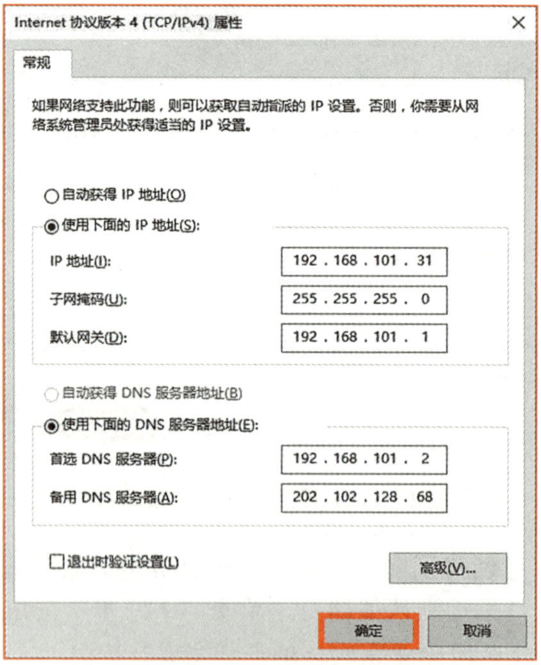

图 11－13　DNS 客户端地址设置

4. 测试 DNS 服务器

DNS 服务器安装完成后，可以使用测试工具来做正向查找和反向查找测试，如果都正常，则表示 DNS 服务器已经正常工作了。这里使用 Windows Server 2016 内含的 ipconfig、ping 和 nslookup 等测试工具来进行测试（该操作也可以在客户端进行）。所有命令均在“运行”命令窗口中进行。

（1）使用 ipconfig/all 命令查看客户端计算机是否设置了 DNS 服务器。如果已经设置，则屏幕上将显示如图 11－14 所示的信息。

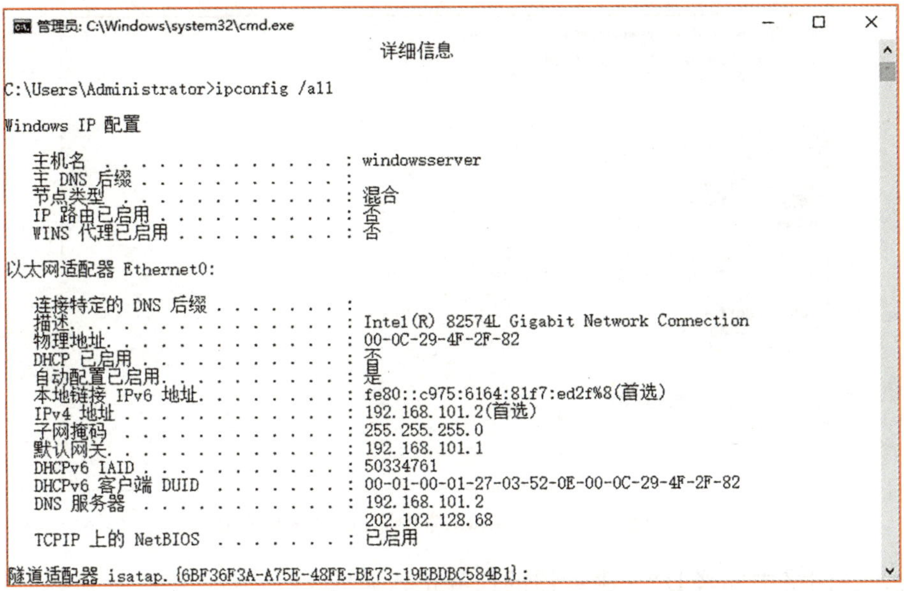

```
管理员: C:\Windows\system32\cmd.exe
详细信息

C:\Users\Administrator>ipconfig /all

Windows IP 配置

   主机名  . . . . . . . . . . . . . : windowsserver
   主 DNS 后缀 . . . . . . . . . . . :
   节点类型  . . . . . . . . . . . . : 混合
   IP 路由已启用 . . . . . . . . . . : 否
   WINS 代理已启用 . . . . . . . . . : 否

以太网适配器 Ethernet0:

   连接特定的 DNS 后缀 . . . . . . . :
   描述. . . . . . . . . . . . . . . : Intel(R) 82574L Gigabit Network Connection
   物理地址. . . . . . . . . . . . . : 00-0C-29-4F-2F-82
   DHCP 已启用 . . . . . . . . . . . : 否
   自动配置已启用. . . . . . . . . . : 是
   本地链接 IPv6 地址. . . . . . . . : fe80::c975:6164:81f7:ed2f%8(首选)
   IPv4 地址 . . . . . . . . . . . . : 192.168.101.2(首选)
   子网掩码  . . . . . . . . . . . . : 255.255.255.0
   默认网关. . . . . . . . . . . . . : 192.168.101.1
   DHCPv6 IAID . . . . . . . . . . . : 50334761
   DHCPv6 客户端 DUID  . . . . . . . : 00-01-00-01-27-03-52-0E-00-0C-29-4F-2F-82
   DNS 服务器  . . . . . . . . . . . : 192.168.101.2
                                       202.102.128.68
   TCPIP 上的 NetBIOS  . . . . . . . : 已启用

隧道适配器 isatap.{6BF36F3A-A75E-48FE-BE73-19EBDBC584B1}:
```

图 11－14　客户端的地址信息

注：192.168.101.2（局域网内安装的 DNS 服务器）和 202.102.128.68（Internet 上的 DNS 服务器）表示客户端已经正确设置或自动获得了 DNS 服务器的 IP 地址。

（2）确定有了 DNS 服务器后，使用 ping 命令来测试其是否可用。如果已经知道域名，可以直接输入需要解析的域名。执行结果如果如图 11－15 所示，则表示 DNS 服务器可用，并且工作正常。

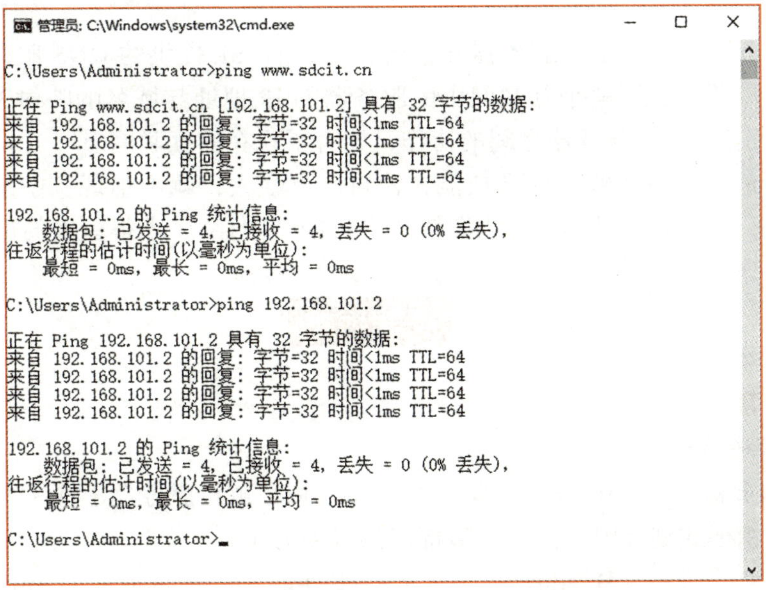

```
管理员: C:\Windows\system32\cmd.exe

C:\Users\Administrator>ping www.sdcit.cn

正在 Ping www.sdcit.cn [192.168.101.2] 具有 32 字节的数据:
来自 192.168.101.2 的回复: 字节=32 时间<1ms TTL=64
来自 192.168.101.2 的回复: 字节=32 时间<1ms TTL=64
来自 192.168.101.2 的回复: 字节=32 时间<1ms TTL=64
来自 192.168.101.2 的回复: 字节=32 时间<1ms TTL=64

192.168.101.2 的 Ping 统计信息:
    数据包: 已发送 = 4，已接收 = 4，丢失 = 0 (0% 丢失)，
往返行程的估计时间(以毫秒为单位):
    最短 = 0ms，最长 = 0ms，平均 = 0ms

C:\Users\Administrator>ping 192.168.101.2

正在 Ping 192.168.101.2 具有 32 字节的数据:
来自 192.168.101.2 的回复: 字节=32 时间<1ms TTL=64
来自 192.168.101.2 的回复: 字节=32 时间<1ms TTL=64
来自 192.168.101.2 的回复: 字节=32 时间<1ms TTL=64
来自 192.168.101.2 的回复: 字节=32 时间<1ms TTL=64

192.168.101.2 的 Ping 统计信息:
    数据包: 已发送 = 4，已接收 = 4，丢失 = 0 (0% 丢失)，
往返行程的估计时间(以毫秒为单位):
    最短 = 0ms，最长 = 0ms，平均 = 0ms

C:\Users\Administrator>_
```

图 11－15　ping 命令测试 DNS 服务器及地址

（3）还可以使用 nslookup 命令测试 DNS 服务器是否能够正常工作。如图 11－16 所示的内容表明配置的 DNS 服务器工作正常。

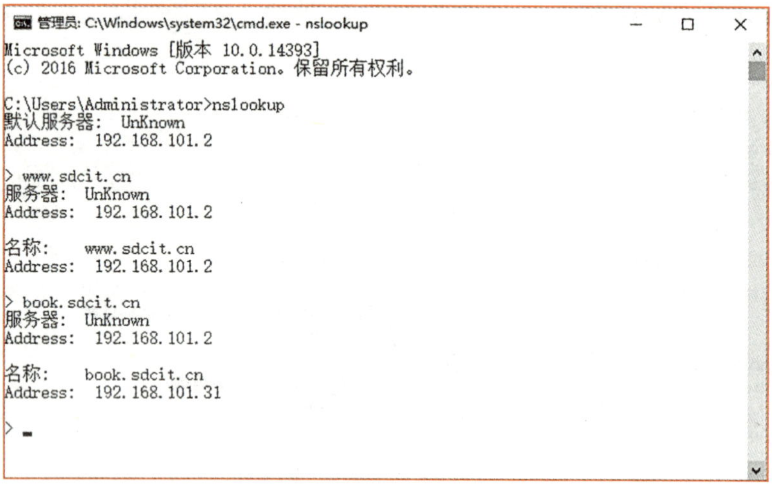

图 11－16　nslookup 命令测试 DNS 服务器

至此，在网络中部署 DNS 服务器的任务正式完成。

项目小结

本项目介绍了 DNS 服务器的功能、工作原理以及安装配置的方法。DNS 服务器使人们不再为记忆 IP 地址而苦恼，人们可以使用更形象、更便于记忆的域名来访问计算机，DNS 服务器为网络访问提供了极大的便利，也使得互联网以更完美的形象展现在我们面前。

在整个互联网中，除了根服务器外，还有无数的 ISP 提供的 DNS 服务器，这些服务器利用海量存储器保存了整个互联网中的服务器的 IP 地址与域名的映射关系，也正是因为这些不同级别的 DNS 服务器之间的协作，才有了现在的互联网。

持续不断地学习与实践，提升技能，让自己更强大，就不怕现实中的压力。互联网在创新中拓展，每个人也是如此，需要深化自己的“内存”，求得更大的进步。

技能检测

一、选择题

1. DNS 服务器是（　　）。

A. 文件服务器　　B. 域控制器　　C. 域名解析服务器　　D. 打印服务器

2. 根据组织模式划分因特网，军事部门的域名为（　　）。

A. com　　B. edu　　C. int　　D. mil

3. 顶级域名 edu 代表（　　）。

A. 教育机构　　B. 商业组织　　C. 政府部门　　D. 国家代码

4. 顶级域名 gov 代表（　　）。

A. 教育机构　　B. 商业组织　　C. 政府部门　　D. 国家代码

5. 为了实现域名解析，客户端（　　）。

A. 必须知道根域名服务器的 IP 地址

B. 必须知道本地域名服务器的 IP 地址

C. 必须知道本地域名服务器的 IP 地址和根域名服务器的 IP 地址

D. 知道互联网上任意一个域名服务器的 IP 地址即可

二、简答题

1. 简述 DNS 服务器的功能。

2. 什么是 DNS 的区域？

项目 12

Web 服务器的安装与配置

项目导读

Web 服务器是用于放置一般网站的服务器。一台 Web 服务器上可以建立多个网站，各网站的拥有者只需要把做好的网页和相关文件放到 Web 服务器的网站中，其他用户就可以通过浏览器访问了。

本项目将讲解如何借助 IIS 集成的 Web 服务，在局域网内发布网站。

学习目标

1. 了解 IIS 的含义及主要功能。
2. 掌握 Web 服务器的工作流程。
3. 掌握 Web 服务器的配置管理方法。

任务 12.1　Web 服务器概述

Web 也称 WWW 或万维网，是目前应用最为广泛的网络服务之一，最初由欧洲粒子物理实验室于 1989 年开发。我们上网时所进行的浏览信息、查询资料等操作都是通过访问 Web 服务器来完成的。Web 是 Internet 上集文本、声音、动画、视频等多种媒体信息于一身的信息服务系统，Web 网页是网络站点最基本的传输单位。Web 的工作基于客户机 / 服务器计算模型，整个系统由 Web 服务器、浏览器（Browser）及通信协议 3 部分组成。

Web 采用的通信协议是超文本传输协议（Hypertext Transfer Protocol，HTTP）。HTTP 协议是基于 TCP/IP 协议之上的协议，是 Web 浏览器和 Web 服务器之间的应用层协议，因其可以传输任意类型的数据对象，所以又是 Internet 发布多媒体信息的主要协议。

Web 是一个分布式的超媒体（hypermedia）系统，所谓超媒体，是指一种采用非线性网状结构对块状多媒体信息（包括文本、图像、视频等）进行组织和管理的技术。一个超媒体由多个信息源链接而成，这些信息源可以分布在世界各地，利用一个链接可以访问在另一个地方的文档，而这个文档又可以访问其他文档，以此类推。

任务 12.2 Web 服务器的工作流程

Web 以客户服务器方式工作，客户程序向服务器程序发出请求，服务器程序向客户程序返回请求的 Web 文档，具体的工作流程如下：

（1）启动客户程序，即浏览器。

（2）键入以 URL 形式表示的待查询的 Web 页面地址。

（3）客户程序与该 Web 地址的服务器连通，并告诉 Web 服务器需要浏览的页面。

（4）Web 服务器将该页面发送给客户程序，客户程序显示该页面。

URL 是 Web 的统一资源定位标志，是信息资源在互联网上的唯一地址。这些资源包括文档、图像、声音等，能定位资源，也就意味着系统能找到资源在什么地方，进而对资源进行操作，如存取、更新、替换等。

URL 的一般形式如下：

< 协议 >：//< 主机 >：< 端口 >/< 路径 >

各项含义如下：

< 协议 >：通信双方对于数据的格式、含义、规程等所做的约定。常用的有 http、ftp、ssh 等。

< 主机 >：要访问的主机。通常用域名表示，如 www.sdcit.cn。

< 端口 >：服务器用来监听客户端的端口号。常用的有 80（http）、21（ftp）、22（ssh）等，可省略。

< 路径 >：要请求的资源在服务器的具体位置，可省略。

URL 的字母不区分大小写，有些浏览器为了方便用户，允许用户输入 URL 时不必输入协议，浏览器会自动添加。

项目实训：Web 服务器的配置

一、实训目的

掌握 Web 服务器的配置方法。

二、实训环境或设备

处在同一个局域网中的两台计算机，其中一台作为服务器，装有 Windows Server 2016 系统。

Web 服务器的配置

三、实训内容

IIS（Internet Information Server）是集成 Web 服务、FTP 服务、SMTP 服务和 NNTP（Network News Transfer Protocol）服务于一体的

Internet 信息服务系统。其中，Web 服务是用于架设 Web 站点，并支持 Web 内容的保存与更新的服务。

在配置 Web 服务、FTP 服务、SMTP 服务和 NNTP 服务之前，要安装 IIS。

1. 在装有 Windows Server 2016 系统的服务器上安装 IIS

（1）选择“开始”→“服务器管理器”，如图 12－1 所示。

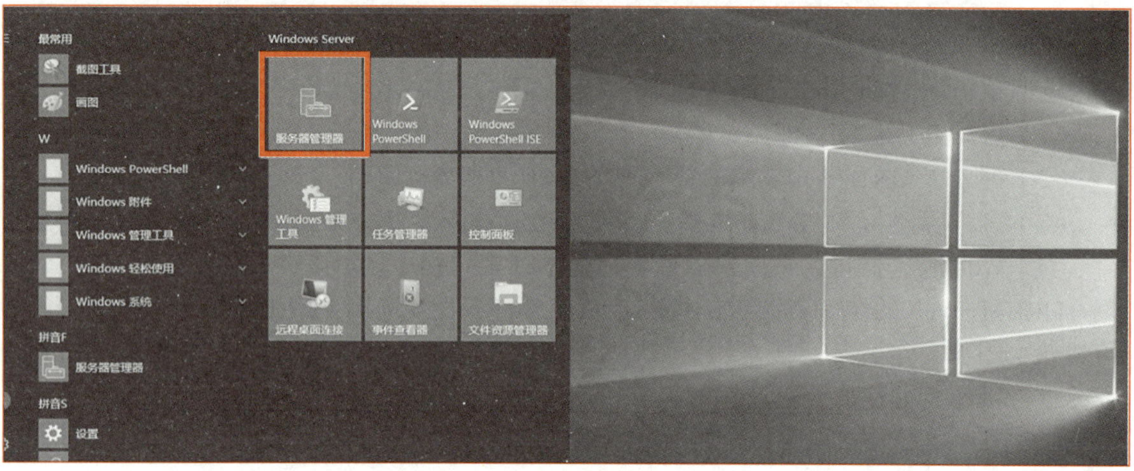

图 12－1　服务器管理器

（2）打开“服务器管理器 · 仪表板”对话框，选择“添加角色和功能”，如图 12－2 所示。

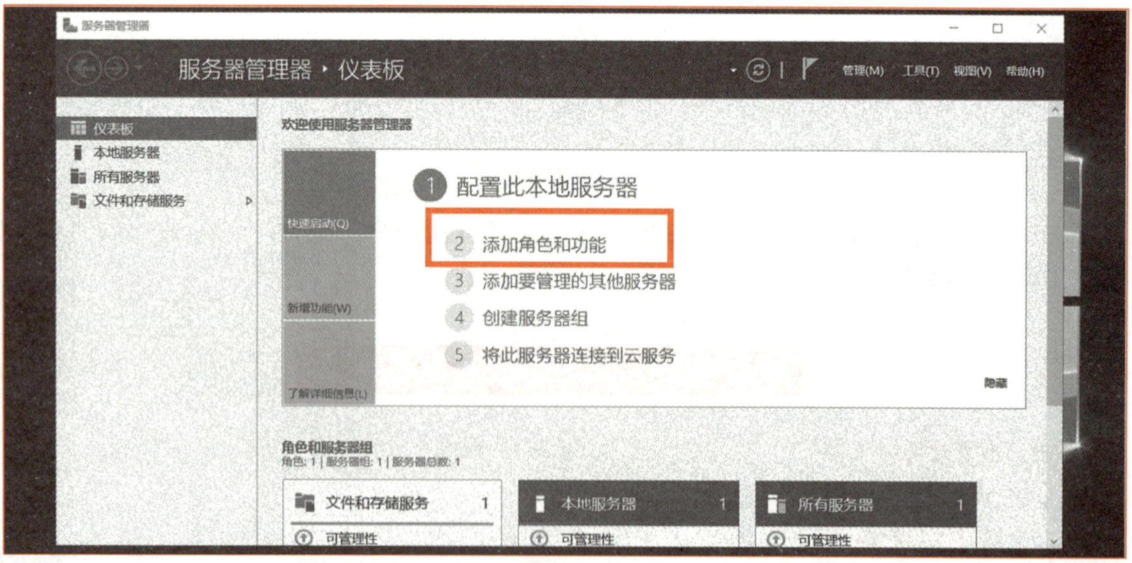

图 12－2　选择“添加角色和功能”

（3）在“添加角色和功能向导－开始之前”对话框中单击“下一步”按钮，如图 12－3 所示。

（4）选择“基于角色或基于功能的安装”，单击“下一步”按钮，如图 12－4 所示。

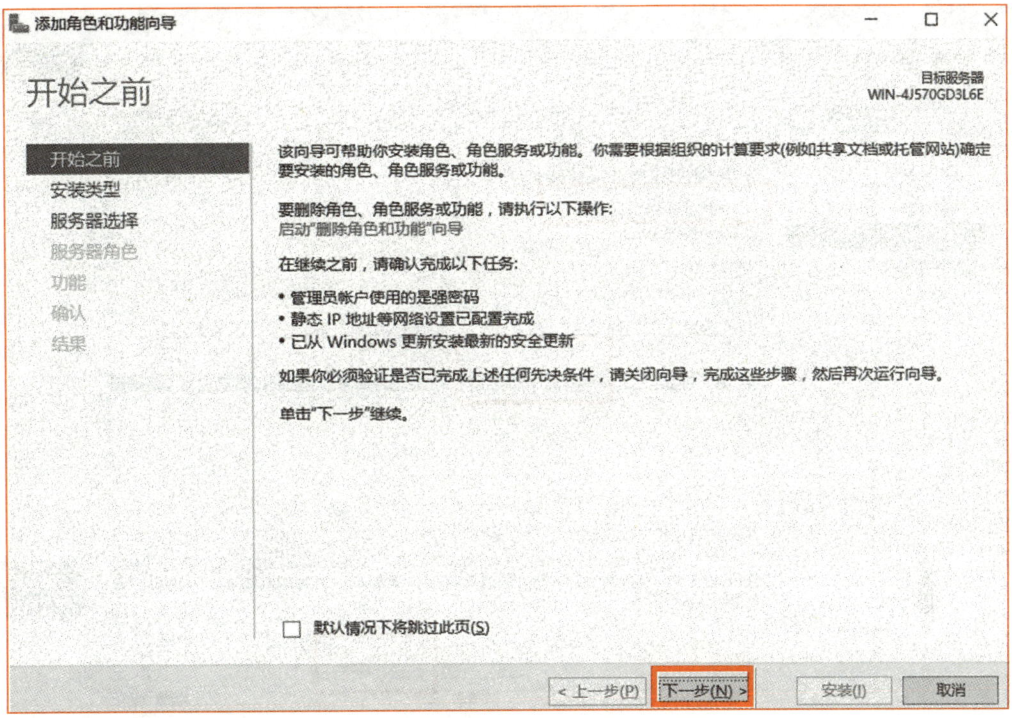
添加角色和功能向导
开始之前
目标服务器
WIN-4J570GD3L6E
开始之前
安装类型
服务器选择
服务器角色
功能
确认
结果
该向导可帮助你安装角色、角色服务或功能。你需要根据组织的计算要求(例如共享文档或托管网站)确定要安装的角色、角色服务或功能。
要删除角色、角色服务或功能，请执行以下操作:
启动"删除角色和功能"向导
在继续之前，请确认完成以下任务:
• 管理员帐户使用的是强密码
• 静态 IP 地址等网络设置已配置完成
• 已从 Windows 更新安装最新的安全更新
如果你必须验证是否已完成上述任何先决条件，请关闭向导，完成这些步骤，然后再次运行向导。
单击"下一步"继续。
默认情况下将跳过此页(S)
< 上一步(P)
下一步(N) >
安装(I)
取消

图 12－3 “添加角色和功能向导－开始之前”对话框

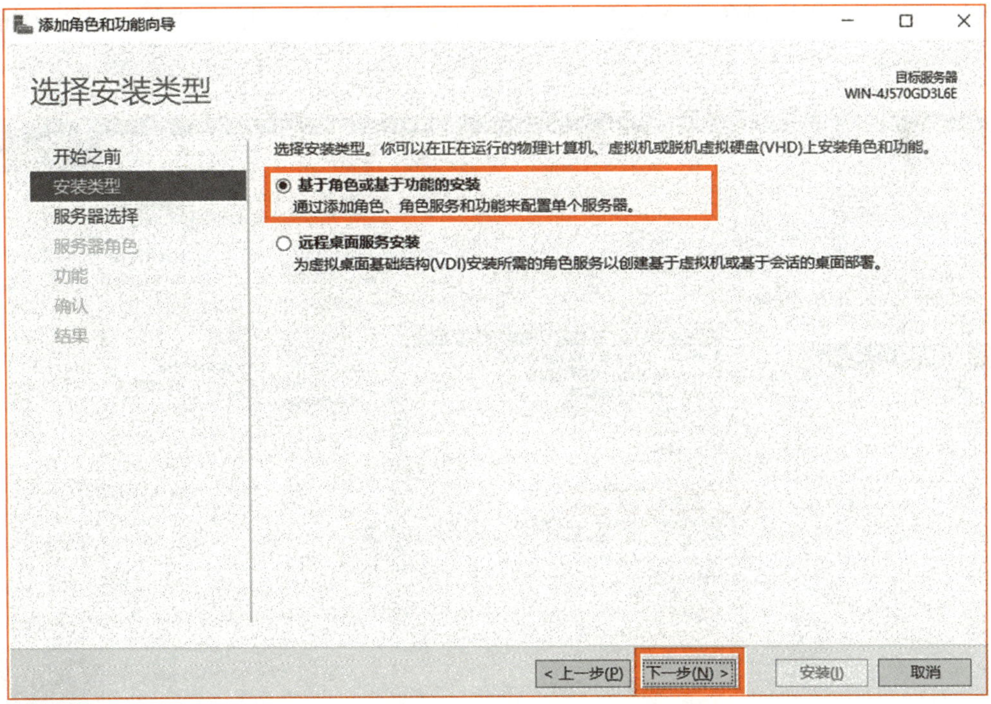
添加角色和功能向导
选择安装类型
目标服务器
WIN-4J570GD3L6E
开始之前
安装类型
服务器选择
服务器角色
功能
确认
结果
选择安装类型。你可以在正在运行的物理计算机、虚拟机或脱机虚拟硬盘(VHD)上安装角色和功能。
基于角色或基于功能的安装
通过添加角色、角色服务和功能来配置单个服务器。
远程桌面服务安装
为虚拟桌面基础结构(VDI)安装所需的角色服务以创建基于虚拟机或基于会话的桌面部署。
< 上一步(P)
下一步(N) >
安装(I)
取消

图 12－4 选择“基于角色或基于功能的安装”

（5）选择“从服务器池中选择服务器”，此时地址池中会显示服务器的地址，本例中的地址为 192.168.23.128，单击“下一步”按钮，如图 12－5 所示。

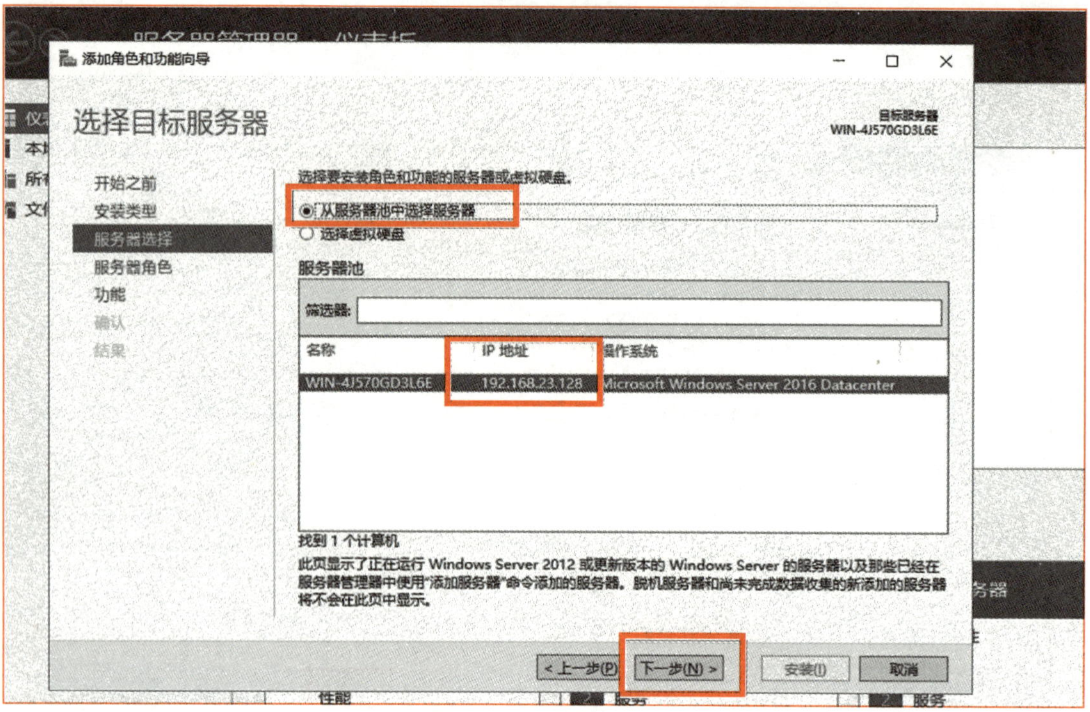

图 12－5　选择"从服务器池中选择服务器"

（6）选择要安装的服务，本例选择"Web 服务器（IIS）"，单击"下一步"按钮，如图 12－6 所示。

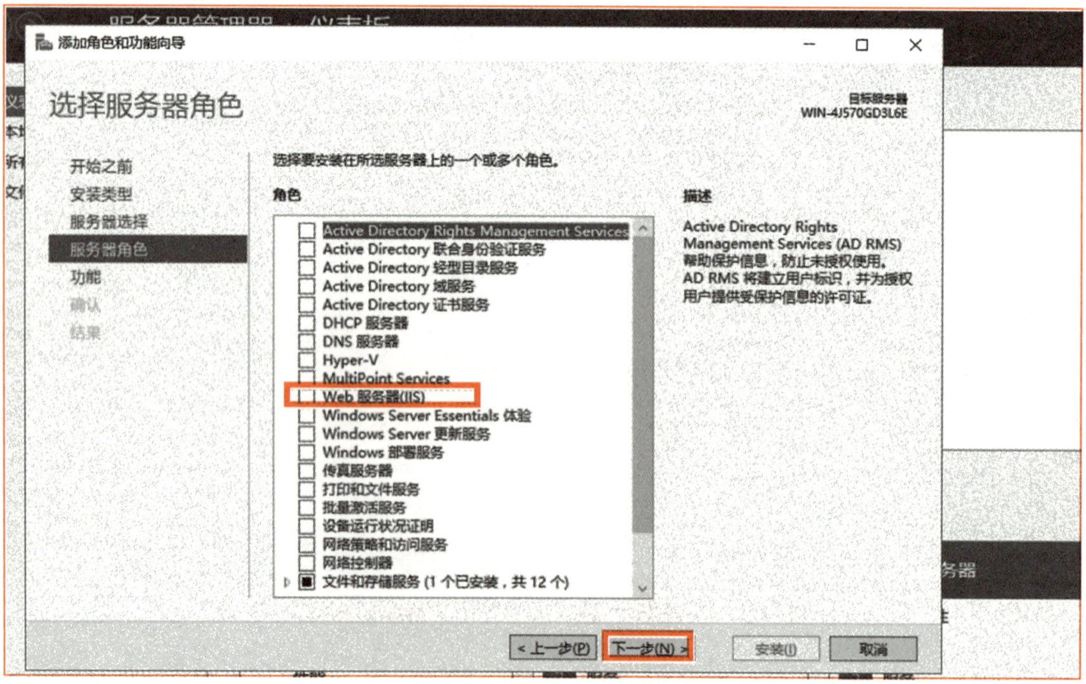

图 12－6　选择"Web 服务器（IIS）"

（7）在弹出的对话框中选择需要的功能，单击“添加功能”按钮，如图 12－7 所示。

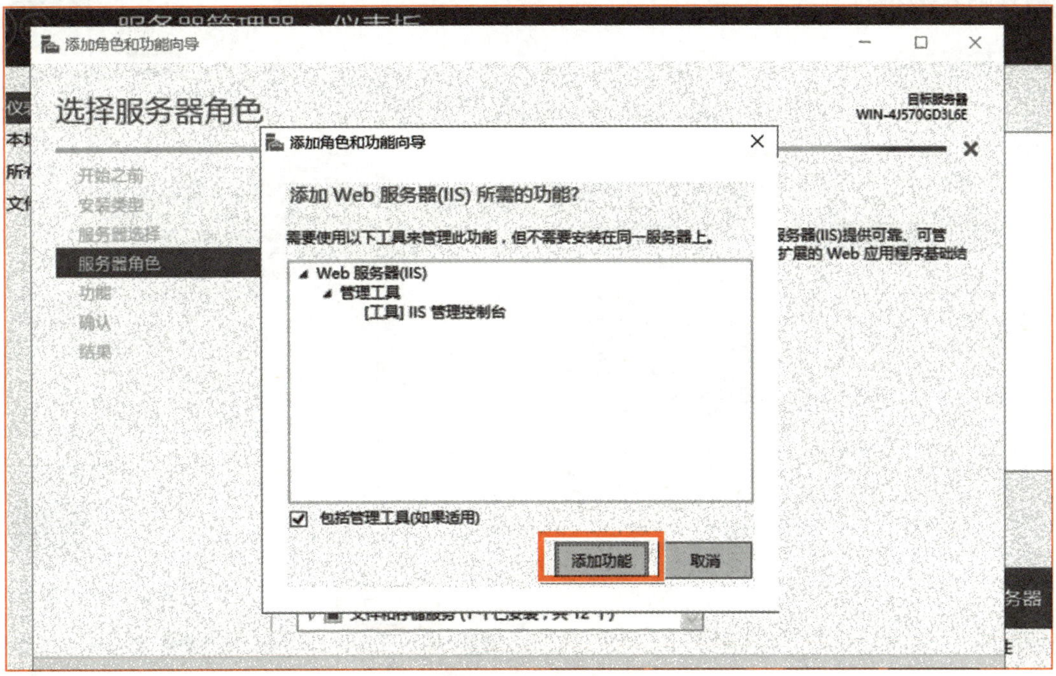

图 12－7　添加功能

（8）单击“下一步”按钮，如图 12－8 所示。

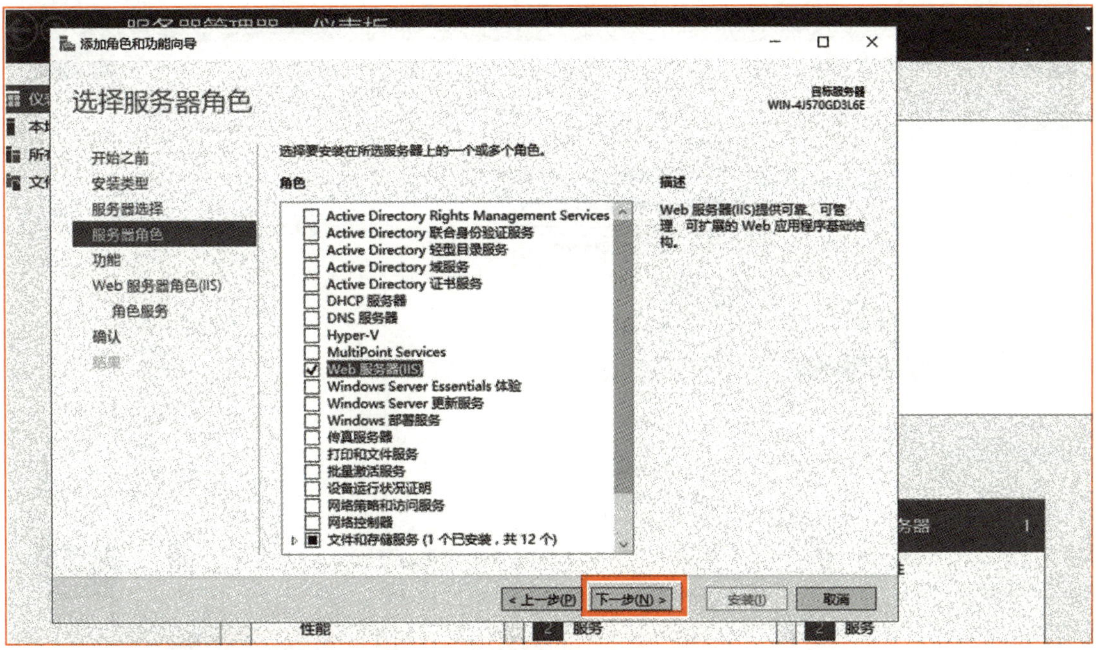

图 12－8　服务器角色选择完成

（9）根据具体需要选择相应功能，本例中保持默认选择，单击“下一步”按钮，如图 12－9 所示。

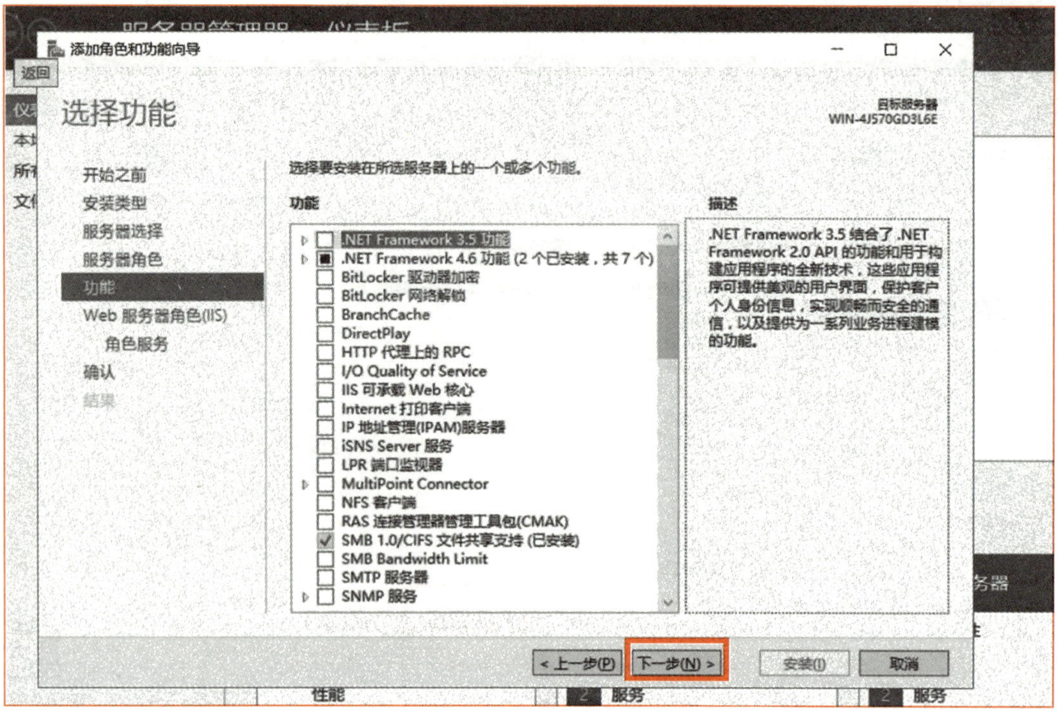

图 12-9　选择功能

（10）单击“安装”按钮，如图 12-10 所示。

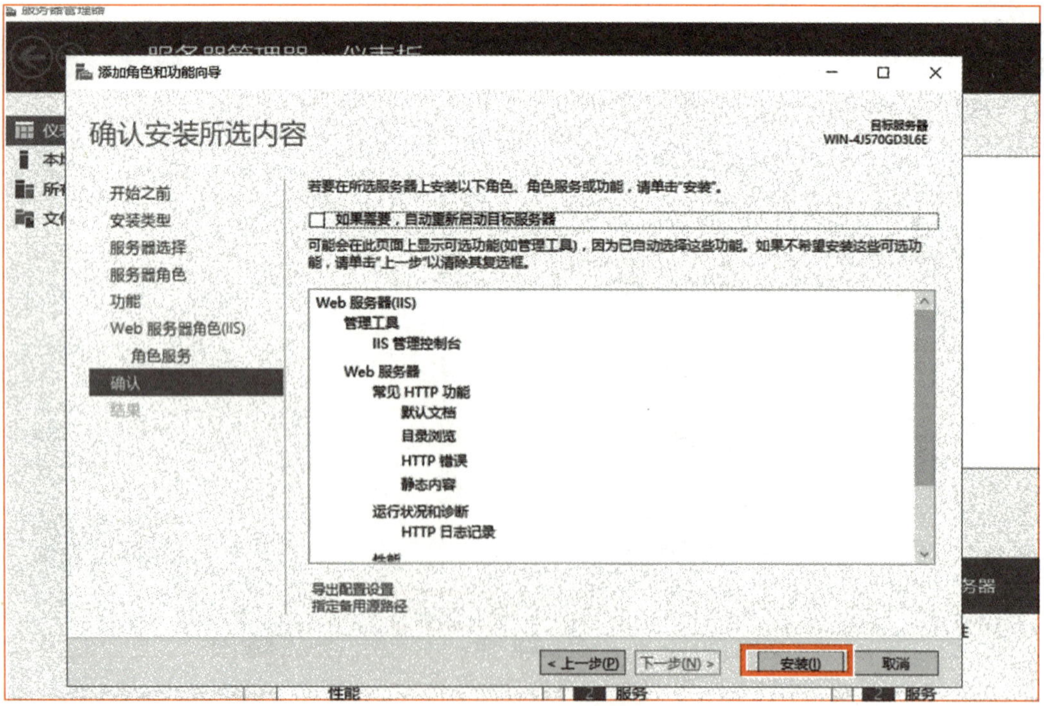

图 12-10　开始安装

（11）安装完成后单击“关闭”按钮，如图 12-11 所示。

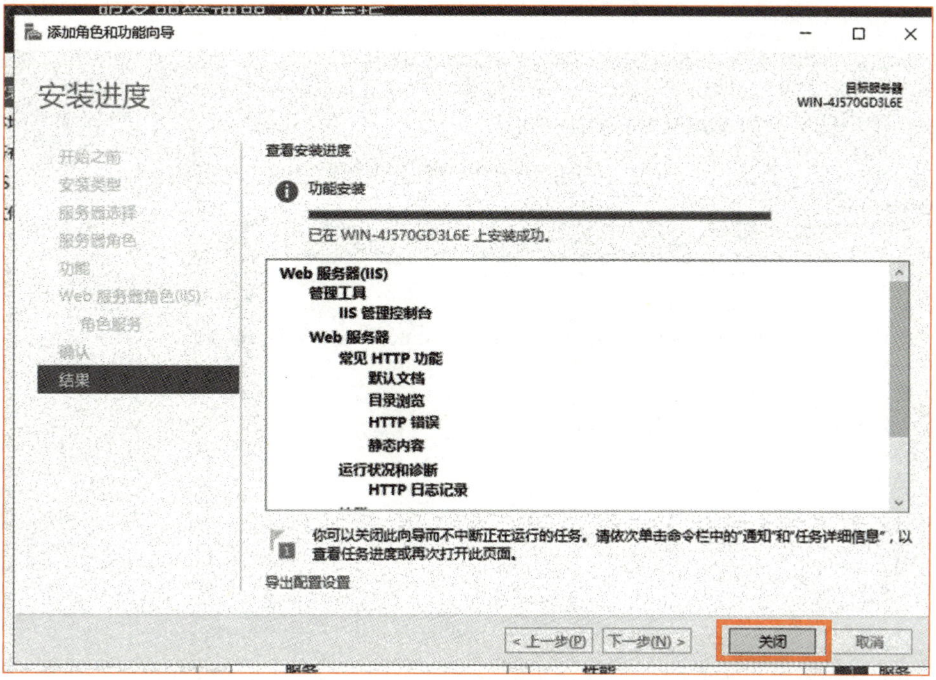

图 12－11　安装成功

2. Web 服务器的配置

IIS 安装成功之后，可以通过 Internet Information Services（IIS）管理器对网站进行配置和管理。

（1）打开“服务器管理器 · IIS”对话框，右击服务器，选择“Internet Information Services（IIS）管理器”，如图 12－12 所示，打开的“Internet Information Services（IIS）管理器”如图 12－13 所示。

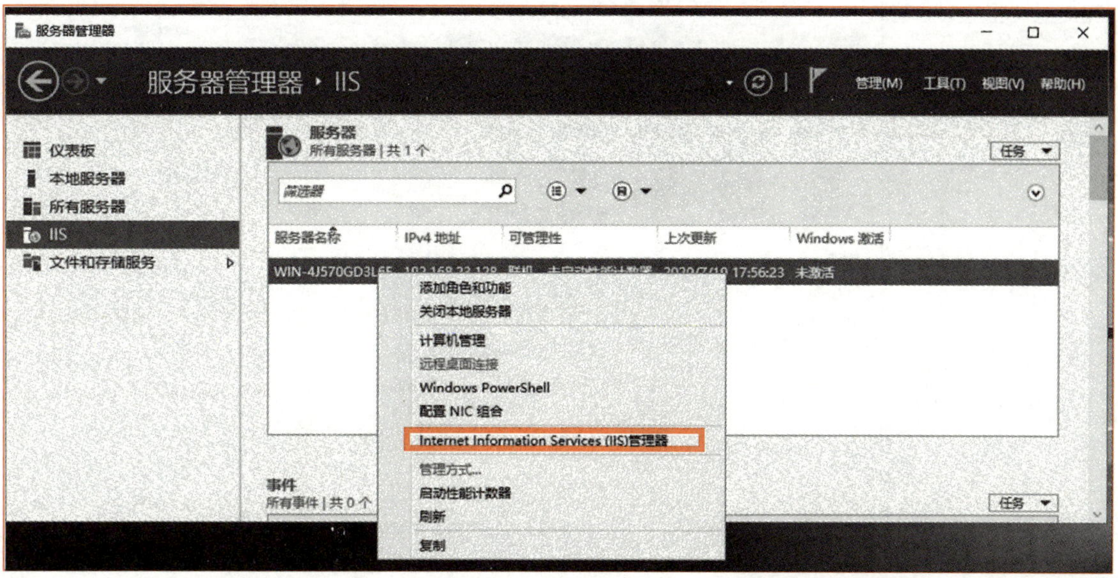

图 12－12　选择“Internet Information Services（IIS）管理器”

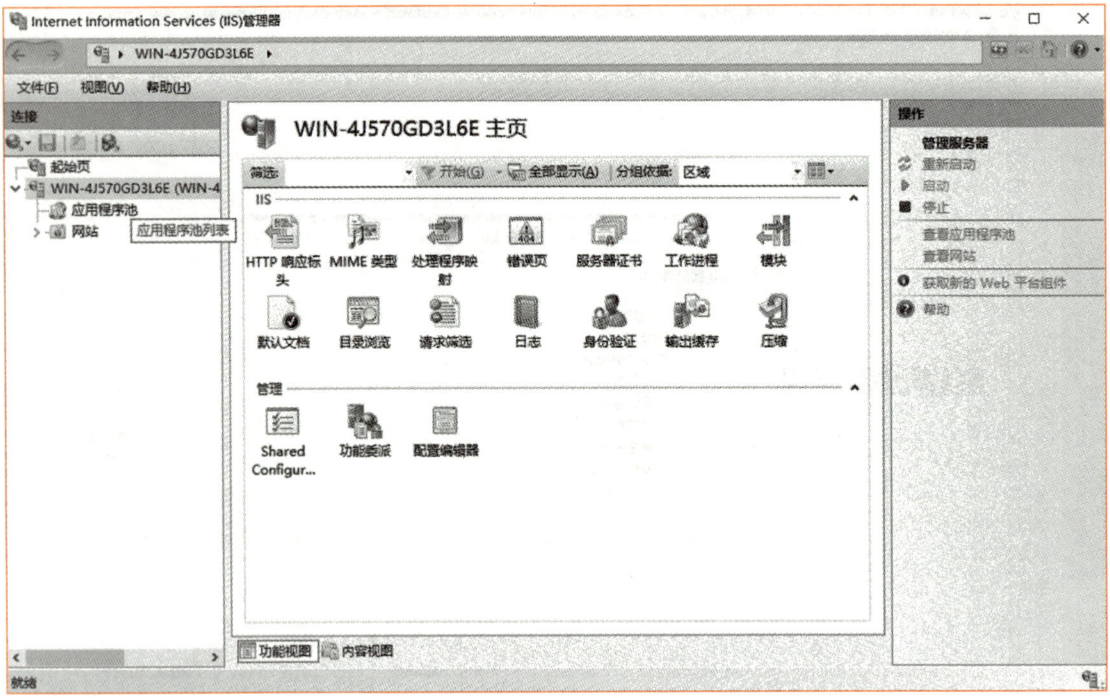

图 12－13　IIS 管理器

（2）在“IIS 管理器”中选择一个默认的网站“Default Web Site”（已启动），如图 12－14 所示。

图 12－14　选择“Default Web Site”网站

（3）在服务器上的浏览器中输入 http://localhost 或者 http:// 主机 IP 地址（例如本书实例 http://192.168.23.128）。如果出现如图 12 - 15 所示的网页，表示网页发布正常。

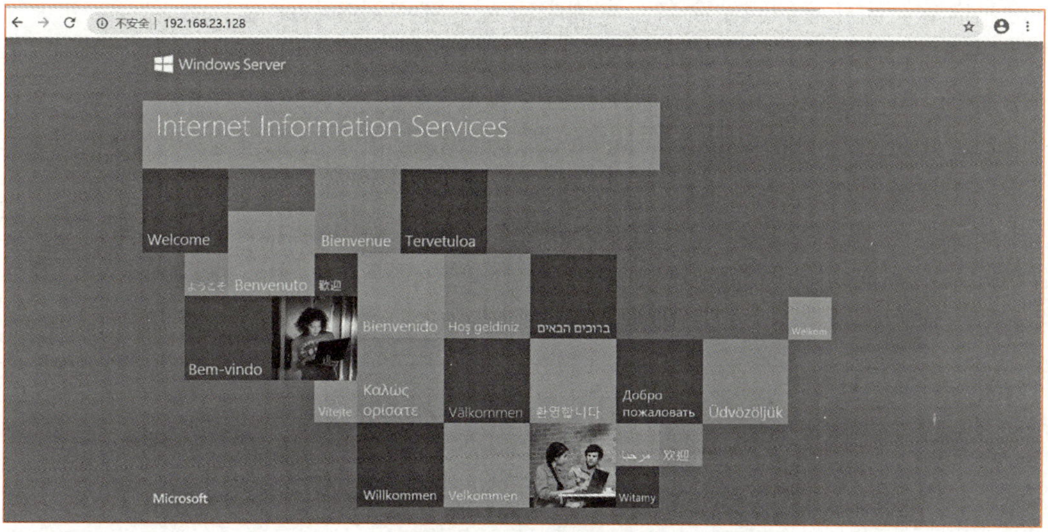

图 12 - 15　访问测试

也可以用与服务器在同一个局域网中的另一台计算机测试：打开另一台计算机的浏览器，输入 http:// 主机 IP 地址（例如本书实例 http://192.168.23.128），如果出现如图 12 - 15 所示的网页，同样证明访问 Web 服务器成功。

3. 创建新的 Web 站点

（1）打开“IIS 管理器”，在左侧窗口中的“网站”上右击，在弹出的快捷菜单中选择“添加网站”，如图 12 - 16 所示。

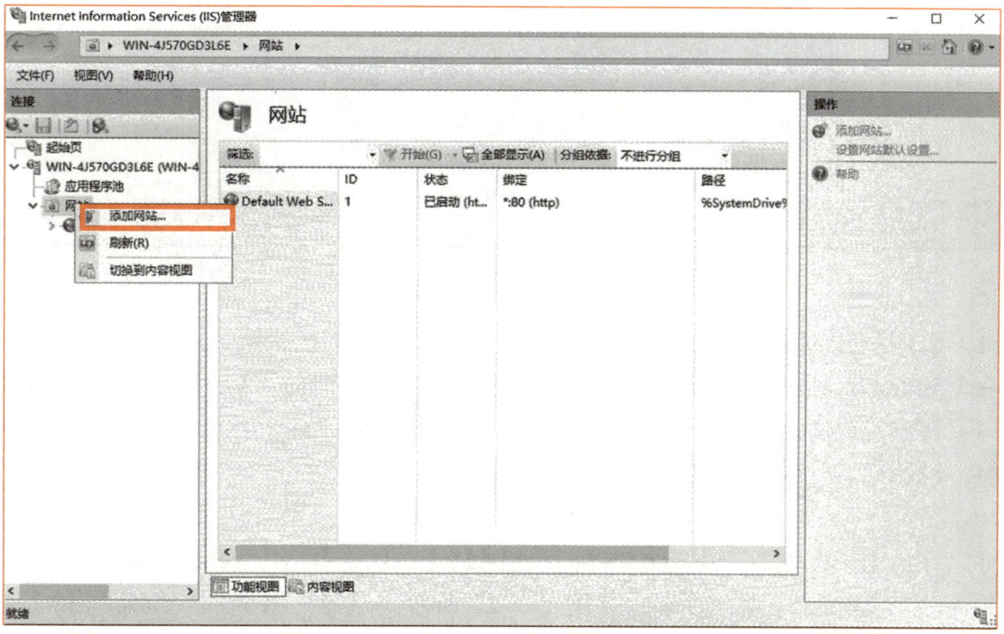

图 12 - 16　添加新网站

（2）在“添加网站”对话框中配置网站。

“添加网站”对话框中的选项说明如下：

网站名称：为新建的网站命名，本例中输入“MyWebServer”。

物理路径：表示服务器中存放网站页面文件的路径，本例中将文件存放在 C:\webroot 中。

IP 地址：Web 服务器的 IP 地址，本例中为 192.168.23.128。

端口：访问此站点的端口，默认 Web 服务器接收请求的端口为 80，可根据需要更改，本例中保持默认。

主机名：与 IP 地址绑定的域名，如果设置了域名与 IP 地址的对应关系，可以通过域名访问站点，本例中不设置。

配置完成后，单击“确定”按钮，完成新站点的创建，如图 12－17 所示。

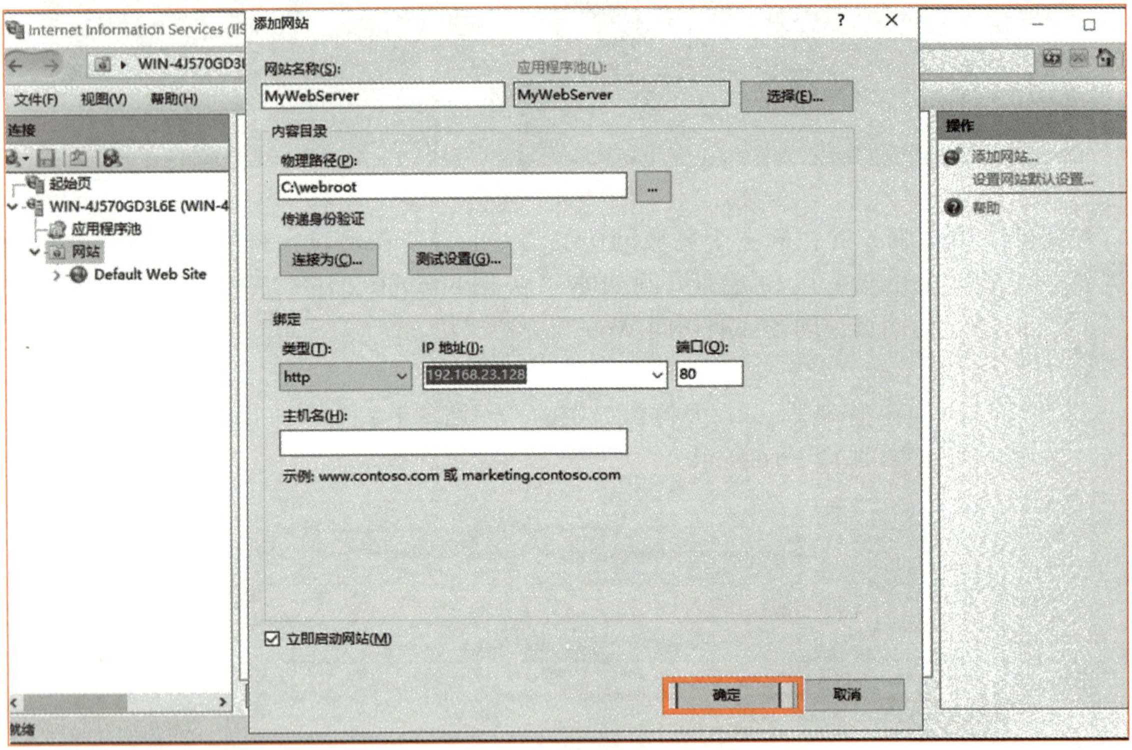

图 12－17 “添加网站”对话框

（3）启用新建网站，并在网站内放置一个页面，测试是否可以访问此页面。本例中放置一个 index.html 页面，如图 12－18 所示，内容为“你好，这是我的 Web 服务器！”。

（4）在浏览器中输入 Web 服务器的网址 192.168.23.128，如果出现如图 12－19 所示的界面，说明已成功访问新建网站。

4. 配置站点

可以在“IIS 管理器”中选中要配置的网站（本例选择 MyWebServer），通过右侧窗口中的选项对其进行配置、管理，如图 12－20 所示。这里主要介绍“绑定”和“基本设置”两个功能。

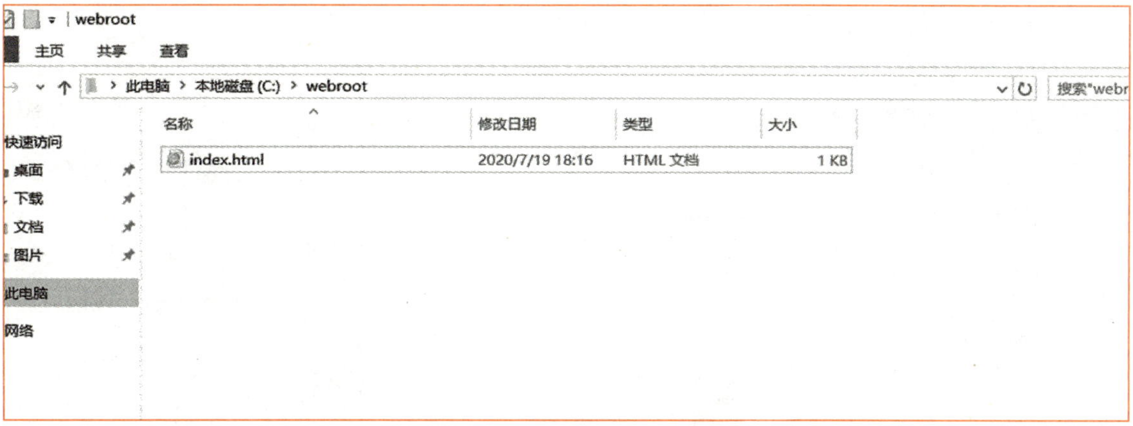

图 12－18　新建 html 文件

图 12－19　访问测试

图 12－20　MyWebServer 主页

（1）选择“绑定”，打开“网站绑定”对话框，如图 12－21 所示。

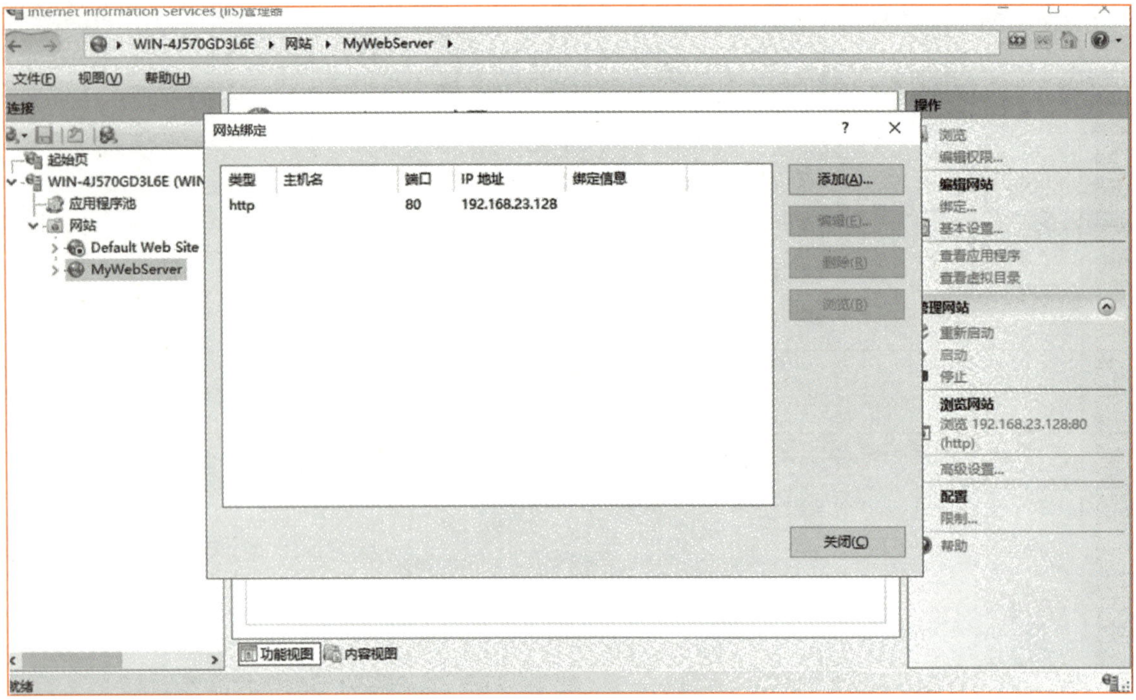

图 12－21 “网站绑定”对话框

（2）选择要修改的绑定项，单击“编辑”按钮，如图 12－22 所示。

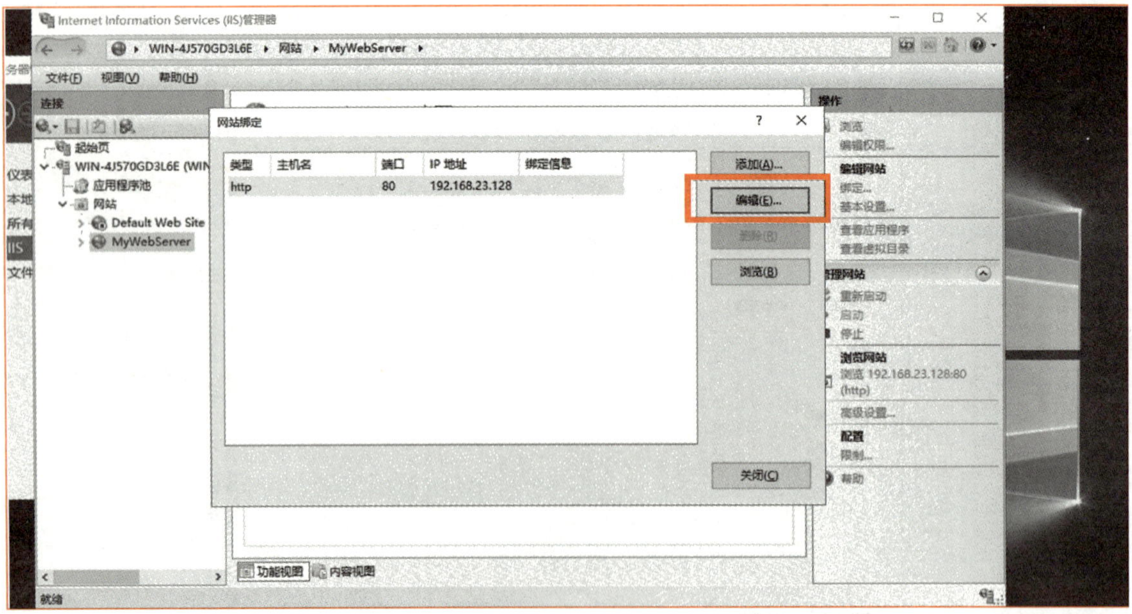

图 12－22 选择绑定项

（3）可以修改之前所做的设置，包括 IP 地址、端口、主机名，如图 12－23 所示。

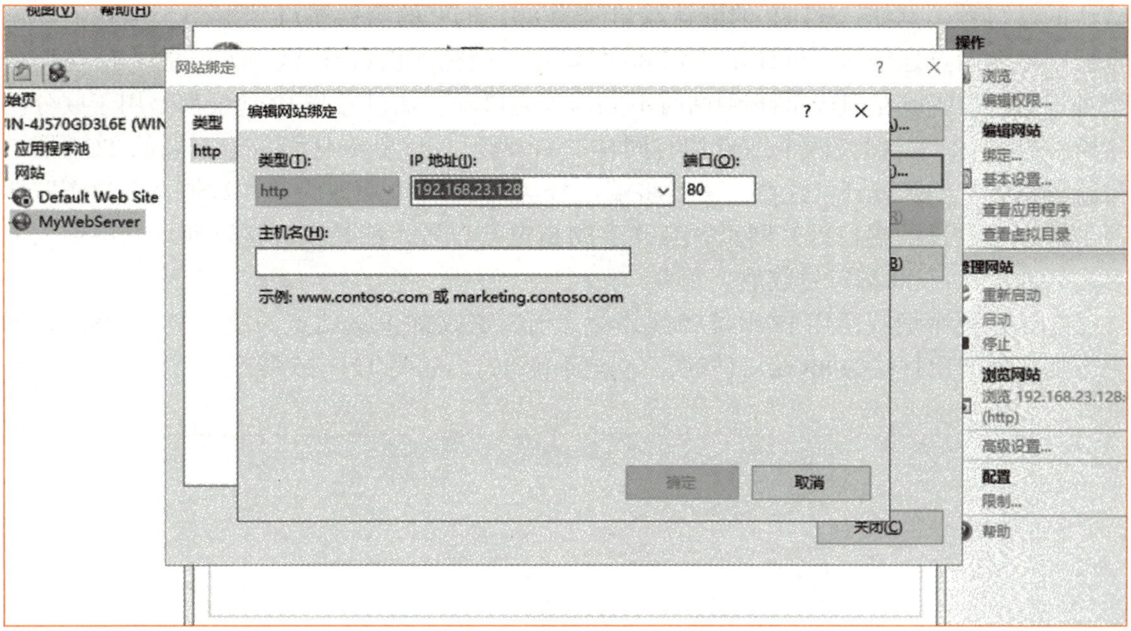

图 12-23　编辑网站绑定

本例中修改该网站的端口号为 8080，如图 12-24 所示。注意，要在服务器中打开 8080 端口，否则无法接收访问该端口的请求。

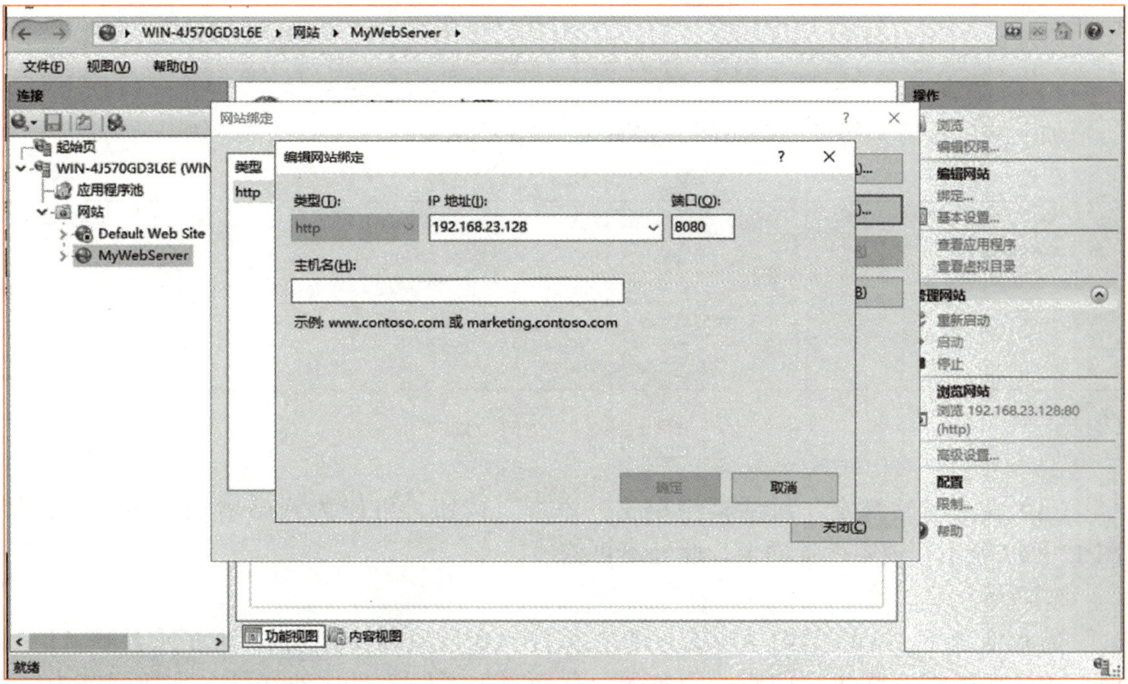

图 12-24　修改端口号

计算机在进行通信时，通过端口号来区别不同的应用程序，每个应用程序都有一个默认的端口号。例如：HTTP 的默认端口号为 80，FTP 的默认端口号为 21。当我们在浏览器中输入站点地址时，即使不指定 80 端口号，浏览器仍然自动以 TCP 端口 80 与服务器进行通信，所以在浏览 Web 网站时不必输入端口号。端口号与 IP 地址都是用于区分网站唯一性的标识，即使两个站点拥有同样的 IP 地址，只要给它们指定不同的 TCP 端口号就可以将它们区分开。注意，一旦将端口号从默认的 80 更改为其他数值，客户浏览器便不能以更改过的端口打开网页，必须手动指定端口号，就是在浏览器地址栏中输入域名之后加上“:”和端口号数值。

在浏览器中继续使用 IP 地址访问该站点时，必须加上该站点的端口号（8080），如果不加，则使用默认的 80 端口访问，是访问不到的，如图 12－25 所示。

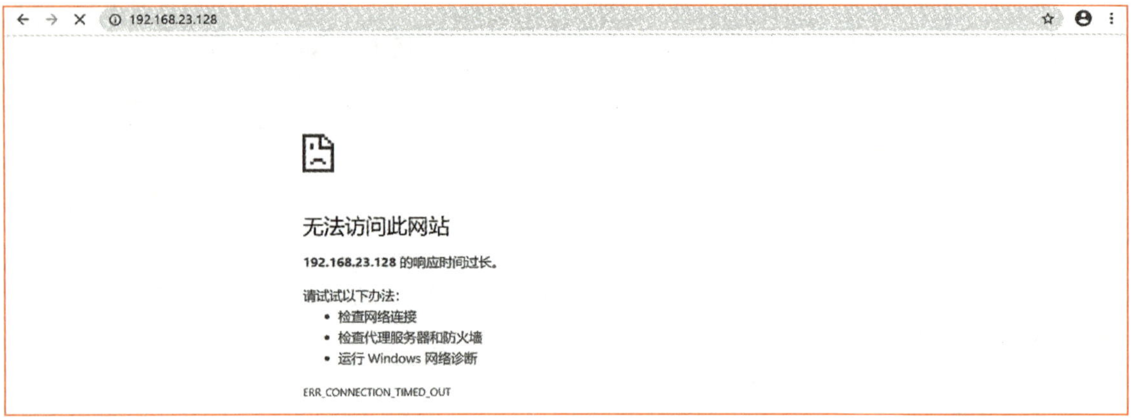

图 12－25　无法访问

加上端口号后，便可成功访问，如图 12－26 所示。

图 12－26　访问成功

（4）在“网站绑定”对话框中单击“添加”按钮，可以为网站增加一条绑定，如图 12－27 所示。内容设置同上，此处不再赘述。

5. 设置网站主页

通常情况下，Web 网站至少有一个主页，当在浏览器中使用 IP 地址或者域名访问时，Web 服务器会将主页回应给浏览器，从而不需要输入具体的文件名来访问其内容。在“IIS 管理器”中可通过“默认文档”进行主页设置。

（1）在“IIS 管理器”中选择“默认文档”，如图 12－28 所示。

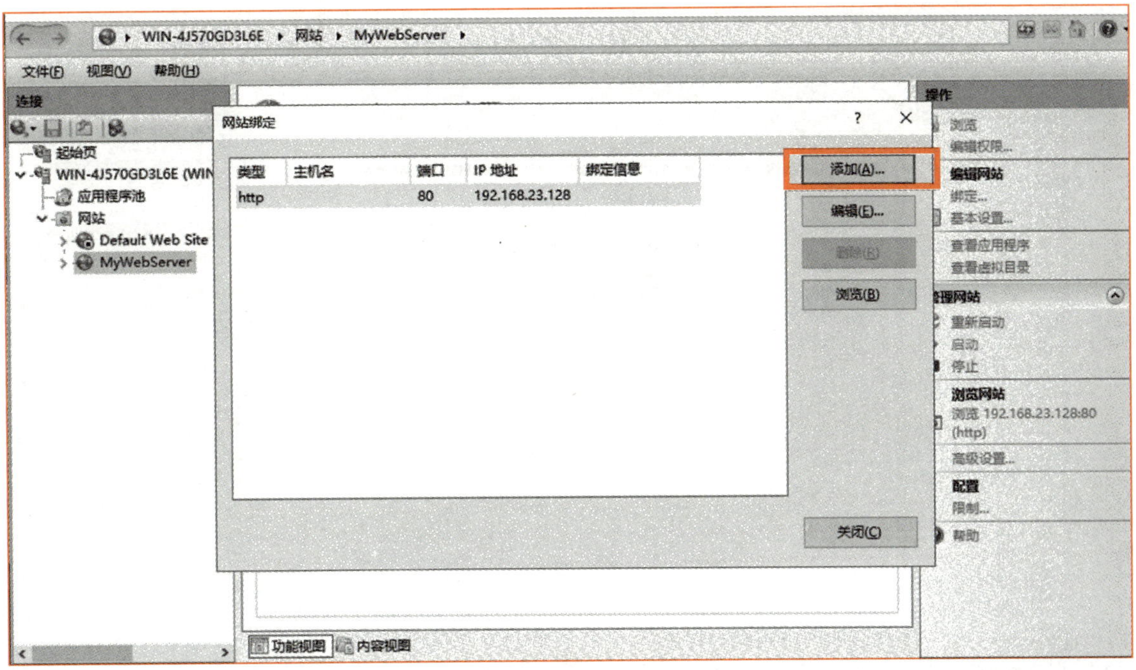

图 12－27 添加绑定

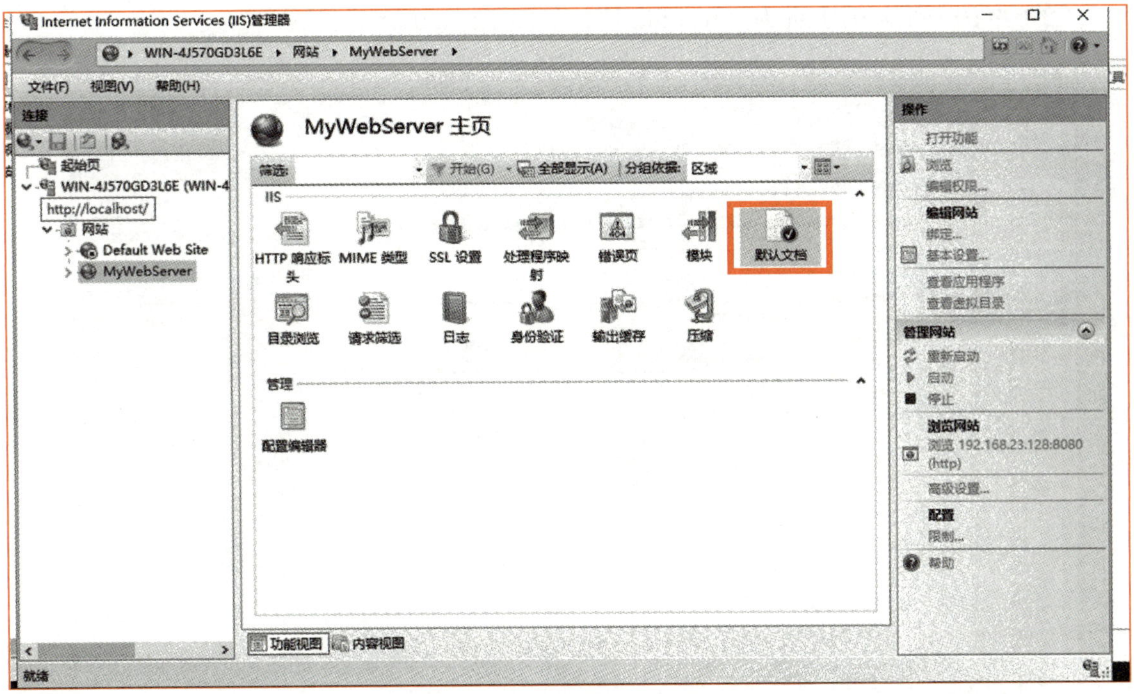

图 12－28 选择“默认文档”

（2）打开的窗口为 Web 服务器默认识别的主页，如果需要添加新的主页，可以在右侧单击“添加”，如图 12－29 所示。

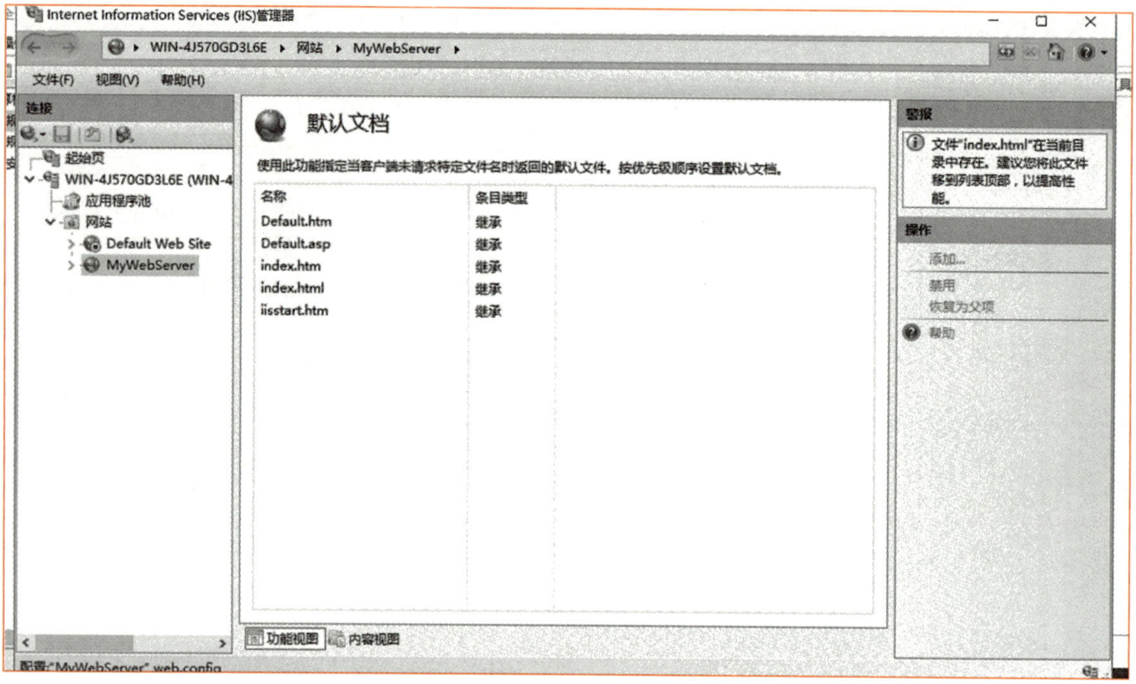

图 12－29　默认识别的主页

（3）本例中添加的主页为“test.html”，如图 12－30 所示。

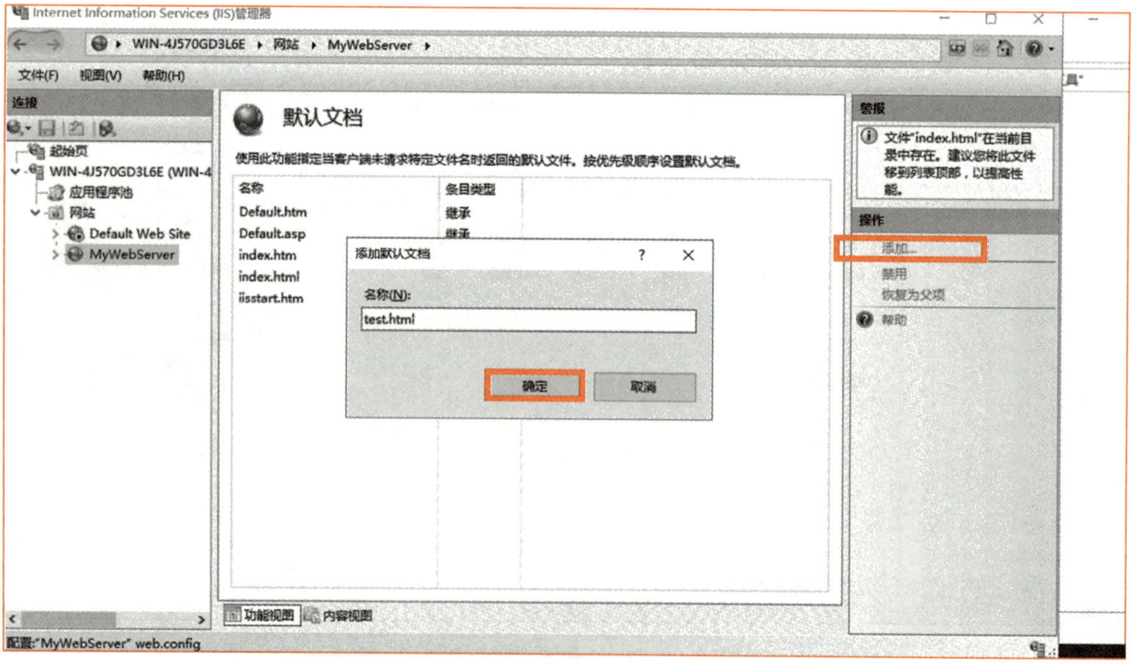

图 12－30　添加主页

6. 设置主目录访问权限

对于一些比较重要的网站，主目录是不允许一般用户访问的，因此需要对网站主目录的访问权限进行设置。在右侧“操作”区域单击“编辑权限”，打开“ webroot 属性”对话框，切换到“安全”选项卡，如图 12－31 所示。单击“编辑”按钮即可对“组或用户名”中显示的允许读取和修改该文件的用户和组进行添加或删除。也可以对组或用户的具体操作权限进行相应的修改。

图 12－31 用户权限设置

项目小结

通过本项目的学习，我们了解了 Web 是目前网络用户应用最为广泛的网络服务之一，它使用 HTTP 协议在客户端与服务器端进行通信；了解了万维网中资源的定位标志 URL 的格式；学会了如何在服务器上配置一个 Web 服务器。

我们所处的网络中有许多 Web 服务器，整个网络就像一个海量知识库，储存着各种各样的资源供用户访问。丰富的知识为人们的生产生活提供了便利，而扎实的计算机知识储备会让同学们的计算机领域之路走得更长远。“问渠那得清如许？”唯有坚持学习、更新知识，才能在技术日新月异的时代立于不败之地。

技能检测

一、选择题

1. 万维网采用的通信协议是（　　）。

A. http　　B. ftp　　C. telnet　　D. gopher

2. Web 网站的默认端口为（　　）。

A. 8008　　B. 8000　　C. 80　　D. 8080

3. 默认 Web 网站的主目录位置在（　　）。

A. C:\inetpub\wwwroot　　B. D:\inetpub\wwwroot

C. C:\wwwroot　　D. D:\wwwroot

4. 默认情况下，（　　）不是默认文档的类型。

A. Default.htm　　B. Default.asp　　C. start.html　　D. iisstart.htm

5. HTTP 协议是基于（　　）之上的协议。

A. IP 协议　　B. TCP/IP 协议　　C. TCP 协议　　D. UDP 协议

二、简答题

1. URL 的一般形式是什么？

2. 什么是超媒体？

项目 13

FTP 服务器的安装与配置

项目导读

FTP 服务器又称为文件传输服务器，主要提供文件的上传、下载服务。目前，FTP 服务器的用途主要有以下两种：一是放置文件供用户下载；二是维护各种网站，使网站管理员可以把文件上传到服务器中，实现远程维护。

本项目将借助 IIS（Internet Information Server）集成的 FTP 服务，在局域网内构建一台 FTP 服务器，并使用该服务器上传、下载资源。

学习目标

1. 了解 FTP 服务器的基本概念。
2. 掌握 FTP 服务的工作方式。
3. 掌握 FTP 服务器的配置方法及站点管理方法。

任务 13.1　FTP 服务器概述

FTP 服务是网络中应用较多的服务，提供交互式的访问功能，主要用于在 FTP 服务器和客户端之间传输文件。通过 FTP 服务，用户既可以从服务器上下载文件，也可以将文件上传到 FTP 服务器，并且可以严格控制文件的读写权限，例如，只允许上传、下载或者只允许修改、删除等。

任务 13.2　FTP 服务器的工作方式

从服务器的角度来看，FTP 有两种工作方式：Standard 主动方式（即 PORT 方式），服务器端主动向客户端发送数据；Passive 被动方式（即 PASV 方式），客户端主动从服务器端获取数据。具体工作过程如下：

1. 主动方式

（1）FTP 客户端向 FTP 服务器端 21 号端口申请建立连接，同时发送 PORT 命令。

（2）FTP 服务器的 21 号端口会监听到来自 FTP 客户端的请求，根据设定的权限做出应答，并且与客户端随机开放的一个端口（1024 以上）建立连接。

（3）服务器端通过 20 号端口与客户端开放的随机端口连接。

（4）发送数据。

2. 被动方式

（1）FTP 客户端向 FTP 服务器端 21 号端口申请建立连接，发送 PASV 命令。

（2）FTP 服务器的 21 号端口监听到来自 FTP 客户端的请求后，随机开放一个大于 1024 的端口，并反馈给客户端。

（3）客户端用大于 1024 的随机端口与服务器的随机端口连接。

（4）发送数据。

客户端和服务器之间在进行文件传输的时候会建立两个并行的 TCP 链接，分别为控制链接和数据链接。控制链接不能传输数据，而是用来将客户端发送的请求发送给服务器端的控制进程，并且在整个会话期间一直保持打开；数据链接用来传输文件，由服务器端创建，完成文件传送任务后关闭。

项目实训：FTP 服务器的配置

一、实训目的

掌握 FTP 服务器的配置方法。

二、实训环境或设备

处在同一个局域网中的两台计算机（其中一台作为服务器，装有 Windows Server 2016 系统）。

FTP 服务器的配置

三、实训内容

IIS 以站点的形式管理 FTP 服务，FTP 服务安装完成后，需要在 IIS 中手动创建 FTP 站点，该操作类似于 IIS 中的 Web 网站的创建。

1. FTP 服务的安装

（1）在装有 Windows Server 2016 的服务器上打开“服务器管理器 · 仪表板”对话框，选择“添加角色和功能”，如图 13 - 1 所示。

（2）启动“添加角色和功能向导”的第一步“开始之前”，直接单击“下一步”按钮，如图 13 - 2 所示。

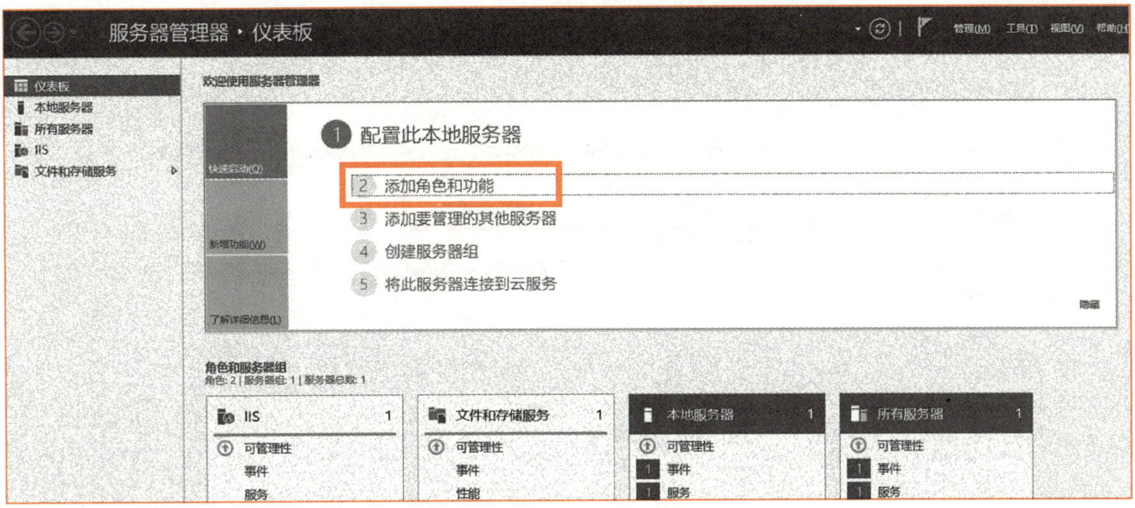

图 13－1 “服务器管理器·仪表板”对话框

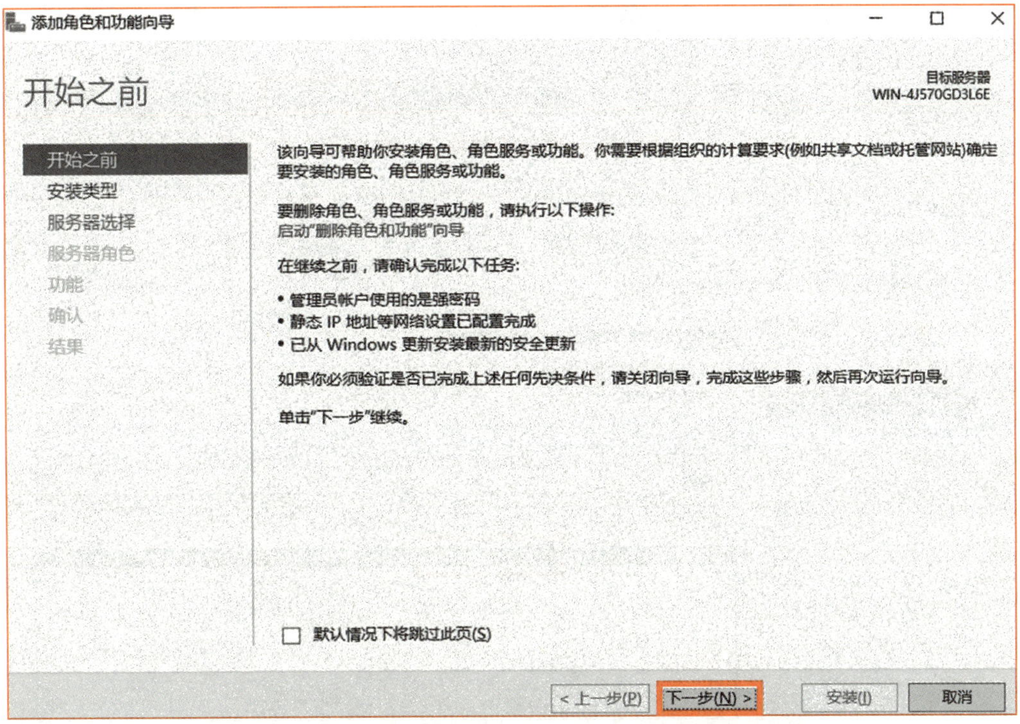

图 13－2 “添加角色和功能向导－开始之前”对话框

（3）进入“安装类型”步骤，选择“基于角色或基于功能的安装”，单击“下一步”按钮，如图 13－3 所示。

（4）选择“从服务器池中选择服务器”，图中 IP 地址为自己服务器的 IP 地址，单击“下一步”按钮，如图 13－4 所示。

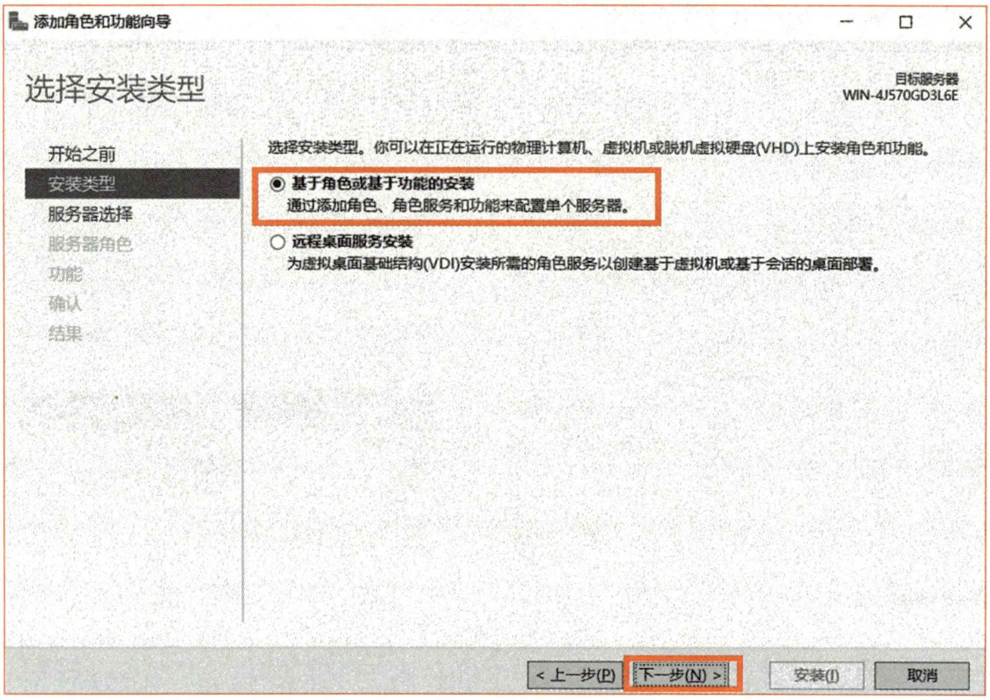

图 13-3 “添加角色和功能向导-安装类型”对话框

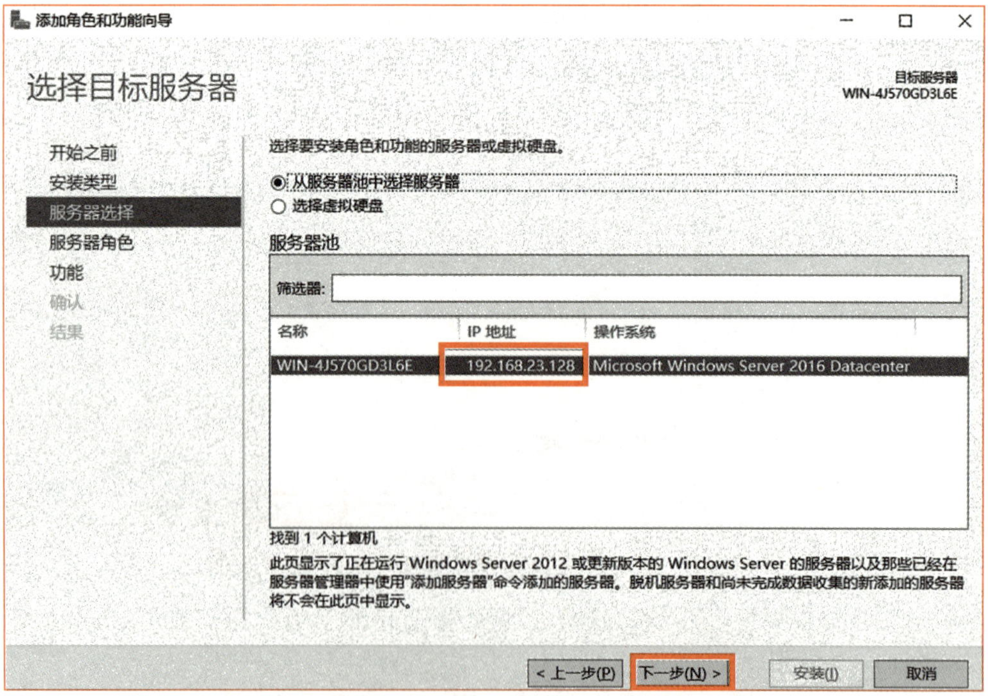

图 13-4 “添加角色和功能向导-服务器选择”对话框

（5）选择“Web 服务器”，在该项的菜单中选择“FTP 服务器”，然后单击“下一步”按钮，如图 13-5 所示。

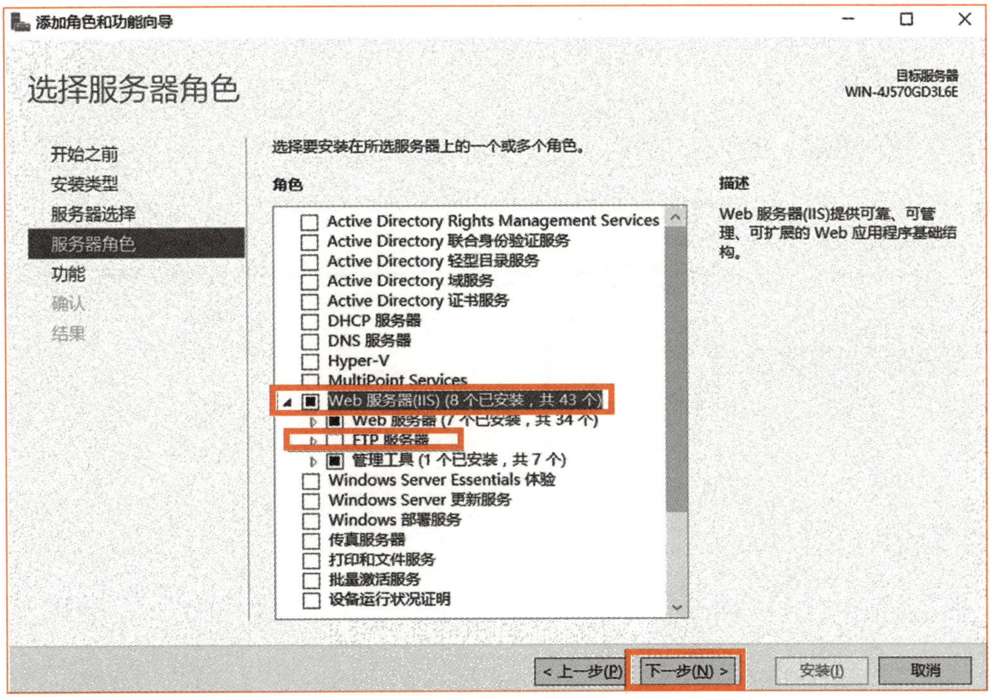

图 13－5 “添加角色和功能向导－服务器角色”对话框

（6）进入“功能”步骤，各项可根据需要选择，本例保持默认，单击“下一步”按钮，如图 13－6 所示。

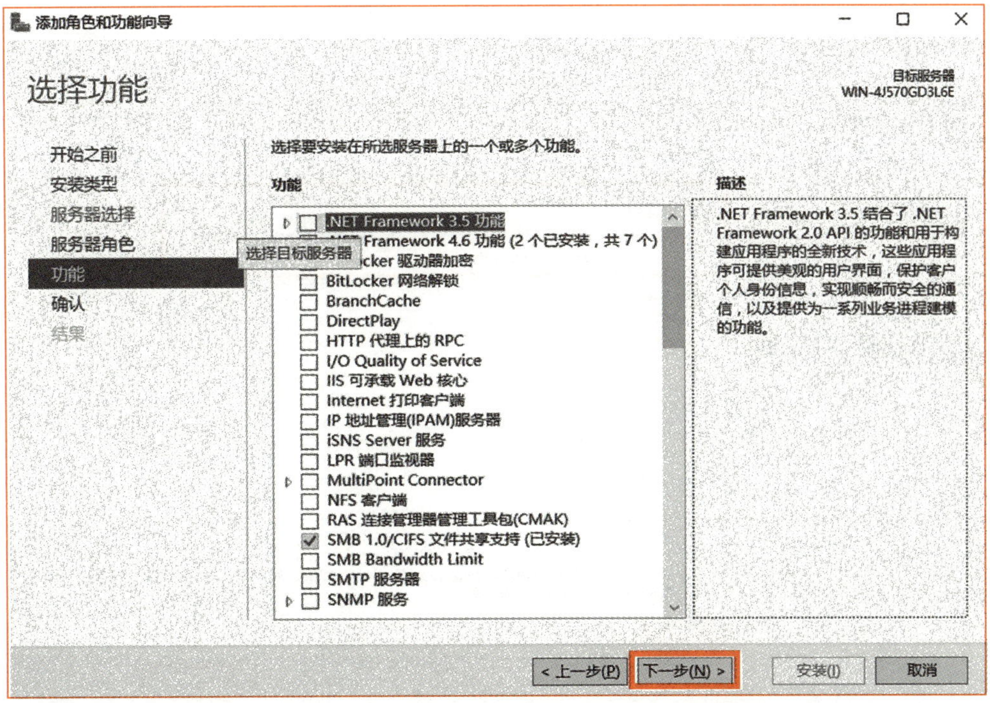

图 13－6 “添加角色和功能向导－功能”对话框

（7）确认要安装的服务之后，单击“安装”按钮，如图 13－7 所示。

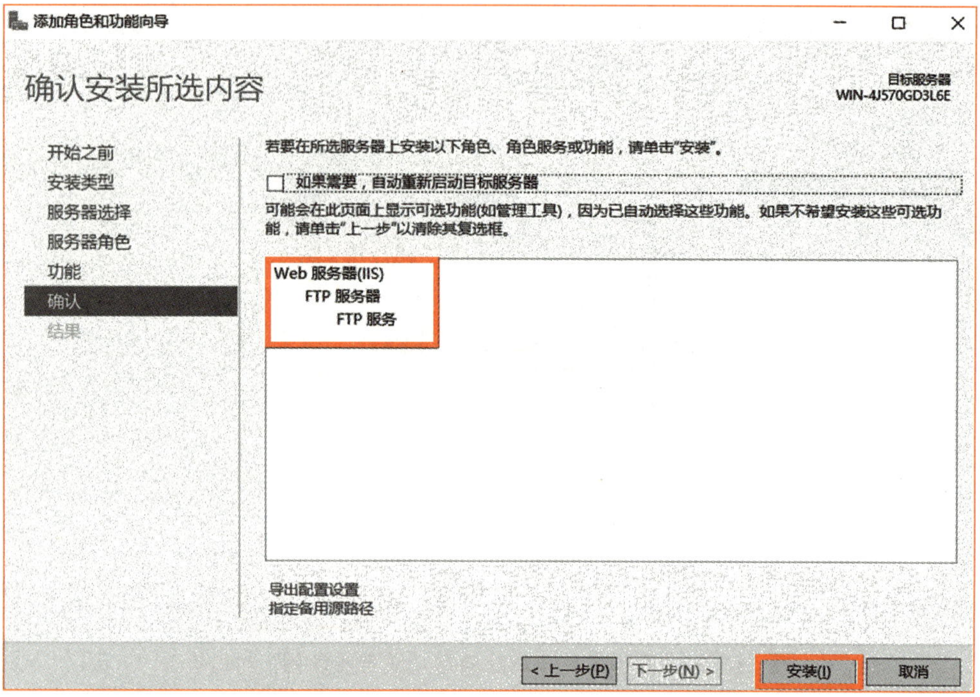

图 13－7 “添加角色和功能向导－确认”对话框

（8）系统显示安装进度，等待安装完成，如图 13－8 所示。

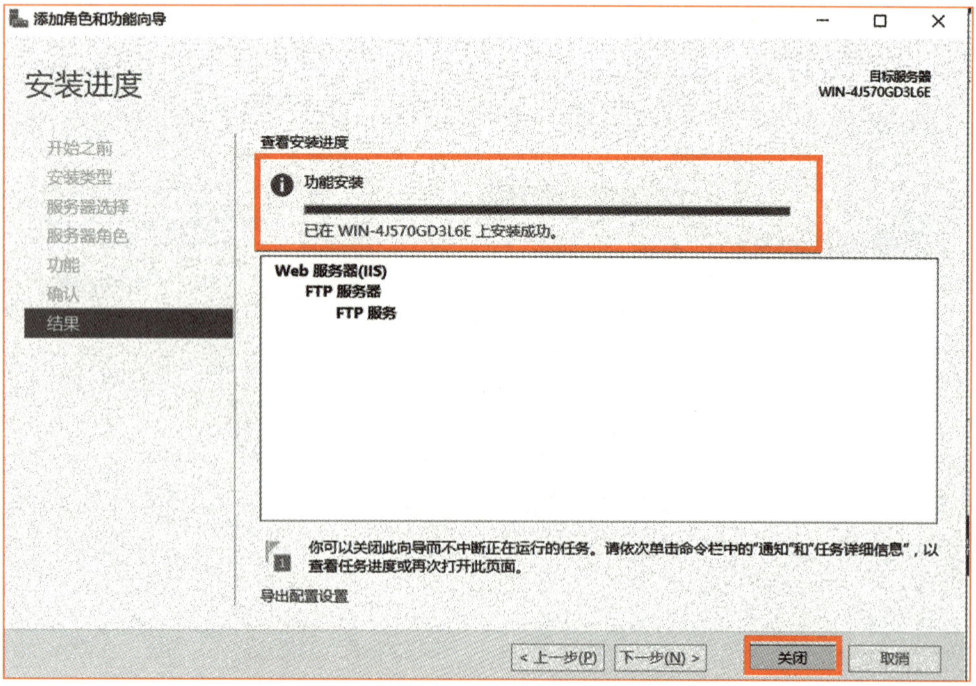

图 13－8 “添加角色和功能向导－结果”对话框

2. FTP 站点的管理

（1）FTP 服务器通过 IIS 管理器进行管理，打开方式为在“服务器管理器”对话框中选择“IIS”→“服务器”→“InternetInformationServices（IIS）管理器”，如图 13－9 所示。

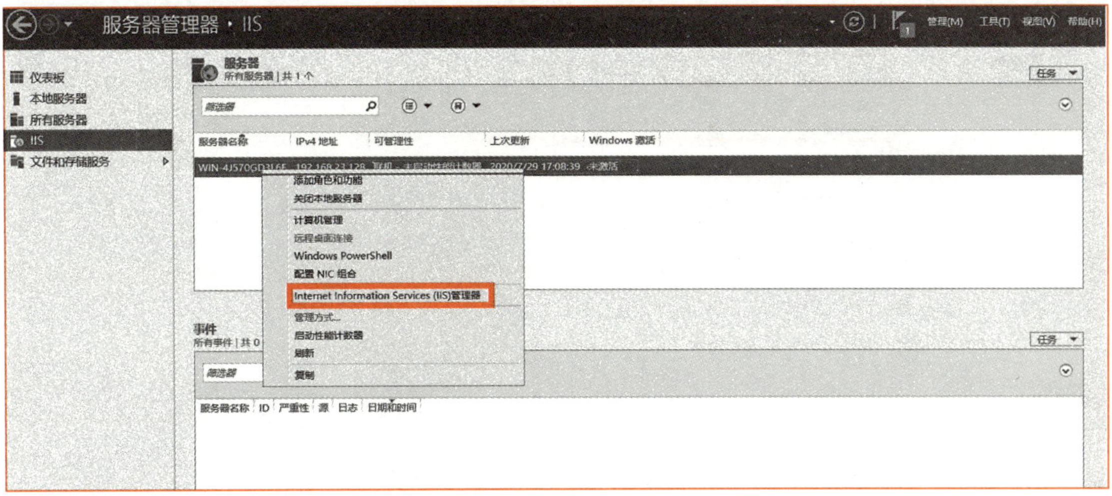

图 13－9　打开 IIS 管理器

（2）添加 FTP 站点。在 IIS 管理器中，在服务器上右击，在弹出的快捷菜单中选择“添加 FTP 站点”，如图 13－10 所示。

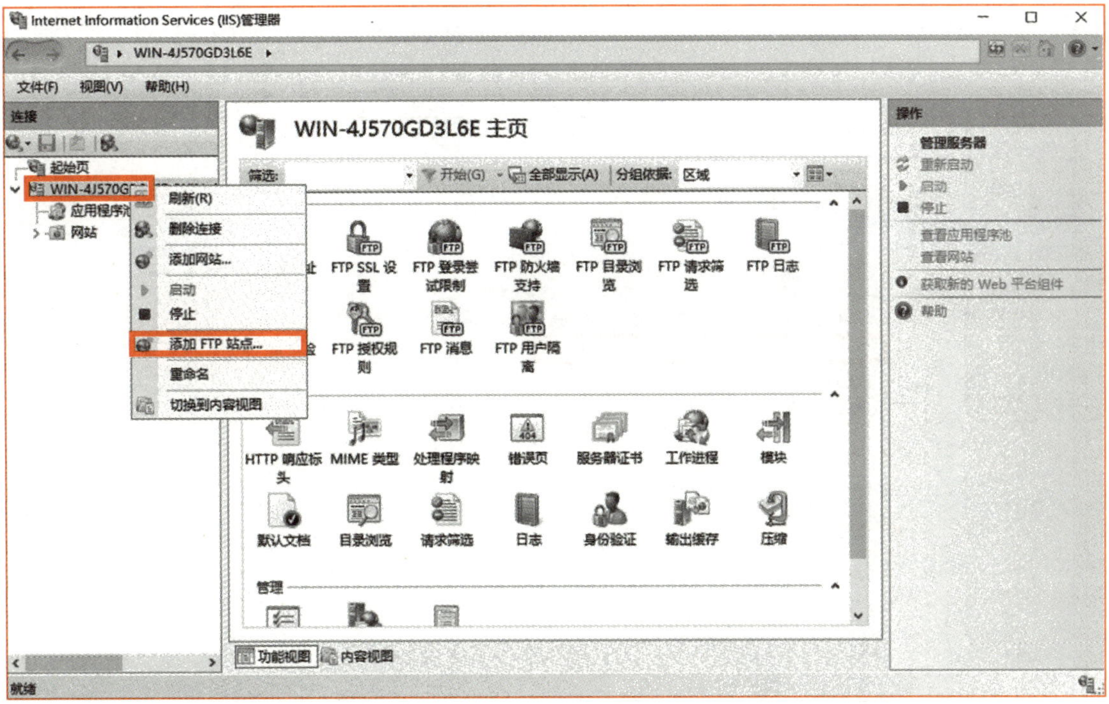

图 13－10　添加 FTP 站点

（3）添加站点信息。包括：FTP 站点名称、内容目录的物理路径。本例使用的路径为 FTP 站点存放文件的路径“C:\ftproot”，如图 13－11 所示。单击“下一步”按钮。

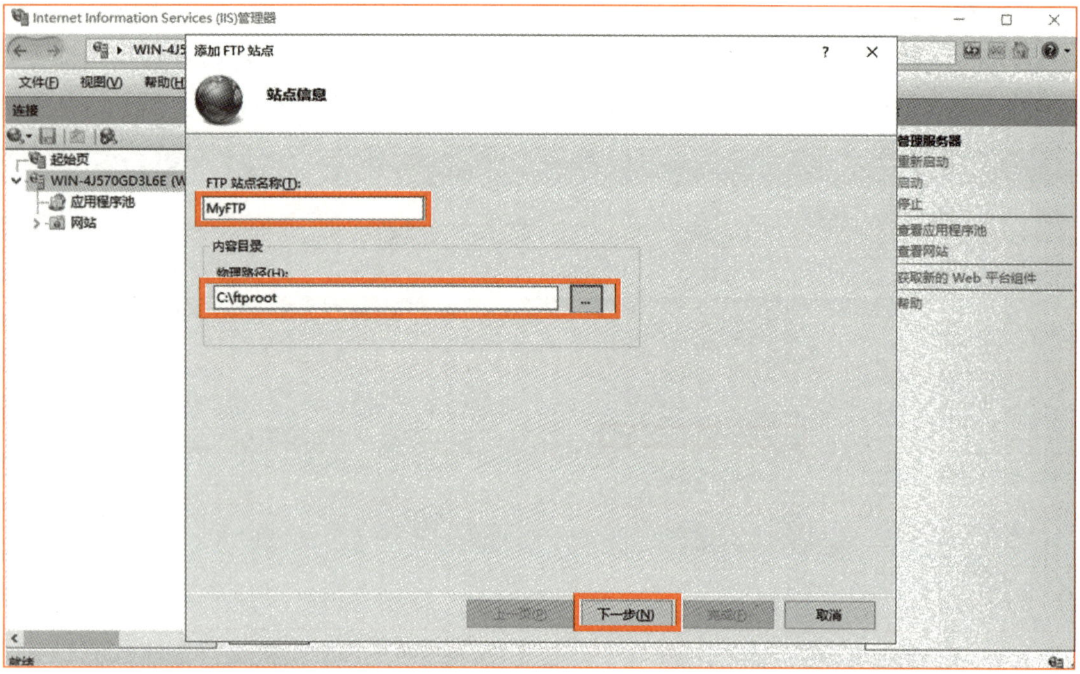

图 13 - 11　添加 FTP 站点信息

（4）绑定 FTP 站点的 IP 地址。本例的 IP 地址为 192.168.23.128；绑定端口号，默认的端口号是 21，用户也可以根据需要自行设置；SSL 选择“无”，如图 13 - 12 所示。单击“下一步”按钮。

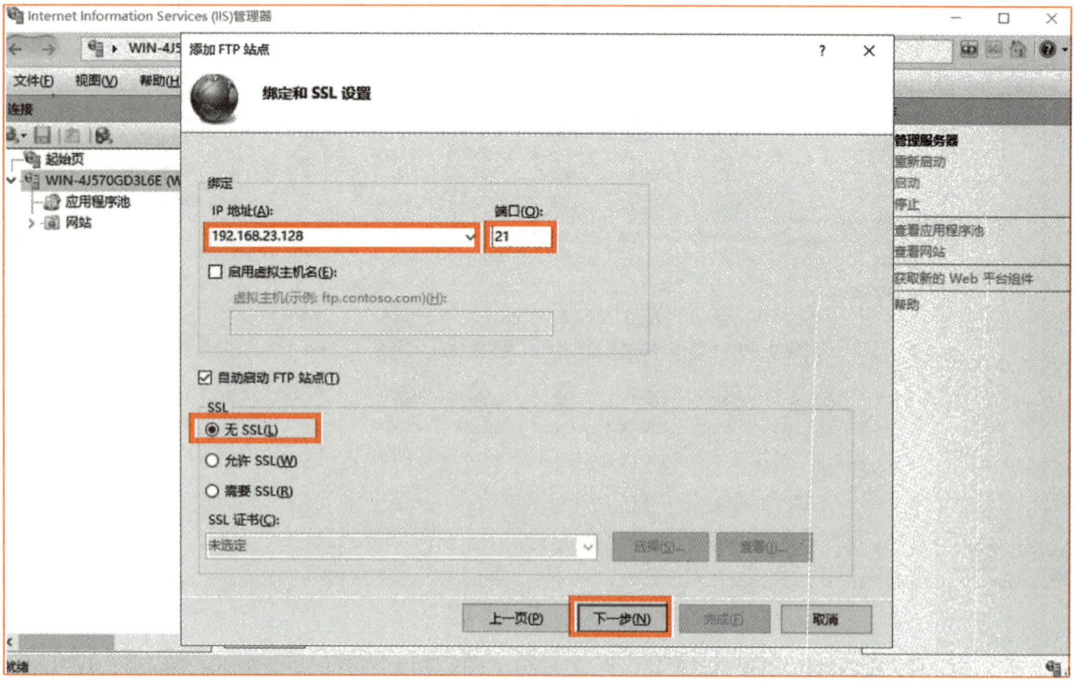

图 13 - 12　绑定 IP 地址及端口

（5）“身份验证和授权信息”对话框提供了两种身份验证的方式：匿名和基本。本例采用“基本”方式，然后指定可以访问的用户为 Administrator，并为 Administrator 用户设定访问权限为“读取”和“写入”，如图 13－13 所示。单击“完成”按钮。

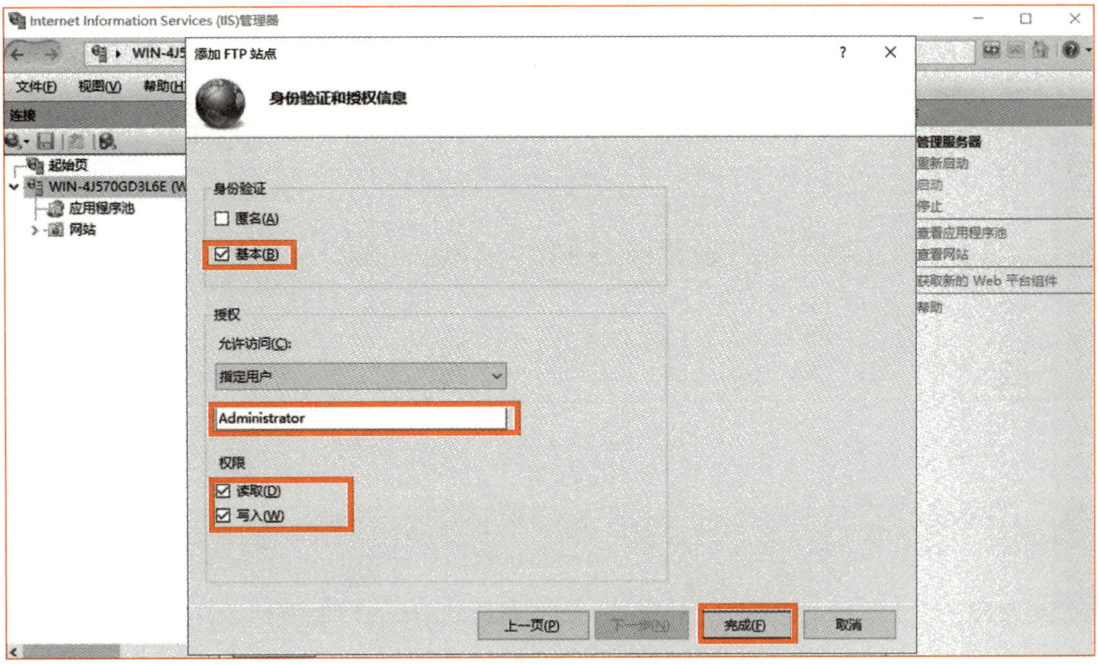

图 13－13　身份验证和授权信息

（6）在 IIS 管理器中的网站下可以看到新建的 FTP 站点——MyFTP。

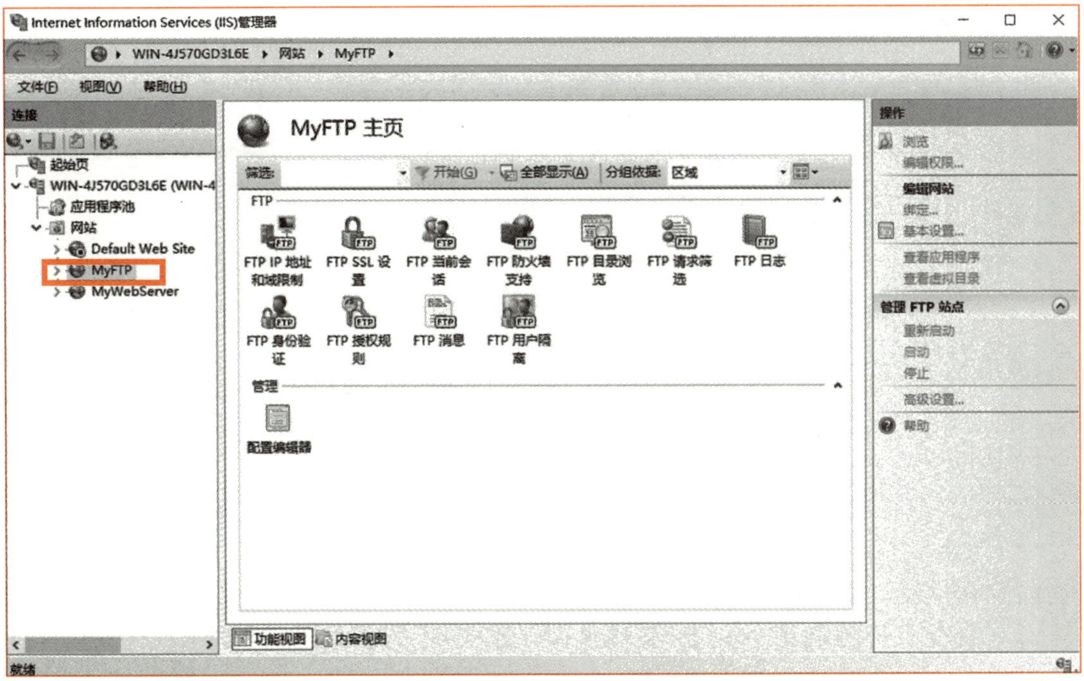

图 13－14　FTP 站点主页

3. 测试新建的 FTP 站点

（1）在 FTP 站点的文件夹内新建一个文件 ftpfile.txt，以便在测试时使用，如图 13－15 所示。

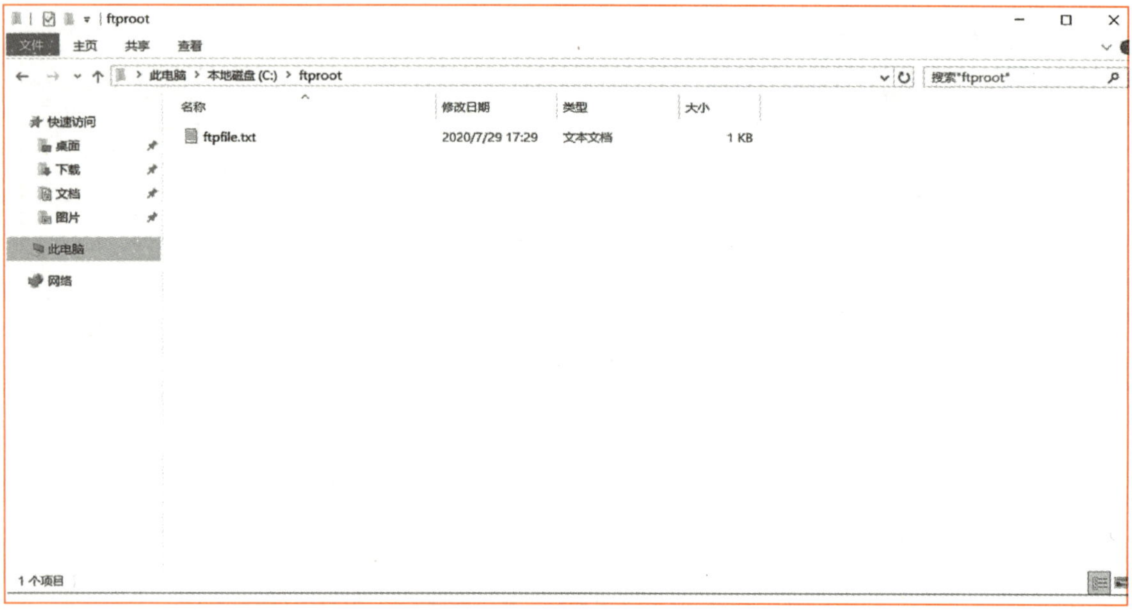

图 13－15　新建测试文件

（2）可以通过服务器中的浏览器访问新建的站点 MyFTP。在浏览器中输入 ftp://192.168.23.128，如图 13－16 所示。

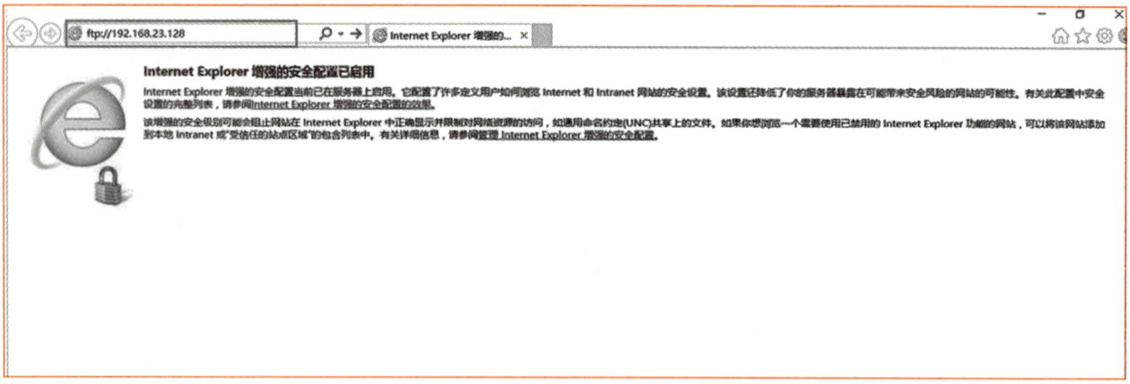

图 13－16　通过浏览器访问站点

（3）在弹出的验证对话框中输入之前在“身份验证和授权信息”对话框中设定的用于访问该 FTP 站点的用户名及密码，单击“登录”按钮，如图 13－17 所示。

（4）如果出现如图 13－18 所示的界面，则表明已成功访问 FTP 站点 MyFTP，如图 13－18 所示。

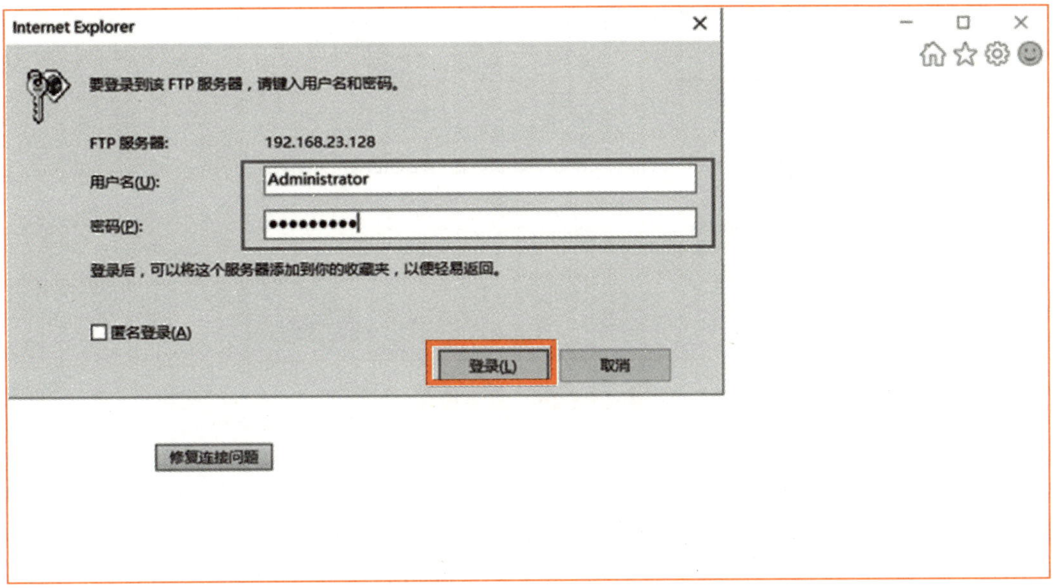

图 13－17　输入用户名和密码

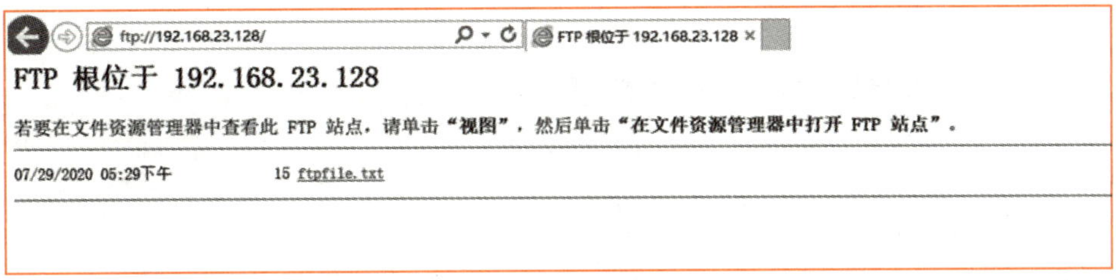

图 13－18　访问成功

4. 在局域网内测试

（1）使用在同一个局域网中的另一台电脑，在文件管理器界面访问 FTP 服务器的 MyFTP 站点，在地址栏中输入 ftp://192.168.23.128，如图 13－19 所示。

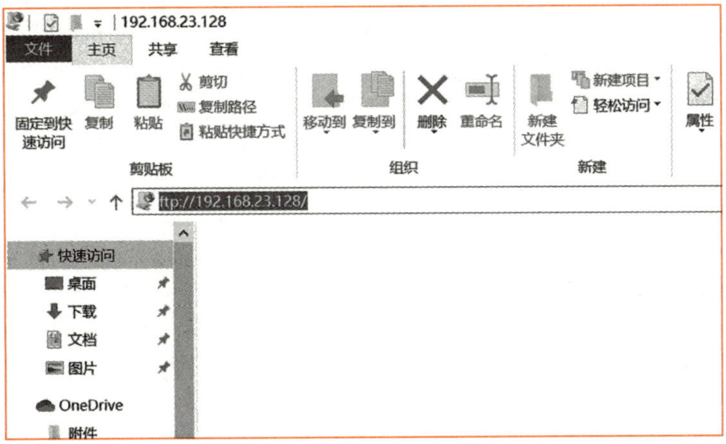

图 13－19　局域网内访问测试

（2）弹出如图 13－20 所示的错误提示。

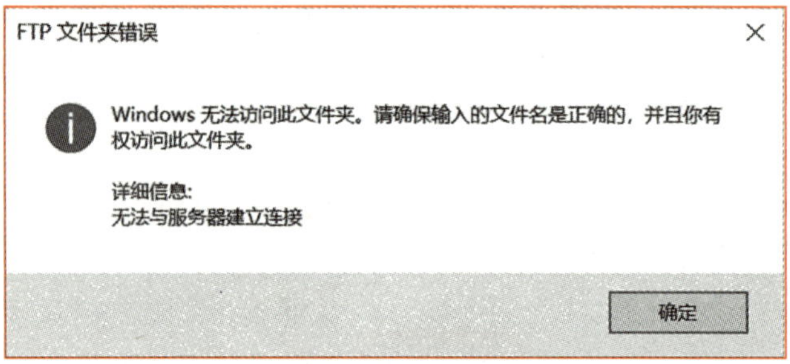

图 13－20 错误提示

（3）此提示的出现是由于服务器的防火墙没有打开 21 号端口，因此，若要网络中的其他主机都能够访问 FTP 服务器，需要预先在服务器上开启相应端口。选择“高级安全 Windows 防火墙”→“入站规则”→“新建规则”即可，如图 13－21 所示。

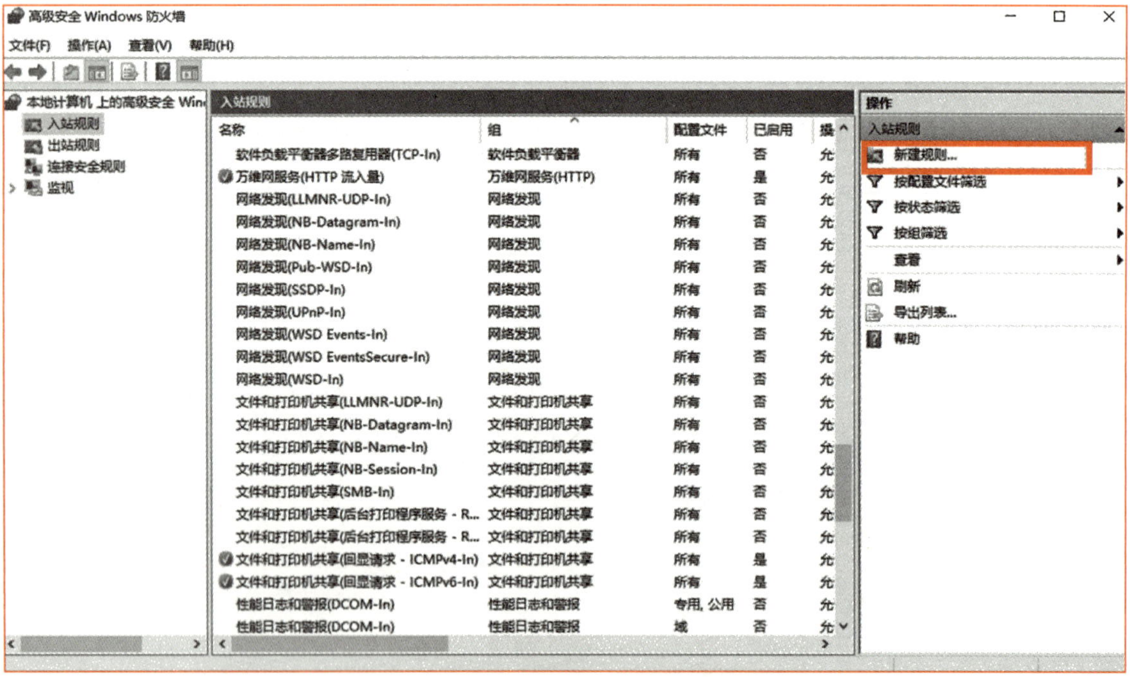

图 13－21 新建入站规则

（4）选择“端口”，单击“下一步”按钮，如图 13－22 所示。

（5）选择“TCP”协议，在“特定本地端口”文本框内输入 21，单击“下一步”按钮，如图 13－23 所示。

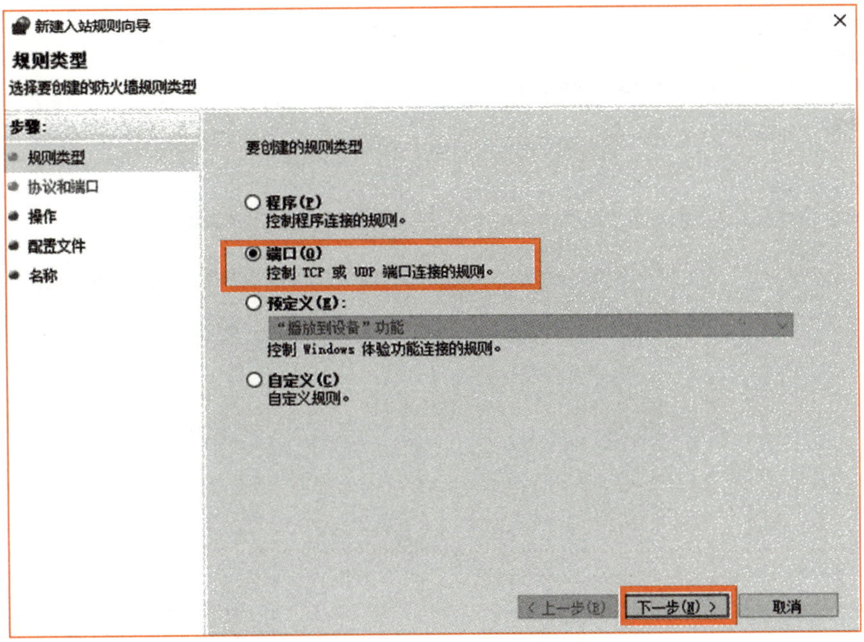

图 13-22　规则类型

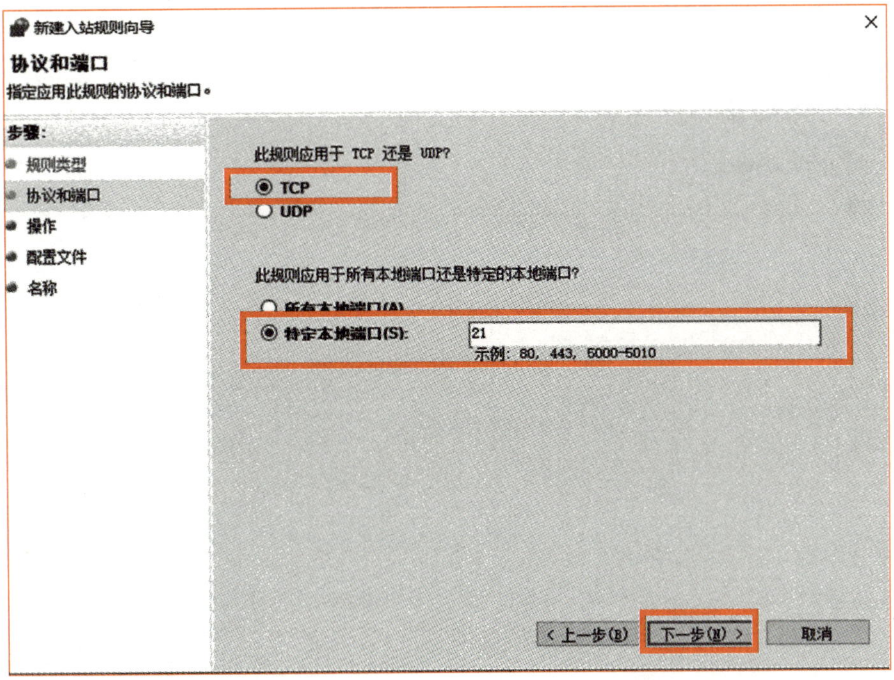

图 13-23　协议和端口

（6）选择“允许连接”，单击“下一步”按钮，如图 13-24 所示。

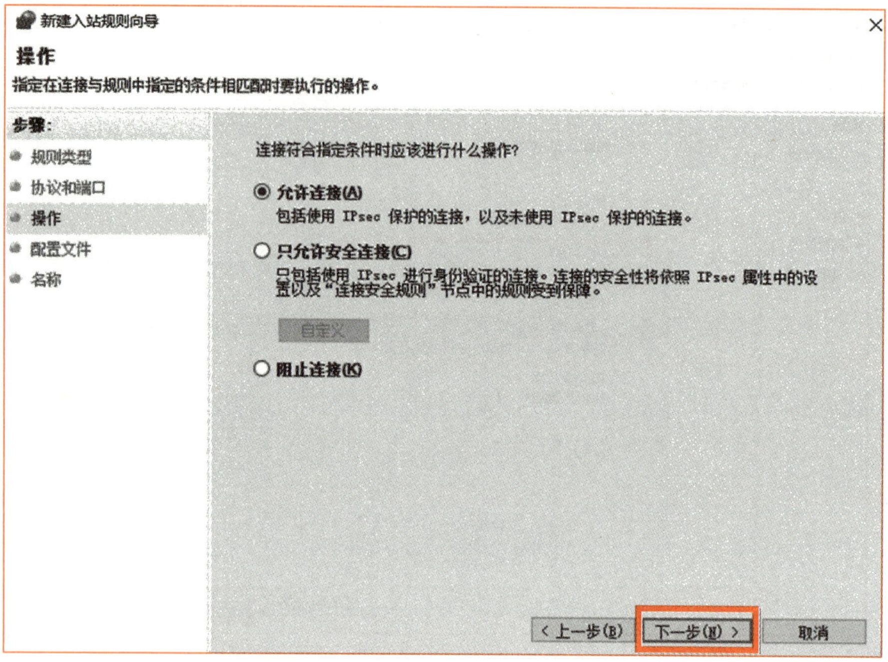
新建入站规则向导
操作
指定在连接与规则中指定的条件相匹配时要执行的操作。
步骤:
规则类型
协议和端口
操作
配置文件
名称
连接符合指定条件时应该进行什么操作?
允许连接(A)
包括使用 IPsec 保护的连接，以及未使用 IPsec 保护的连接。
只允许安全连接(C)
只包括使用 IPsec 进行身份验证的连接。连接的安全性将依照 IPsec 属性中的设置以及“连接安全规则”节点中的规则受到保障。
自定义
阻止连接(K)
< 上一步(B)
下一步(N) >
取消

图 13－24　允许连接

（7）“配置文件”的相关参数保持默认设置，单击“下一步”按钮，如图 13－25 所示。

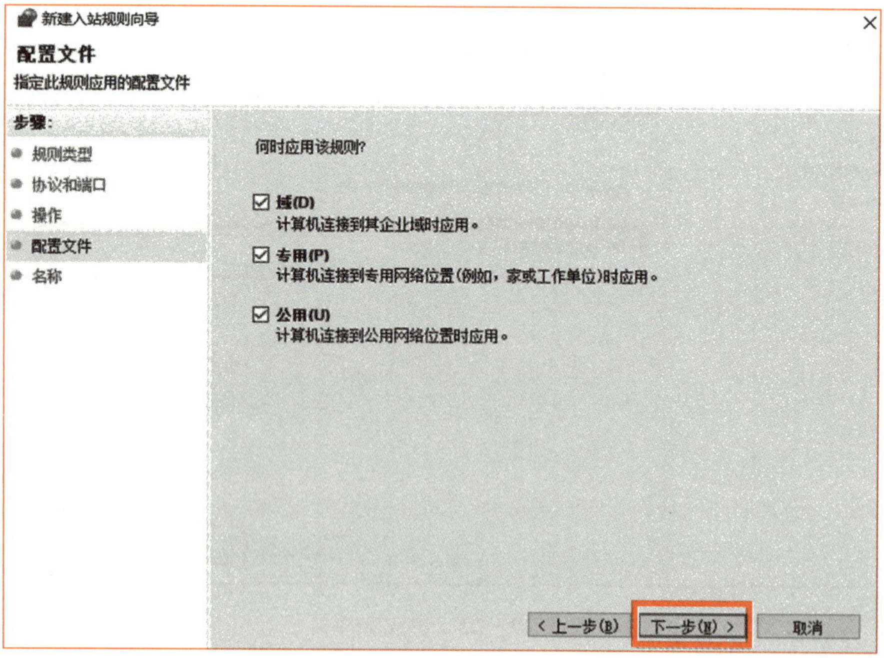
新建入站规则向导
配置文件
指定此规则应用的配置文件
步骤:
规则类型
协议和端口
操作
配置文件
名称
何时应用该规则?
域(D)
计算机连接到其企业域时应用。
专用(P)
计算机连接到专用网络位置(例如，家或工作单位)时应用。
公用(U)
计算机连接到公用网络位置时应用。
< 上一步(B)
下一步(N) >
取消

图 13－25　配置文件

（8）为该规则命名为 myftp，单击“完成”按钮，如图 13－26 所示。

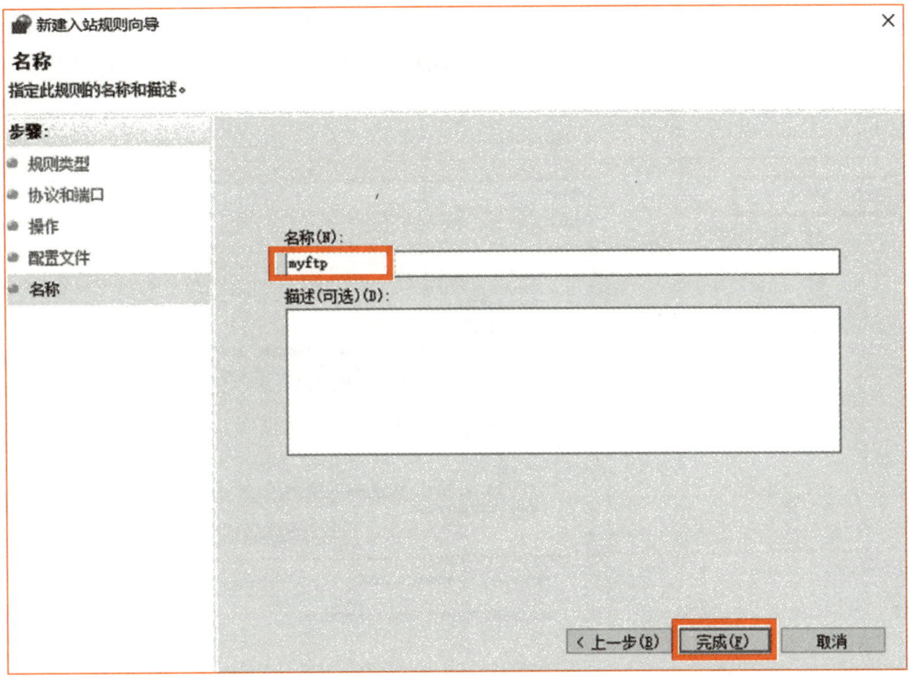

图 13－26　命名

（9）此时在“入站规则”中可以看到系统已经增加了刚刚创建的规则，如图 13－27 所示。

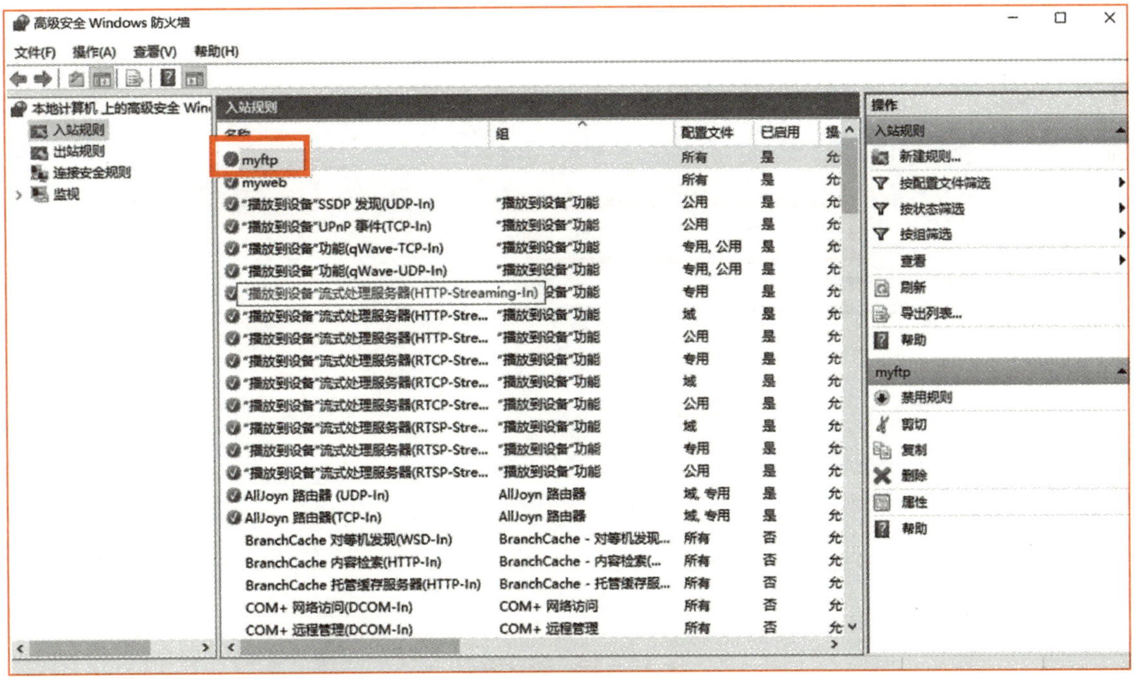

图 13－27　查看入站规则

（10）选择“控制面板”→“网络和 Internet”→“Internet 选项”，打开“高级”选项卡，将“使用被动 FTP（用于防火墙和 DSL 调制解调器的兼容）”前面的“√”去掉，如图 13－28 所示。

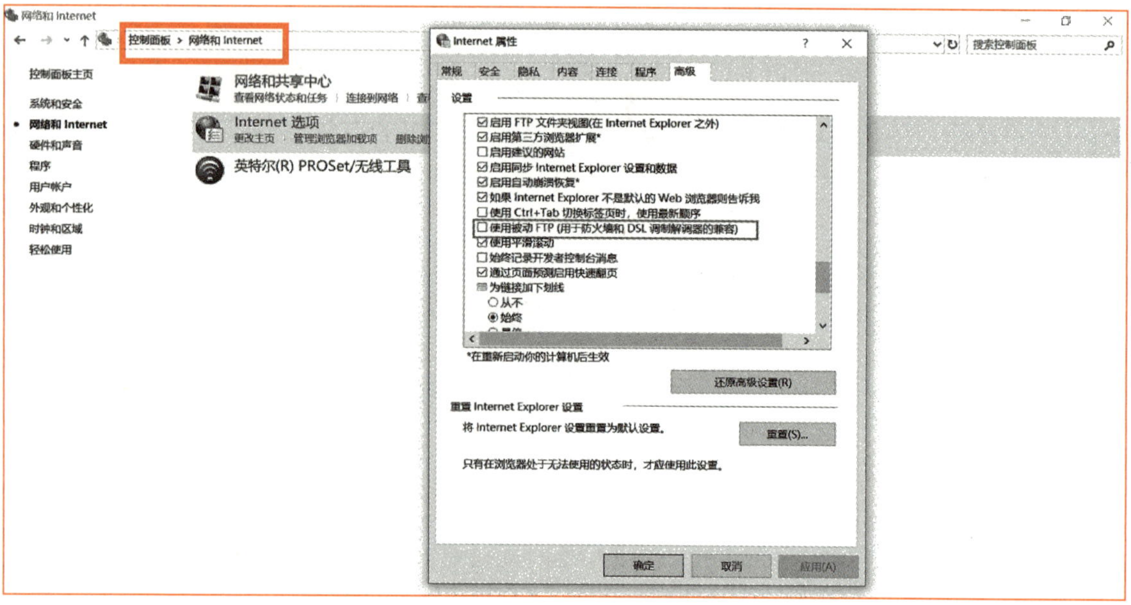

图 13－28　Internet 属性设置

（11）在地址栏输入 ftp://192.168.23.128 后，弹出用户身份验证对话框，输入用户名及密码后，即可访问 FTP 站点内的文件，如图 13－29 所示。

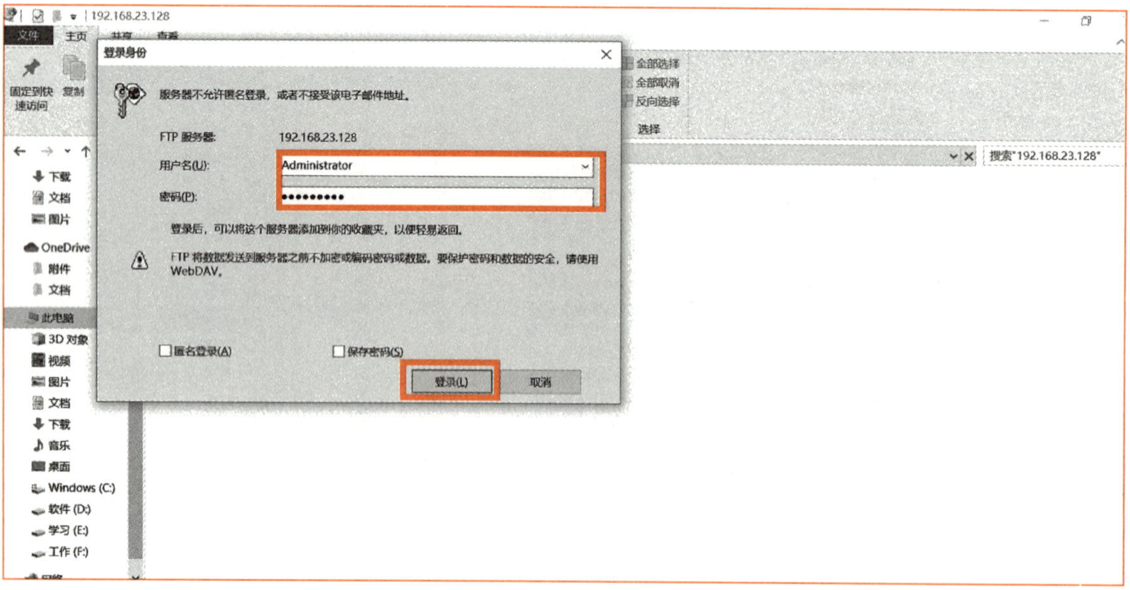

图 13－29　登录窗口

（12）FTP 站点访问成功，如图 13－30 所示。

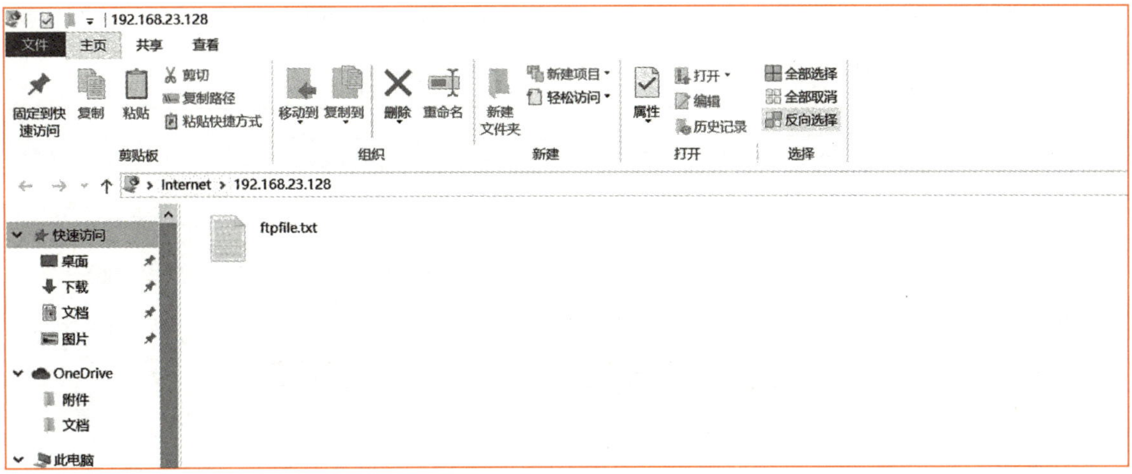

图 13－30　访问成功

5. 匿名访问设置

（1）在“身份验证和授权信息”对话框中选择“匿名”，设置“允许访问”为“所有用户”，权限为“读取”和“写入”，如图 13－31 所示。

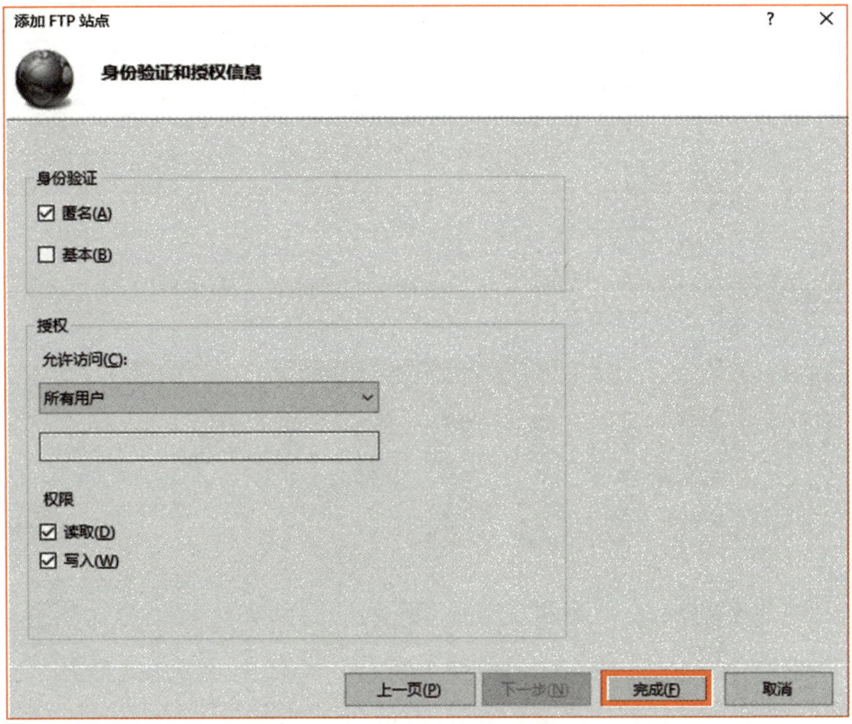

图 13－31　匿名访问设置

（2）FTP 站点 MyFTP2 创建完成（其他步骤同 MyFTP 站点的创建），用户可以匿名访问此站点，如图 13－32 所示。

6. IP 地址限制

（1）为了避免来自网络的恶意攻击，可以设置 FTP 服务器的 IP 地址限制，只允许信任的 IP 地址访问 FTP 站点或者拒绝不受信任的 IP 地址访问。在中间的“ MyFTP2 主页”窗口双击“FTP IP 地址和域限制”图标，如图 13－33 所示。

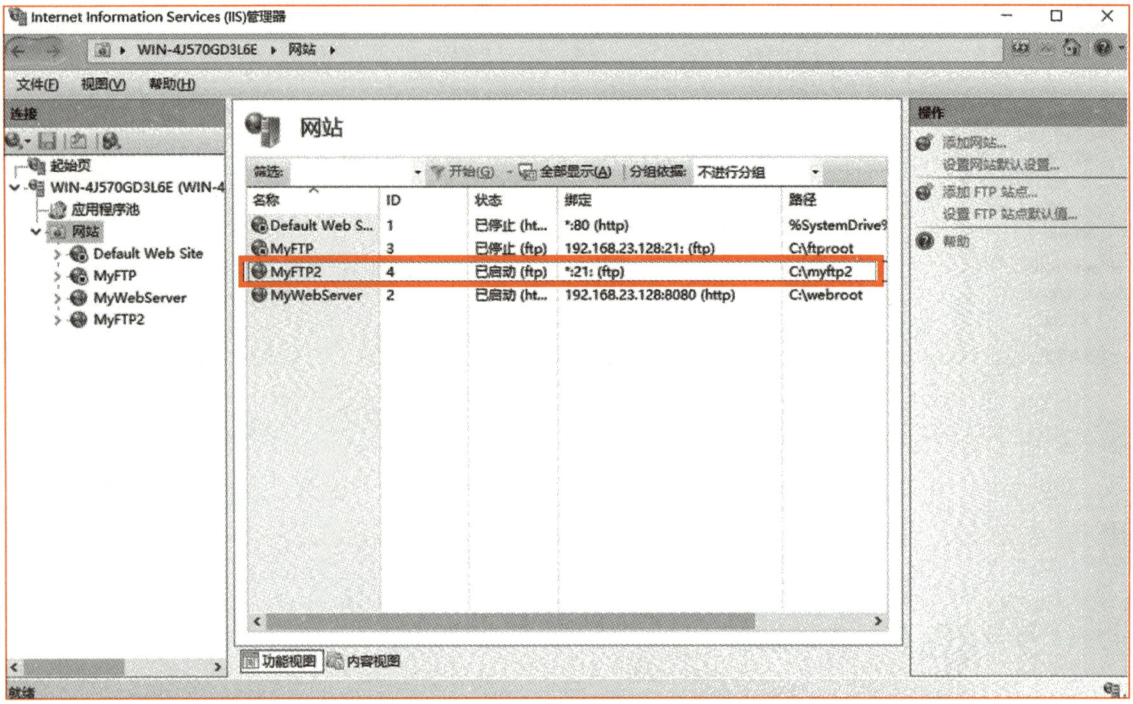

图 13－32 站点创建完成

图 13－33 双击“FTP IP 地址和域限制”

（2）在右侧的“操作”面板单击“添加允许条目”，设置允许访问的 IP 地址，如图 13－34 所示。可以指定允许某一特定的地址，也可以允许一段地址，此处用网络地址和掩码形式给出地址范围。

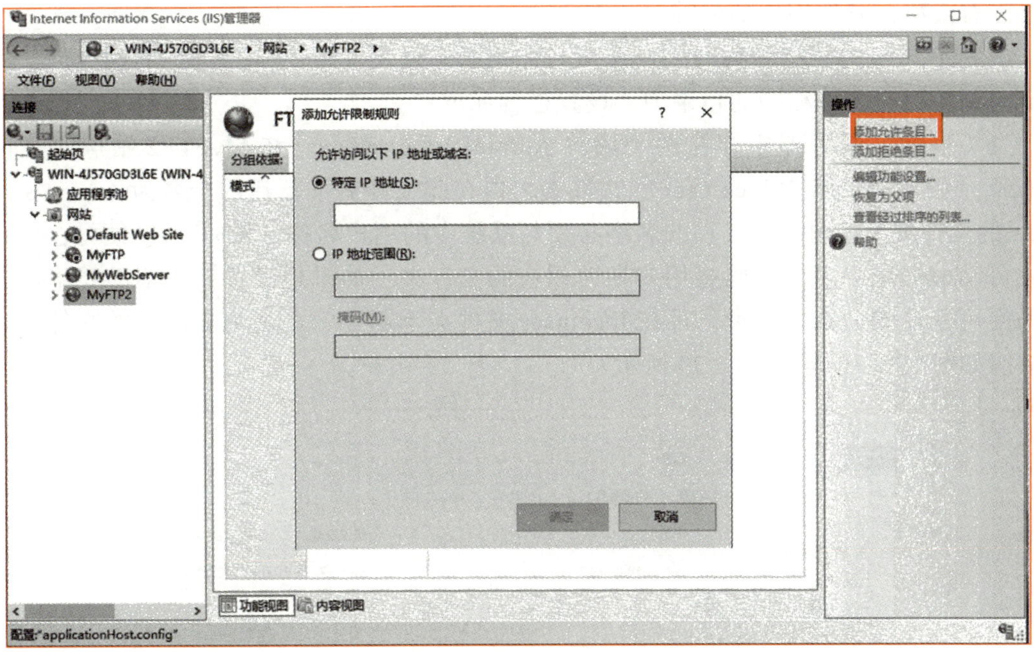

图 13－34 添加允许限制规则

（3）单击“添加拒绝条目”可以添加拒绝访问的 IP 地址或地址范围，如图 13－35 所示。这里添加的条目是访问规则形式，可以通过“查看经过排序的列表”来调整顺序。

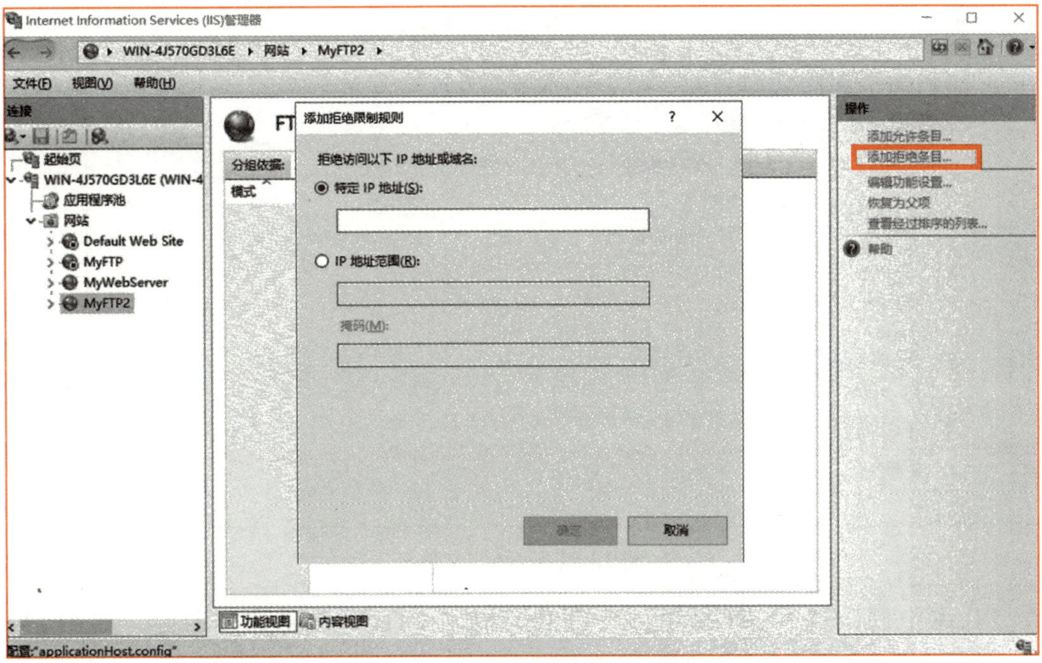

图 13－35 添加拒绝限制规则

7. 用户隔离

FTP 用户隔离是 Internet 服务提供商（ISP）提供的一种解决方案，可以为客户提供单独的 FTP 目录以供上载内容。FTP 用户隔离将用户限制在其自己的目录中，从而防止用户查看或覆盖其他用户的内容。

在 FTP 站点内建立名称与用户账户名称相同的目录，用户连接到 FTP 站点后，便会被定向到与用户名称相同的目录中，设置过程如下：

（1）目前，服务器中存在两个用户 Administrator 和 aa。在 MyFTP2 站点的文件夹 myftp2 中创建一个名为 localuser 的文件夹，再在此文件夹下新建两个名为 Administrator 和 aa 的文件夹（这两个文件夹的名字必须与系统中的用户名称一致），系统便可在用户登录时自动根据用户名和密码将用户导向相应的文件夹。如果想设置一个不需要用户名和密码便可登录的公共文件夹，可在 localuser 文件夹下新建一个名为 public 的文件夹。目录结构如图 13－36 至图 13－39 所示。

图 13－36　测试文件 1

图 13－37　测试文件 2

（2）在中间的“MyFTP2 主页”窗口双击“FTP 用户隔离”图标，如图 13－40 所示。

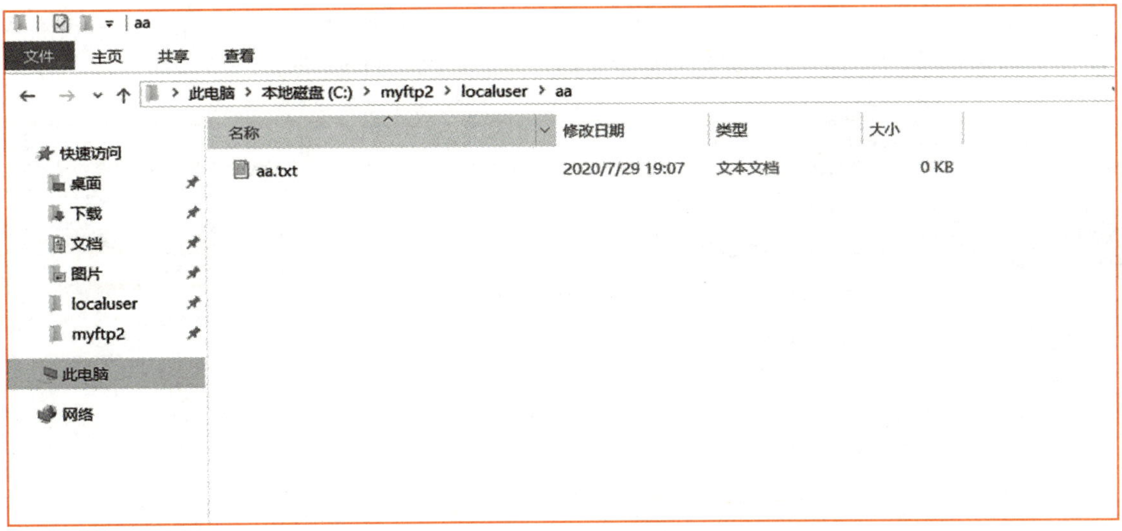

图 13－38　测试文件 3

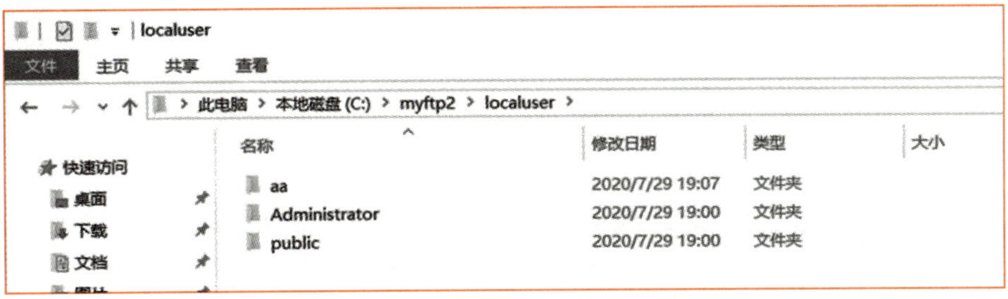

图 13－39　测试文件目录结构 4

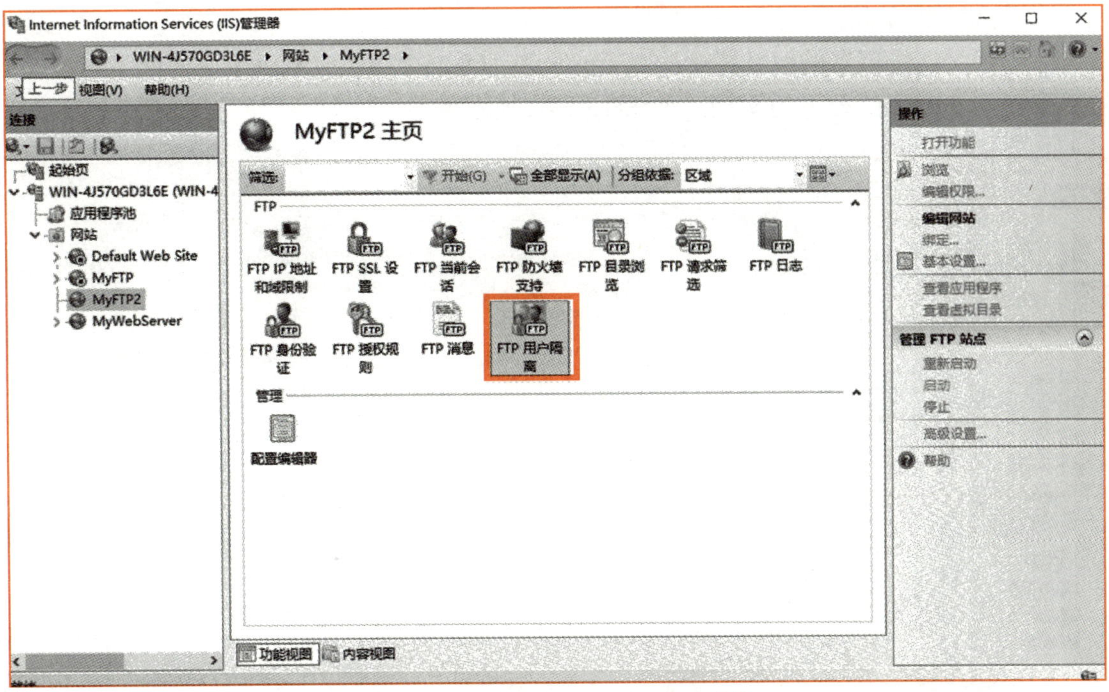

图 13－40　双击“FTP 用户隔离”

（3）在“FTP用户隔离”窗口选择“用户名目录（禁用全局虚拟目录）”，单击右侧“操作”面板中的“应用”，完成用户隔离设置，如图13－41所示。

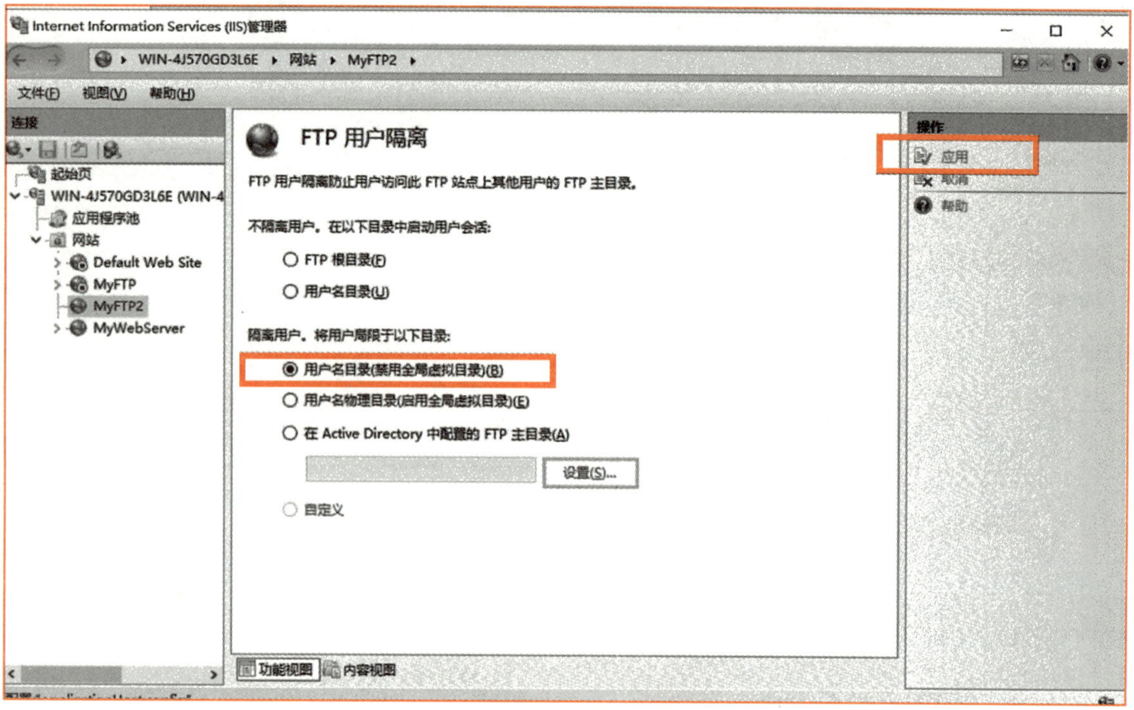

图13－41　FTP用户隔离设置

8. 用户隔离测试

（1）在文件管理器的地址栏中输入ftp://192.168.23.128，在未登录的情况下可以访问FTP服务器public路径下的文档，如图13－42所示。

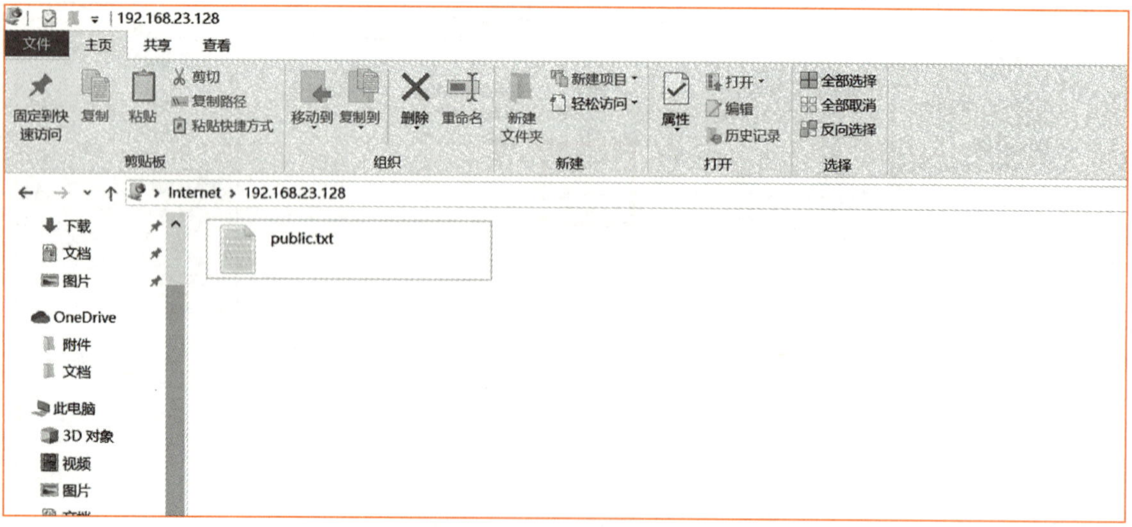

图13－42　访问测试1

（2）右击“public.txt”文档，在弹出的快捷菜单中单击“登录”，如图 13－43 所示。

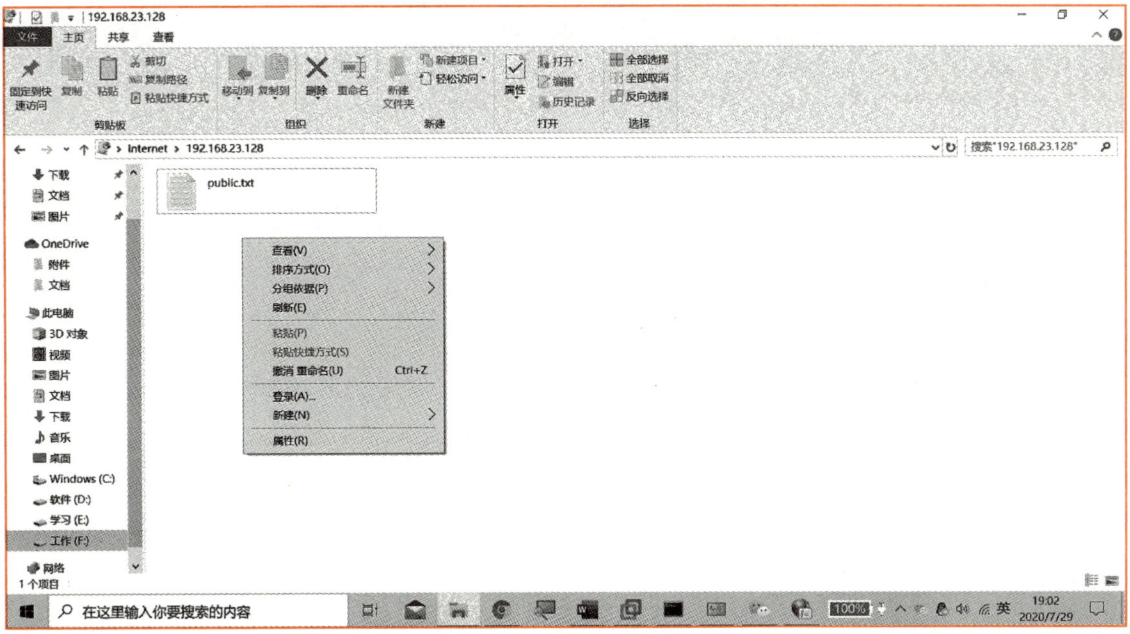

图 13－43 访问测试 2

（3）在弹出的“登录身份”对话框中输入用户 Administrator 的用户名和密码，如图 13－44 所示。

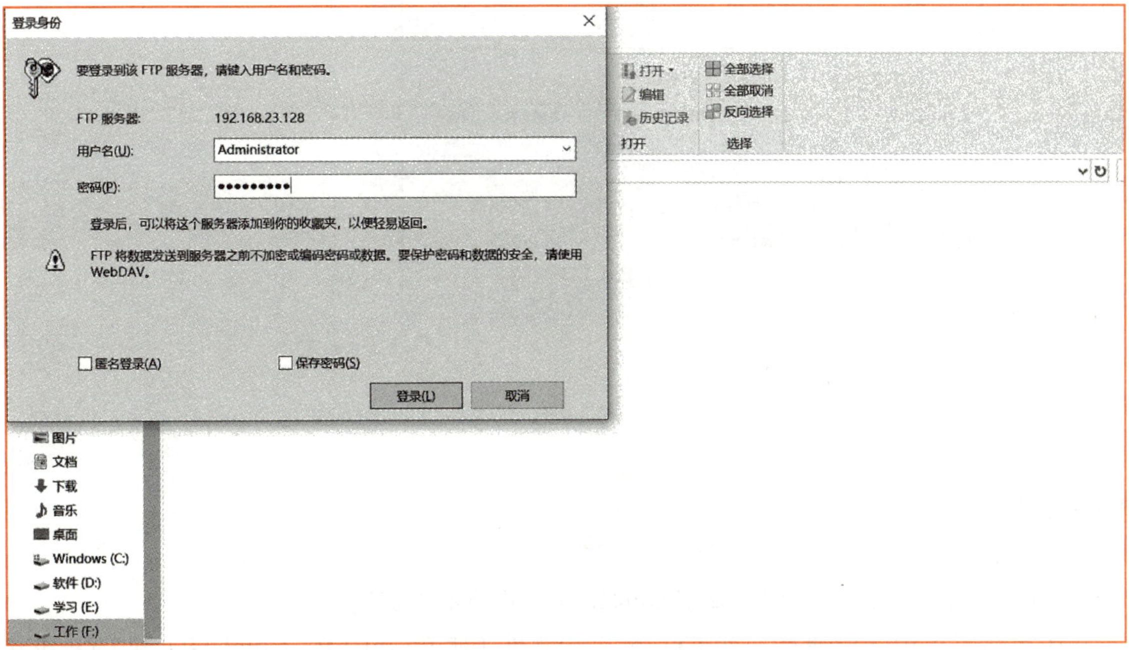

图 13－44 访问测试 3

（4）访问 FTP 服务器上 Administrator 路径下的文档，如图 13－45 所示。

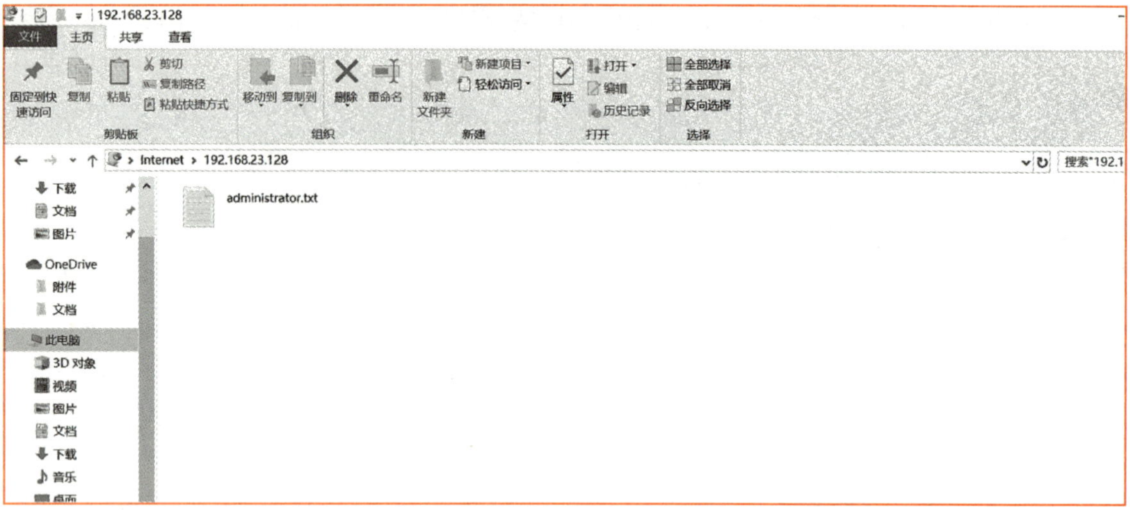

图 13-45　访问测试 4

（5）如果输入用户 aa 的用户名和密码，则可访问 FTP 服务器上 aa 路径下的文档，如图 13-46、图 13-47 所示。

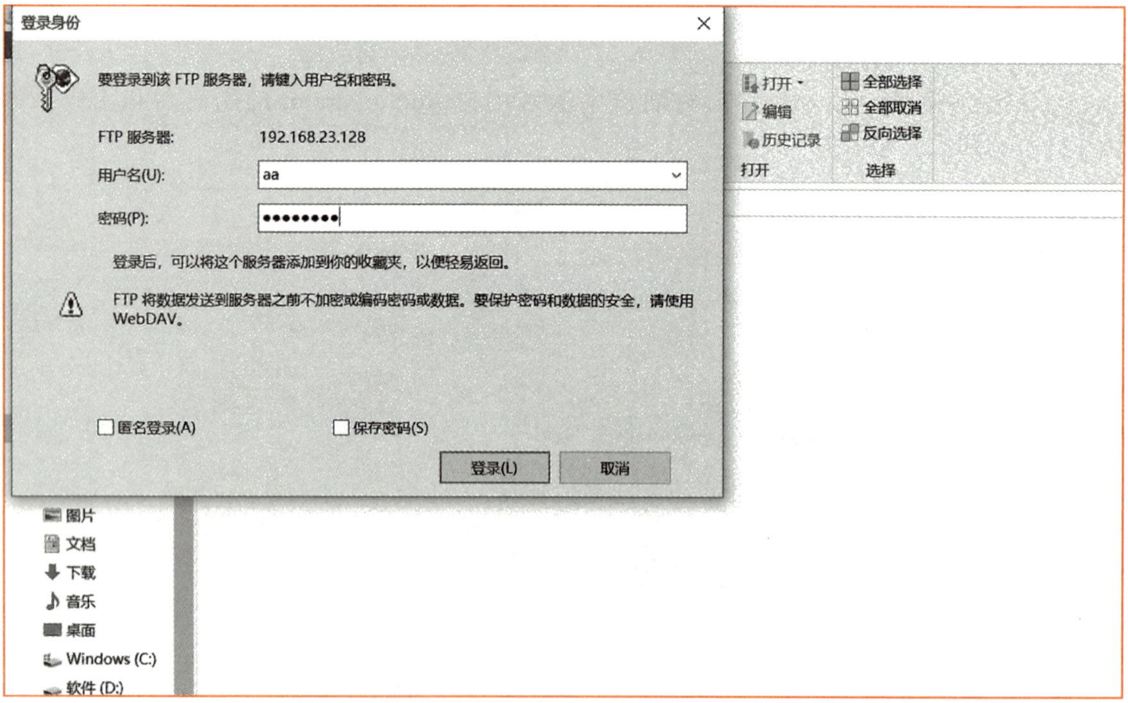

图 13-46　访问测试 5

“操作”面板的设置同 Web 服务器的设置，此处不再赘述。

在实际应用中，可通过一些 FTP 客户端软件（如 FlashFXP、CuteFTP）与 FTP 建立连接，方便快捷；这些软件还提供了客户端、服务器端目录并列和同步显示功能，方便用户进行上传与下载操作。

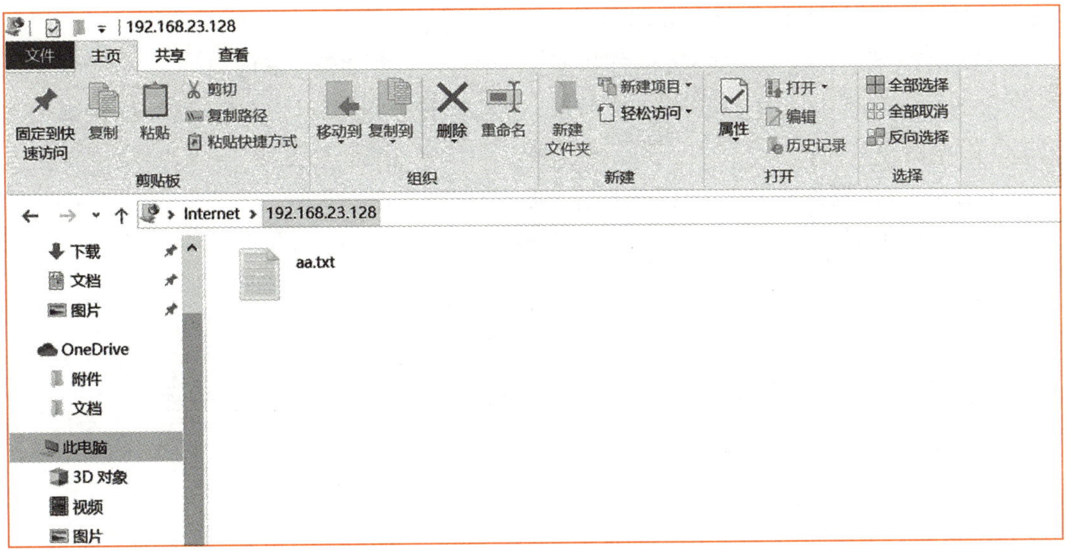

图 13－47　访问测试 6

项目小结

在本项目中，我们了解了常用的网络服务——FTP 服务，该服务主要用于在 FTP 服务器和客户端之间传输文件；了解了 FTP 服务的主动方式和被动方式的工作过程；学会了如何搭建 FTP 服务器等。

FTP 服务的文件共享理念与当今时代的发展趋势相契合，“分享资源会提升效率，分享知识会带来伟大的创新。”我们要学会通过构建共享新模式，整合已有的资源，优化资源利用率。

技能检测

一、选择题

1. FTP 默认的端口是（　　）。

A. 80　　B. 21　　C. 8080　　D. 23

2. FTP 通过（　　）协议确保可靠的传输服务。

A. ICMP　　B. IP　　C. UDP　　D. TCP

3. FTP 协议位于 OSI 参考模型的（　　）。

A. 应用层　　B. 表示层　　C. 会话层　　D. 传输层

4. 有关 FTP 服务的描述不正确的是（　　）。

A. FTP 是一个标准协议，提供了在计算机和网络之间交换文件的最简单的方式

B. 可以实现即时网上聊天

C. 从服务器上下载文件是 FTP 服务普遍的应用方式

D. 通常用于将文件上传到服务器供其他用户使用

5. 默认情况下，FTP 协议的数据连接是由（　　）主动建立的。

A. 服务器端　　B. 客户端　　C. 操作系统　　D. 服务提供商

二、简答题

1. 什么是 FTP 服务？其主要功能是什么？

2. FTP 有哪几种工作方式？

项目 14

TCP/IP 协议诊断

项目导读

网络诊断命令是查看网络配置情况和网络故障的有力工具。熟练运用网络诊断命令是对网络管理员的基本要求。借助网络诊断命令，我们可以探究 TCP/IP 协议的一些运作原理和运作细节。

在网络调试和诊断的过程中，常常需要检测本地计算机和服务器的 TCP/IP 配置情况，检测客户端和服务器之间是否连接成功，检查本地计算机和某个远程计算机之间的路径连接情况等，以便及时了解整个网络的运行情况，进而确保网络的连通性，保证整个网络的正常运行。常用的网络诊断命令如下：

（1）ipconfig：用于查看和重置本地计算机的 TCP/IP 配置。

（2）ping：用于测试计算机之间的连接情况，是网络配置中最常用的命令之一。

（3）arp：用于显示和修改本地计算机 ARP 缓存表中的表项。

（4）netstat：用于显示本地计算机各端口的网络连接情况。

（5）nslookup：用于查询 Internet 域名信息或诊断 DNS 服务器的问题。

选择【开始】→【运行】，输入“cmd”，回车，即可打开命令行窗口。

学习目标

1. 掌握主要诊断命令的使用方法。
2. 了解诊断命令的运作原理。

任务 14.1　ipconfig 命令

可以使用 ipconfig 命令获取计算机的配置信息，包括 IP 地址、子网掩码和默认网关。如果添加选项，还可获取 MAC 地址等信息。如果计算机所在的局域网使用了 DHCP，则该命令所显示的信息更加实用。下面对该命令的用法进行详细讲述。

1. ipconfig 命令的格式

在命令行窗口输入 ipconfig /?，回车，可以显示关于 ipconfig 命令的用法与选项说明。ipconfig 命令的用法与选项说明如图 14－1 所示。

```
管理员: 命令提示符
C:\Users\Administrator>ipconfig /?

用法:
    ipconfig [/allcompartments] [/? | /all |
                                 /renew [adapter] | /release [adapter] |
                                 /renew6 [adapter] | /release6 [adapter] |
                                 /flushdns | /displaydns | /registerdns |
                                 /showclassid adapter |
                                 /setclassid adapter [classid] |
                                 /showclassid6 adapter |
                                 /setclassid6 adapter [classid] ]

其中
    adapter             连接名称
                       (允许使用通配符 * 和 ?，参见示例)

    选项:
       /?               显示此帮助消息
       /all             显示完整配置信息。
       /release         释放指定适配器的 IPv4 地址。
       /release6        释放指定适配器的 IPv6 地址。
       /renew           更新指定适配器的 IPv4 地址。
       /renew6          更新指定适配器的 IPv6 地址。
       /flushdns        清除 DNS 解析程序缓存。
       /registerdns     刷新所有 DHCP 租用并重新注册 DNS 名称
       /displaydns      显示 DNS 解析程序缓存的内容。
       /showclassid     显示适配器允许的所有 DHCP 类 ID。
       /setclassid      修改 DHCP 类 ID。
       /showclassid6    显示适配器允许的所有 IPv6 DHCP 类 ID。
       /setclassid6     修改 IPv6 DHCP 类 ID。
```

图 14－1　ipconfig 命令的用法与选项说明

在格式符中，“[ ]”表示可选，“|”表示多选一。默认情况下（即不添加任何选项时），仅显示绑定到 TCP/IP 的适配器的 IP 地址、子网掩码和默认网关。对于 release 和 renew，如果未指定适配器名称，则会释放或更新所有绑定到 TCP/IP 的适配器的 IP 地址租约。adapter 为网络适配器名称，适配器未指定时，默认为当前连接的适配器。

2. ipconfig 命令的使用

解决 TCP/IP 网络问题时，先检查出现问题的计算机的 TCP/IP 配置。使用 ipconfig 命令获取计算机的配置信息，包括 IP 地址、子网掩码和默认网关。例如，如果计算机配置的 IP 地址与现有的 IP 地址重复，则子网掩码会显示“0.0.0.0”。然后使用 ipconfig/all 命令显示所有连接的详细配置信息。如果计算机启用 DHCP 并使用 DHCP 服务器来配置，可以使用 ipconfig/release 命令释放计算机的当前 DHCP 配置，再使用 ipconfig/renew 命令获取新的 DHCP 配置。有关 ipconfig、ipconfig/all、ipconfig/release 和 ipconfig/renew 命令的执行案例可以参看项目 4 和项目 10。

任务 14.2　ping 命令

通常，在网络调试的过程中，使用 ping 命令就可以判断客户端与客户端之间或者客户端与服务器之间是否连通。ping 命令使用 ICMP 协议（因特网控制消息协议）向目的端发送若干数据包并请求目的端应答。收到请求的目的端计算机会再次使用 ICMP 发回相同数量的数

ping 命令的应用

据包。ping 对每个包的发送和接收的成功情况和时间进行报告，由此可以分析网络的连通情况。

1. ping 命令的格式

在命令行窗口中输入 “ping”，回车，可以显示 ping 命令的用法与选项说明，如图 14－2 所示。

```
管理员: 命令提示符
C:\Users\Administrator>ping

用法: ping [-t] [-a] [-n count] [-l size] [-f] [-i TTL] [-v TOS]
           [-r count] [-s count] [[-j host-list] | [-k host-list]]
           [-w timeout] [-R] [-S srcaddr] [-c compartment] [-p]
           [-4] [-6] target_name

选项:
    -t             Ping 指定的主机，直到停止。
                   若要查看统计信息并继续操作，请键入 Ctrl+Break;
                   若要停止，请键入 Ctrl+C。
    -a             将地址解析为主机名。
    -n count       要发送的回显请求数。
    -l size        发送缓冲区大小。
    -f             在数据包中设置“不分段”标记(仅适用于 IPv4)。
    -i TTL         生存时间。
    -v TOS         服务类型(仅适用于 IPv4。该设置已被弃用，
                   对 IP 标头中的服务类型字段没有任何
                   影响)。
    -r count       记录计数跃点的路由(仅适用于 IPv4)。
    -s count       计数跃点的时间戳(仅适用于 IPv4)。
    -j host-list   与主机列表一起使用的松散源路由(仅适用于 IPv4)。
    -k host-list    与主机列表一起使用的严格源路由(仅适用于 IPv4)。
    -w timeout     等待每次回复的超时时间(毫秒)。
    -R             同样使用路由标头测试反向路由(仅适用于 IPv6)。
                   根据 RFC 5095，已弃用此路由标头。
                   如果使用此标头，某些系统可能丢弃
                   回显请求。
    -S srcaddr     要使用的源地址。
    -c compartment 路由隔离舱标识符。
    -p             Ping Hyper-V 网络虚拟化提供程序地址。
    -4             强制使用 IPv4。
    -6             强制使用 IPv6。
```

图 14－2　Ping 命令的用法与选项说明

选项补充说明如下：

-t：持续 Ping 指定的计算机。如果按 “Ctrl+Break” 组合键，则对该行为以前的测试做总结，然后继续测试。如果按 “Ctrl+C” 组合键，则终止测试。

-a：显示所测试的地址对应的计算机的名称。

-n count：发送 count 指定的测试数据包数。用户可以通过这个命令自定义发送的测试数据包的个数，这对测试网络速度很有帮助。能够测试发送数据包的返回平均时间及快慢程度。如果不指定，默认值为 4。

-l size：发送指定大小的测试数据包。默认每个测试包为 32 字节；最大为 65 500 字节。

-f：此标志仅对 IPv4 地址有效。通常情况下，数据包都会被所经过的路由节点分段再向前发送，加上此选项以后数据包就不会再被分段处理了。

-i TTL：将发送的数据包的生存期设置为 TTL 指定的值。数据包在发送过程中是有生存期的，一般将数据包可以经过的路由节点的最大次数设置为其生存期，如果数据包

跳跃路由节点的次数超过了其生存期，则将被网络抛弃。

-r count：仅对 IPv4 地址有效，显示所经过路由节点的地址。通常情况下，发送的数据包是通过一系列路由节点才到达目标地址的，设置此选项可以探测经过的路由节点，最多能跟踪 9 个路由节点。

-j host-list：仅对 IPv4 地址有效，用于指定数据包必须经过的若干网络节点的地址，这些节点不一定是数据包经过的全部路由节点。允许指定的最大路由节点数量为 9。

-k host-list：仅对 IPv4 地址有效，用于指定数据包必须依照顺序经过的网络节点的地址，这些节点是数据包经过的全部路由节点。允许指定的最大路由节点数量为 9。

-w timeout：指定等待回复的超时间隔，单位为毫秒。

-R：用于测试经过的路由，但是仅对 IPv6 地址有效。

-S srcaddr：指定发送测试数据包的源地址。

target_name：指定要 ping 的远程计算机，可以是 IP 地址，也可以是域名。

2. ping 命令的使用

例如，ping 10.5.80.210 -t 命令用于测试本机与被测试端 10.5.80.210 的动态连接情况。如果测试过程中先将本机与被测试端连通，再将其断开，然后再连通，最后按“Ctrl+C”组合键终止测试，则出现如图 14－3 所示的信息。

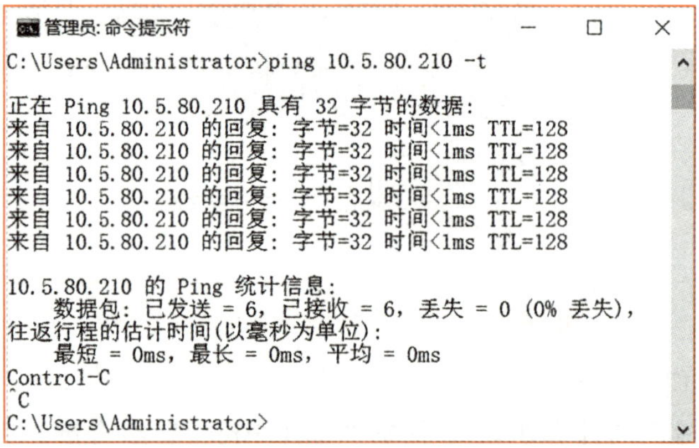

图 14－3　带选项 -t 的 ping 命令

如图 14－4 所示为 ping 命令附带选项 -n count 和 -l size 的情况，以修改发送测试数据包的数量和大小。在该 ping 命令中，将发送的测试数据包的数量改为 8 个，每个测试数据包的大小改为 64 字节。

使用 ping 命令检测网络运行情况时，可以将各种选项结合使用，如果所有测试都运行正确，我们就可以确认网络连通性和相关选项配置基本没有问题。如果某些 ping 命令出现运行故障，我们可以根据提示信息去查找问题所在。

下面是一个典型的 ping 命令检测次序。其中对每一步的判断都是在上一步测试通过的基础上做出的。

（1）ping 127.0.0.1。

这个 ping 命令所送出的数据包只会到达本机网卡，不会离开本机。如果测试不通，则表示本机的 TCP/IP 协议安装或运行可能存在问题。

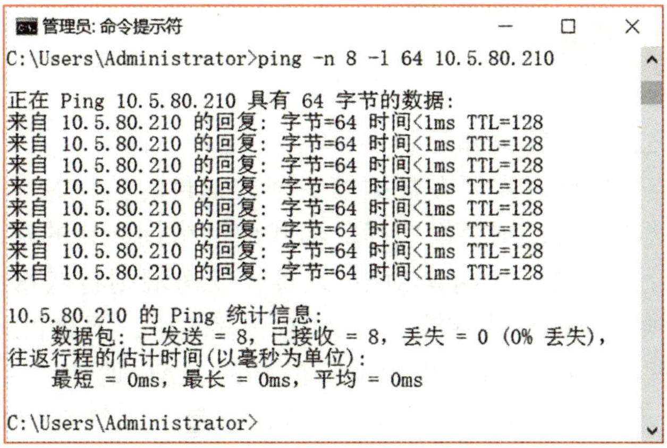

图 14－4　带选项 -n count 和 -l size 的 ping 命令

（2）ping 本机 IP 地址。

这个命令可测试本机 IP 地址配置的正确性。如果 IP 地址配置不存在问题，则会 ping 通。如果 ping 不通，则表示本地 IP 地址配置可能存在问题。出现此问题时，局域网用户可断开网络电缆，然后重新发送该命令。如果网线断开后可以 ping 通，则表示该局域网中的另一台计算机可能配置了相同的 IP 地址。

（3）ping 局域网内其他计算机 IP 地址。

该命令可使测试数据包离开本机，如果没有问题，则会经过网络电缆和交换机等设备到达目的计算机，然后返回。如果 ping 通，则表示本局域网中相关设备的设置基本正确。如果 ping 不通，则可能是子网掩码设置不正确，或者线路连接有问题，或者交换机有问题。

（4）ping 本网网关 IP 地址。

如果 ping 通，表示局域网中的网关设置没有问题，本网中的计算机可以向局域网外的计算机发送数据。如果 ping 不通，则表示网关设置可能有错误，或者设置网关的设备（路由器或者三层交换机）存在问题。

（5）ping 局域网外计算机 IP 地址。

如果 ping 通，则表示数据包已通过本网网关进入外网，一般情况下表示可以访问 Internet。如果 ping 不通，则表示在外网中存在问题。

（6）ping 域名。

如果 ping 通，则表示相关 DNS 服务器运行正常，并且本机可以登录域名关联的主机。如果 ping 不通，则可能表示 DNS 服务器的 IP 地址配置不正确或 DNS 服务器有故障。

如果以上各步测试都没有问题，则基本表示本机在本地通信和网外通信方面不存在问题。但这并不表示所有的网络配置都没有问题，因为有的问题是 ping 命令无法测试到的，需要用其他命令来测试。另外，有的网络计算机为了本机的安全，禁止其他计算机对其进行 ping 测试，此时 ping 测试就不会通过。

任务 14.3 arp 命令

发送数据时，发送端可能只知道目的端的 IP 地址，而发送端的数据从网络层进入数据链路层进行封装数据帧时需要在数据帧头部放置目的端的 MAC 地址。如果发送端是第一次向目的端发送数据，则会以广播的形式向网络询问目的端的 MAC 地址。目的端接收到这个广播后会告知发送端其 MAC 地址。发送端则将获得的目的端 MAC 地址与目的端 IP 地址以映射对的形式存放在其 ARP 缓存表中，下次再向该目的端发送数据时，可以直接从本机的 ARP 缓存表中提取目的端的 MAC 地址。这就是 ARP（Address Resolution Protocol）协议的工作原理。arp 命令用于显示和管理计算机的 ARP 缓存表。如果计算机中使用多个网络适配器（网卡），则每一个适配器对应一个 ARP 缓存表。

1. arp 命令的格式

在命令行窗口中输入“arp”，回车，可以显示 arp 命令的用法与选项说明，如图 14－5 所示。

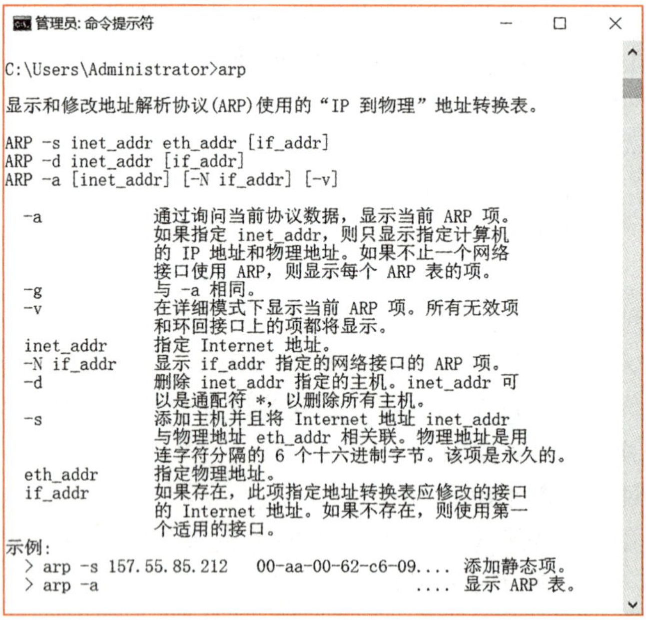

```
管理员: 命令提示符

C:\Users\Administrator>arp

显示和修改地址解析协议(ARP)使用的“IP 到物理”地址转换表。

ARP -s inet_addr eth_addr [if_addr]
ARP -d inet_addr [if_addr]
ARP -a [inet_addr] [-N if_addr] [-v]

  -a            通过询问当前协议数据，显示当前 ARP 项。
                如果指定 inet_addr，则只显示指定计算机
                的 IP 地址和物理地址。如果不止一个网络
                接口使用 ARP，则显示每个 ARP 表的项。
  -g            与 -a 相同。
  -v            在详细模式下显示当前 ARP 项。所有无效项
                和环回接口上的项都将显示。
  inet_addr     指定 Internet 地址。
  -N if_addr    显示 if_addr 指定的网络接口的 ARP 项。
  -d            删除 inet_addr 指定的主机。inet_addr 可
                以是通配符 *，以删除所有主机。
  -s            添加主机并且将 Internet 地址 inet_addr
                与物理地址 eth_addr 相关联。物理地址是用
                连字符分隔的 6 个十六进制字节。该项是永久的。
  eth_addr      指定物理地址。
  if_addr       如果存在，此项指定地址转换表应修改的接口
                的 Internet 地址。如果不存在，则使用第一
                个适用的接口。
示例:
  > arp -s 157.55.85.212   00-aa-00-62-c6-09.... 添加静态项。
  > arp -a                                  .... 显示 ARP 表。
```

图 14－5 arp 命令的用法与选项说明

ARP -s inet_addr eth_addr [if_addr]：用于向 ARP 缓存表添加新的 IP-MAC 地址映射对表项。“inet_addr”表示要添加的网络层地址，即 IP 地址。“eth_addr”表示要添加的数据链路层地址，即 MAC 地址。“if_addr”是可选项，表示发送端适配器的 IP 地址，如果计算机中使用多个网络适配器，则通过此选项指定本命令是向哪个适配器的 ARP 缓存表中添加表项。

ARP -d inet_addr [if_addr]：用于从 ARP 缓存表中删除指定 IP 地址的 IP-MAC 地址映射对表项。“inet_addr”用于指定要删除的表项。如果计算机中使用多个网络适配器，则通过“if_addr”指定本命令用于删除哪个适配器的 ARP 缓存表中的表项。

ARP -a [inet_addr] [-N if_addr]：用于显示 ARP 缓存表中所有的或者指定 IP 地址的 IP-MAC 地址映射对表项。如果不添加“inet_addr”和“-N if_addr”，则会显示计算机中所有适配器（如果存在多个的话）的 ARP 缓存表中的表项。如果指定“-N if_addr”，则会显示指定网络适配器的 ARP 缓存表中的表项。如果指定“inet_addr”，则会显示指定 IP 地址的 ARP 缓存表中的表项。

2. arp 命令的使用

如图 14－6 所示为 arp -a 命令的使用情况。执行命令后，系统显示本机网络适配器 IP 为 10.5.80.60 的 ARP 缓存表（有多个网络适配器时，每个会对应一个 ARP 缓存表）。缓存表中存储了与本机产生过连接的主机的 IP-MAC 地址映射对。其表项字段“类型”值是“动态”的，是由测试计算机自学得到的，这样的表项如果长时间不使用，就会被依据 ARP 协议的老化机制从 ARP 缓存表中删除。“静态”的值不是通过自学得到的，不适用老化机制。

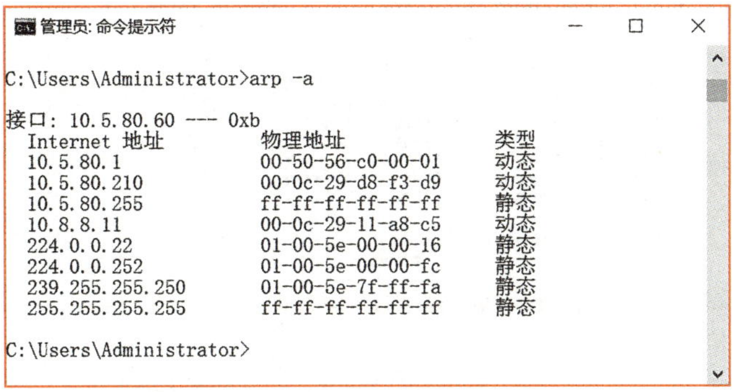

图 14－6　“arp -a”命令

如图 14－7 所示为使用 arp -a 命令显示指定 ARP 缓存表（网络适配器 IP 地址为 10.5.80.60）中指定表项（IP-MAC 地址映射对中的 IP 地址为 10.5.80.210）的结果。

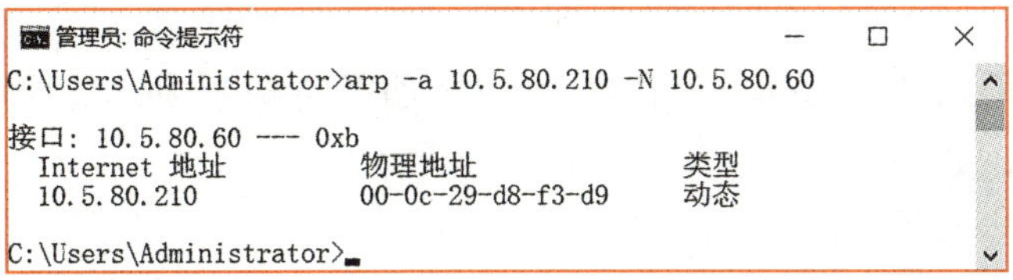

图 14－7　显示指定 ARP 表项

如图 14－8 所示为使用 arp -d 命令删除 ARP 缓存表中指定表项（IP-MAC 地址映射对中的 IP 地址为 10.5.80.210）的结果。

如图 14－9 所示为使用 arp -s 命令向 ARP 缓存表中添加指定表项（IP-MAC 地址映

射对中的 IP 地址为 10.5.80.200，MAC 地址为 00-50-56-c0-23-17）的结果。值得注意的是，新添加的表项的“类型”值变为“静态”，表示该表项是人工设定的，不适用老化机制，除非人工删除，否则不会被自动从 ARP 缓存表中删除。

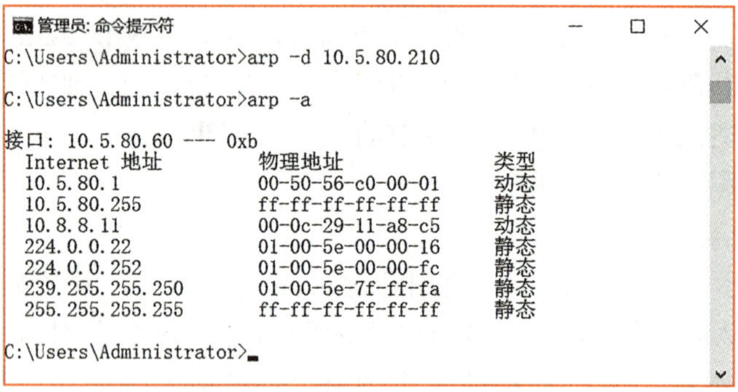

图 14－8　删除指定 ARP 表项

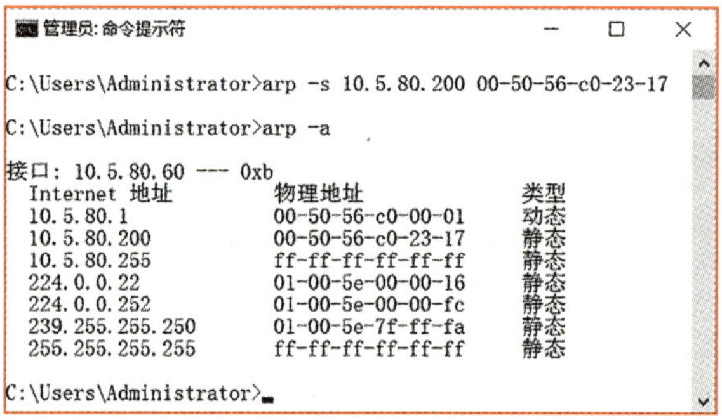

图 14－9　向 ARP 缓存表添加表项

任务 14.4　netstat 命令

netstat 命令的功能是显示网络连接、路由表和网络接口信息，用户可由此得知目前有哪些网络连接正在工作。

1. netstat 命令的格式

在命令行窗口输入“netstat ?”（注意“?”前有空格），回车，可以显示 netstat 命令的用法与选项说明，如图 14－10 所示。

2. netstat 命令的使用

如图 14－11 所示为在一台计算机上执行 netstat -a 命令的结果：显示测试机中的所有连接。“协议”字段列出了连接所采用的协议，“本地地址”字段列出了连接的本地计算机名称和端口号，“外部地址”字段列出了连接的外端计算机名称（连接也可能是在一台计算机内部的两个端口之间建立的）和端口号，“状态”字段列出了当前连接端口所处的状态。

```
管理员: 命令提示符
C:\Users\Administrator>netstat ?

显示协议统计信息和当前 TCP/IP 网络连接。

NETSTAT [-a] [-b] [-e] [-f] [-n] [-o] [-p proto] [-r] [-s] [-x] [-t] [interval]

  -a            显示所有连接和侦听端口。
  -b            显示在创建每个连接或侦听端口时涉及的
                可执行程序。在某些情况下，已知可执行程序承载
                多个独立的组件，这些情况下，
                显示创建连接或侦听端口时
                涉及的组件序列。在此情况下，可执行程序的
                名称位于底部 [] 中，它调用的组件位于顶部，
                直至达到 TCP/IP。注意，此选项
                可能很耗时，并且在你没有足够
                权限时可能失败。
  -e            显示以太网统计信息。此选项可以与 -s 选项
                结合使用。
  -f            显示外部地址的完全限定
                域名(FQDN)。
  -n            以数字形式显示地址和端口号。
  -o            显示拥有的与每个连接关联的进程 ID。
  -p proto      显示 proto 指定的协议的连接；proto
                可以是下列任何一个: TCP、UDP、TCPv6 或 UDPv6。如果与 -s
                选项一起用来显示每个协议的统计信息，proto 可以是下列任何一个:
                IP、IPv6、ICMP、ICMPv6、TCP、TCPv6、UDP 或 UDPv6。
  -q            显示所有连接、侦听端口和绑定的
                非侦听 TCP 端口。绑定的非侦听端口
                 不一定与活动连接相关联。
  -r            显示路由表。
  -s            显示每个协议的统计信息。默认情况下，
                显示 IP、IPv6、ICMP、ICMPv6、TCP、TCPv6、UDP 和 UDPv6 的统计信息；
                -p 选项可用于指定默认的子网。
  -t            显示当前连接卸载状态。
  -x            显示 NetworkDirect 连接、侦听器和共享
                终结点。
  -y            显示所有连接的 TCP 连接模板。
                无法与其他选项结合使用。
  interval      重新显示选定的统计信息，各个显示间暂停的
                间隔秒数。按 CTRL+C 停止重新显示
                统计信息。如果省略，则 netstat 将打印当前的
                配置信息一次。
```

图 14 - 10　netstat 命令的用法与选项说明

```
管理员: 命令提示符

C:\Users\Administrator>netstat -a

活动连接

  协议  本地地址          外部地址        状态
  TCP    0.0.0.0:135            wangluo:0              LISTENING
  TCP    0.0.0.0:445            wangluo:0              LISTENING
  TCP    0.0.0.0:5985           wangluo:0              LISTENING
  TCP    0.0.0.0:47001          wangluo:0              LISTENING
  TCP    0.0.0.0:49664          wangluo:0              LISTENING
  TCP    0.0.0.0:49665          wangluo:0              LISTENING
  TCP    0.0.0.0:49666          wangluo:0              LISTENING
  TCP    0.0.0.0:49667          wangluo:0              LISTENING
  TCP    0.0.0.0:49668          wangluo:0              LISTENING
  TCP    0.0.0.0:49669          wangluo:0              LISTENING
  TCP    0.0.0.0:49670          wangluo:0              LISTENING
  TCP    10.5.80.60:139         wangluo:0              LISTENING
  TCP    [::]:135               wangluo:0              LISTENING
  TCP    [::]:445               wangluo:0              LISTENING
  TCP    [::]:5985              wangluo:0              LISTENING
```

图 14 - 11　netstat -a 命令执行结果（部分）

任务 14.5　nslookup 命令

nslookup 命令用于测试和分析域名解析系统（DNS）的解析问题，可以指定查询的类型，可以查到 DNS 记录的生存时间，还可以指定使用哪个 DNS 服务器进行解析。一般情况下，配置好 DNS 服务器并添加相应的记录之后，只要 IP 地址保持不变，用户就不必去维护 DNS 的数据文件了。不过在确认域名解析正常之前最好测试一下所有的配置是否正

常。许多人仅仅使用 ping 命令简单检查一下，忽略了 ping 命令只是一个检查网络连通情况的命令，虽然在输入的参数是域名的情况下会通过 DNS 进行查询，但也只能查询域名是否存在，无法查询其他 DNS 信息。而 nslookup 命令则可以显示域名解析问题的详细信息。

1. nslookup 命令的格式

nslookup 命令分为交互式和非交互式两种模式。

nslookup：使用默认 DNS 服务器的交互模式。

nslookup - server：使用指定 DNS 服务器“server”的交互模式，“server”用指定 DNS 服务器的域名或者 IP 地址代替。

nslookup host：非交互模式下，使用默认 DNS 服务器查询指定计算机“host”的域名解析或 IP 地址的反向解析，“host”用要查询计算机的域名或者 IP 地址代替。

nslookup host server：非交互模式下，使用指定 DNS 服务器“server”查询指定计算机“host”的域名解析或 IP 地址的反向解析，“host”用要查询计算机的域名或者 IP 地址代替。

下面有关 nslookup 命令操作演示的前提是已做好相关配置。

2. nslookup 命令的交互模式

在命令行窗口输入“nslookup”或者“nslookup -‘指定 DNS 服务器的域名或 IP 地址’”，回车，显示有关 DNS 服务器的信息（如果不指定 DNS 服务器，显示缺省 DNS 服务器的信息），如图 14-12 所示。在提示符下输入“?”，回车，会显示可以在交互模式下使用的命令的帮助信息。

图 14-12 DNS 服务器的信息

在交互模式的提示符下输入域名，可以查询其对应的 IP 地址以及提供解析服务的 DNS 服务器的域名和 IP 地址（正向解析）；输入 IP 地址可以查询其对应的域名以及提供解析服务的 DNS 服务器的域名和 IP 地址（反向解析），如图 14-13 所示。由此判断 DNS 服务能够提供正向解析和反向解析。输入“exit”可退出交互模式。

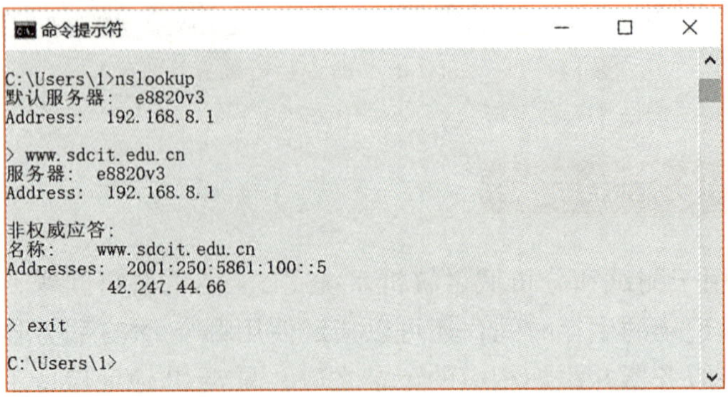

图 14-13 nslookup 命令的交互模式

3. nslookup 命令的非交互模式

在命令行窗口输入“nslookup‘要查询的计算机的域名或者 IP 地址’”，回车，查询使用缺省 DNS 服务器进行域名的正向或者反向解析，如图 14－14 所示。

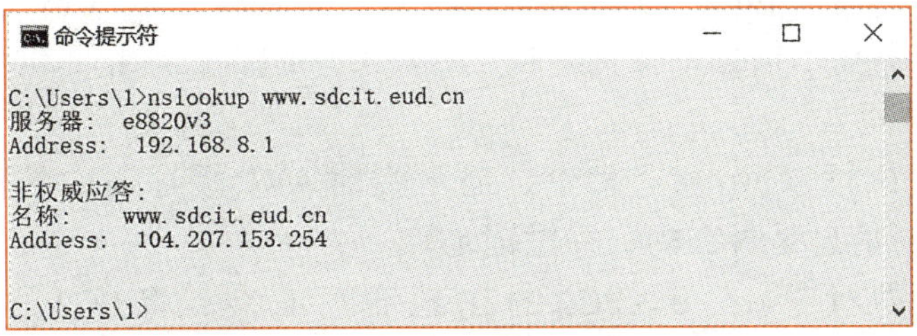

图 14－14　nslookup 非交互模式使用缺省 DNS 服务器查询

项目实训：TCP/IP 诊断命令实操

一、实训目的

掌握常用网络命令的使用方法。

二、实训环境或设备

（1）1 台交换机。

（2）2 台计算机。

（3）2 条直通式双绞线。

三、拓扑结构图

本实训的拓扑结构图如图 14－15 所示。

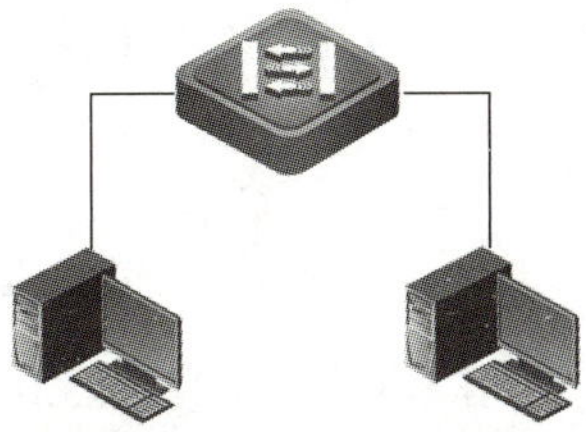

图 14－15　拓扑结构图

四、实训内容

1. ipconfig 命令的使用

（1）设定 PC1 的计算机名为“TEST1”，PC2 的计算机名为“TEST2”。在 PC1 中建立 DHCP 服务器，作用域选项中的路由器设置为“192.168.0.1”，DNS 服务器设置为“192.168.0.2”，使 PC2 从 DHCP 服务器端自动获取 IP 地址。

（2）打开 PC2 端命令行窗口，输入“ipconfig/all”，查看 IP 地址的分配情况，并做记录。

（3）执行 ipconfig/release 命令释放 PC2 的地址，再执行 ipconfig/renew 命令重新获取新的 IP 地址，然后执行 ipconfig/all 命令查看 IP 地址的分配情况。

2. ping 命令的使用

（1）在 PC2 中执行“ping 127.0.0.1”命令，查看显示信息。如有误，分析原因。

（2）在 PC2 中执行“ping 本机 IP 地址”命令，查看显示信息。如有误，分析原因。

（3）在 PC2 中执行“ping 192.168.0.2”命令，测试与 PC1 的连接，查看显示信息。如有误，分析原因。

（4）在 PC2 中执行“ping -n 8 -l 64 192.168.0.2”命令，将发送的测试数据包的数量改为 8 个，每个测试数据包的大小改为 64 字节，测试与 PC1 的连接，查看显示信息。如有误，分析原因。

（5）在 PC2 中执行“ping -t 192.168.0.2”命令，连续测试与 PC1 的连接，其间，断开 PC1 的网线，查看显示信息的变化。按“Ctrl+C”组合键终止测试。

3. arp 命令的使用

（1）在 PC1 中执行“arp -a”命令，显示当前 ARP 缓存表中的信息，查看 PC2 的 IP-MAC 地址映射对信息是否在内，并做记录。

（2）在 PC1 中执行“arp -d‘PC2 的 IP 地址’”命令，将 PC2 的 IP-MAC 地址映射对从 PC1 的 arp 缓存表中删除，再执行“arp -a”命令核实。

（3）在 PC1 中执行“arp -s‘PC2 的 IP 地址’‘PC2 的 MAC 地址’”命令，将 PC2 的 IP-MAC 地址映射对重新添加到 PC1 的 ARP 缓存表中，然后执行“arp -a”命令核实。

4. netstat 命令的使用

（1）在 PC1 中执行“netstat -a”命令，查看本机的连接信息，并做记录。

（2）在 PC1 中执行“netstat -b”命令，查看本机可执行程序的连接信息，并做记录。

（3）在 PC1 中执行“netstat -e”命令，查看本机的以太网数据包的收发情况，并做记录。

（4）在 PC1 中执行“netstat -p tcp”命令，查看本机 TCP 协议下的连接信息，并做记录。

5. nslookup 命令的使用

（1）在 PC1 上安装 DNS 服务器。正向区域名称设置为“mytest.com”，反向区域网络 ID 为“192.168.0.*”。正向查找区域设置技术机，域名为 www.mytest.com，IP 地址为“192.168.0.201”。反向查找区域设置指针，IP 地址为“192.168.0.201”，域名为 www.mytest.com。反向查找区域再设置指针，IP 地址为“192.168.0.2”，域名为 dns.mytest.com。

（2）在 PC2 中执行“nslookup www.mytest.com”命令，查看 PC1 上的 DNS 服务器的正向解析是否有效。

（3）在 PC2 中执行“nslookup 192.168.0.201”命令，查看 PC1 上的 DNS 服务器的反向解析是否有效。

项目小结

在本项目中，我们学习了 ipconfig、ping、arp、nslookup 等命令的使用。

诊断命令是我们诊断和解决网络问题的基本工具。网络问题多样且复杂，解决网络问题要有扎实的理论功底，而从了解到会用到熟用诊断命令需要不断地实践，把理论运用于实践便是我们求学的根本。

我们不能只埋头于理论而忽略实践；也不能只喜欢实践而苦于理论学习。理论和实践就像是船两侧的桨，平衡用力方能使船顺畅前行。

技能检测

一、选择题

1. 查看包含 MAC 地址在内的计算机的详细配置信息，使用（　　）命令。

A. ipconfig　　B. ipconfig/all　　C. ipconfig/release　　D. ipconfig/renew

2. 计算机放弃 DHCP 服务器分配的 IP 地址，使用（　　）命令。

A. ipconfig　　B. ipconfig/all　　C. ipconfig/release　　D. ipconfig/renew

3. 计算机更新 DHCP 服务器分配的 IP 地址，使用（　　）命令。

A. ipconfig　　B. ipconfig/all　　C. ipconfig/release　　D. ipconfig/renew

4. 如果在计算机上执行“ping 127.0.0.1”，测试不通，说明（　　）可能存在问题。

A. 计算机主板　　B. 计算机网卡　　C. 网线　　D. 交换机

5. 查看计算机 ARP 缓存表信息，使用（　　）命令。

A. arp　　B. arp -s　　C. arp -d　　D. arp -a

二、简答题

1. 简述使用 ping 命令检查网络连接情况的步骤。

2. ipconfig 命令一般如何使用？

项目 15

组建域模式网络

项目导读

网络服务器中存储了丰富的资源，用户要想使用这些资源，必须经过服务器的认证，获得许可，也就是说，用户需要在服务器中拥有一个合法的账户。

在工作组网络结构中，服务器没有主次之分，计算机的操作员就是管理员，整个网络处于分散管理状态，只能组建只有一台或几台服务器的网络。假设网络中有 10 台服务器用于提供资源，有一个用户 user1，那么每台服务器的管理员都要为 user1 建立账户，而 user1 不仅要记住在每台服务器上的账号和密码，还需要记住哪种资源在哪台服务器上，然后分别登录不同的服务器获取不同的资源，效率可想而知。而随着网络规模的扩大，服务器数量的增多，用户管理和使用网络及其资源的难度越来越大。

为了解决上述问题，实现一个用户只需要一个账号就可以访问整个网络中的所有服务器，人们提出了目录服务这一解决方案。而域则是 Windows Server 2016 目录服务的基本管理单位。

学习目标

1. 了解活动目录以及相关概念。
2. 掌握活动目录的安装方法。
3. 掌握用户账号的创建与管理。

任务 15.1　域模式网络基本概念

1. 活动目录

活动目录（Active Directory）是一种目录服务，用于将网络上的各类资源存储并组织在一起，包括用户、组、计算机、共享资源、打印机和联系人等，便于管理员和用户查找和使用。

2. 域、组织单位、域控制器

域（Domain）是 Windows Server 2016 目录服务的基本管理单位。例如，山东信息职业技术学院下设计算机系、电子与通信系、软件与大数据系等部门，那么整个学院就相当于一个域，而计算机系、电子与通信系、软件与大数据系等部门便相当于一个个域，只是这些部门域都在单位域的范围之内，可以作为单位域的子域。Windows Server 2016 网络中的域就具有这种层次性。又如，一个局域网中有 100 个用户，根据不同的用途，将这 100 个用户分成 4 组，每组 25 个用户。这时，便可以通过域的模式来管理这个网络。首先将这个局域网定义成一个大域，再将 4 个用户小组分别定义成 4 个小域（即子域），这 4 个小域全部在一个大域的管理之下。实际上，我们是将域定义为“安全与集中管理的最基本单位”。一个域中可包含一个或多个 Windows 2000 Server、Windows Server 2008、Windows Server 2012、Windows Server 2016 服务器，而一个 Windows Server 2016 网络又可由一个或多个域组成。域与域之间通过建立信任关系来实现资源共享。

活动目录

域模式最大的好处之一就是它具有单一网络登录能力，任何用户只要在域中有一个合法的账号，就可以漫游整个网络并使用整个网络中的资源。域目录树中的每一个节点都有自己的安全边界，这种层次结构既安全又细致。以前的域的信任关系过分强调安全性而可调整性不够。新一代目录服务增强了信任关系，扩展了域目录树的灵活性，它把一个域作为一个完整的目录，域之间能够通过一种基于安全认证的可传递的信任关系建立树状连接，从而使单一账号在该树状结构中的任何地方都有效，这样在网络管理和扩展时就比较轻松了。

活动目录又可以把域详细划分为组织单位，组织单位是一个逻辑管理单位，它是域中一些用户和组、文件与打印机等资源对象的集合。组织单位中还可以再划分下一级组织单位，并且下级组织单位能够继承父组织单位的访问许可权。每一个组织单位可以拥有自己单独的管理员，拥有该组织单位的管理权限，拥有不同的管理任务，从而在网络中实现了对资源和用户的分级管理。使整个网络的层次结构更加清晰，便于网络管理员对网络对象的管理和使用。

活动目录通过这种域内的组织单位树和多个域之间的可传递信任树来组织其信任对象，为动态目录的管理和扩展带来了极大的方便。这样，在 Windows Server 2016 网络中，一个域能够轻松地管理数万乃至数十万个对象，而一棵域树则可以是包含上亿个对象的庞大的网络。

在 Windows Server 2016 网络中，域中的所有域控制器之间都是平等的关系，不再像 Windows NT 那样区分主域控制器和备份域控制器，这主要是因为 Windows Server 2016 采用了活动目录服务，在进行目录复制时不是沿用早期目录服务数据库的主从复制方式，而是采用多主复制方式。也就是说，管理员可以在域、域树、域林中的任意一台域控制器中建立对象，Windows Server 2016 在复制活动目录数据库时对不同域控制器中各个对象的修改顺序数进行大小比较，判断它们被修改的先后顺序，最新修改的对象属性被保留，旧的属性便被新的属性所取代，这就保证了每一个域控制器上的目录服务数据库都是最新的。通过这种方式，网络中任何一个域控制器上的活动目录库的变更都会自动复制到其他域控制器上的副本中。另外，Windows Server 2016 也不再划分全局组和本地组，组内可以包含任何用户和其他组账号，而不管它们在域目录树的什么位置，这有利于用户对组进行管理。

我们在组建网络时要想使用 Active Directory，必须创建一个或多个域。而创建域时，用户必须在一个或多个运行 Windows Server 2016 的计算机中安装活动目录，使这些计算机成为域控制器。域控制器为网络用户和计算机提供 Active Directory 服务、存储目录数据服务并管理用户和域之间的交互，包括用户登录过程、验证和目录搜索等。每个域必须至少包含一个域控制器。

3. 域树和域林

Active Directory 中的每个域通过 DNS 域名加以标识，并且需要一个或多个域控制器。如果用户的网络需要一个以上的域，则可以创建多个域。共享相同的公用架构和全局目录的一个或多个域称为域树或域林：如果域林中的多个域有连续的 DNS 域名，则该结构称为域树；如果相关域树共享相同的 Active Directory 架构以及目录配置和复制信息，但不共享连续的 DNS 名称空间，则称之为域林。

用户管理

域树和域林的组合为用户提供了灵活的域命名选项。连续和非连续的 DNS 名称空间都可加入用户的目录中。

域树由多个域组成，这些域共享同一个表结构和配置，形成一个连续的名字空间。域树中的域通过信任关系连接起来，活动目录包含一个或多个域树。域树中的域层次越深级别越低，一个“.”代表一个层次，如域 software.sdcit.cn 就比 sdcit.cn 这个域级别低，因为前者有两个层次，而 sdcit.cn 只有一个层次。而域 network.software.sdcit.cn 又比 software.sdcit.cn 级别低，道理是一样的。域树中的域是通过双向可传递信任关系连接在一起的。由于这些信任关系是双向的、可传递的，因此在域树或域林中新创建的域可以立即与域树或域林中的每个域建立信任关系。这些信任关系允许单一登录过程，在域树或域林中的所有域上对用户进行身份验证，但这并不意味着经过身份验证的用户在域树的所有域中都拥有相同的权利和权限。因为域是安全界限，所以必须在每个域的基础上为用户指派相应的权利和权限。

域林由一个或多个没有形成连续名字的域树组成。域林中的所有域树共享同一个表结构、配置和全局目录。域林中的所有域树通过 Kerberos 信任关系连接起来，不同域树可以交叉引用其他域树中的对象。域林都有根域，根域是域林中创建的第一个域，域林中所有域树的根域与域林的根域建立可传递的信任关系。

Active Directory 域名通常是该域的完整 DNS 名称。但是，为确保向下兼容，每个域还有一个 NetBIOS 名称，以便运行 Windows 2000 Server 以前版本（如 Windows 9X）的操作系统的客户端加入域。

在域树中创建域时，相邻域（父域和子域）之间自动建立信任关系。如 sdcit.cn 和 software.sdcit.cn 之间自动建立信任关系。在域林中，域林根域和添加到域林的每个域树的根域之间自动建立信任关系。因为这些信任关系是可传递的，所以可以在域树或域林中的任何域之间进行用户和计算机的身份验证。

4. 信任关系

所有域信任关系都只能包含两个域：信任域和受信任域。域信任关系按以下特征进行描述：

（1）单向信任是域 A 信任域 B 的单一信任关系。所有的单向关系都是不可传递的，并且所有的不可传递信任都是单向的。身份验证请求只能从信任域传到受信任域。Windows Server 2016 的域可与以下域建立单向信任：不同域林中的 Windows Server 2016 域、Windows Server 2012 域、Windows Server 2008 域、Windows 2000 Server 域。

（2）Windows Server 2016 域树中的所有域信任关系都是双向可传递信任。建立新的子域时，双向可传递信任关系在新的子域和父域之间自动建立。Windows Server 2016 域树中的所有域信任关系都是可传递的。可传递信任关系始终为双向：此关系中的两个域相互信任。可传递信任不受信任关系中的两个域的约束。当用户建立新的子域时，在父域和新子域之间就隐含地（自动）建立起双向可传递信任关系。可传递信任关系在域树中按其形成的方式向上流动，并在域树中的所有域之间建立起可传递信任。

在图 15－1 所示的域林中，域 1 和域 2 有可传递信任关系，域 2 和域 3 有可传递信任关系，则域 3 中的用户（在获得相应权限时）可访问域 1 中的资源。因为域 1 和域 A 具有可传递信任关系，并且域 1 的域树中的其他域和域 A 具有可传递信任关系，所以域 B 中的用户（当授予适当权限时）可访问域 3 中的资源。

不可传递信任只受信任关系中的两个域的约束，并不影响域林中的其他域。在大多数情况下，用户必须明确建立不可传递信任。

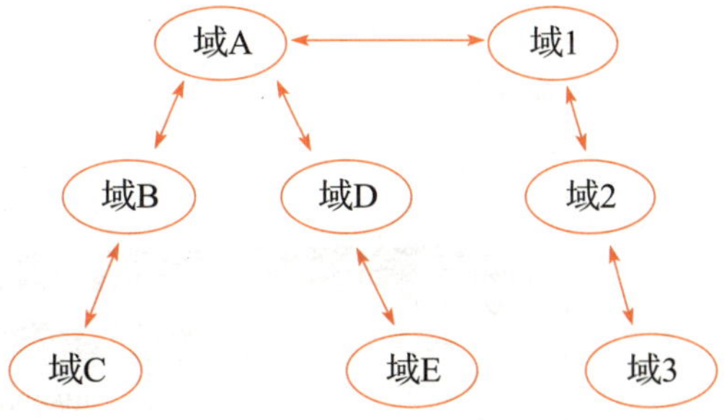

图 15－1　域林中域之间的信任关系

任务 15.2　活动目录的安装

1. 安装要求

（1）除 Web 版外，Windows Server 2016 系列的其他版本都可以安装活动目录。

（2）活动目录必须安装在 NTFS 分区上，也就是说在安装 Windows Server 2016 的计算机上必须存在 NTFS 分区。

（3）需要本地管理员用户权限。网络中安装的第一台域控制器必须以本地管理员的身份来安装，如果要在现有的域中添加第二台域控制器，必须以域管理员的身份来完成操作。

2. 安装方法

（1）选择“开始”→“服务器管理器”，打开“服务器管理器·仪表板”对话框，因为要安装一台新的域控制器，所以选择“添加角色和功能”。

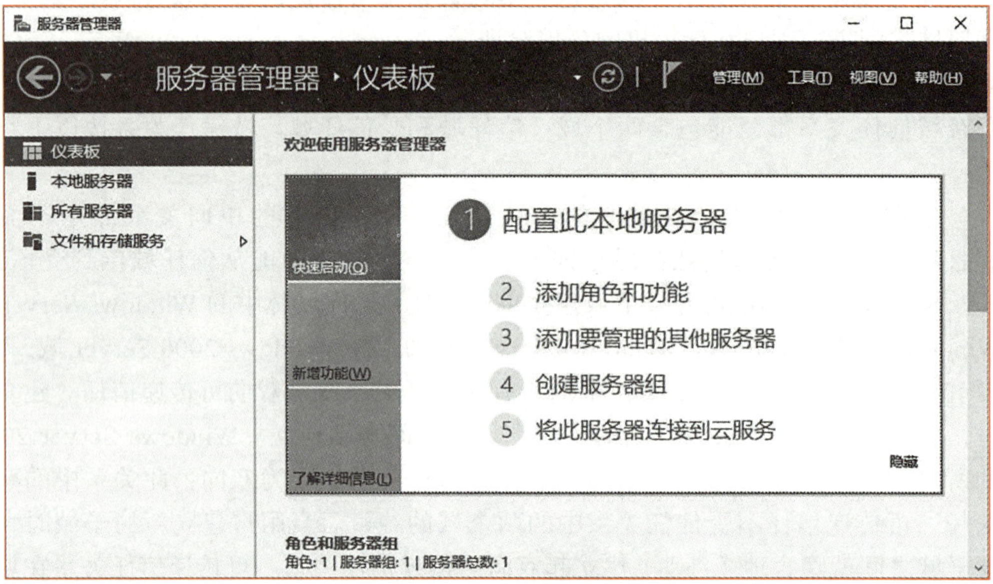

图 15-2　选择“添加角色和功能”

（2）在安装 Windows Server 2016 域控制器之前，需要满足几个基本的条件，具体可参考如图 15-3 所示的“添加角色和功能向导－开始之前”对话框。

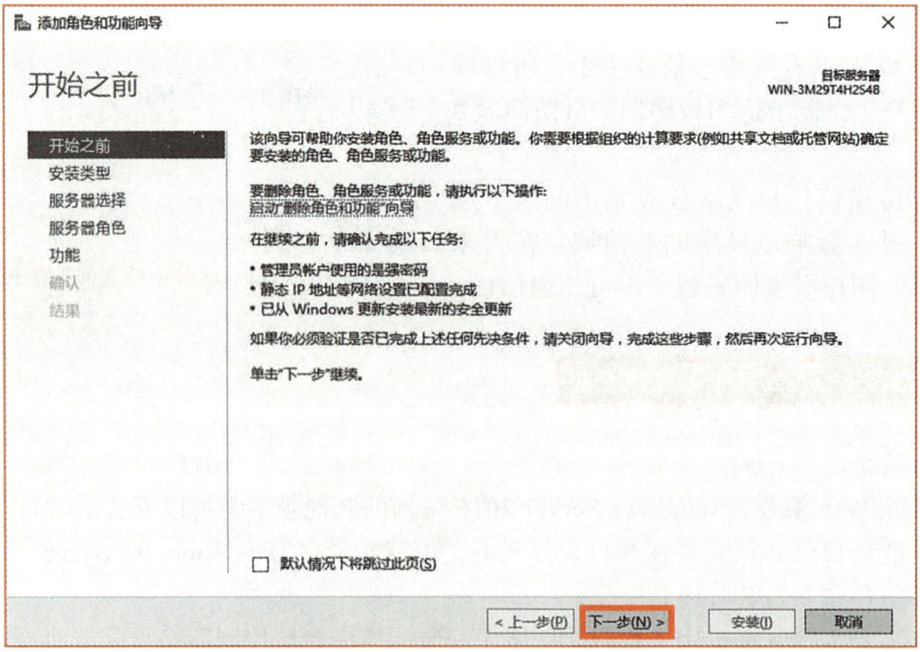

图 15-3　“添加角色和功能向导－开始之前”对话框

作为服务器，必须要确保安全性，所以管理员账户使用的密码必须是强密码，即必须满足密码复杂度的要求。作为服务器，无论是采用 IPv4 协议还是 IPv6 协议，均要求具有一个固定的 IP 地址。

（3）满足上述条件后，单击“下一步”按钮。选择“基于角色或基于功能的安装”，在“服务器选择”窗口中选择当前计算机，单击“下一步”按钮。

（4）在图 15 - 4 所示的“添加角色和功能向导”之“服务器角色”中勾选“ Active Directory 域服务”，单击“下一步”按钮。在“功能”窗口中根据需要选择要添加的功能后（一般采用默认设置），单击“下一步”按钮。了解基本安装信息后，单击“安装”按钮。安装完成，单击“关闭”按钮。

域服务安装

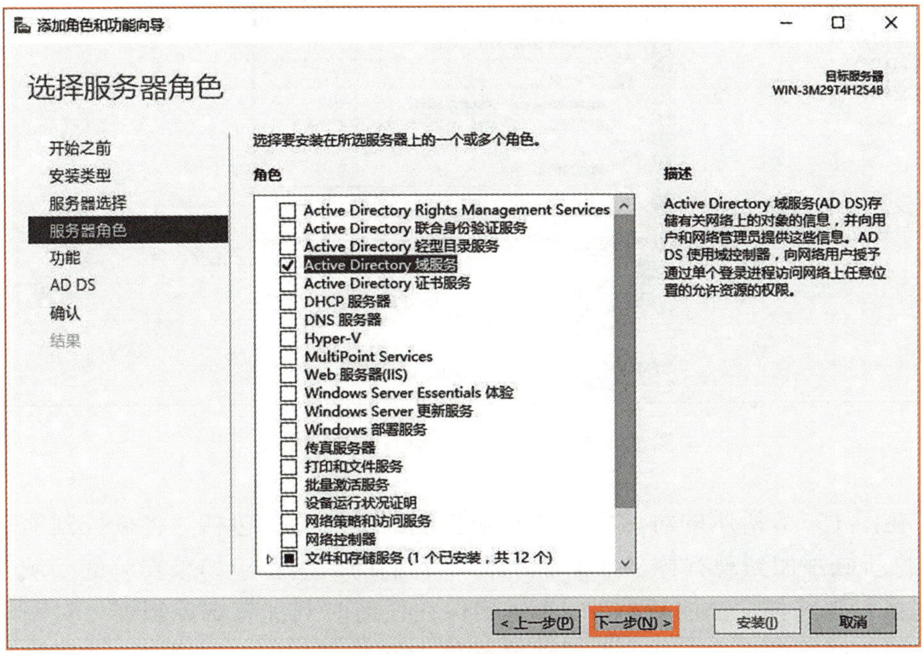

图 15 - 4　选择服务器角色

项目实训：域控制器的部署

一、实训目的

（1）掌握域控制器的安装方法。

（2）掌握域模式网络中用户账户和计算机账户的管理方法。

二、实训环境或设备

（1）1 台 Windows 7/8/10 物理机。

（2）1 台 Windows Server 2016 虚拟机。

（3）1 台 Windows 7/8/10 虚拟机。

三、实训内容

1. 安装域控制器

（1）安装“ Active Directory 域服务”后，需要对域控制器进行部署。单击“服务器管理器 · 仪表板”菜单栏上的小旗子图标（通知），再单击“将此服务器提升为域控制器”，如图 15－5 所示。

升级为域控制器

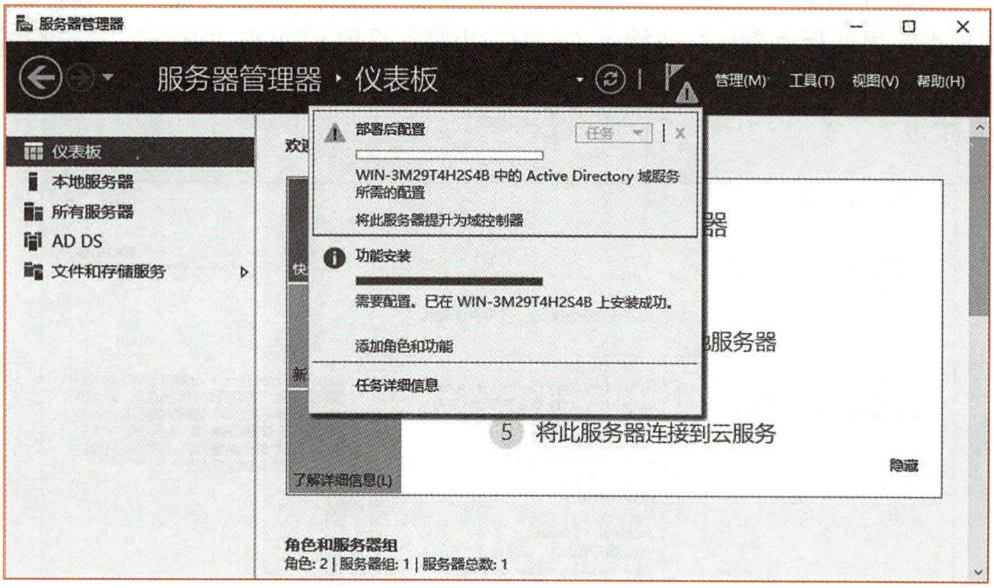

图 15－5　将此服务器提升为域控制器

（2）在图 15－6 所示的对话框中选择域控制器的类型，包括“将域控制器添加到现有域”“将新域添加到现有林”“添加新林”，它们的区别在于如果安装的是域中的第一台域控制器，则选择“添加新林”；为了确保在任何时刻都有域控制器可对网络用户进行验证，保证网络的正常工作，而需要在网络中安装多个域控制器时，如果域中已经存在一个域控制器，就需要选择“将域控制器添加到现有域”；如果要将新的域控制器加入已有的林中，则选择“将新域添加到现有林”。因为目前要部署一个全新的网络，所以选择“添加新林”，并为新域指定一个根域的名称“ sdcit.cn”，然后单击“下一步”按钮。

（3）在图 15－7 所示的对话框中设置目录服务还原模式密码（要求满足复杂度要求），然后单击“下一步”按钮。

（4）在“ DNS 选项”窗口中，如果当前网络中没有安装 DNS 服务器或者未启动 DNS 服务，可以不勾选“创建 DNS 委派”，将来配置 DNS 服务器时再设置。单击“下一步”按钮。

（5）为新域指定一个 NetBIOS 域名，便于网络中的 DOS、Windows 9X、Windows

Me 等客户端加入域，如图 15－8 所示。

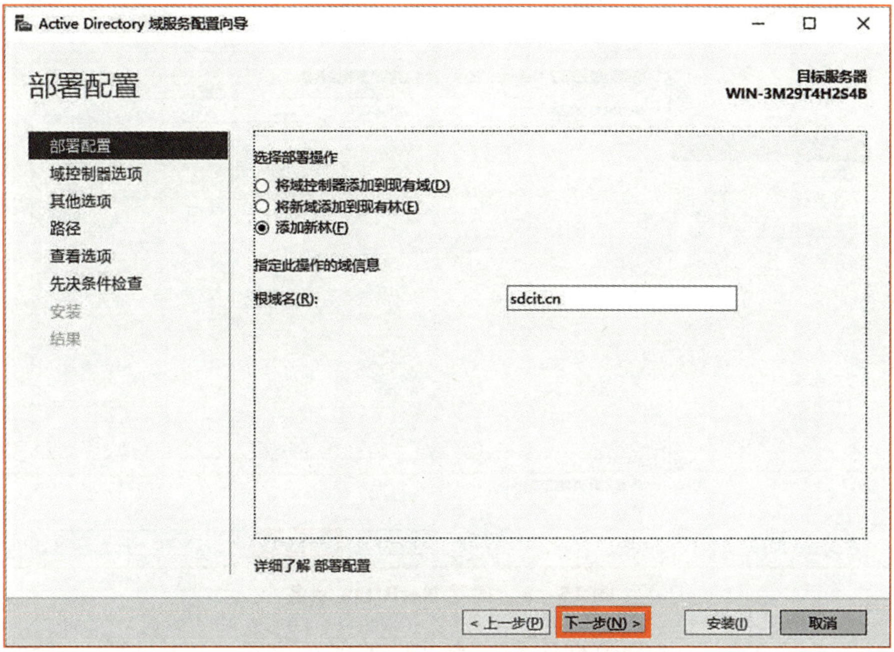

图 15－6　选择域控制器的类型

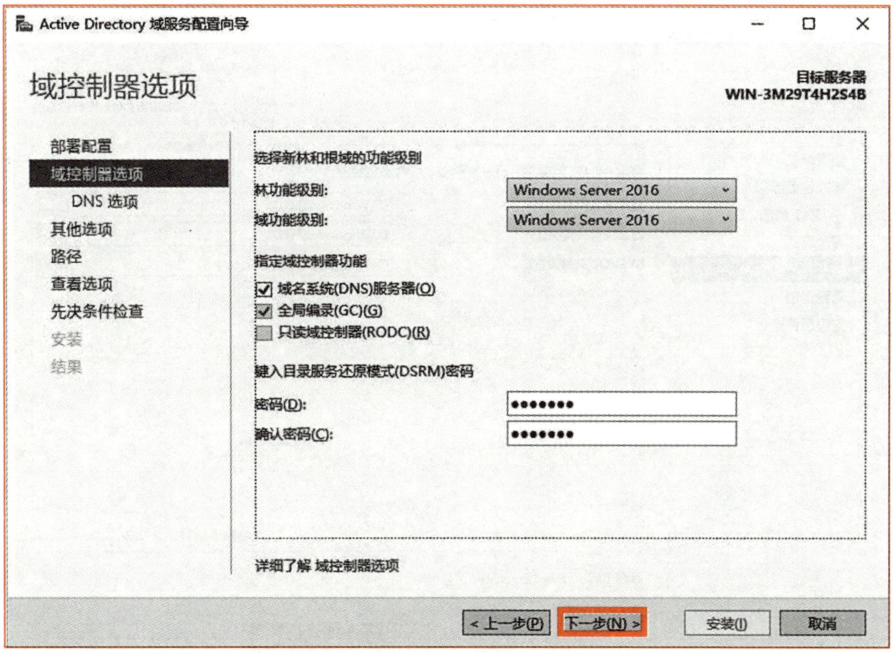

图 15－7　设置目录服务还原模式密码

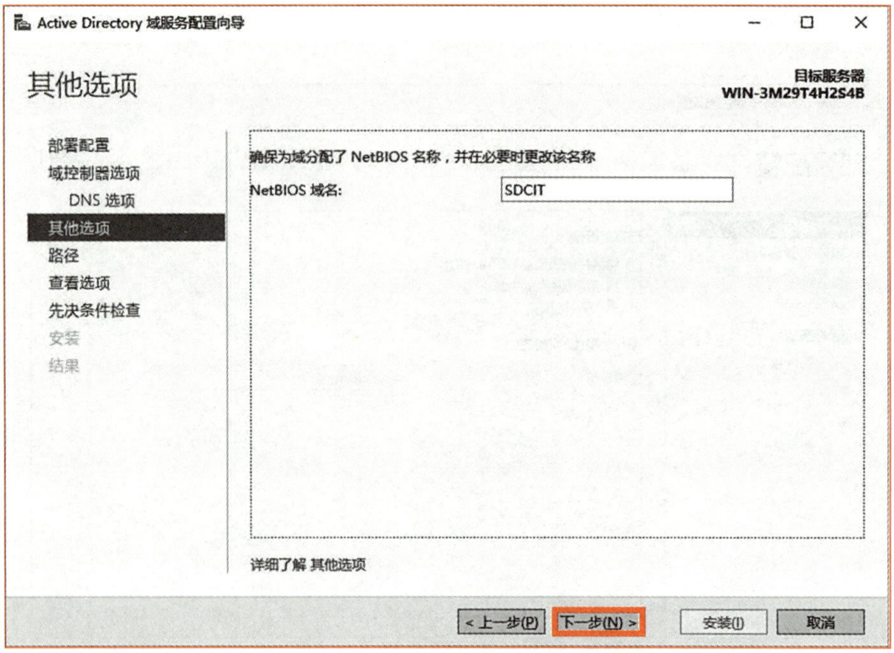

图 15-8　指定 NetBIOS 域名

（6）指定 Active Directory 数据库和日志文件的保存位置，安全起见，最好将 Active Directory 数据库和日志文件分别保存到不同的硬盘或计算机上，如图 15-9 所示。单击“下一步”按钮。

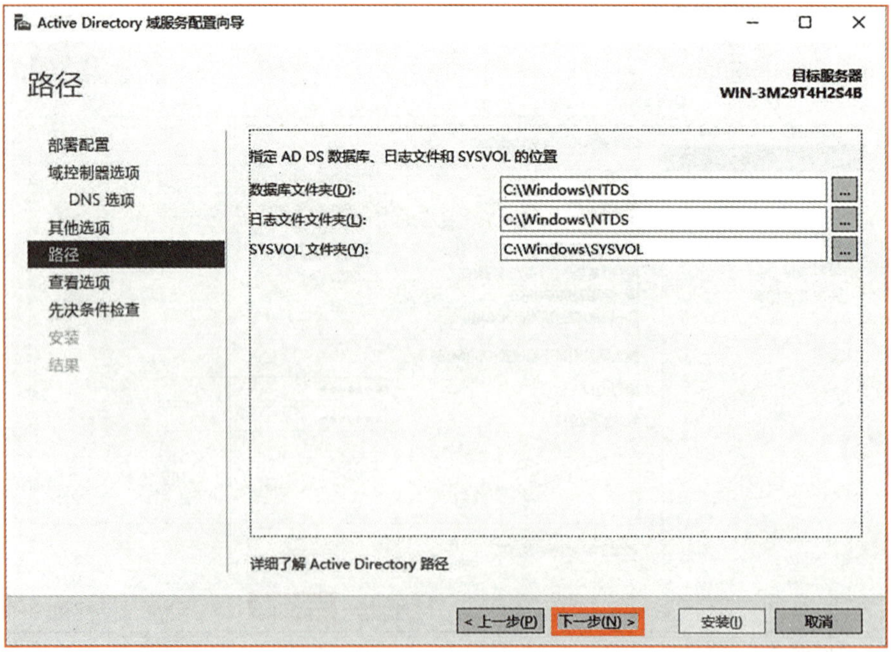

图 15-9　指定数据库、日志文件和 SYSVOL 的位置

（7）系统会进行先决条件检查，以保证域控制器的正常安装，出现的警告信息不必

理会，单击“安装”按钮即可。安装完毕后，系统会自动重启，启动成功则表示计算机已经成为域控制器。

2. 用户和组的管理

Active Directory 用户账号和计算机账号代表物理实体，用户账号或计算机账号（以及组）称为安全主体。安全主体是自动分配安全标识符的目录对象。带安全标识符的对象可登录网络并访问域资源。用户账号或计算机账号用于验证用户或计算机的身份、授权或拒绝访问域资源、管理其他安全主体、审计用户或计算机账号执行的操作。以下设置账号的工作都是在采用活动目录的环境中进行的。

（1）建立用户账号前的准备工作。

在一个网络中，用户和计算机都是网络的主体，两者缺一不可。拥有计算机账号是计算机接入 Windows Server 2016 网络的基础，拥有用户账号是用户登录网络并使用网络资源的基础，因此用户账号和计算机账号管理是 Windows Server 2016 网络管理中最必要且最常规的工作之一。

一个有经验的网络管理员一定会对用户账号进行统一规划。在网络中，每一个用户均可能具有不同的职能，为了保证网上的用户能够相互识别且具有独立性，应为每个用户指定一个唯一的用户账号，这个用户账号中包含用户名称、登录密码以及登录方法等信息。但是，这些具有不同职能的用户使用网络资源的权限可能不同，所以我们通过“组”（即用户组）来分类管理这些用户账号，将具有相同资源权限的用户纳入同一个组来管理。正如每个用户有唯一的“用户账号”，每个组也有唯一的“组账号”。只要给某一个组设置了权限，这个组的所有成员就具有与组相同的属性，即可通过“组账号”间接地给“用户账号”赋予权限。这比逐一给用户账号赋予权限要方便得多，且避免了管理上的混乱，同时也大大减轻了管理员的负担。因此，当组建规模较大（用户数较多）的网络时，很有必要对需要登录服务器的用户账号进行分类管理和规划。建议制作一个表格，根据用户在网络中享有权限的不同对其分类归档，然后运用组的功能来管理这些用户账号。

在 Windows Server 2016 网络中，如果采用了活动目录，便可以直接在域的“ users”组织单位中设置全域的用户账号。但为了管理和查找方便，建议先建立域的其他组织单位（如“电子与通信系”“软件与大数据系”等），然后在对应的组织单位中建立用户账号和计算机账号，以便于将来对用户账号和计算机账号进行各种操作。

（2）新建用户账号。

当有新的用户需使用网络资源时，网络管理员必须在域控制器中为其添加一个相应的用户账号，否则该用户无法访问资源。另一方面，当有新的客户计算机要加入域时，管理员必须在域控制器中为其创建一个计算机账号，以确保它有资格成为域成员。

成功创建一个用户账号后，Windows Server 2016 会随机分配一个 SID（Security Identifier，安全识别码）给该用户账号。用户账号的 SID 同时具有唯一性和永久性。即在同一网络中，SID 不可能重复，即使用户账号已被删除，其 SID 仍然会被永久保留；如果账号删除后又建立了一个同名账号，由于 SID 不同，新建的账号也不可能拥有以前同名账号的权限。下面具体介绍用户账号的建立过程。

1）选择“开始”→“Windows 管理工具”→“Active Directory 管理中心”，打开“Active Directory 管理中心 · sdcit（本地）”对话框，如图 15－10 所示。

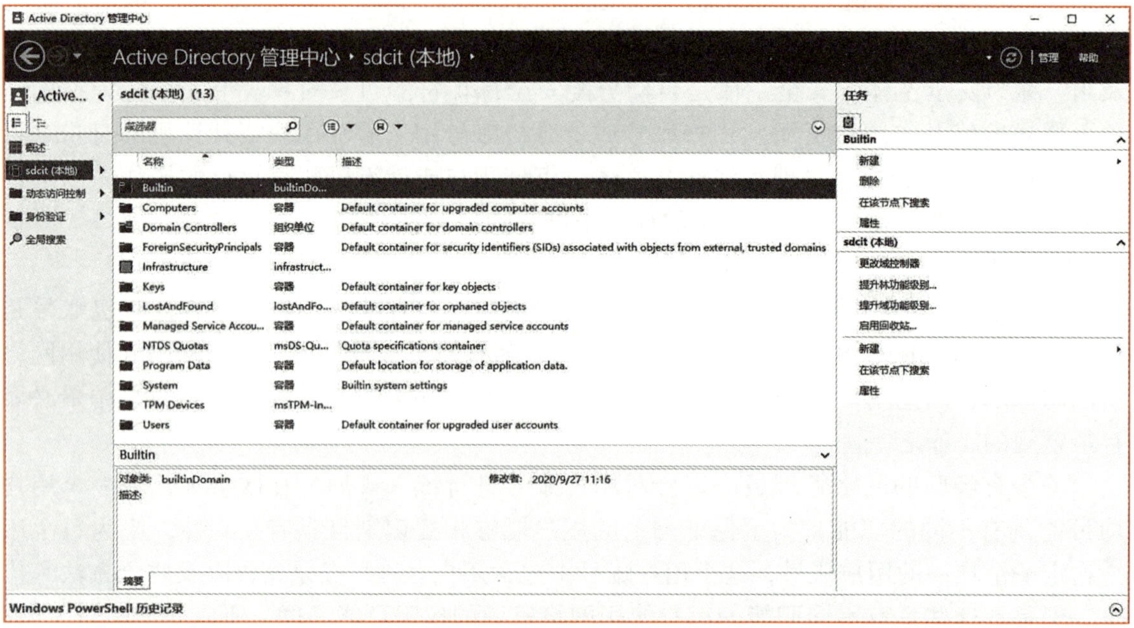

图 15－10　Active Directory 管理中心

2）为了便于管理，先建立一个“电子与通信系”组织单位，在图 15－10 所示的对话框的右侧窗口单击“sdcit（本地）”，选择“新建”→“组织单位”，弹出如图 15－11 所示的对话框，按要求设置。

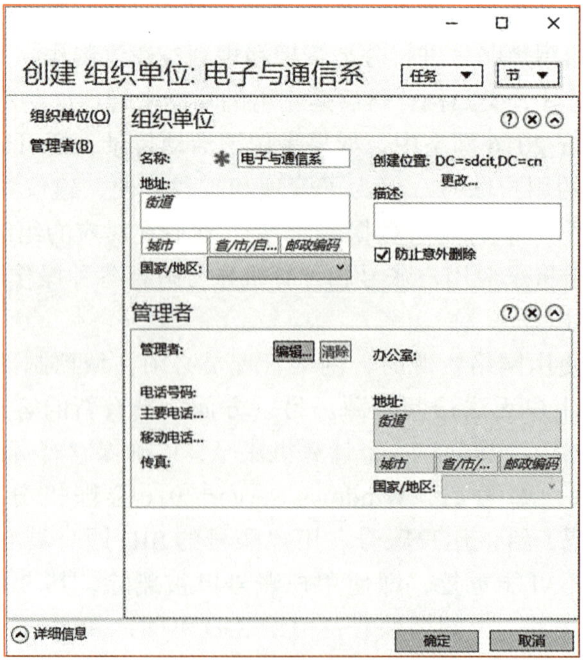

图 15－11　创建组织单位

3）在图 15－10 所示的对话框的右侧窗口选择“新建”→“用户”，将出现如图 15－12 所示的对话框。可以在该对话框中按照提示输入新建账号的有关信息，包括名字、用户 UPN 登录、用户的注释信息等。注意：用户 UPN 登录不能超过 20 字节（10 个汉字），而且不能包含 /\[]:;|=,+<> ？等字符。

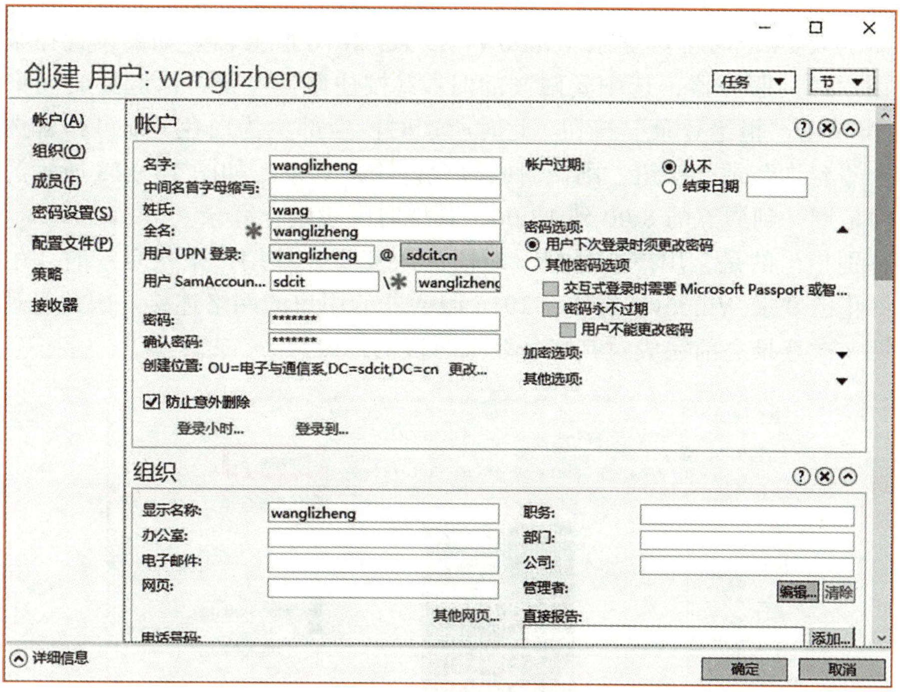

图 15－12 “创建用户”对话框

原则上，密码可以使用任意字符，不过不建议使用汉字。使用英文字母作密码时，应注意 Windows 网络对密码的验证处理是区分大小写的。

如果选择了“用户下次登录时须更改密码”项，系统将会强迫用户在第一次登录时更改密码，否则无法登录。针对安全意识不强而使用缺省密码的用户，这是保证用户账号安全的必要措施。

如果是创建供多人使用的公用账号，应选择“用户不能更改密码”项，否则任意一个用户更改了密码，都会使其他用户无法使用该账号登录。

当“密码永不过期”项被选定后，密码将永久有效。

如用户账号暂时不用，可选择“账户已禁用”项，以防止其他用户利用此账号登录。

4）设置完毕后，单击“确定”按钮，返回“Active Directory 管理中心”，即创建了一个用户账号。

（3）管理用户账号。

1）限制用户登录的时间。

凭借新建账号的缺省设置，用户可以在任何时间访问 Windows Server 2016 服务器。但在实际应用中，有时出于安全或其他考虑，需对用户访问服务器的时间进行限制。例如，有些单位为了禁止用户在下班后访问服务器，对用户账号设置了登录时间限制。

具体设置方法如下：

在图 15－12 所示的对话框中单击“登录小时”，弹出如图 15－13 所示的“登录小时数”对话框。对话框中的蓝色方格表示允许该用户使用的时间，以小时为单位，一个方格代表 1 小时。蓝色表示允许登录，白色表示不允许登录。在缺省状态下，所有方格均为蓝色，即全天 24 小时都可登录 Windows Server 2016 服务器。如要设置在某一时间段内不允许用户访问服务器，选中要限制的时段（按住鼠标左键，从起始时间格拖至结束时间格），再单击“拒绝登录”按钮（此时所选时段全部变为白色）即可；若选择某时间段后，单击“允许登录”按钮，则该时间段允许用户登录。如图 15－13 所示为用户能够登录的时间是周一到周五的 8:00 到 18:00，其他时间段禁止登录。

需要特别指出的是，用户账号登录时段的改变要在该用户下次登录时才生效，并不能实时地终止已登录 Windows Server 2016 服务器的用户的网络连接。因此管理员应该在用户当日第一次登录之前完成对其账号登录时段的修改。

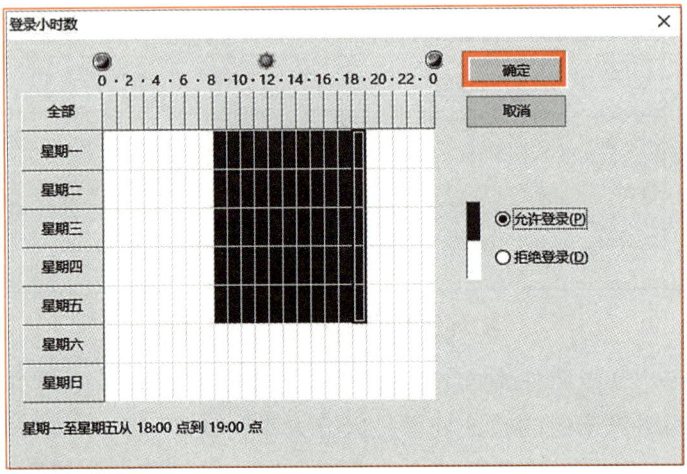

图 15－13　登录小时数

2）限制用户的登录地点。

对于创建的新用户，系统默许其登录任意一台工作站，但是为了保证网络及资源的安全性，管理员可以将其设置为只能从指定的工作站登录。例如，银行的柜台终端，一般不允许操作员随意换位置，因此将其设定为只能从特定终端登录就显得非常重要；而对于部门主管等拥有较高的业务权限，工作范围又相对固定的用户，可以将登录地点分别设置到该部门主管所辖的电脑终端上，为各部门主管协同工作提供便利；对于系统管理员来说，由于其工作具有特殊性，需要在任何时间、任何位置访问或管理整个网络，因此，通常不须对系统管理员进行限制。

用户登录地点的设置方法与登录时间的设置方法类似，在图 15－12 所示的对话框中单击“登录到”，弹出如图 15－14 所示的“登录到”对话框。选择“所有计算机”表示用户从指定的计算机登录时，只要输入代表该计算机的计算机名称（可以是计算机的 NetBIOS 名称或 DNS 名称）后单击“添加”按钮即可（计算机名称前不能出现斜杠“\”），每输入一个计算机名称需要单击一次“添加”按钮，全部完成后单击“确定”按钮。如果要禁止用户从某台计算机登录网络，选中该计算机，单击“删除”按钮即可。

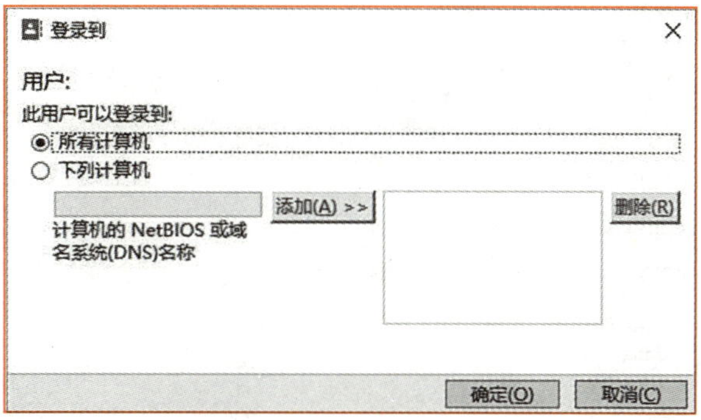

图 15－14　“登录到”对话框

3）设置用户账号信息。

在图 15－12 所示的对话框中，可以对选定的用户账号进行有效期限和账号类型等的设置。选择“账户过期”中的“从不”项，表示除非该用户账号被网络管理员删除，否则可无限期使用。选择“结束日期”项并输入限定时间后，表示该账号只在规定的时间内有效，一般用于管理临时账户。例如，学生在校期间可以正常使用校园网中的账户，毕业后该账户就失效，这是一种有效的安全管理措施。

4）修改用户账号。

用户可根据不同时间或不同环境的需要，对账号的属性进行必要的修改。Windows Server 2016 允许用户一次修改一个或多个账号的属性。在图 15－12 所示的对话框中双击账号的用户名，即可对账号属性进行修改。

5）删除用户账号。

当某些账号不再使用时，出于对系统安全的考虑，应及时将其从域中删除。某个用户账号被删除后，如果再建立一个同名的账号，该账号也不会继承被删除账号的属性和权限，这是因为 Windows Server 2016 会给不同时期建立的每一个账号分配一个固定的 SID。

（4）创建计算机账号。

每个加入 Windows Server 2016 域的 Windows Server 2016 成员或独立服务器和其他计算机都应该具有计算机账号，否则无法进行域连接，无法访问域资源。与用户账号类似，计算机账号也提供验证和审核计算机登录网络及访问域资源的方法。不过，一个计算机系统要加入到域中，只能使用一个计算机账号，而一个用户可以拥有多个用户账号，且可在不同的计算机（指已经连接到域中的计算机）上进行网络登录。

在图 15－10 所示的对话框中的“Computers”上右击，选择“新建”→“计算机”，弹出如图 15－15 所示的对话框。输入计算机名称后单击“确定”按钮即可创建计算机账号。需要注意的是，创建的计算机账号在整个域中必须是唯一的。

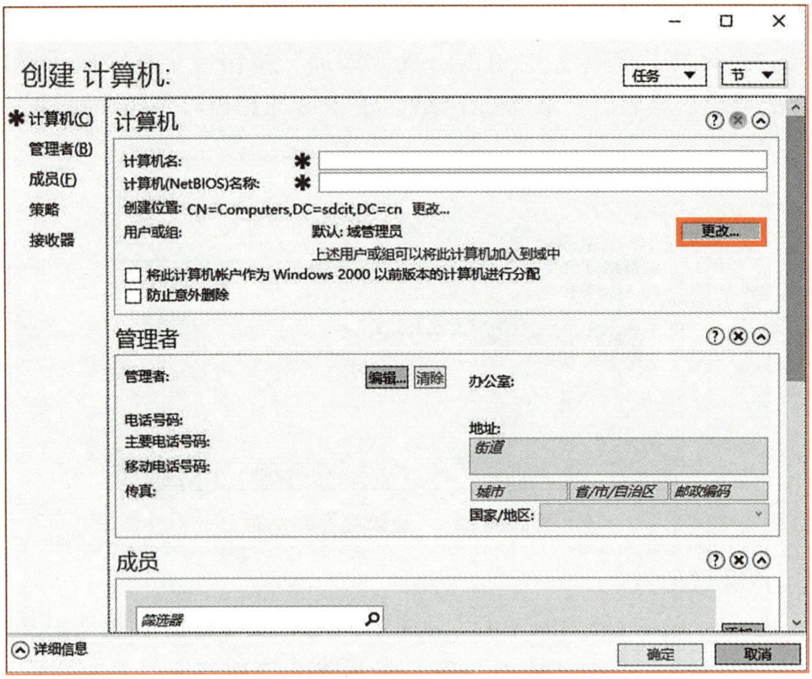

图 15－15 “创建计算机”对话框

计算机账号的删除、更名等操作与用户账号的相关操作相同。

（5）组与组织单位。

组是 Windows Server 2016 从 Windows NT 系统继承下来的安全管理形式，指的是活动目录或本地计算机对象，包含用户、联系人、计算机和其他组等。在 Windows Server 2016 网络中，组可以用来管理用户和计算机对网络资源的访问，包括活动目录对象及其属性、网络共享、文件、目录、打印机队列等。使用组，主要是为了方便管理访问目的和权限相同的一系列用户账号和计算机账号。

网络管理员在赋予用户账号或计算机账号权限时，如果权限各不相同，必须分别设置；如果权限相同，便可借助组的概念将它们划入一个组，使这些用户成为该组的成员，然后通过赋予该组权限来使这些用户或计算机具有相同的权限。

组织单位（Organizational Unit，OU）是域中包含的一类目录对象，包括用户、计算机和组、文件与打印机等资源。组织单位不能包含其他域中的对象。由于目录服务可以把域详细地划分成多个组织单位，且组织单位中还可以再划分下级组织单位，因此组织单位的分层结构主要用来建立域的分层结构模型，使网络结构看起来更清晰。

组织单位具有继承性，子组织单位能够继承父组织单位的访问许可权。网络管理员可使用组织单位来创建管理模型，还可以授予用户对域中所有组织单位或单个组织单位的管理权限。

注意：组和组织单位有很大的不同。组主要用于权限设置，而组织单位则主要用于网络结构的管理；另外，组织单位只表示单个域中的对象集合（可包括组对象），而组可以包含用户、计算机、本地服务器上的共享资源。

虽然系统提供了许多内置组用于权限和安全设置，但是它们并不能满足特殊安全和灵活性的需要。所以，要想管理好用户账号和计算机账号，必须根据网络情况创建一些新组。可以像使用内置组一样使用新组，包括赋予权限、添加组成员等。另外，在域中合理地添加和安排组织单位，不但便于管理员对域中账号和组的管理，还有利于网络的扩展。

要创建新组，在“Active Directory 管理中心”中展开域节点，右击要创建组的组织单位或容器，在弹出的快捷菜单中选择“新建”→“组”，打开如图 15－16 所示的“创建组”对话框。在“组名”文本框中为组命名，在“组范围”选项区域中选择组的作用域，在“组类型”选项区域中选择组的类型。最后单击“确定”按钮完成组的创建。

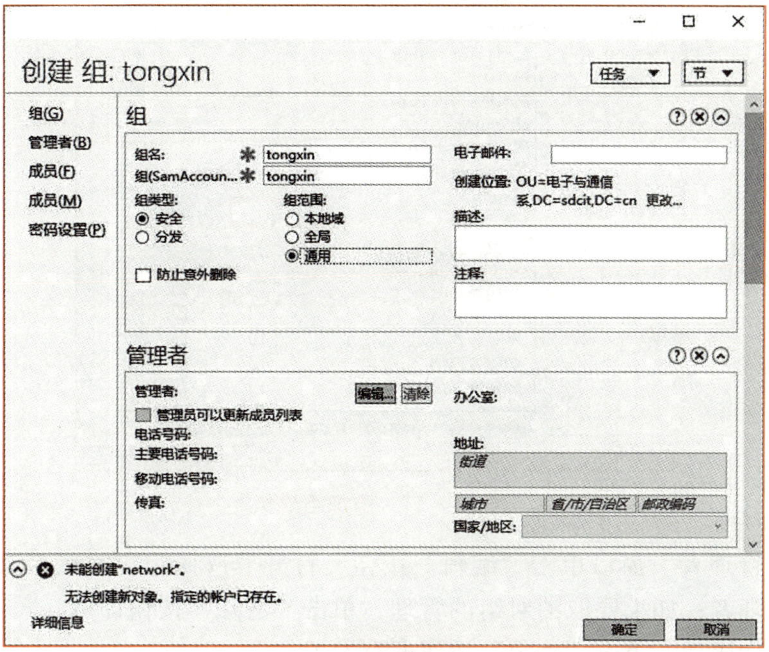

图 15－16 “创建组”对话框

一个新组被创建好之后，系统并没有指定该组的常规属性和权限，也没有指定组成员，所以该组几乎不发挥任何作用。如果要充分发挥组对用户账号和计算机账号的管理作用，必须合理设置该组的属性，具体如下：

（1）右击要添加成员的组，在弹出的快捷菜单中选择“属性”，打开如图 15－16 所示的“创建组”对话框。

（2）为了便于管理，在“描述”和“注释”文本框中分别输入有关该组的描述和注释；如果要修改组名称，直接输入即可；为了便于组管理员同组成员交换信息，在“电子邮件”文本框中输入组管理员的电子邮件地址。

（3）如图 15－17 所示，要添加成员，单击“添加”按钮，打开“选择用户联系人或计算机”对话框，选择要添加的成员即可。要删除成员，在“成员”列表框中选择要删除的成员，然后单击“删除”按钮即可。

（4）因为用户主要是通过向新组添加内置组来设置新组的权限，所以要设置组权限，可在图 15－17 所示的对话框中的“扩展”窗口中单击“添加”按钮，打开“选择组”对话框，为新创建的组选择内置组。要删除某个组权限，在“成员属于”列表框中选择该组，然后单击“删除”按钮即可。关于内置组的权限设置，只需勾选“允许”或“拒绝”权限即可。

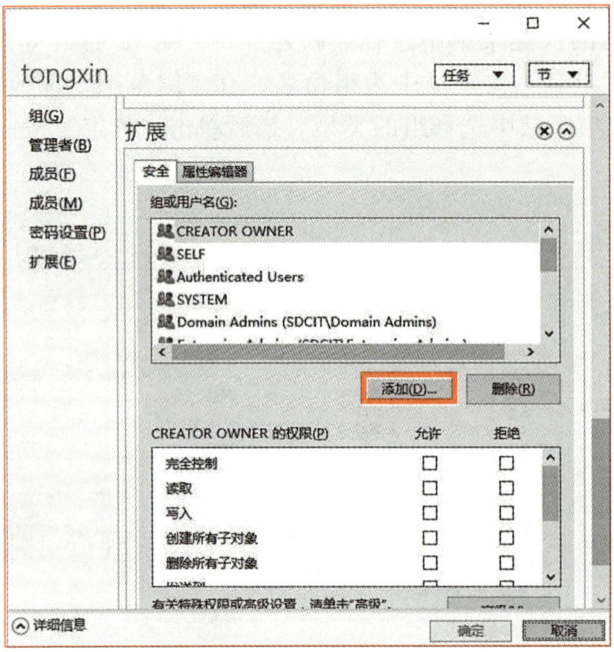

图 15－17　添加组成员

（5）在“管理者”窗口单击“编辑”按钮，打开“选择用户或联系人”对话框即可为该组选择管理者；如果要取消对组的管理，单击“清除”按钮即可。

（6）设置完毕后，单击“确定”按钮保存设置。

一个组可以加入另外的组，方法是：右击组名，在弹出的快捷菜单中选择“添加到其他组”，然后选择目标组即可。

另外，当一个用户组不再具有使用价值时，可将其从域中删除。右击要删除的组名，然后在弹出的快捷菜单中选择“删除”即可。当一个组被删除以后，仅仅是把这个组从域中取消了，组中的所有用户账号和其他的组不受影响。

要创建组织单位，在“Active Directory 管理中心”中展开域节点，右击域节点或者要添加组织单位的节点，在弹出的快捷菜单中选择“组织单位”，打开“创建组织单位”对话框，在“名称”文本框中输入新创建组织单位的名称，然后单击“确定”按钮即可。

当活动目录中的组和组织单位太多而影响了对用户账号和计算机账号的管理时，网络管理员可对创建的组和组织单位进行清理。例如，可删除目录中长期不使用的组或者不符合网络安全的组。当域中的某个组织单位中包含的用户、计算机、联系人和组织单位等已经被删除或因为其他原因而不再发挥作用时，也可将其删除。注意，管理员只能删除自己创建的组和组织单位，不能删除由系统提供的内置组和组织单位。

要删除组和组织单位，在“Active Directory 管理中心”中打开域节点，右击要删除的组或组织单位所在的组织单位，在弹出的快捷菜单中选择“删除”，这时系统会打开信息确认框，单击“是”按钮即可完成组或组织单位的删除。

项目小结

本项目介绍了 Windows 网络中活动目录的工作原理，域控制器的安装、配置方法。我们可以通过域控制器方便地对网络进行管理和使用。

域控制器充分地体现了“我为人人”这一道理，它使得用户可以实现单点登录，不需要在不同的服务器之间频繁地登录切换。组织单位的使用，更是为网络管理员提供了极大的便利，用户、计算机以及各类网络资源以层次结构模式保存在活动目录中，整个网络的结构变得更清晰，资源访问变得更容易，无论用户身在何地，资源在何方，只要进行一次登录，即可访问整个网络，为业务的开展带来了极大的便利。

技能检测

一、选择题

1. 域模式不能应用于（　　）架构的网络中。

A. 局域网　　B. 城域网　　C. 远程网　　D. 互联网

2. Windows Server 2016 服务器只能安装在（　　）文件系统中。

A. HPFS　　B. NTFS　　C. FAT　　D. EXT3

3. 用户密码不可以设置为（　　）。

A. 大写字符　　B. 小写字符　　C. 数字　　D. >

4. 域模式中的组又称为（　　），存储在域的 Active Directory 中。

A. 广域　　B. 组域　　C. 域组　　D. 群组

5. 某公司总部位于北京，在上海和广州设有分公司，整个公司的网络采用 Windows Server 2016 的单域结构进行管理。为了充分有效地利用网络资源并使系统实现较高的可用性，管理员在设计活动目录的物理结构时应该遵循（　　）的原则。

A. 只建立一个站点，将所有域控制器都放在总部

B. 分别建立北京、上海、广州 3 个组织单位（OU），将其放在同一个站点中

C. 分别建立北京、上海、广州 3 个站点，每个站点配置一个全局编录服务器

D. 以上都不对

二、简答题

1. 为什么使用活动目录？使用活动目录有什么好处？

2. 简述域模式网络与工作组模式网络的区别。

3. 域模式网络的层次化结构是如何实现的？

项目 16

DFS 服务器的配置

项目导读

DFS（Distributed File System，分布式文件系统）是一个重要的网络服务器组件，实现了在多台主机之间共享文件，能够让用户更加便捷地访问分布在网络上的共享资源。

学习目标

1. 了解 DFS 的基本概念。
2. 掌握 DFS 的工作原理。
3. 掌握 DFS 服务器的配置与管理方法。

任务 16.1　DFS 服务器概述

DFS 将不同主机上的共享文件夹组织起来，形成一个单独的、逻辑的、层次式的、树形的共享文件系统，用户在访问文件时，不需要知道它们的实际物理位置。也就是说，分布在多个服务器上的文件在用户面前就如同存储在网络的同一个位置，如图 16－1 所示。通常，一个分布式文件系统由多个服务器组成，会提供备份和容错的功能。

使用 DFS，可以提高访问文件的效率，提高文件的可用性，有利于网络的负载均衡。

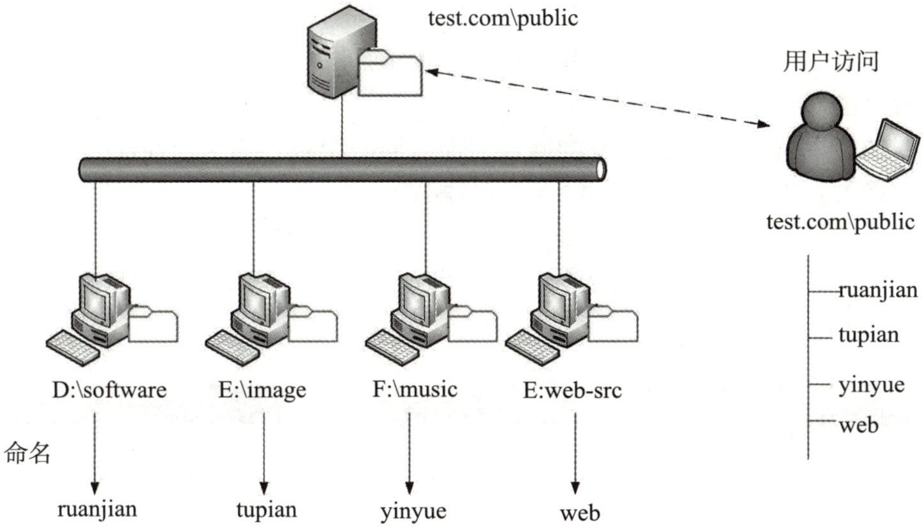

图 16－1　DFS 文件系统示意图

任务 16.2　DFS 服务器的工作原理

DFS 是一个树形逻辑结构，包含一个根目录和若干个 DFS 链接，每一个链接指向网络中的一个共享文件夹（可在不同的服务器上）。这样，便可以从一个位置对所有的共享文件进行访问，而实际上这些文件分布在不同的位置。要实现这种分布式的文件系统，主要依靠两个技术：复制技术和命名空间技术。

（1）DFS 复制技术：该技术主要解决容错问题。为了实现容错，将要存储的文件拆分成多个块，然后把每个块复制多份，重复地存放于网络中的多台节点计算机中。

（2）DFS 命名空间技术：该技术能够实现用户透明地访问服务器上的共享文件，不必关心哪个文件、哪个块在哪个节点服务器上，无须了解存取文件的具体实现细节，系统只呈现一个统一的、集中的文件视图。使用 DFS 命名空间，可以将位于不同服务器上的共享文件组合到一个逻辑结构中，最终用户看到的就是一个共享文件夹，而这个文件夹下面还可以有一系列子共享文件夹。

项目实训：DFS 服务器的配置

一、实训目的

会进行 DFS 服务器的配置。

二、实训环境或设备

处在同一个局域网中的两台计算机（均装有 Windows Server 2016 系统）。

DFS 服务器的安装与配置

三、实训内容

为了实现 DFS 服务，需要使用多台服务器进行实验。

1. 域的配置

在配置 DFS 之前，需要将所有的服务器加入同一个域，如果已经配置完成，可略过此步骤，直接进入步骤“2.DFS 服务的安装与配置”。

（1）配置域控制器。

1）打开“服务器管理器 · 仪表板”对话框，选择“添加角色和功能”，单击“下一步”按钮，如图 16 – 2 所示。

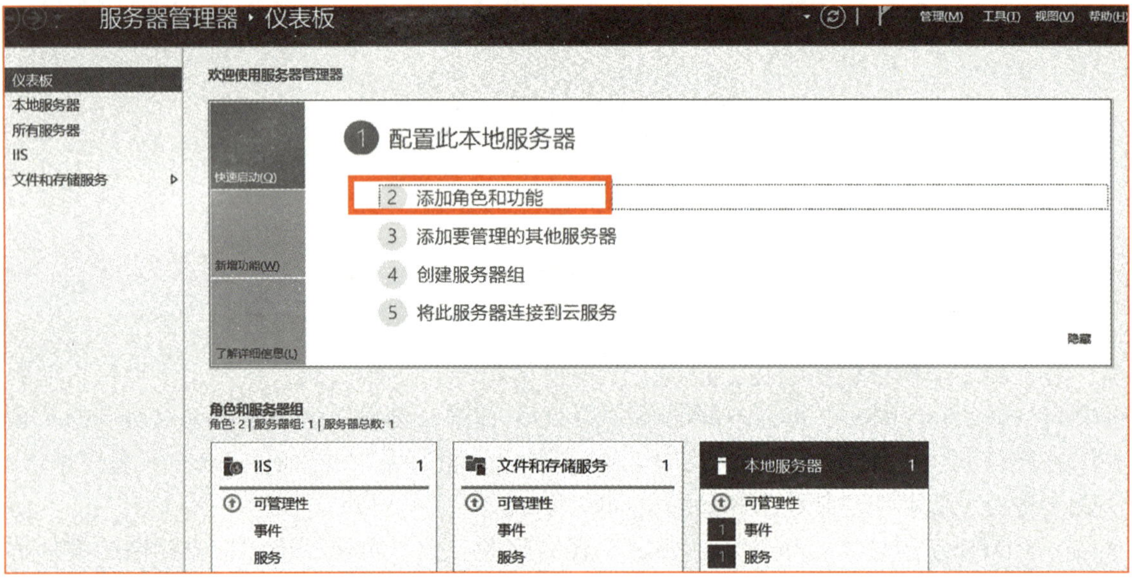

图 16 – 2 “服务器管理器 · 仪表板”对话框

2）依次选择“基于角色或基于功能的安装”和“从服务器池中选择服务器”，单击“下一步”按钮。

3）在“添加角色和功能向导 – 服务器角色”对话框中选择“ Active Directory 域服务”，单击“下一步”按钮，如图 16 – 3 所示。

4）保持默认设置，单击“下一步”按钮。

5）在“添加角色和功能向导 – 确认”对话框中勾选“如果需要，自动重新启动目标服务器”，也可手动重启服务器，然后单击“安装”按钮，如图 16 – 4 所示。

6）安装完成后单击“关闭”按钮。在“服务器管理器 · 仪表板”对话框的右上角会出现一个黄色的叹号，单击该叹号，选择“将此服务器提升为域控制器”，如图 16 – 5 所示。

7）由于当前环境没有域和林，此处选择“添加新林”，然后将“根域名”命名为“test.com”，单击“下一步”按钮，如图 16 – 6 所示。

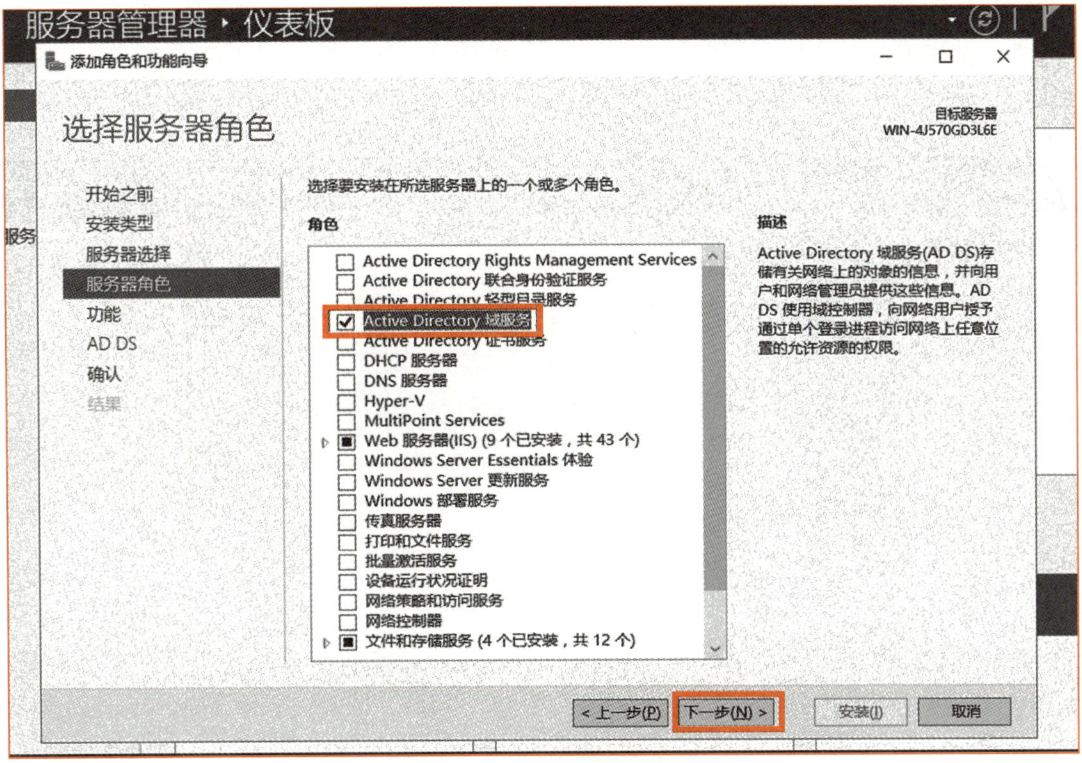

图 16－3 选择服务器角色

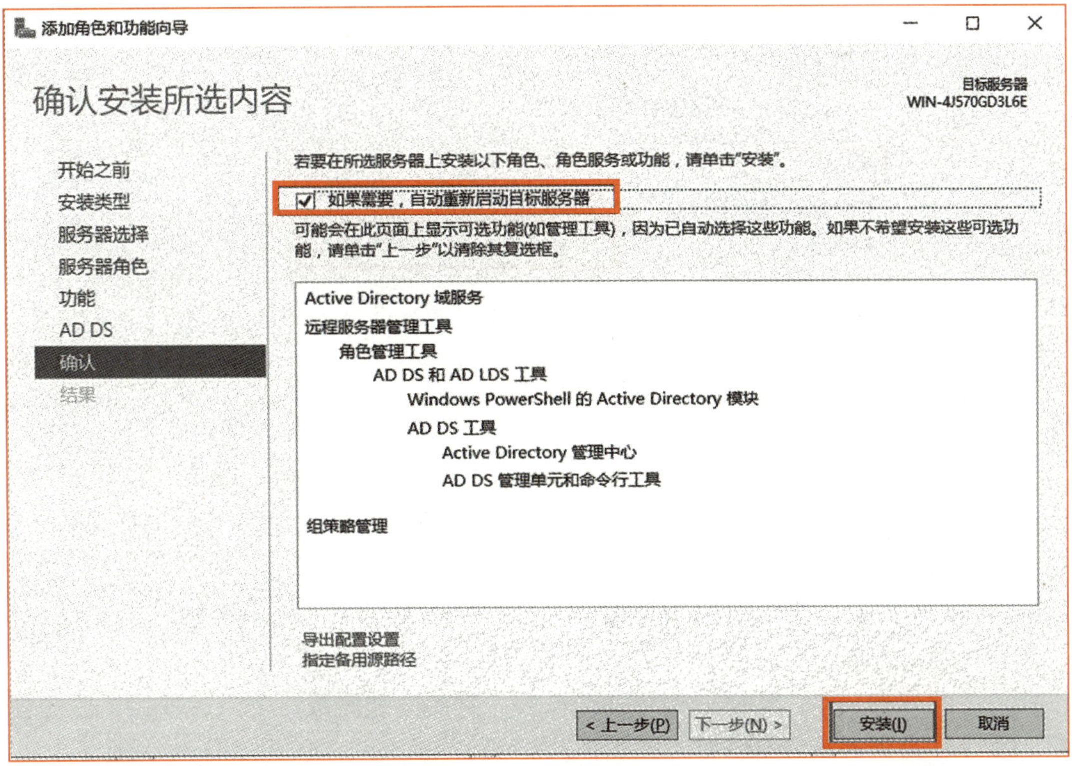

图 16－4 开始安装

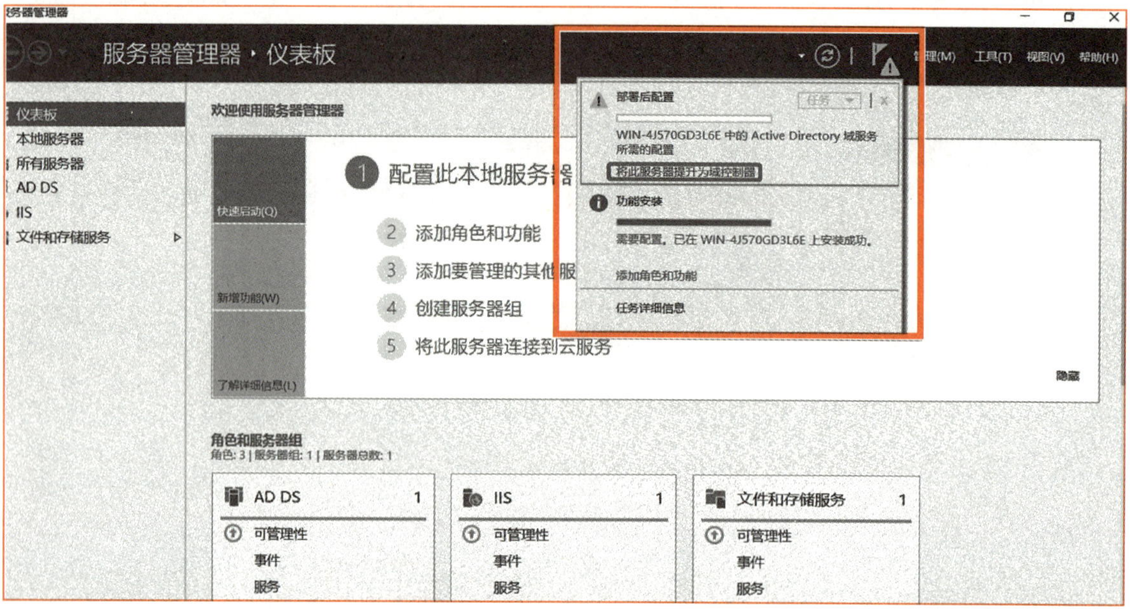

图 16－5　升级为域控制器

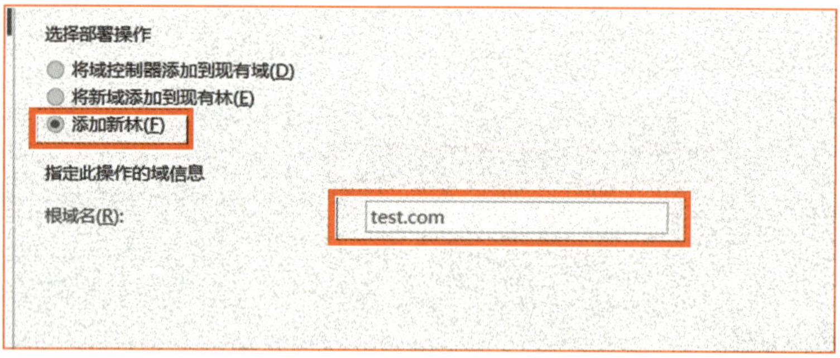

图 16－6　添加新林

8）在“键入目录服务还原模式（DSRM）密码”项中设置一个密码，单击“下一步”按钮，如图 16－7 所示。

9）由于当前环境没有 DNS 服务器，此处直接单击“下一步”按钮，如图 16－8 所示。用户可根据自己的环境选择。

10）单击“下一步”按钮，保持默认设置，直到安装完成。安装完成后，服务器会重启。重启后的登录界面如图 16－9 所示。

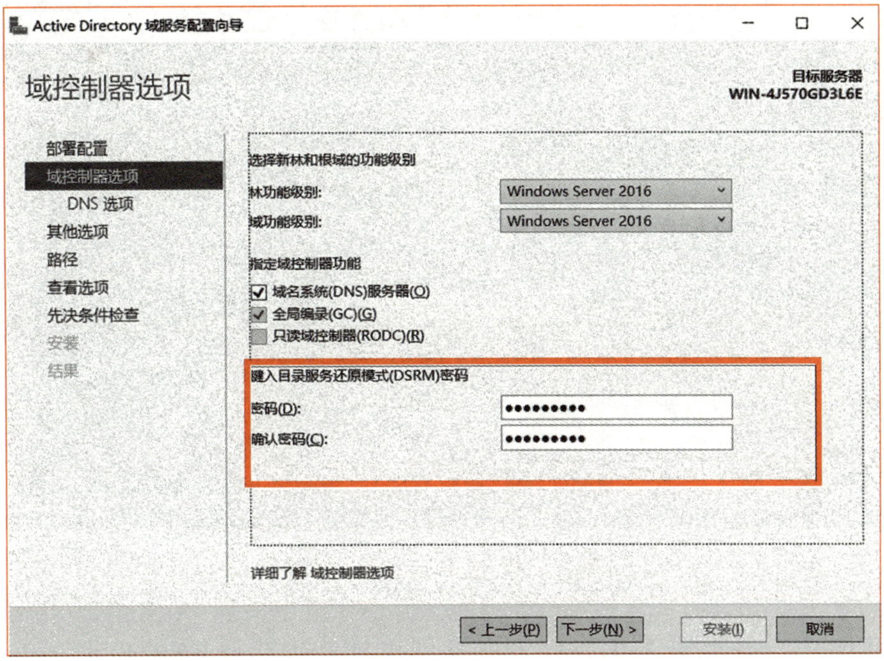

图 16－7　域控制器密码设置

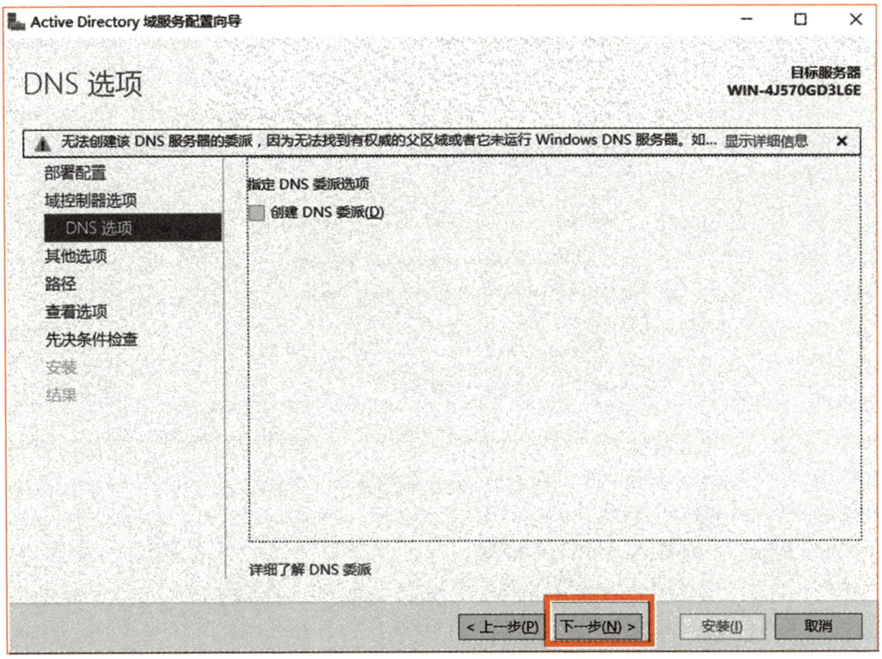

图 16－8　域控制器 DNS 选项

图 16－9　重启后的登录界面

11）此时通过计算机系统属性可以看到该计算机在域 test.com 中，如图 16－10 所示。

图 16－10　系统属性

（2）将第二台服务器加入 test.com 域。

1）将第二台服务器的 DNS 服务器地址设置为域控制器的 IP 地址，本例中域控制器的 IP 地址为 192.168.23.128，如图 16－11 所示。

2）在计算机属性的“计算机名、域和工作组设置”中单击“更改设置”，如图 16－12 所示。

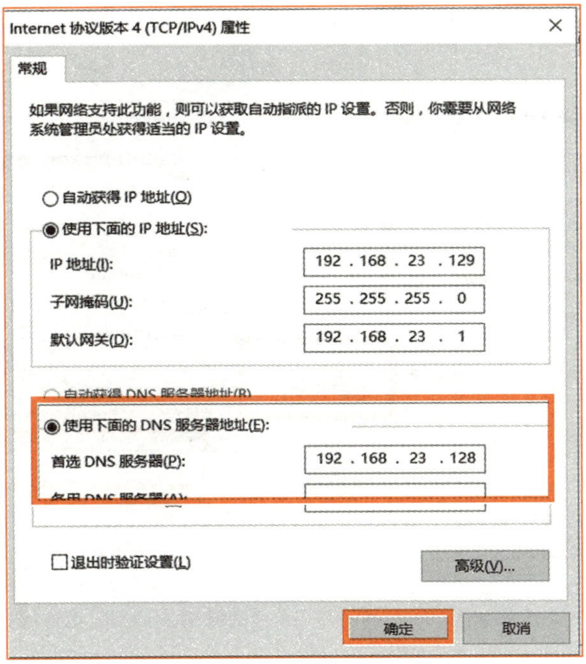

图 16 - 11　IP 地址设置

图 16 - 12　单击“更改设置”

3）单击“更改”按钮，在弹出的对话框中选择“域”，输入要加入的域“test.com”，单击“确定”按钮，如图 16 - 13 所示。

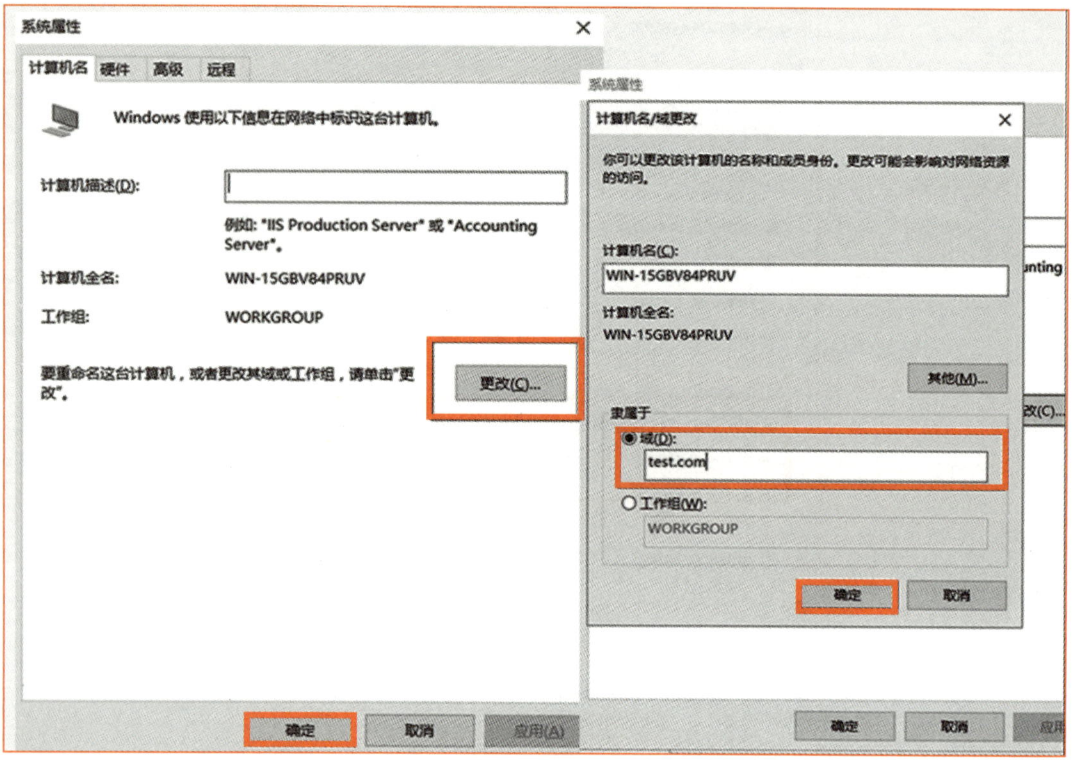

图 16－13　加入域

4）输入用户名和密码，如图 16－14 所示。

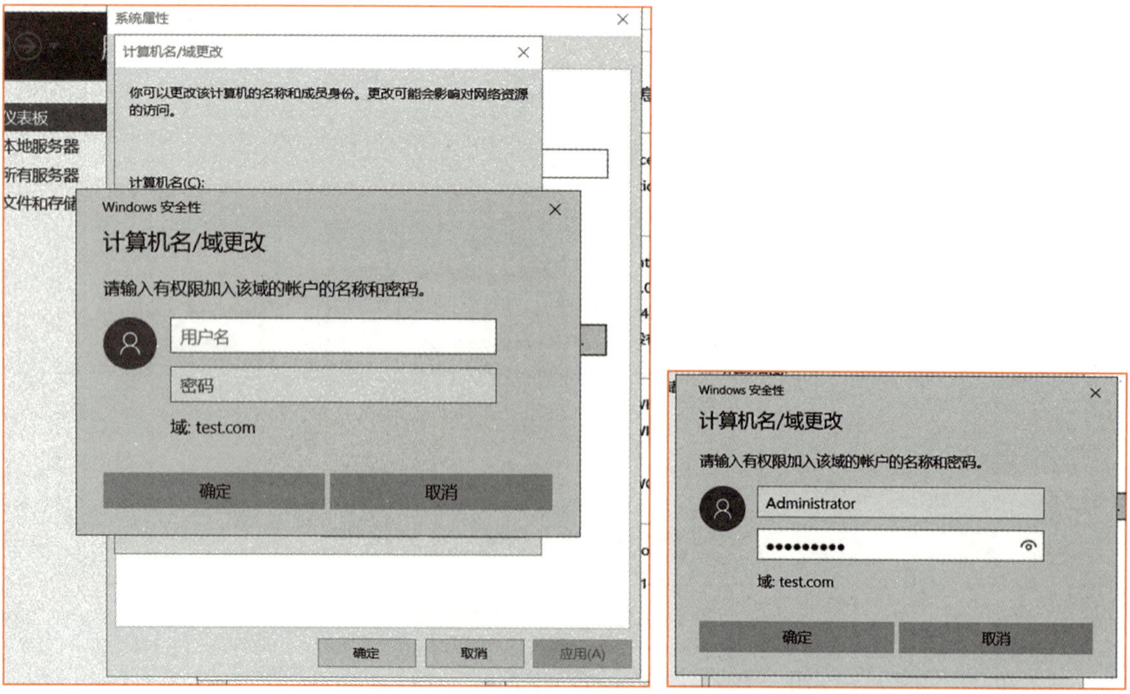

图 16－14　密码验证

5）单击“确定”按钮，成功加入 test.com 域，如图 16－15 所示。

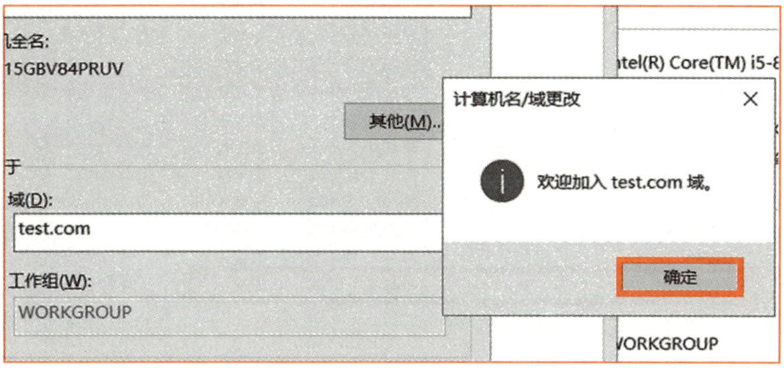

图 16－15　成功加入域

6）重启服务器后，查看系统属性，可以看到该服务器已经加入 test.com 域，如图 16－16 所示。

图 16－16　系统属性

2. DFS 服务的安装与配置

（1）在第一台服务器上进行配置。

1）创建一个用于与其他服务器共享的目录，本例建立的文件夹为“DFSShare”，如图 16－17 所示。

2）打开“服务器管理器 · 仪表板”对话框，选择“添加角色和功能”，单击“下一步”按钮。

3）选择“基于角色或基于功能的安装”，单击“下一步”按钮，如图 16－18 所示。

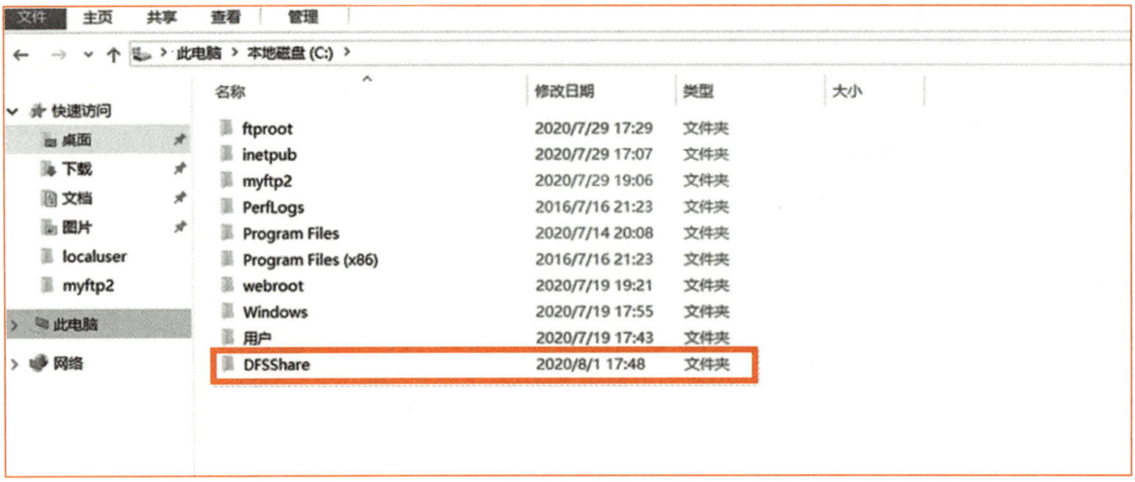

图 16－17　新建文件夹

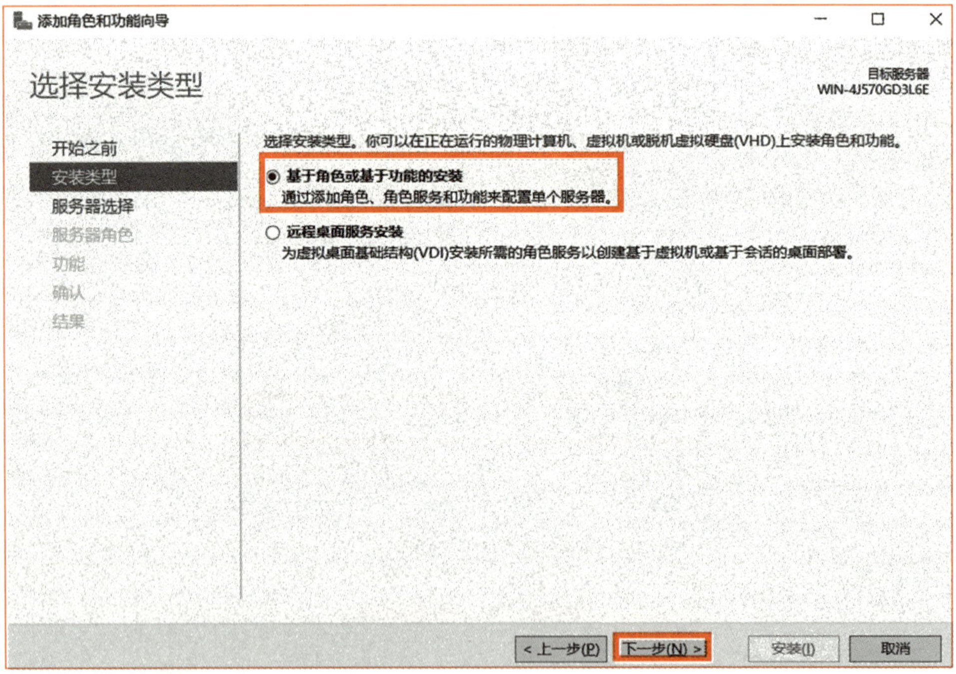

图 16－18　“添加角色和功能向导－安装类型”对话框

4）选择“从服务器池中选择服务器”，单击“下一步”按钮，如图 16－19 所示。

5）选择 DFS 的相关服务，单击“下一步”按钮，如图 16－20 所示。

6）单击“下一步”按钮，然后单击“安装”按钮，如图 16－21 所示。

7）完成安装后，单击“关闭”按钮。

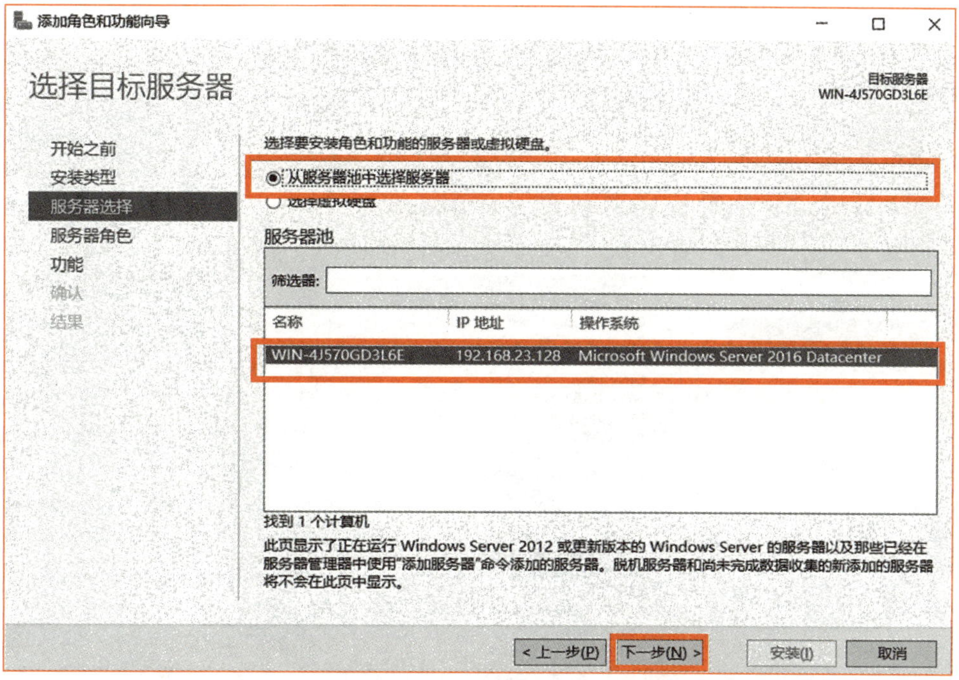

图 16－19 "添加角色和功能向导－服务器选择"对话框

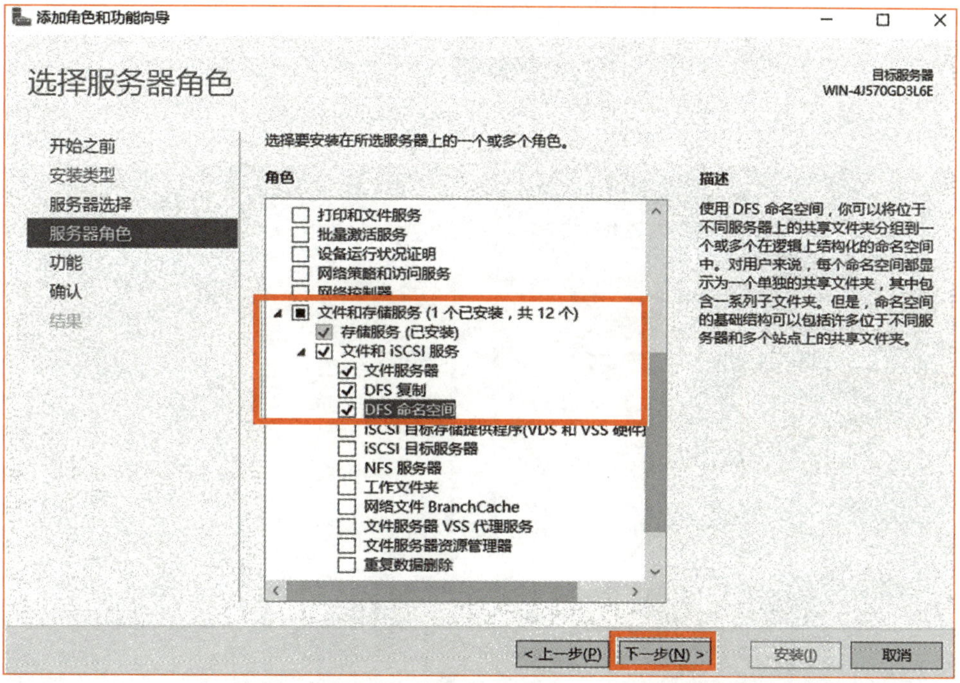

图 16－20 "添加角色和功能向导－服务器角色"对话框

（2）在第二台服务器上安装 DFS 服务。

在第二台服务器上创建一个用于与其他服务器共享的文件夹"DFSShare"，安装

DFS 服务，步骤同上，此处不再赘述。

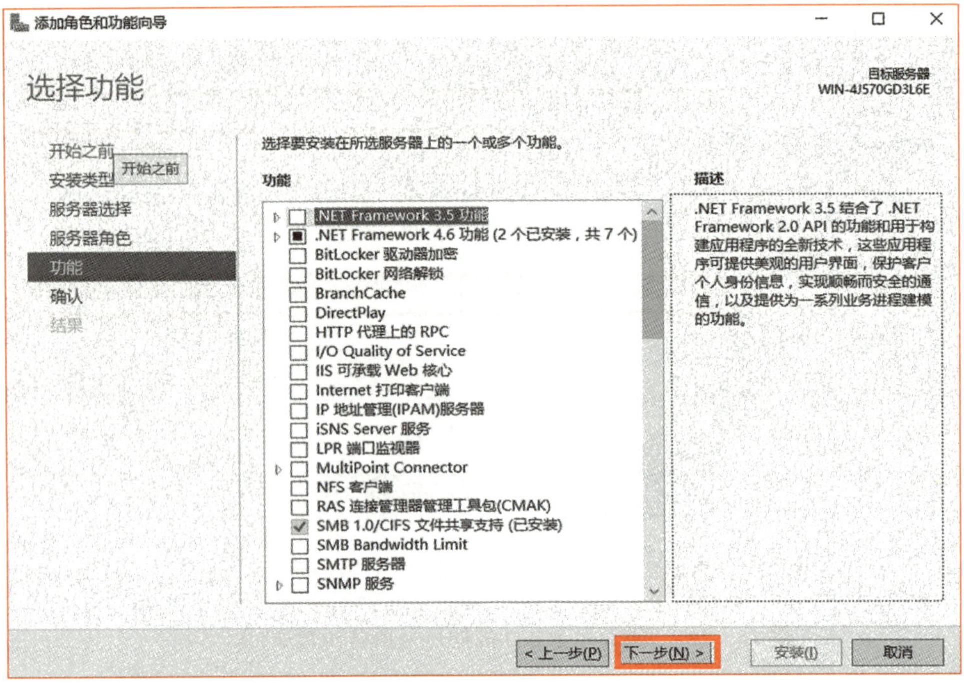

图 16－21　“添加角色和功能向导－功能”对话框

（3）在已经安装了 DFS 服务的两台服务器上分别配置 DFS 服务。

1）在第一台服务器上选择“开始”→“DFS Management”，如图 16－22 所示。

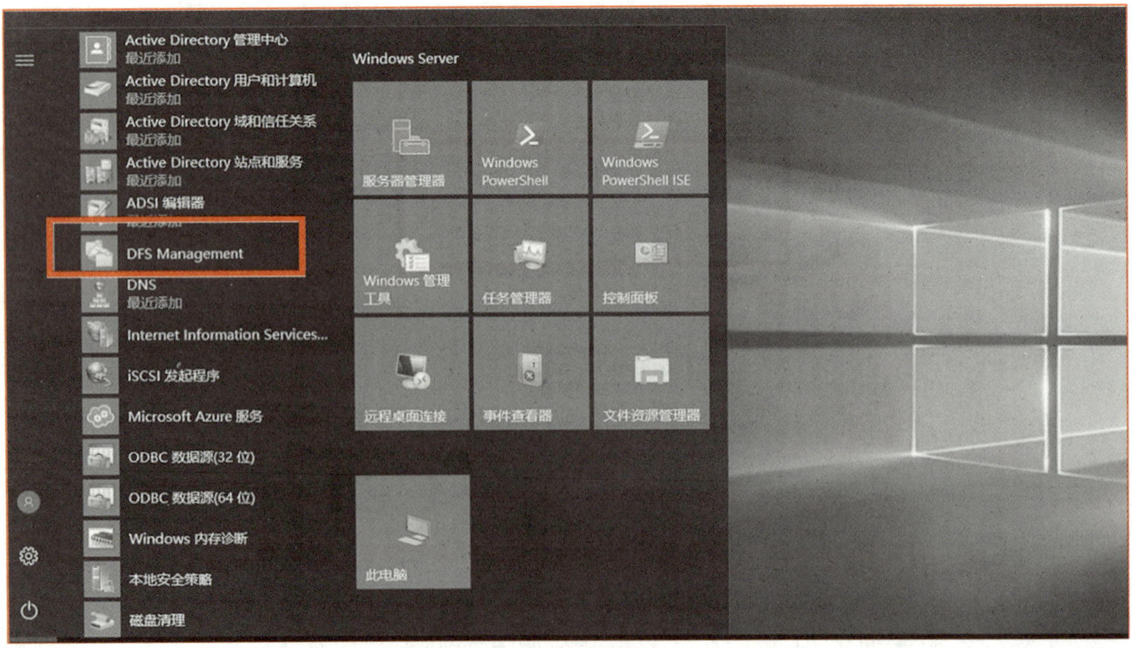

图 16－22　选择“DFS Management”

2）打开“DFS 管理”控制台，右击“复制”，在弹出的快捷菜单中选择“新建复制组”，如图 16－23 所示。

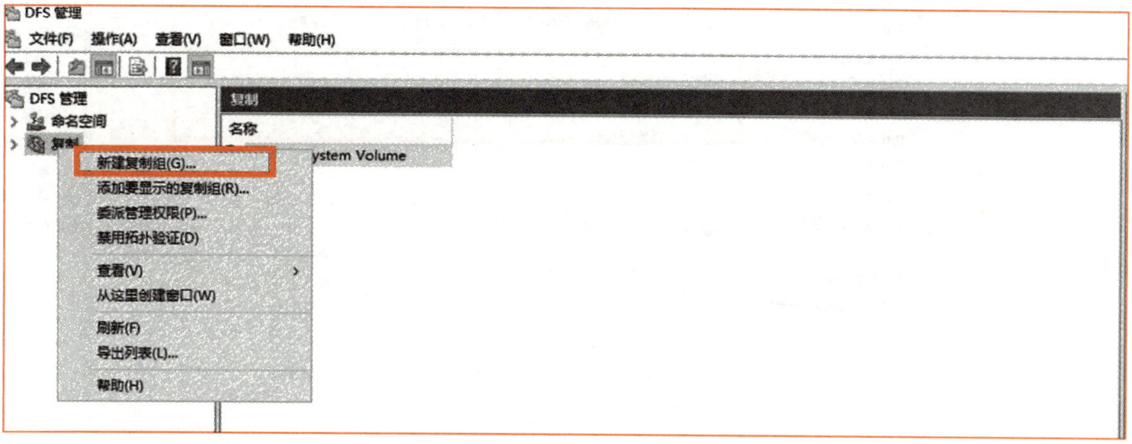

图 16－23　新建复制组

3）选择“多用途复制组”，单击“下一步”按钮，如图 16－24 所示。

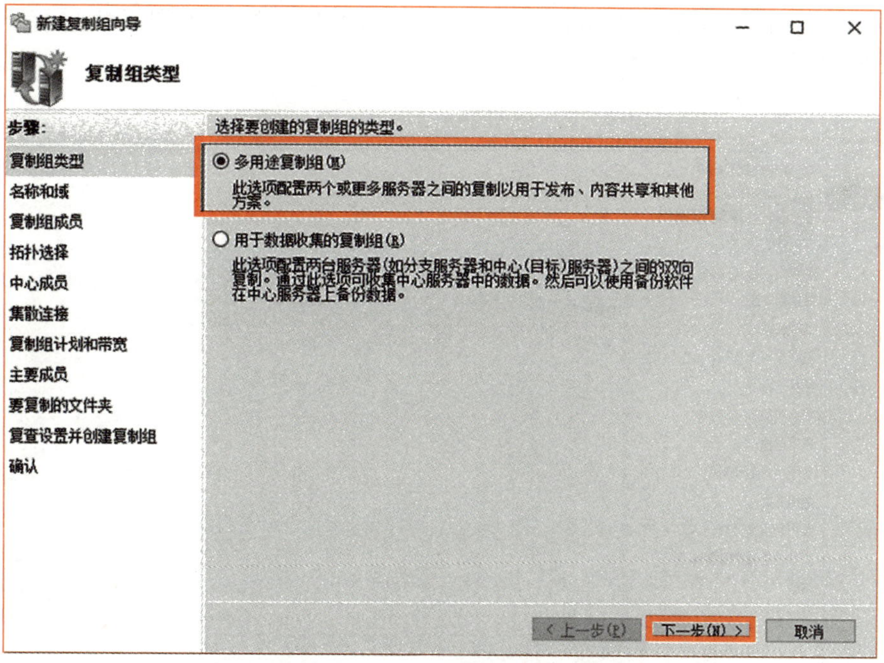

图 16－24　选择“多用途复制组”

4）为复制组命名为“TestDFS”，单击“下一步”按钮，如图 16－25 所示。

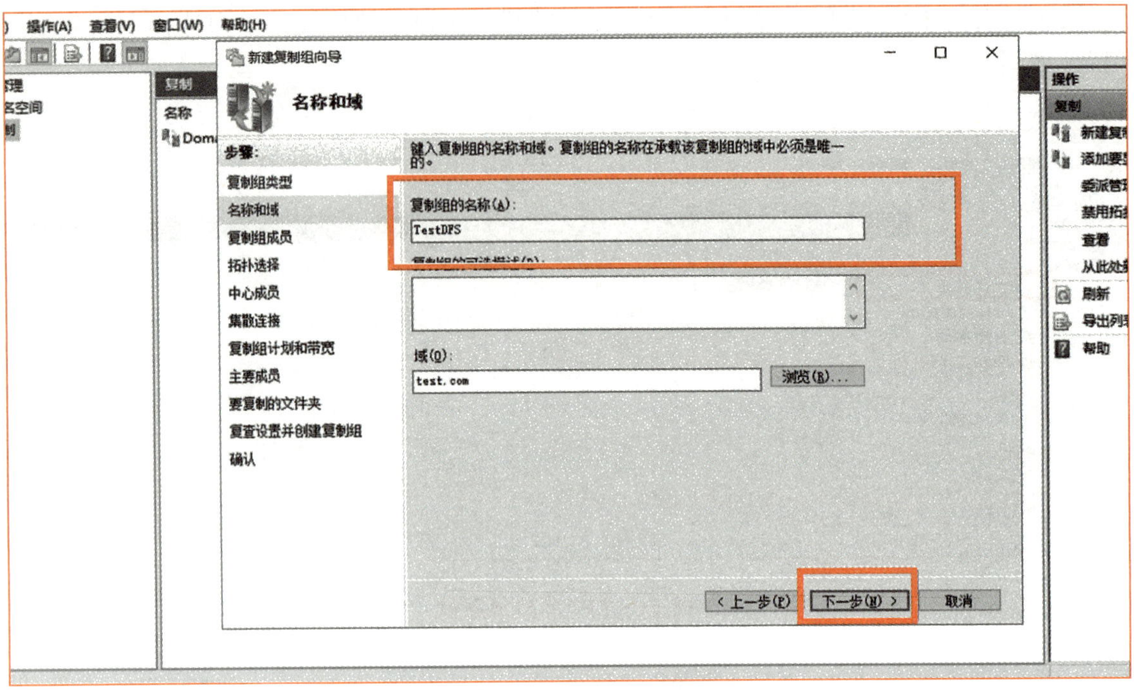

图 16－25　为复制组命名

5）单击“添加”按钮，将两台 DFS 服务器添加到该组，否则无法进行下一步，如图 16－26 所示。

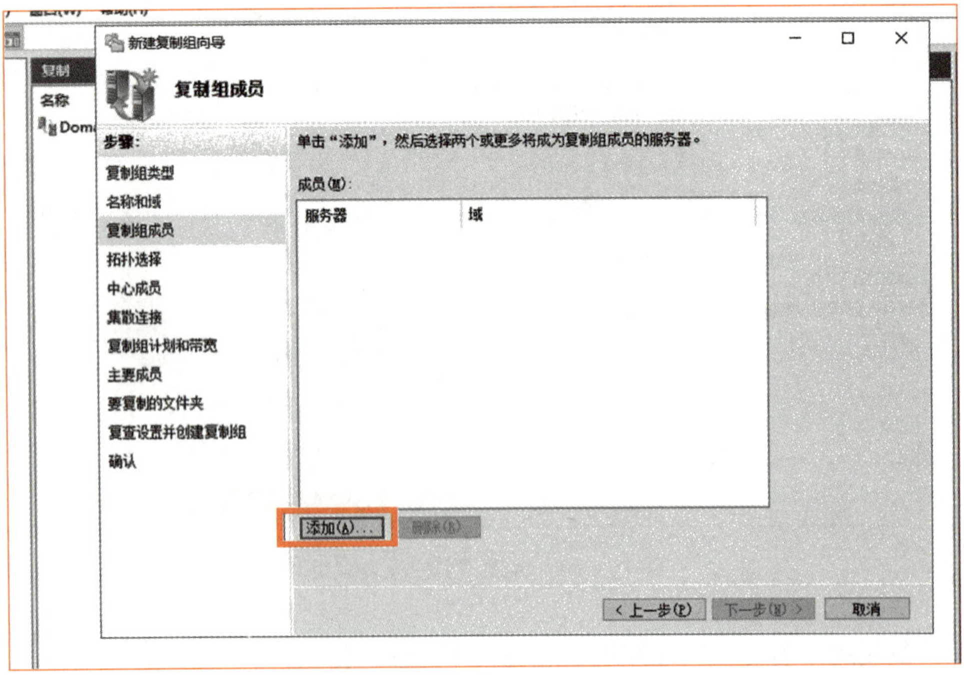

图 16－26　添加组成员

6）在弹出的对话框中单击“高级”按钮，如图 16－27 所示。

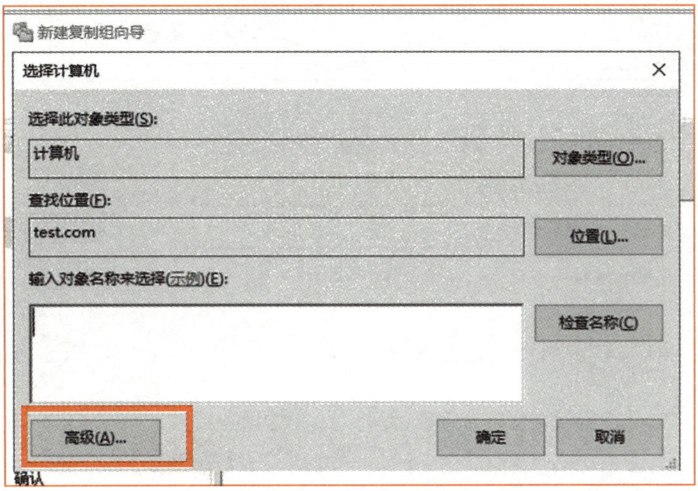

图 16－27　单击“高级”按钮

7）在弹出的对话框中单击“立即查找”按钮，如图 16－28 所示。

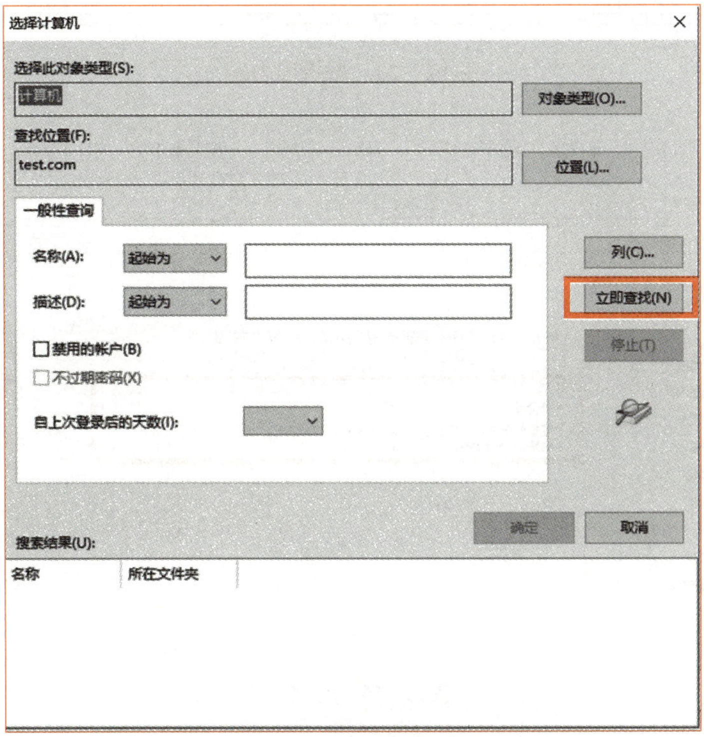

图 16－28　查找服务器

8）在查找出的服务器列表中，选择要加入组的服务器，此处选择如图 16－29 所示的两台安装了 DFS 服务的服务器。

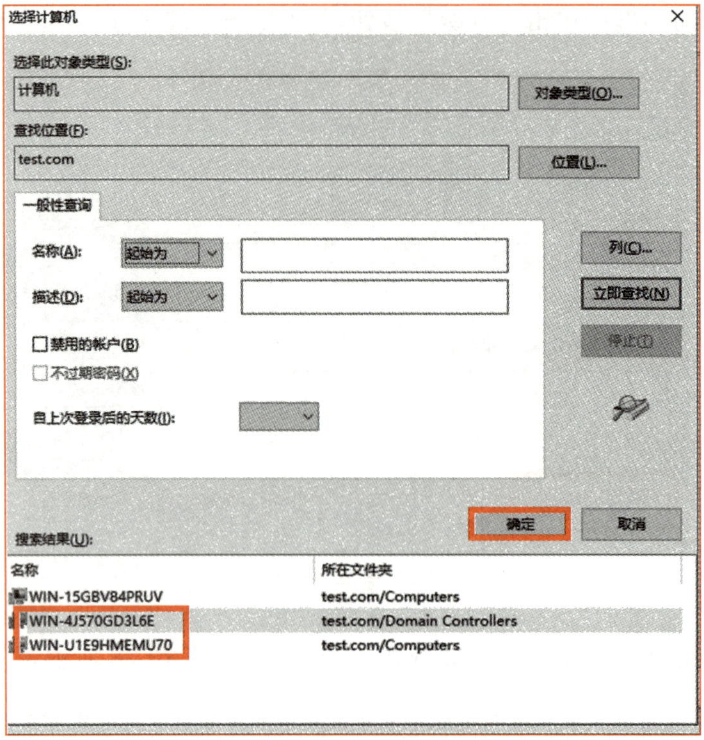

图 16－29　选择服务器

9）选择加入组的服务器，单击“下一步”按钮，如图 16－30 所示。

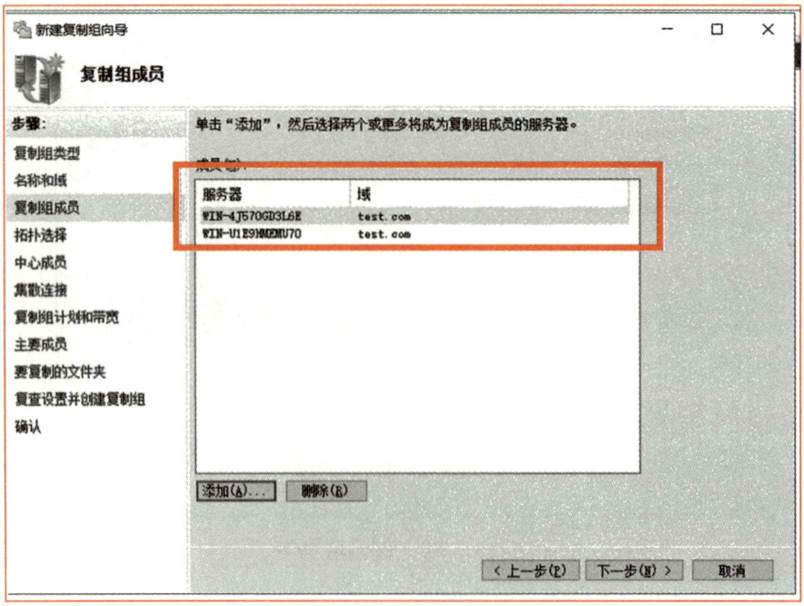

图 16－30　添加成员

10）复制组成员之间的连接拓扑选择“交错”，单击“下一步”按钮，如图 16－31 所示。

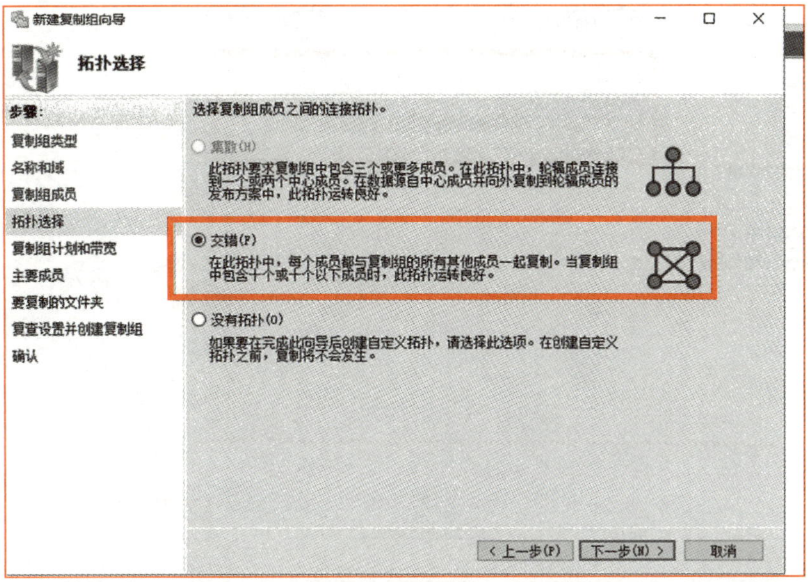
新建复制组向导
拓扑选择
步骤:
复制组类型
名称和域
复制组成员
拓扑选择
复制组计划和带宽
主要成员
要复制的文件夹
复查设置并创建复制组
确认
选择复制组成员之间的连接拓扑。
集散(H)
此拓扑要求复制组中包含三个或更多成员。在此拓扑中，轮辐成员连接到一个或两个中心成员。在数据源自中心成员并向外复制到轮辐成员的发布方案中，此拓扑运转良好。
交错(F)
在此拓扑中，每个成员都与复制组的所有其他成员一起复制。当复制组中包含十个或十个以下成员时，此拓扑运转良好。
没有拓扑(O)
如果要在完成此向导后创建自定义拓扑，请选择此选项。在创建自定义拓扑之前，复制将不会发生。
< 上一步(P)
下一步(N) >
取消

图 16－31　拓扑选择

11）选择“使用指定带宽连续复制”，单击“下一步”按钮，如图 16－32 所示。此处用户可根据自己的环境选择。

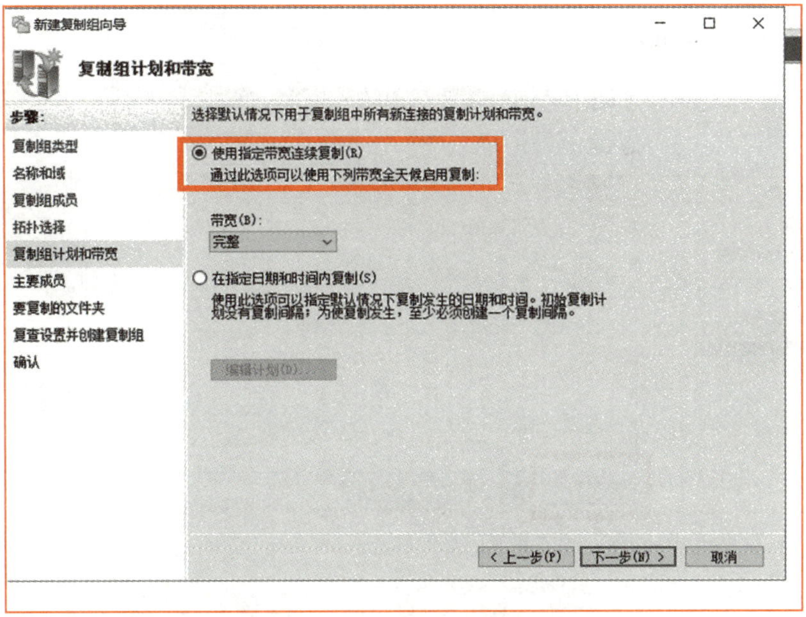
新建复制组向导
复制组计划和带宽
步骤:
复制组类型
名称和域
复制组成员
拓扑选择
复制组计划和带宽
主要成员
要复制的文件夹
复查设置并创建复制组
确认
选择默认情况下用于复制组中所有新连接的复制计划和带宽。
使用指定带宽连续复制(R)
通过此选项可以使用下列带宽全天候启用复制:
带宽(B):
完整
在指定日期和时间内复制(S)
使用此选项可以指定默认情况下复制发生的日期和时间。初始复制计划没有复制间隔；为使复制发生，至少必须创建一个复制间隔。
编辑计划(D)...
< 上一步(P)
下一步(N) >
取消

图 16－32　复制组计划和带宽

12）选择成为主要成员的服务器，单击“下一步”按钮，如图 16－33 所示。

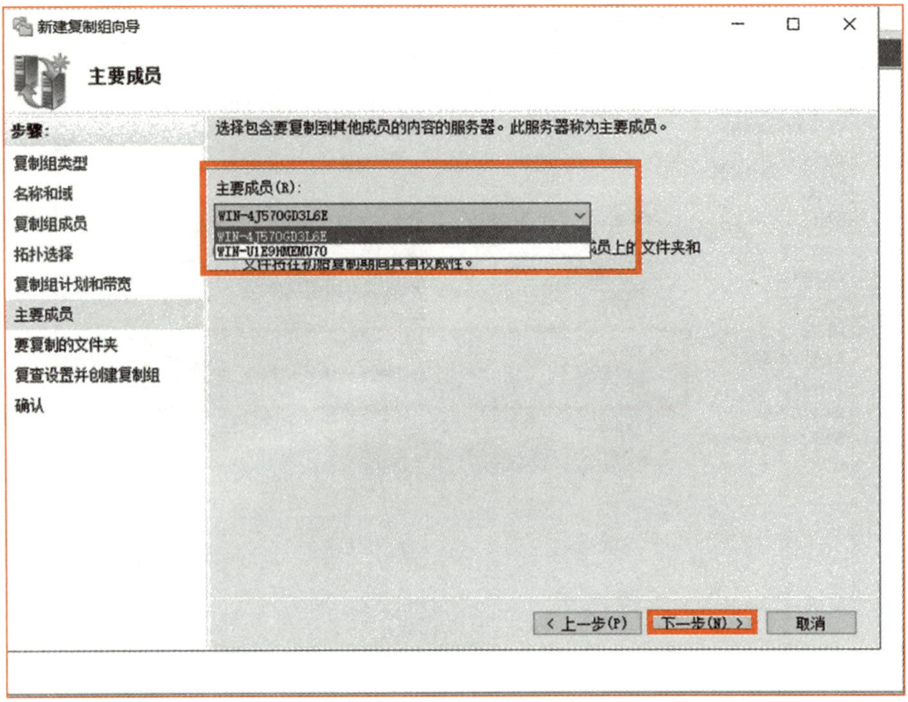

图 16－33　主要成员

13）单击“添加”按钮，选择需要复制的文件夹，如图 16－34 所示。

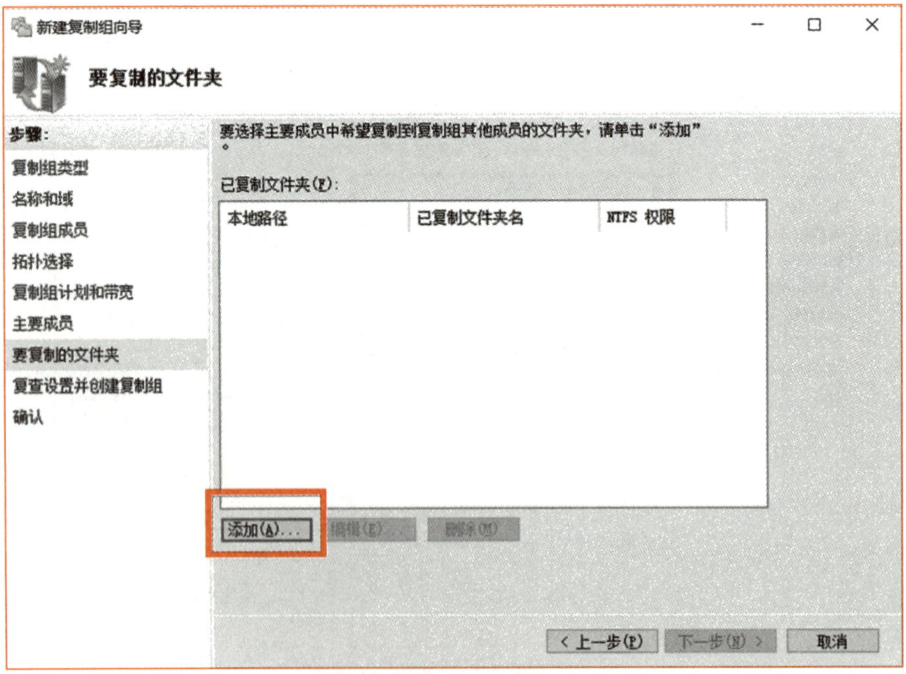

图 16－34　选择需要复制的文件夹

14）在弹出的对话框中单击“浏览”按钮，选择文件夹的本地路径，如图 16－35 所示。也可根据需要定义权限。

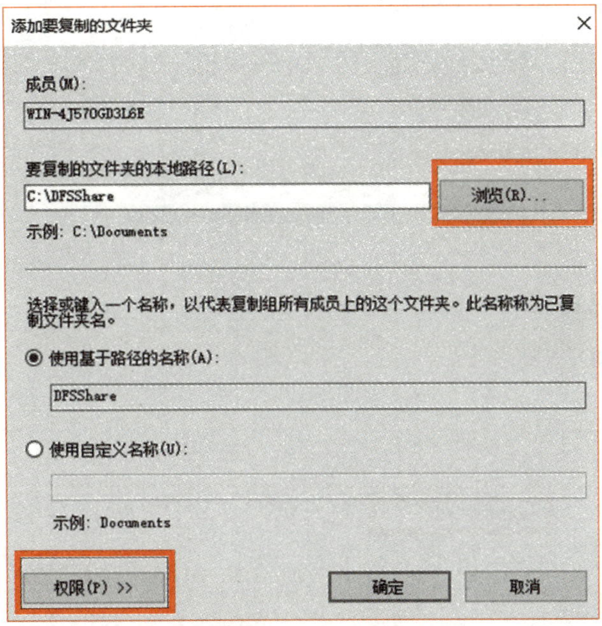

图 16－35　文件夹设置

15）设置完成后单击“下一步”按钮，如图 16－36 所示。

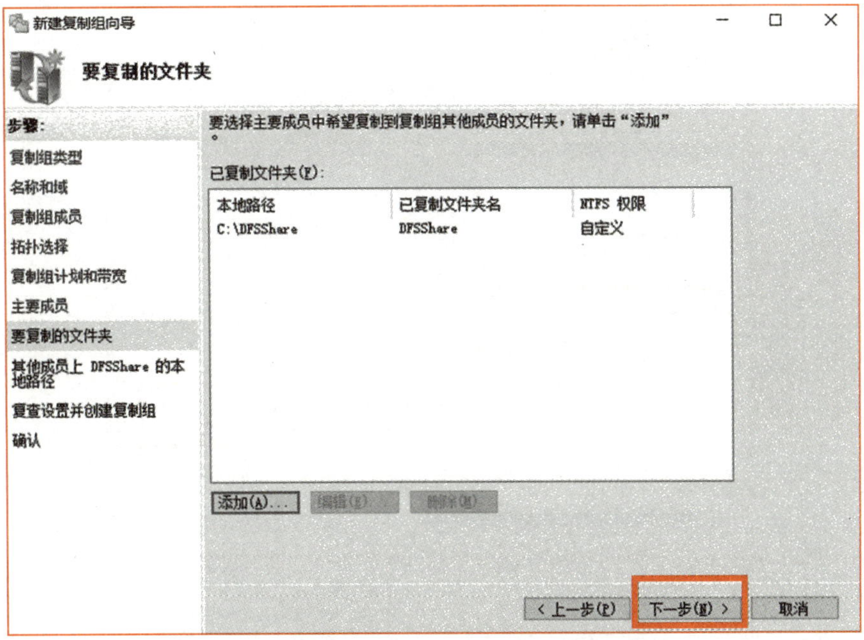

图 16－36　完成文件夹复制

16）单击“编辑”按钮，进行其他成员上的 DFSShare 的本地路径设置，如图 16－37 所示。

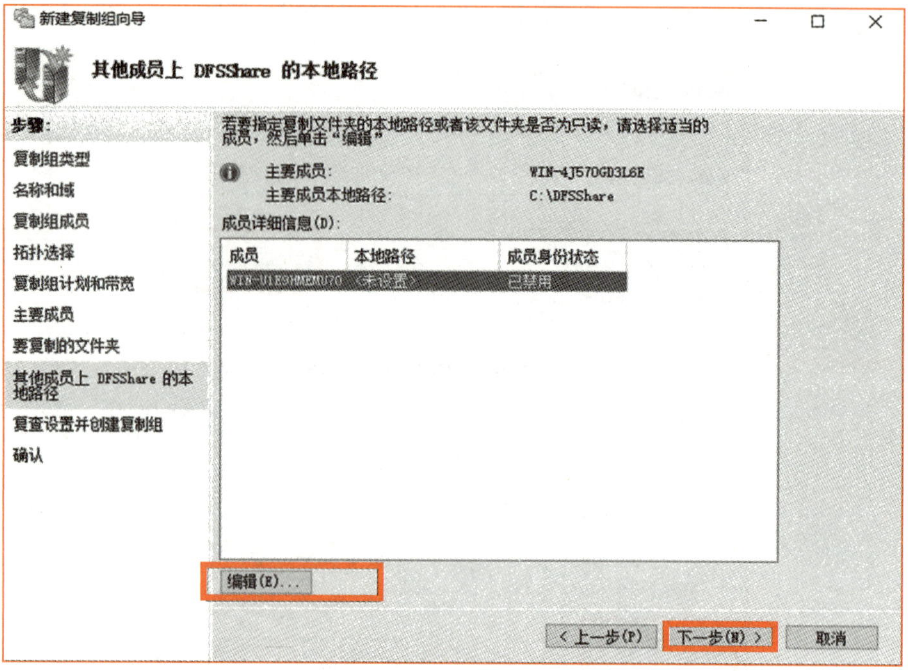

图 16－37　单击“编辑”按钮

17）选择“已启用”，单击“浏览”按钮，设置文件夹的本地路径。

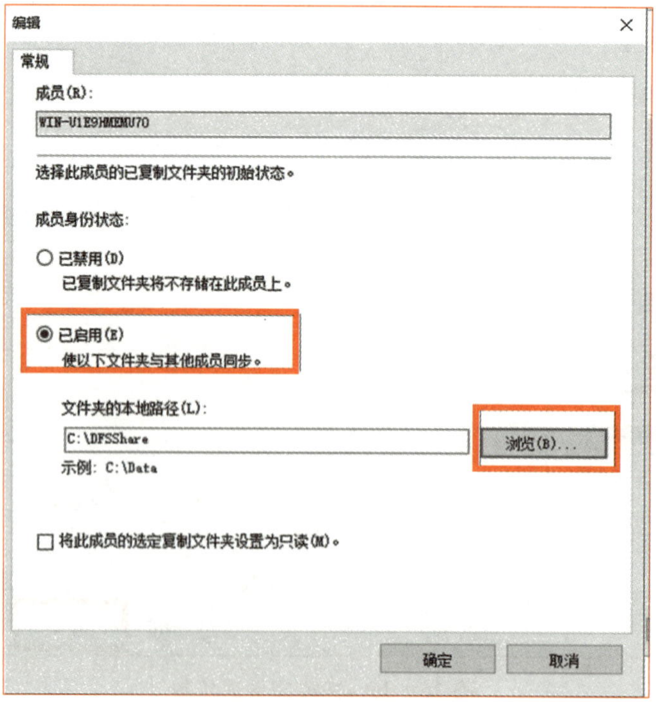

图 16－38　启用同步的文件夹

18）设置完成后单击“下一步”按钮，确认信息后，单击“创建”按钮。

19）可以看到复制组 TestDFS 中已经出现配置好的两台服务器，以及每台服务器上共享的文件夹，如图 16－39 所示。

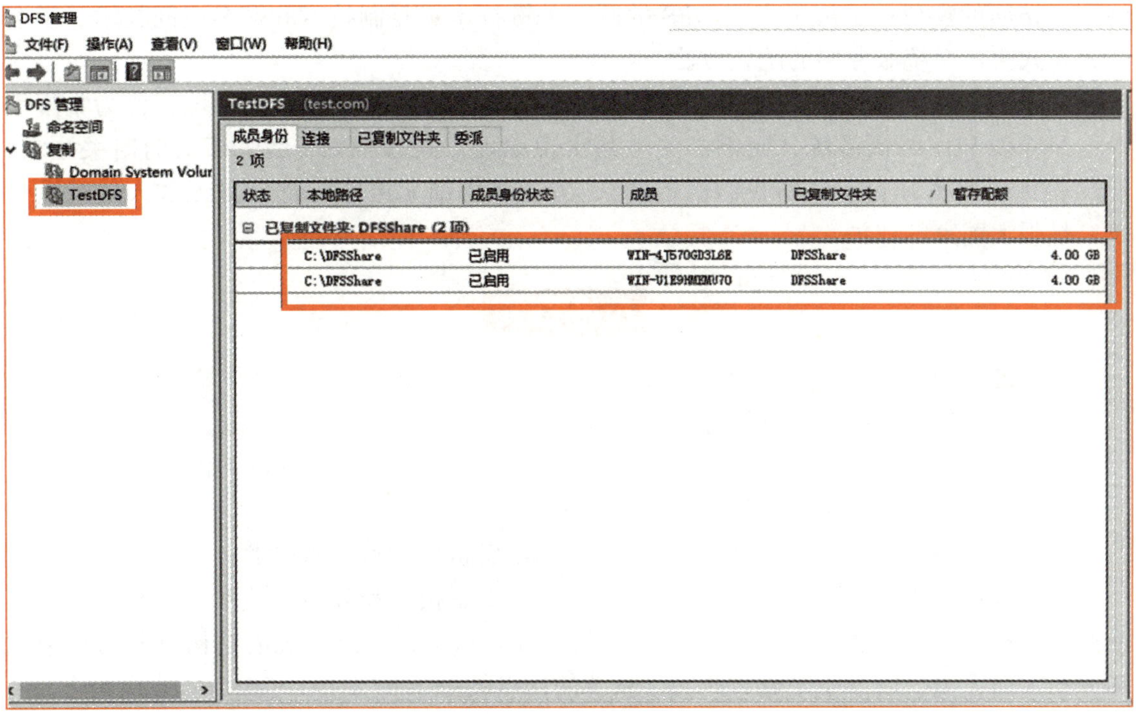

图 16－39　共享情况

3.DFS 服务测试

（1）在第一台服务器的共享文件夹“DFSShare”内创建一个测试文档“test1.txt”。

（2）切换到第二台服务器，打开其设置的共享文件夹后可以看到刚刚在第一台服务器上新建的测试文档已经成功同步到该服务器的共享文件夹内，如图 16－40 所示。

图 16－40　访问测试

项目小结

通过本项目的学习，我们知道了 DFS 为分布在网络上任意位置的资源提供了一个方便用户访问的窗口；了解了实现 DFS 的两个关键技术：复制技术和命名空间技术；学会了分布式文件系统服务器的配置方法。

分布式文件系统为用户提供了一个安全、便捷的访问网络资源的环境，作为常规用户，只需要利用好该系统，而不必关注其实现原理。就如空气，我们不必时时关注它，但却一刻也离不开它；又如我们稳定的社会，“润物细无声”的背后是无数人的默默付出，是强大国家的守护。

技能检测

一、选择题

1. 分布式文件系统的英文简称是（　　）。

A. FDS　　B. DFF　　C. FSD　　D. DFS

2. 分布式文件系统主要依靠（　　）实现。

A. 复制技术和命名空间技术　　B. 复制技术和容错技术

C. 容错技术和分布式技术　　D. 复制技术和分布式技术

3. 根据硬件、软件、数据等资源在空间的分布情况，信息系统的结构可分为集中式和分布式两大类，以下不是分布式文件系统的优点的是（　　）。

A. 可以根据应用需要和存取方式来配置信息资源

B. 系统扩展方便，增加一个网络节点一般不会影响其他节点的工作

C. 提高了系统对用户需求变更的适应性和对环境的应变能力

D. 网络上一个节点出现故障会导致全系统瘫痪

4. 在分布式文件系统中，用户访问某个文件，不必关心该文件在哪个节点服务器上，系统只呈现统一的、集中的文件视图，该特性体现了分布式文件系统的（　　）。

A. 容错性　　B. 复制性　　C. 透明性　　D. 健壮性

5. 下列说法中不正确的是（　　）。

A. 一般的分布式文件系统是建立在计算机网络之上的，因此分布式文件系统与计算机网络在物理结构上基本相同

B. 分布式文件系统与网络操作系统的设计思想是不同的，但是它们的结构、工作方式与功能是相同的

C. 分布式文件系统与计算机网络的主要区别不在于它们的物理结构，而在于高层软件

D. 分布式文件系统是一个建立在网络之上的软件系统，其保证了系统的高度一致性与透明性

二、简答题

1. 什么是分布式文件系统？

2. 分布式文件系统中的命名空间技术的作用是什么？

项目 17

本地安全策略

项目导读

服务器的安全威胁主要来自本地登录访问和通过网络的远程访问，为此，Windows Server 2016 系统通过内置一系列的安全策略和软件防火墙来监管和防范访问者。虽然 Windows Server 2016 进行了初始的安全策略设置，但与实际的防范要求相比还有较大差距。

为了降低网络攻击的威胁，保障服务器的安全，我们可以通过以下措施来加固服务器：对 Windows Server 2016 系统安装最新的补丁程序，以修复系统自身的漏洞和错误；设置账户策略以防止密码被盗；添加审核策略来跟踪资源访问者；启动并配置 Windows Server 2016 自带的防火墙，对进、出服务器的数据包进行筛选。

学习目标

1. 掌握账户策略、审核策略的安全设置。
2. 掌握用户权限分配、安全选项的设置。
3. 掌握 Windows 防火墙入站和出站规则的配置。

任务 17.1　账户策略

1. 密码策略的设置

入侵者最基本的攻击方式就是破解系统的密码，Windows Server 可通过密码策略来提高密码破解的难度。主要包括提高密码复杂性、增加密码长度、增加密码更换频率等。

密码安全策略

密码策略设置步骤如下：

（1）按“Win+R”组合键，打开“运行”命令窗口，输入“gpedit.msc”，打开“本地组策略编辑器”。

（2）选择“计算机配置”→“Windows 设置”→“安全设置”→“账户策略”。

（3）展开“账户策略”下的“密码策略”窗口，双击“密码必须符合复杂性要求”，打开“密码必须符合复杂性要求属性”对话框，选择“已启用”单选按钮，启动密码复杂性策略，单击“确定”按钮，如图 17－1 所示。

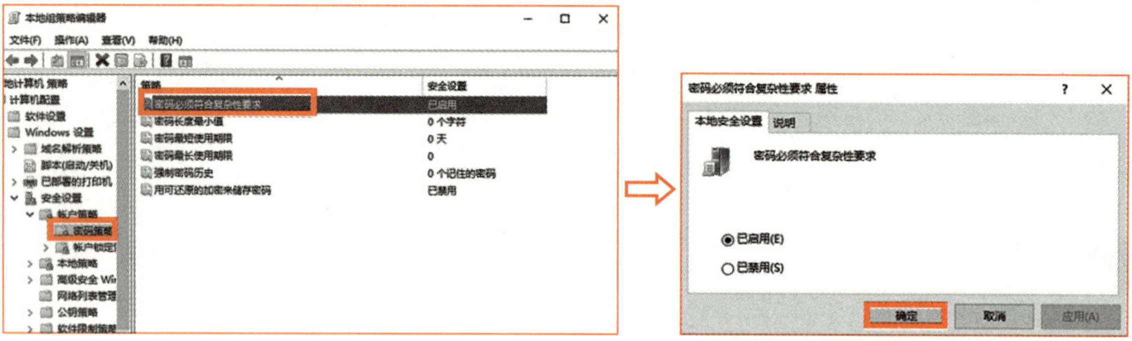

图 17－1　密码复杂度设置

（4）双击“密码长度最小值”，在打开的属性对话框中设置密码必须至少包含多少个字符（可为 0 ～ 14），0（默认值）表示不设密码，如图 17－2 所示。

（5）双击“密码最短使用期限”，在打开的属性对话框中设置密码自从上次应用后距离下次更改的最短时间（可为 0 ～ 998 天），期限未到时，用户不得变更密码。0（默认值）表示用户可随时变更密码，如图 17－2 所示。

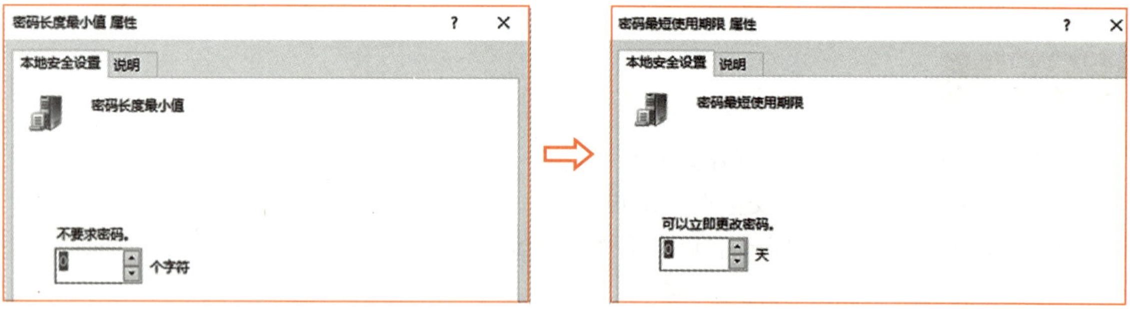

图 17－2　密码长度及最短使用期限设置

（6）双击“密码最长使用期限”，在打开的属性对话框中设置密码使用的最长时间（可为 0 ～ 999 天），默认值为 0 天，表示密码永不过期。最佳设置范围为 30 ～ 90 天。用户在登录时，若密码最长使用期限已到，系统会要求用户更改密码，如图 17－3 所示。

（7）双击“强制密码历史”，在打开的属性对话框中设置是否要保存用户以前使用过的密码，以确定用户在更改密码时是否可以重复使用旧密码（可为 0 ～ 24）。0（默认值）

表示不保存密码历史记录，用户在更改密码时，可以设置为使用过的任何密码。如设置为 3，表示保存密码记录，且用户的新密码不可与前三次使用过的密码相同，如图 17－3 所示。

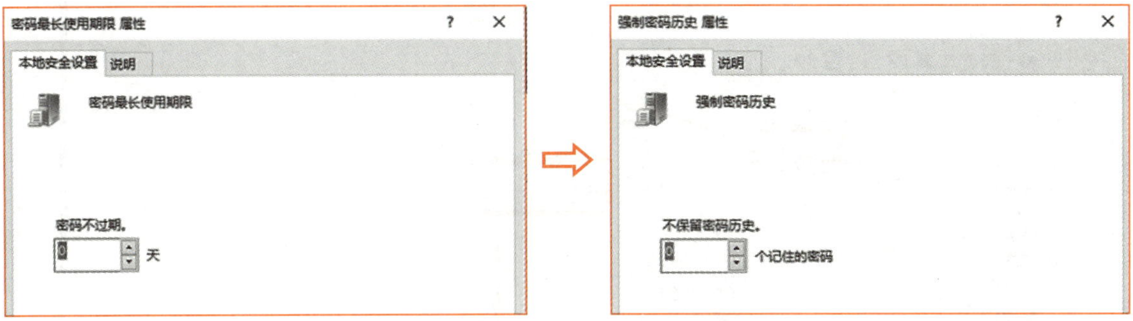

图 17－3　密码最长使用期限和强制密码历史设置

提示：密码最短使用期限必须小于密码最长使用期限。除非密码最长使用期限设置为 0，那么密码最短使用期限可设置为 0 ～ 998 的任意值。

（8）双击“用可还原的加密来储存密码”，打开属性对话框，在“已禁用”情况下，存储的用户密码只有操作系统能够读取，如果允许某些应用程度读取用户的密码，以便验证用户身份，则该项策略需要重启，但是系统的安全性将大大降低。

2. 账户锁定策略的设置

账户锁定是指在某些情况下（如账户受到采用密码词典或暴力的方式破解），为保护该账户的安全而将其锁定，使其在一定时间内不能再次使用，从而使破解失败。Windows Server 2016 系统在默认情况下没有启用账户锁定策略。

设置账户锁定策略的步骤如下：

（1）按“ Win+R”组合键，打开“运行”命令窗口，输入“ gpedit.msc”，打开“本地组策略编辑器”。

（2）选择“计算机配置”→“Windows 设置”→“安全设置”→“账户策略”。

（3）展开“账户策略”下的“账户锁定策略”窗口，双击“账户锁定阈值”，在打开的属性对话框中设置用户输入几次错误密码后将被系统自动锁定，如图 17－4 所示。设置范围为 0 ～ 999。默认为 0，表示不锁定账户。这里设置 5 次，单击“确定”按钮后弹出“建议的数值改动”提示框，单击“确定”按钮。

（4）“账户锁定阈值”设置完毕后，“账户锁定时间”“重置账户锁定计数器”都会被激活（此前这两项均不能设置）。双击“账户锁定时间”，在打开的属性对话框中设置账户被锁定多少分钟后将自动解锁。设置范围为 0 ～ 99999，单位为分钟，若设置为 0 分钟，代表永久锁定，不能自动解锁，必须由系统管理员手动解锁，如图 17－5 所示。

（5）双击“重置账户锁定计数器”，在打开的属性对话框中设置从最近一次用户登录失败开始计时，经过多长时间计数器会自动归零，如图 17－5 所示。“锁定计数器”用来记录用户登录失败的次数，起始值为 0，用户登录失败一次，锁定计数器加 1，若登录成功，则锁定计数器归零。若锁定计数器的值等于账户锁定阈值，则该账户被锁定。

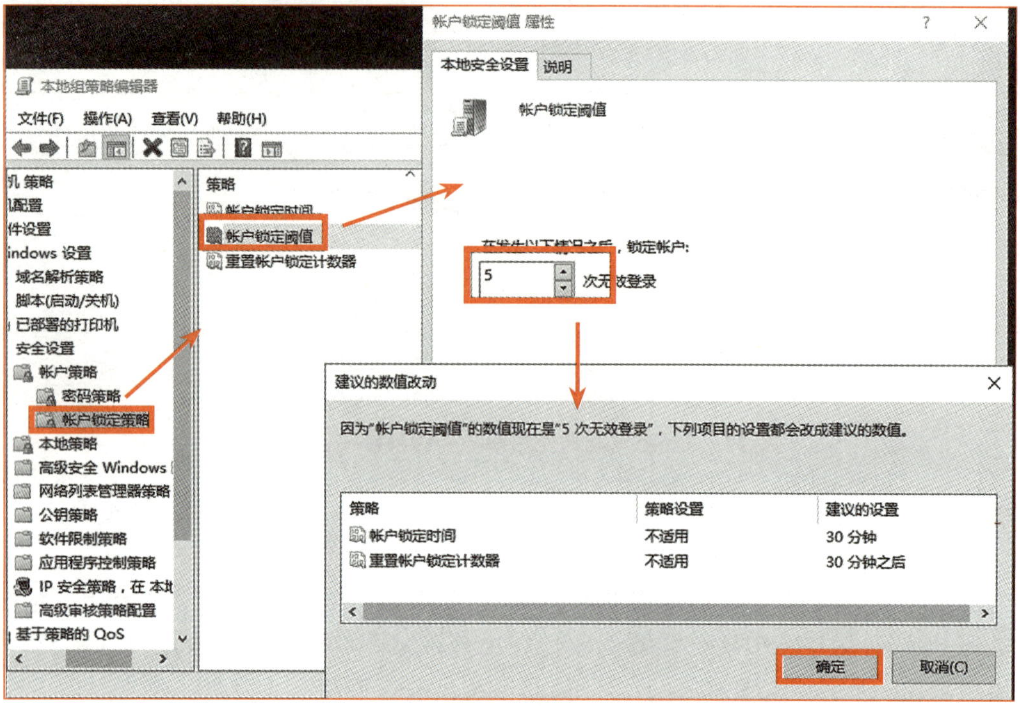

图 17－4　账户锁定阈值设置

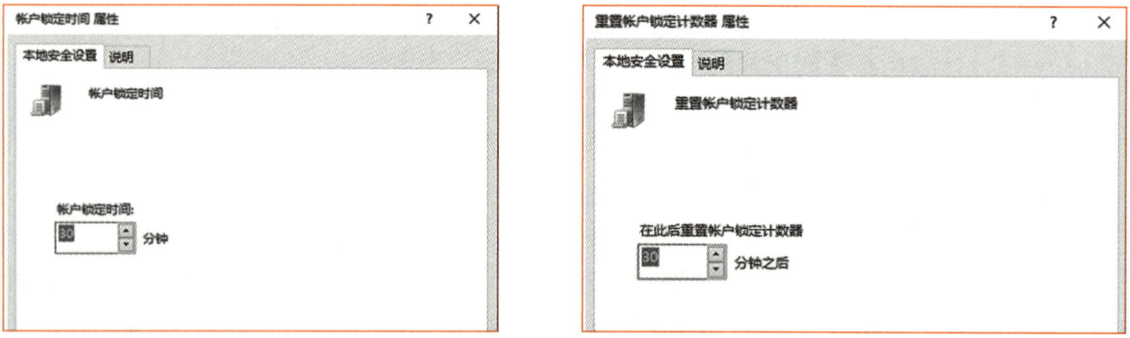

图 17－5　账户锁定时间与重置账户锁定计数器设置

提示：系统管理员 Administrator 账户不会被锁定。

任务 17.2　审核策略

配置审核策略就是确定把哪些事件写入计算机的安全日志中，以便跟踪用户和操作系统的活动。Windows Server 2016 的所有审核策略均默认为“无审核”状态，需要手动开启。常用的审核策略见表 17－1。

表 17-1　常用的审核策略

名称	说明
审核策略更改	审核用户权限分配策略、审核策略或信任策略等是否发生更改
审核登录事件	审核是否发生用户登录与注销的行为
审核对象访问	审核是否有用户访问文件、文件夹、注册表项或打印机等资源
审核账户登录事件	审核是否发生了利用本地用户账户来登录的事件
审核系统事件	审核是否有用户重新启动或关闭计算机，以及发生了对系统安全或安全日志正常运行有影响的事件

下面以“审核对象访问”为例，说明用户访问某个文件夹的审核策略的配置步骤。

（1）按“Win+R”组合键，打开“运行”命令窗口，输入“gpedit.msc”，打开“本地组策略编辑器”。

（2）选择“计算机配置”→“Windows 设置”→“安全设置”→“本地策略”→“审核策略”。

（3）在“审核策略”窗口双击“审核对象访问”，打开“审核对象访问属性”对话框，若想审核成功和失败的访问，则勾选“成功”和“失败”复选框，单击“确定”按钮，如图 17-6 所示。

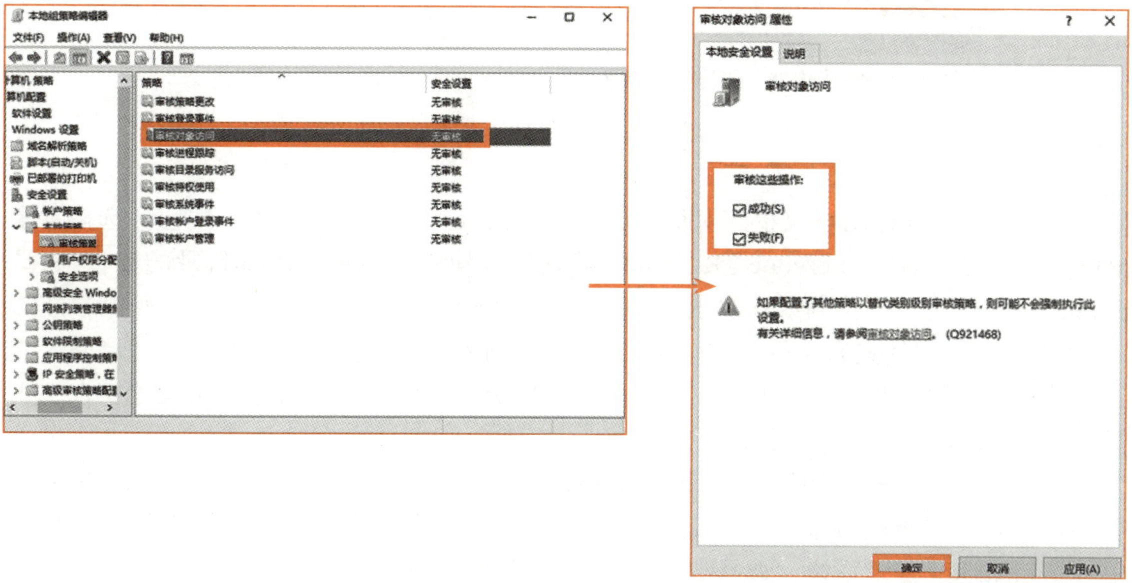

图 17-6　审核对象访问设置

（4）打开待配置的文件夹（如“测试目录”），右击该文件打开“测试目录属性”对话框，单击“安全”选项卡，单击“高级”按钮，打开“测试目录的高级安全设置”对话框，单击“审核”选项卡，单击“添加”按钮，打开“测试目录的审核项目”对话框，单击“选择主体”链接，如图 17－7 所示。

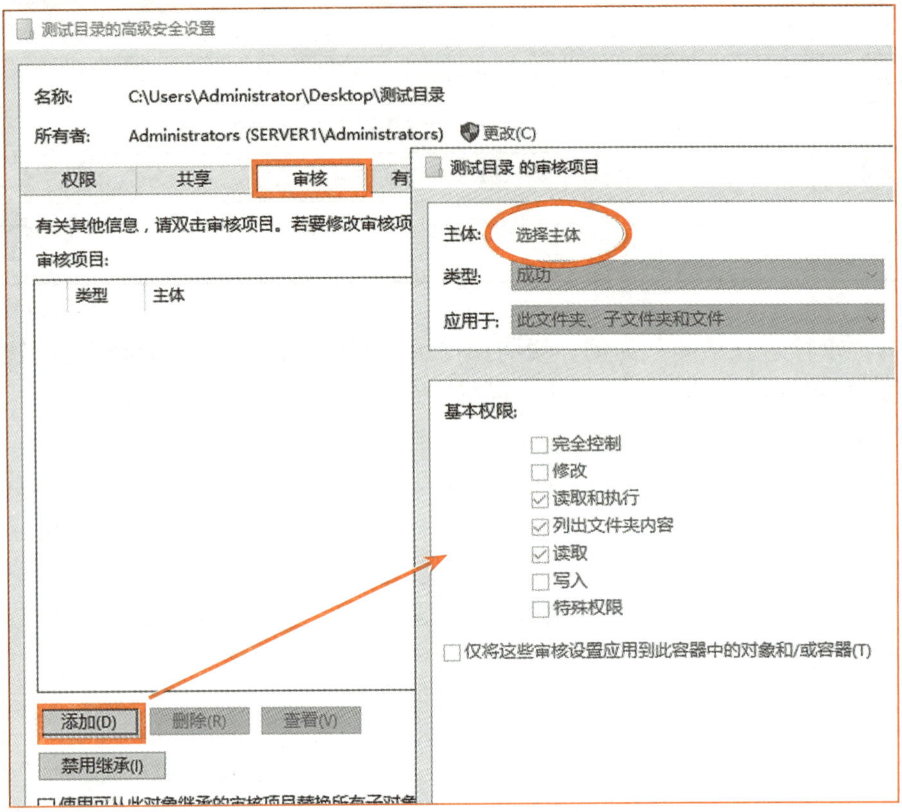

图 17－7　添加审核主体

（5）打开“选择用户或组”对话框，单击“高级”→“立即查找”按钮，选择要审核的用户或组（如“Everyone”），单击“确定”按钮直至返回“测试目录的审核项目”窗口，在“类型”下拉列表中选择审核“成功”事件，在“应用于”下拉列表中选择“此文件夹、子文件夹和文件”，在“高级权限”列表框中勾选与删除相关的“删除子文件夹及文件”和“删除”等审核项目，单击“确定”按钮 3 次，直至退出设置窗口，审核立即生效，如图 17－8 所示。

（6）验证、查看审核结果。注销 Administrator 账号，使用被审核的用户（如 zhang3）登录系统并在“测试目录”文件夹中删除一个子文件夹或文件，注销当前用户，重新用 Administrator 登录系统，选择“开始”→“服务器管理器”→“工具”→“事件查看器”，打开“事件查看器”，在左侧窗口展开“Windows 日志”→“安全”，在右侧窗口双击审核成功的事件日志，可以看到刚才进行的删除文件操作已被详细记录下来，如图 17－9 所示。

图 17-8 设置审核项目

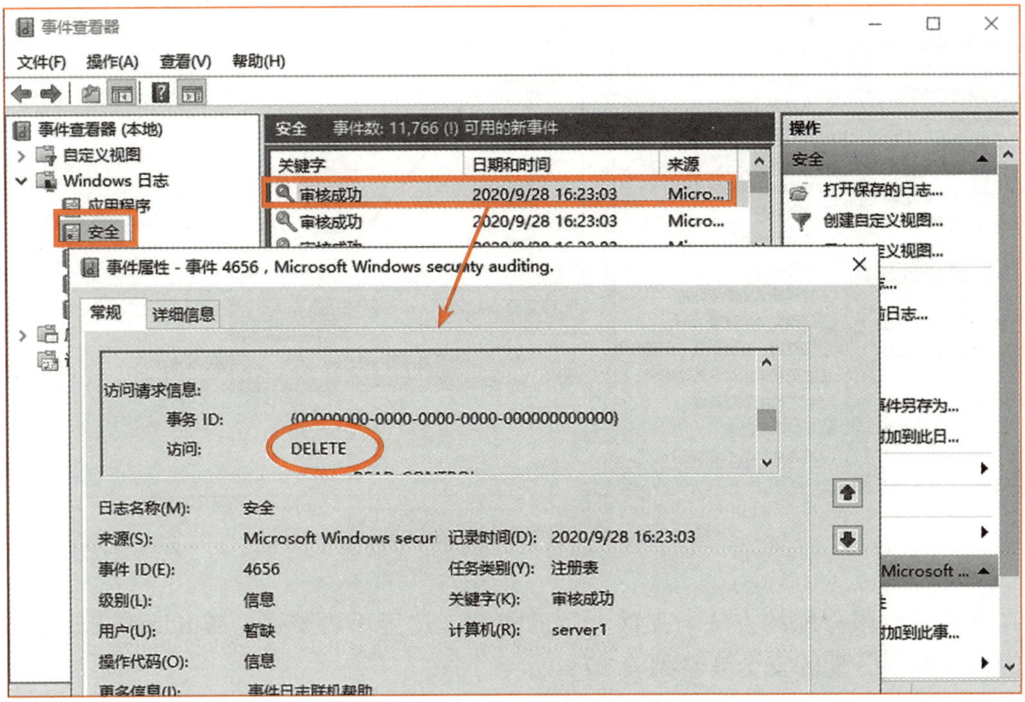

图 17-9 查看审核结果

任务 17.3　用户权限分配的设置

用户权限分配是用户在计算机系统或域中执行某项任务的能力，包括从本地登录系统、更改系统时间、关闭系统、从网络访问此计算机等。

用户权限分配的设置

下面以“从网络访问此计算机”为例，说明用户权限分配的设置过程。

打开“本地组策略编辑器”，选择“计算机配置”→“ Windows 设置”→“安全设置”→“本地策略”。单击“用户权限分配”，在右侧窗口双击“从网络访问此计算机”，打开“从网络访问此计算机属性”对话框，可以看出 Everyone 组也允许通过网络连接到此计算机，即网络中的所有用户都可以访问这台计算机，基于安全考虑，把 Everyone 组删除。单击“添加用户或组”或者“删除”按钮，可以添加或删除可从网络访问此计算机的用户或组，如图 17－10 所示。

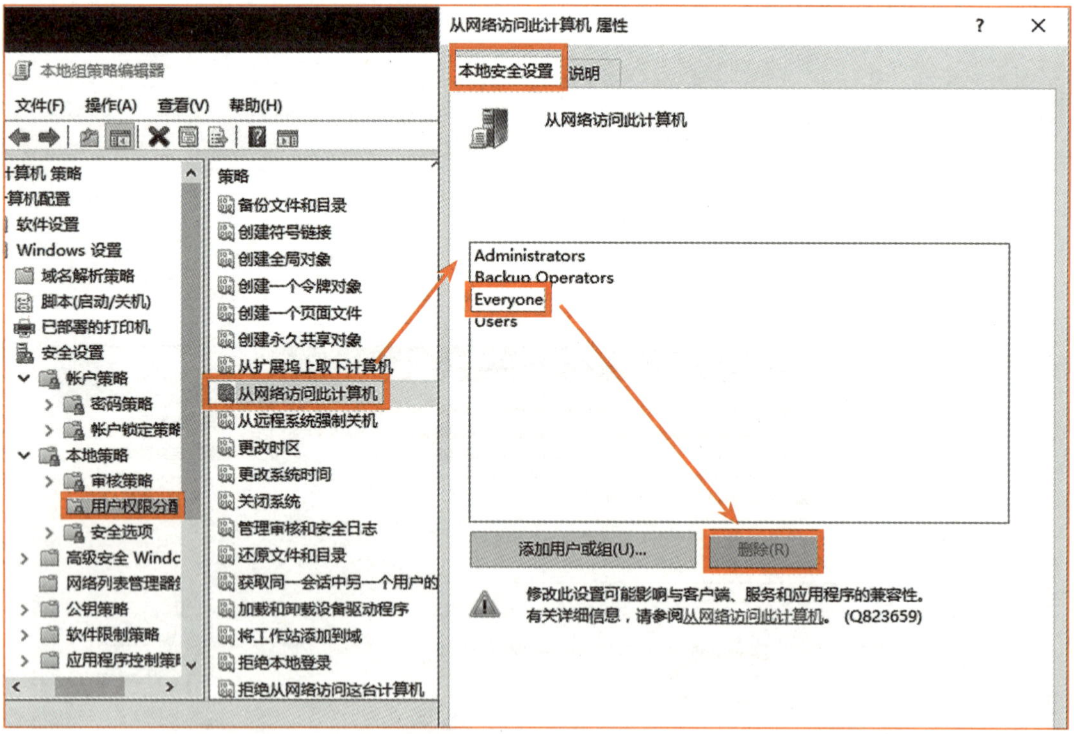

图 17－10　管理访问计算机的用户

其他用户权限分配的方法与上面介绍的类似，这里不再赘述。Windows Server 2016 常用的用户权限分配的安全策略见表 17－2。

表 17－2　常用的用户权限分配的安全策略

名称	说明
从网络访问此计算机	默认任何用户均可从网络访问此计算机，可以根据实际需要取消某组账户从网络访问的权限
拒绝从网络访问这台计算机	有些用户只在本地使用，不允许通过网络访问此计算机，就可以将此用户加入该策略
允许本地登录	此登录权限确定了可交互登录该计算机的用户，可按“Ctrl+Alt+Delete”组合键启动登录，该操作需要用户拥有此登录权限。一些能进行用户登录的服务或应用程序可能也需要此登录权限
拒绝本地登录	此安全设置确定阻止哪些用户登录该计算机。如果一个账户同时受上述策略的制约，则该策略的设置将取代允许本地登录策略
关闭系统	让普通用户具有关闭计算机的权限

任务 17.4　安全选项的设置

在安全选项中的安全策略均和操作系统安全性有关。常用的安全选项见表 17－3。

表 17－3　常用的安全选项

名称	说明
关机：允许系统在未登录的情况下关闭	通常情况下，只有登录系统后具有权限的用户才能关机，如果需要在未登录系统的情况下关机，可将此策略启用
账户：使用空白密码的本地账户只允许进行控制台登录	密码为空的用户不能通过网络访问此计算机，此策略禁用后，密码为空的用户将不会受到限制
交互式登录：试图登录的用户的消息文本	该安全设置指定用户登录时向其显示的文本信息，通常用于警告，如警告用户登录后哪些操作不被允许等
网络访问：不允许 SAM 账户和共享的匿名枚举	是否禁止通过共享会话猜测管理员系统口令
账户：来宾账户状态	确定是否禁用来宾账户

例如，要求用户在登录局域网的计算机前（按“Ctrl+Alt+Delete”组合键后）必须阅读计算机的使用注意事项，其设置步骤如下：

（1）选择“计算机配置”→“Windows 设置”→“安全设置”→“本地策略”→“本地策略”→“安全选项”，在右侧窗口双击“交互式登录：试图登录的用户的消息标题”，如图 17－11 所示。

（2）在打开的“交互式登录：试图登录的用户的消息标题属性”对话框中输入“提醒！！！”，单击“确定”按钮，如图 17－12 所示。

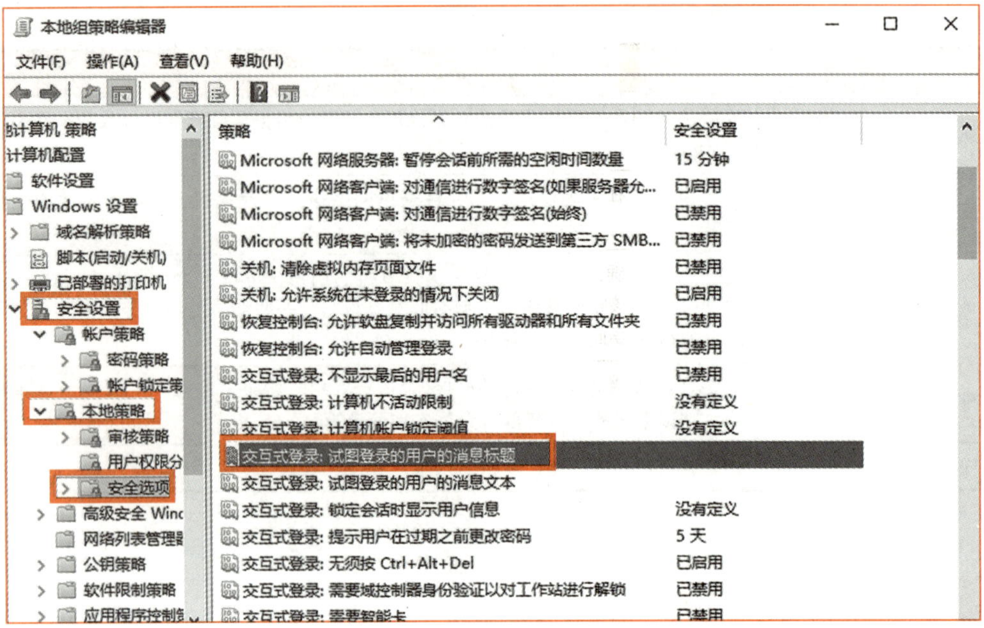

图 17－11　安全选项设置

（3）系统返回“安全选项”，在右侧窗口中双击“交互式登录：试图登录的用户的消息文本”，在打开的“交互式登录：试图登录的用户的消息文本属性”对话框中输入“您使用计算机必须符合网络安全的规定，坚决抵制和反对不健康的内容！！！”，单击“确定”按钮，如图 17－13 所示。

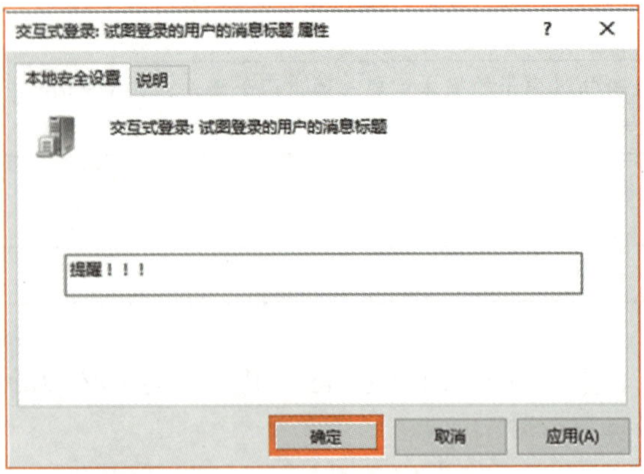

图 17－12　交互式登录消息标题设置

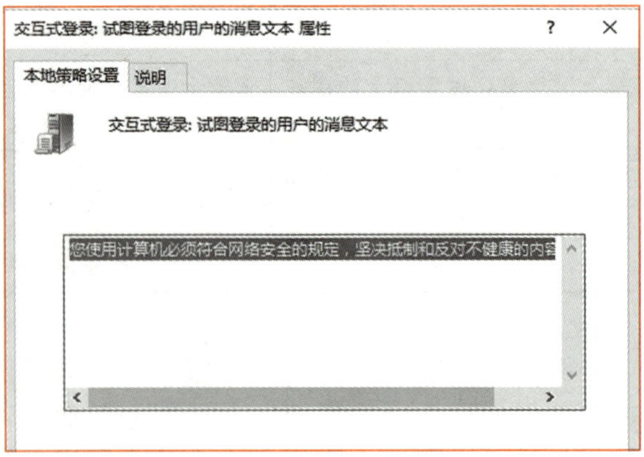

图 17－13　交互式登录消息文本设置

（4）注销用户。在登录界面出现后，按“Ctrl+Alt+Delete”组合键，系统会显示如图 17－14 所示的界面，阅读后，单击“确定”按钮，即可使用用户名和密码进行登录。

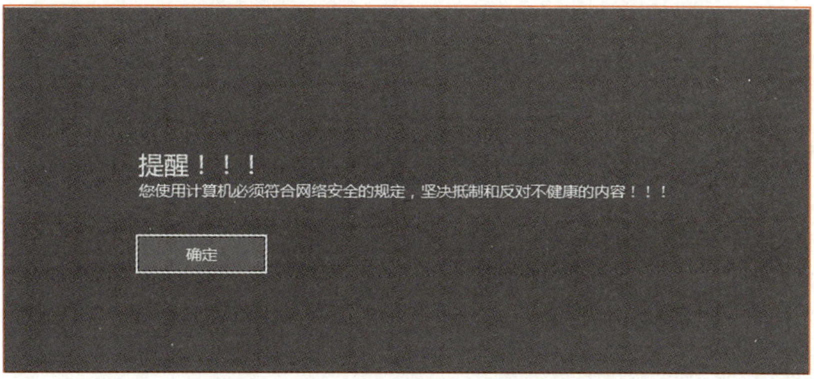

图 17－14　查看交互式登录设置结果

任务 17.5　高级安全 Windows 防火墙的设置

Windows Server 2016 内置的 Windows 防火墙支持双向保护，即可以对入站、出站的数据包进行规则匹配检查，从而决定是否允许数据包传入或传出。配置 Windows 防火墙的过程主要是配置入站、出站规则的过程。

1. 更改网络位置的配置文件

在默认情况下，3 种网络位置（域网络、专用网络和公用网络）都用于阻止入站连接和允许出站连接。网络管理员可以根据需要进行更改，具体方法如下：

选择“开始”→“服务器管理器”→“工具”，在展开的列表中单击“高级安全 Windows 防火墙”选项，打开“高级安全 Windows 防火墙”窗口，在左侧窗口右击“本地计算机上的高级安全 Windows 防火墙”，在弹出的快捷菜单中选择“属性”，打开“本地计算机上的高级安全 Windows 防火墙属性”对话框，选择相应的配置文件选项卡，便可修改其中的状态，如图 17－15 所示。

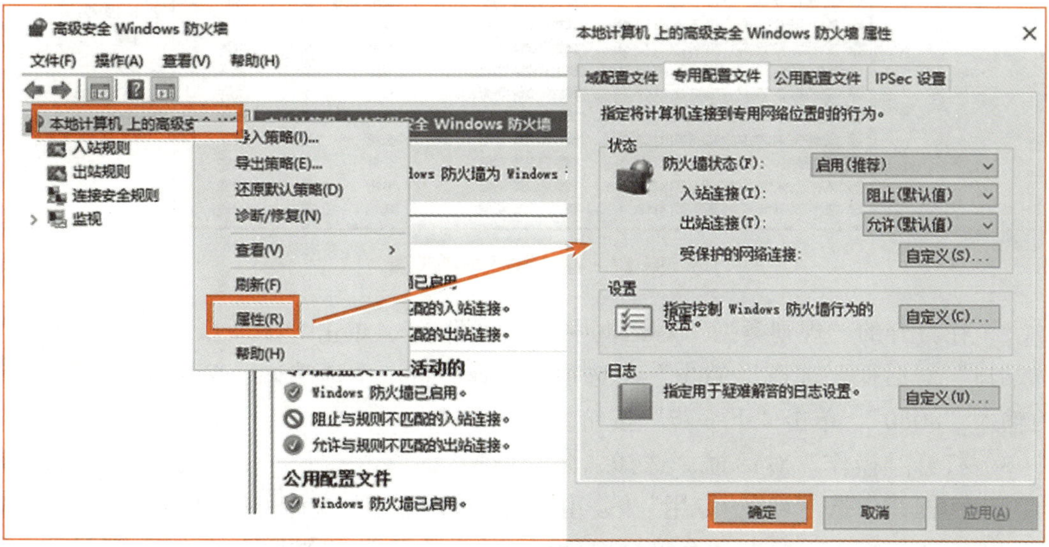

图 17－15　高级安全 Windows 防火墙

域配置文件、专用配置文件、公用配置文件并不是存储 Windows 防火墙规则的文件，而是保存当前防火墙启用 / 关闭状态、入站和出站连接的允许 / 阻止状态等信息的配置文件。在“入站连接”和“出站连接”的下拉列表中可选的设置项目如下：

阻止（默认值）：阻止没有在防火墙规则中明确允许连接的所有连接。在入站连接中为默认值。

阻止所有连接：阻止全部连接，不论是否在防火墙规则中明确允许的连接。

允许（默认值）：允许连接，但在防火墙规则中有明确阻止的连接除外。在出站连接中为默认值。

2. 入站规则的添加与设置

默认情况下，Windows 防火墙阻止所有传入流量，除非是对计算机（请求的流量）以前的传出请求的响应，或者创建了用于允许该流量的特别允许规则。例如，若使用 Windows 内置的 IIS 组件搭建了 Web 服务器，系统会自动添加和启用该服务对应的默认端口为 TCP 8080 的“万维网服务（HTTP 流入量）”入站规则。但是，若将 Web 服务的端口更改为非默认的 TCP 8080 端口或者安装的是第三方的 Web 服务软件（如 Apache Web 软件），则需要配置用户自定义入站规则，以支持网络用户访问该 Web 服务器。

添加与配置自定义入站规则的步骤如下：

（1）打开“高级安全 Windows 防火墙”，在左侧窗口选择“入站规则”，在右侧窗口选择“新建规则”，如图 17－16 所示。

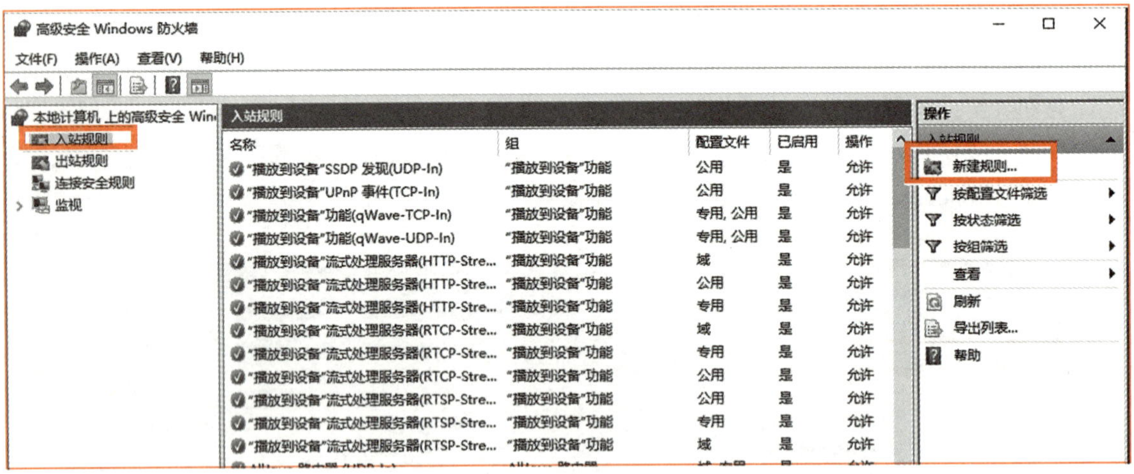

图 17－16　入站规则设置

（2）在打开的“规则类型”对话框中选择“端口”，单击“下一步”按钮，打开“协议和端口”对话框，选择“TCP”单选项，选择“特定本地端口”单选项，并在其编辑框内输入“8080”，单击“下一步”按钮。

（3）打开“操作”对话框，选择“允许连接”，单击“下一步”按钮，打开“配置文件”对话框，勾选“域”“专用”“公用”（表明本规则在 3 种可能的网络位置均生效），单击“下一步”按钮，打开“名称”对话框，在“名称”编辑框中输入“内网用户 Web

入站”，在“描述（可选）”编辑框内输入描述信息，单击“完成”按钮。如图 17－17 所示。

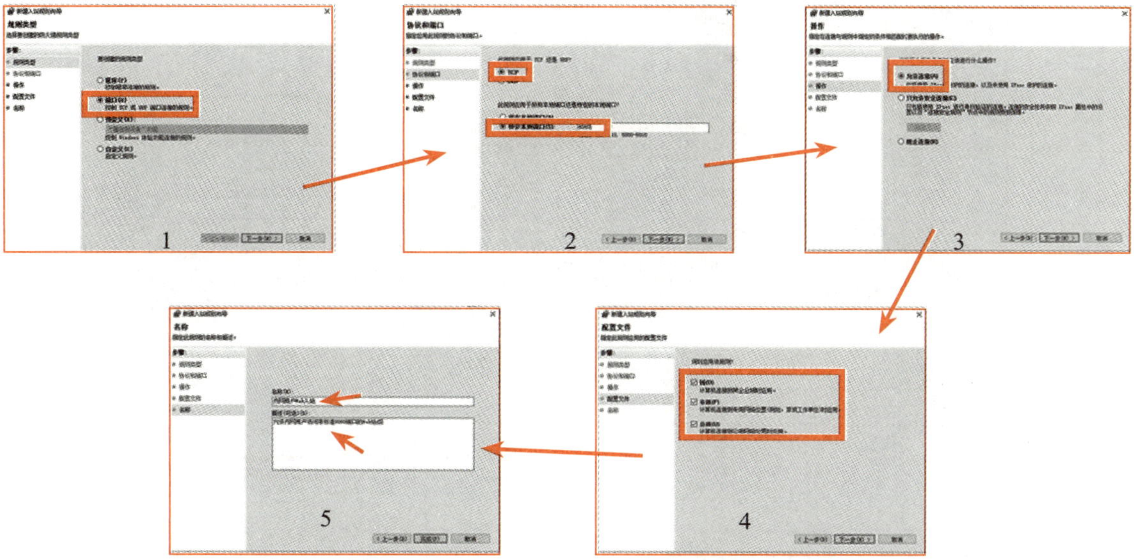

图 17－17　设置 TCP 8080 入站规则

（4）系统返回“高级安全 Windows 防火墙”，右击新建的入站规则，在弹出的快捷菜单中选择“属性”，如图 17－18 所示。

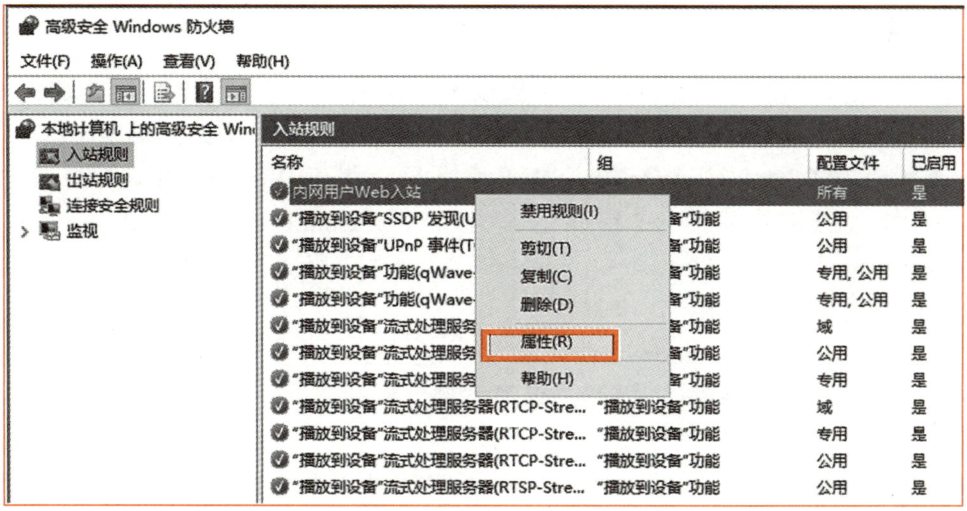

图 17－18　选择“属性”

（5）打开“内网用户 Web 入站属性”对话框，单击“作用域”选项卡，在“本地 IP 地址”区域内选择“下列 IP 地址”，单击“添加”按钮，弹出“ IP 地址”对话框，在“此 IP 地址或子网”编辑框中输入允许的 IP 地址（如 192.168.8.0/24），单击“确定”按钮两次，如图 17－19 所示。

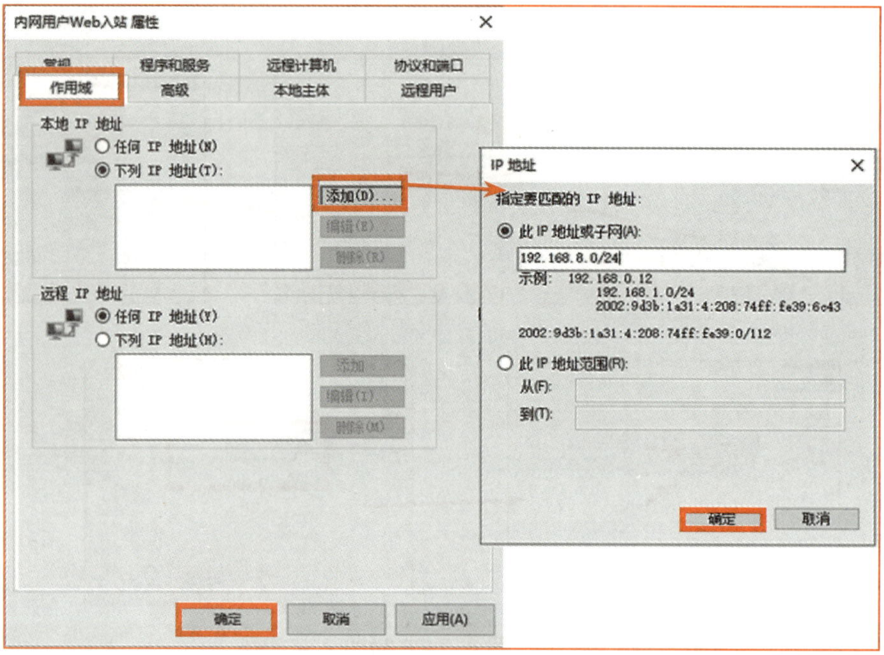

图 17－19　设置作用域

完成以上设置后，内网（192.168.8.0/24）中的用户就可以访问端口号为 8080 的 Web 网站了。

3. 出站规则的添加与设置

默认情况下，高级安全 Windows 防火墙不阻止出站的流量。用户可以针对数据包的协议、端口等创建出站规则，以阻止指定服务的出站流量。例如：阻止当前服务器主机（IP 地址为 192.168.8.1）访问其他 Web 服务器。由于 Windows Server 2016 中有 64 位和 32 位两个 IE 浏览器程序 [程序位置为“%Program Files%\Internet Explorer\”和“%Program Files（x86）%\Internet Explorer\”]，所以，此处要分别建立两条出站规则来阻止两个程序的出站。具体操作步骤如下：

（1）打开“高级安全 Windows 防火墙”，在左侧窗口中右击“出站规则”，在弹出的快捷菜单中选择“新建规则”，打开“规则类型”对话框，单击“程序”单选项，单击“下一步”按钮，如图 17－20 所示。

（2）在打开的“新建出站规则向导－程序”对话框中选择“此程序路径”单选项，并在编辑框内输入或通过“浏览”按钮选择程序的路径“%Program Files%\Internet Explorer\iexplore.exe”，单击“下一步”按钮，如图 17－21 所示。

（3）打开“新建出站规则向导－操作”对话框，选择“阻止连接”单选项，单击“下一步”按钮，如图 17－22 所示。

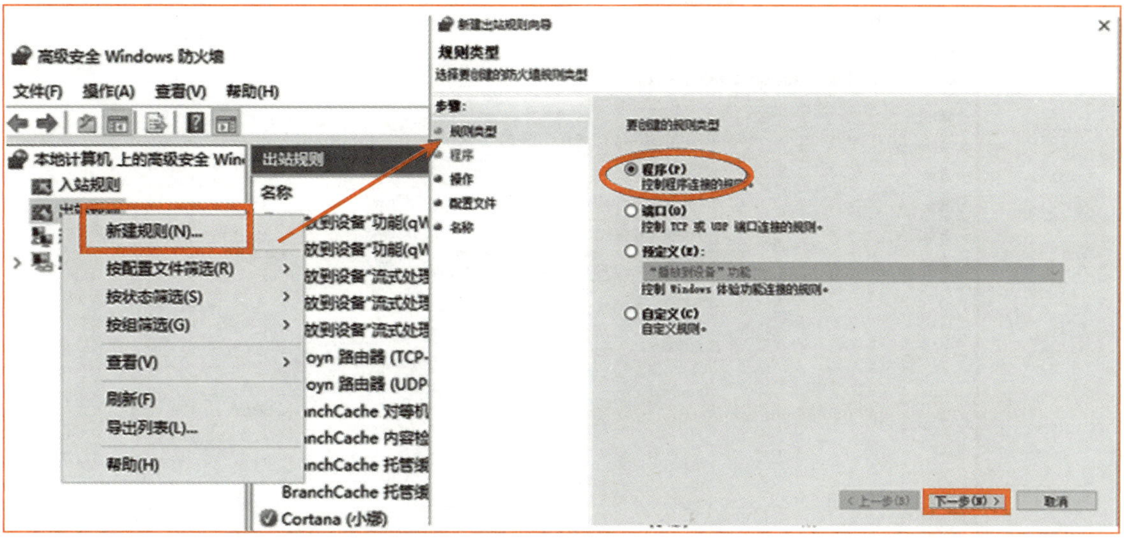

图 17-20　新建出站规则

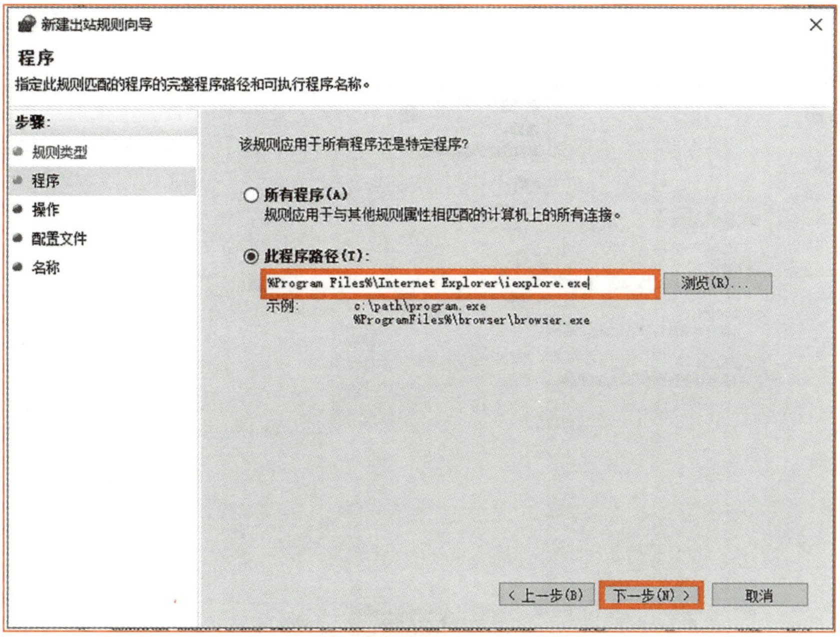

图 17-21　指定 iexplore.exe 出站

（4）打开“新建出站规则向导－配置文件”对话框，勾选“域”“专用”“公用”，单击“下一步”按钮。打开“新建出站规则向导－名称”对话框，在“名称”编辑框中输入“阻止 64 位 IE 出站”，单击“完成”按钮，如图 17－23 所示。

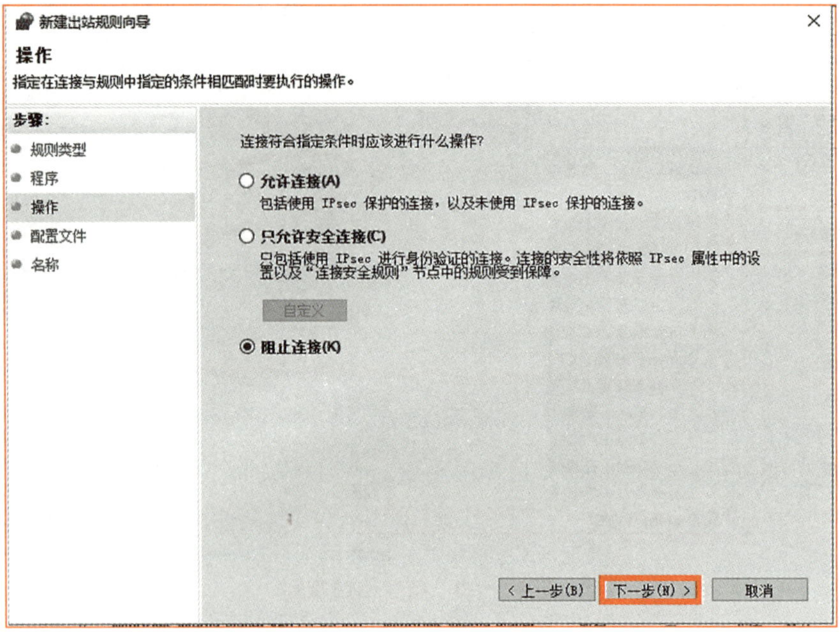

图 17－22　设置“阻止连接”操作

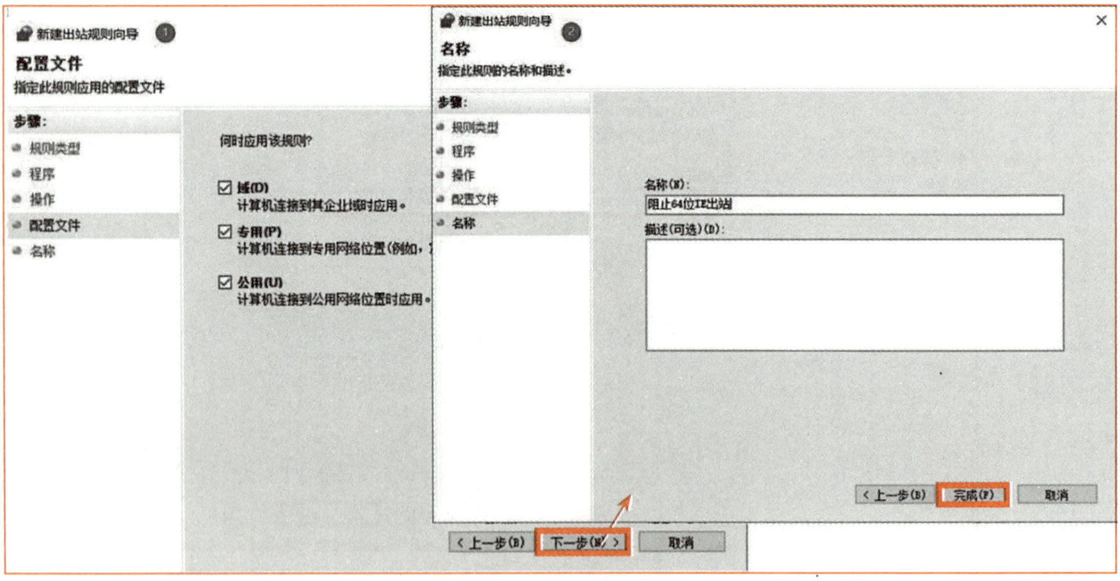

图 17－23　出站配置文件与名称

（5）重复步骤 2 ～步骤 4，创建阻止 32 位 IE 浏览器程序执行的出站规则。

（6）访问测试。在启用上述两条规则的基础上，测试能否外出访问其他 Web 网站。测试结果如图 17－24 所示。

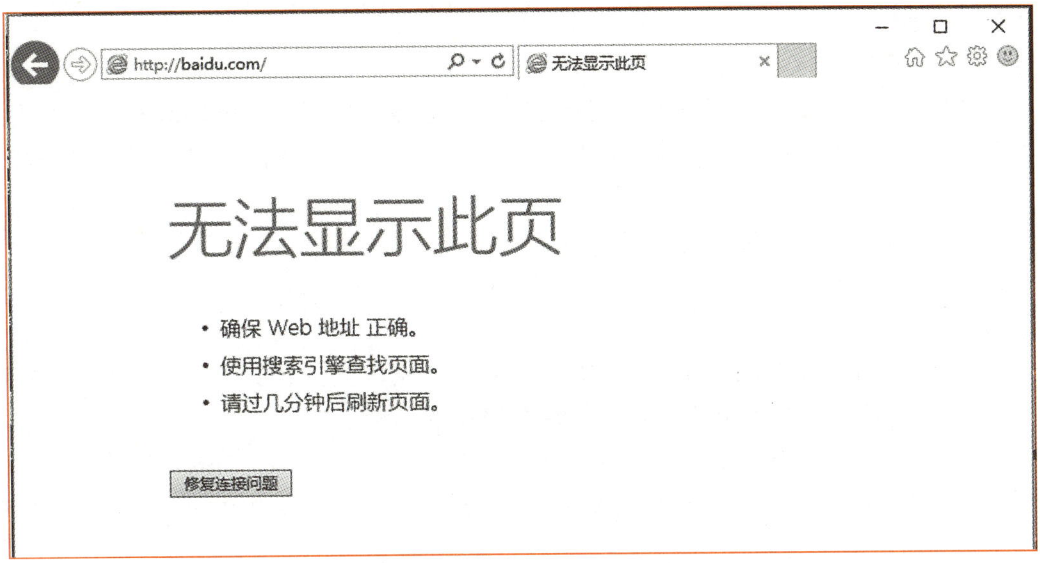

图 17－24　测试 IE 浏览器

项目实训：安全策略与防火墙的配置

一、实训目的

（1）会进行安全策略的设置与测试。

（2）会配置高级安全 Windows 防火墙的入站、出站规则。

二、实训环境或设备

（1）1 台 Windows7/8/10 物理机。

（2）1 台 Windows Server 2016 虚拟机。

（3）1 台 Windows 7/8/10 虚拟机。

（4）虚拟机网卡连接至虚拟交换机 WMnet8，使其内网计算机能连接互联网。

三、拓扑结构图

本实训的拓扑结构图如图 17－25 所示。

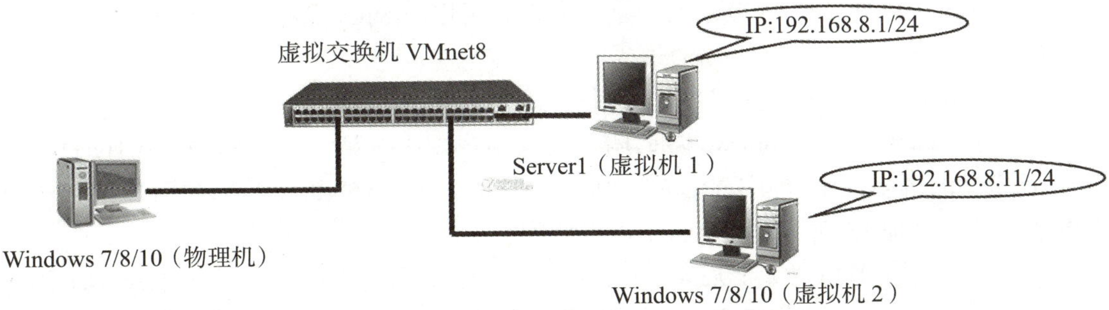

图 17－25　拓扑结构图

四、实训内容

1. 设置密码策略和账户策略

（1）以管理员 Administrator 身份登录服务器，并创建一个用户 zhang3。

（2）设置密码策略：密码长度最小值为 8，启用密码必须符合复杂性要求，密码使用最长期限为 30 天。

（3）设置账户锁定策略：用户锁定阈值为 4 次。

（4）刷新安全策略。

2. 验证密码策略和账户策略

（1）由管理员 Administrator 修改用户 zhang3 的密码为“123”后，观察有何提示信息，再次修改密码为“123abc !”后，观察有何提示信息。

（2）注销当前登录用户，用 zhang3 登录系统，按“ Ctrl+Alt+Insert”组合键（相当于真实机的“ Ctrl+Alt+Delete”组合键）更改密码，将旧密码“123abc !”改为新密码“abc”，观察系统有何提示。

（3）注销用户，再次使用 zhang3 登录系统，输入错误密码 4 次，观察系统有何反应。

（4）注销用户，使用 Administrator 登录系统，输入错误密码 4 次，观察系统有何反应。

3. 为用户 zhang3 解锁

（1）在当前登录用户为 Administrator 的情况下，对用户 zhang3 进行解锁。

（2）注销当前登录用户，使用 zhang3 登录系统，看一看能否成功。

4. 审核策略的设置与验证

（1）注销当前登录用户，使用 Administrator 登录，设置“审核登录事件”的状态为“成功”。

（2）在 E 盘（NTFS 分区）上新建一个文件夹 dir，并在文件夹的安全属性中添加 zhang3 用户对该文件删除审核未“成功”的信息。

（3）设置用户 zhang3 对 dir 文件夹有完全控制的权限。

（4）注销用户，使用 zhang3 登录系统，删除 dir 文件夹。

（5）注销用户，使用 Administrator 登录系统，使用“事件查看器”查看“安全”日志，检查是否有用户 zhang3 登录的记录。是否有用户 zhang3 删除文件夹操作的记录。

5. 高级安全 Windows 防火墙的设置

（1）在虚拟机 1 上安装并启用 Web 服务。

（2）在“高级安全 Windows 防火墙”的入站规则中配置“万维网服务（HTTP 流入量)”预定义的规则，使只有 IP 范围在 192.168.8.1 ～ 192.168.8.180 的计算机可以访问该 Web 服务器，其他 IP 地址的计算机不可以访问。

（3）验证：在虚拟机 2 上启动浏览器，输入 http://192.168.8.1，测试能否访问 Web 服务器的默认首页；将虚拟机 2 的 IP 地址修改为 192.168.8.200，再次测试能否访问。

（4）在虚拟机 1 的“高级安全 Windows 防火墙”中添加一条基于端口类型的出站规

则，名称为“禁止访问互联网上的 Web 网站”，协议类型为 TCP，操作类型为阻止连接，使在虚拟机 1 上不可通过浏览器访问任何外部的 Web 网站。

提示： 添加程序类型的阻止连接规则，IE 浏览器的执行程序的默认位置为“C：\Program Files\Internet Explorer\iexplore.exe”。

（5）验证：在虚拟机 1 上使用 IE 浏览器检测能否访问互联网中的 Web 网站。

项目小结

通过本项目的学习，我们掌握了提升本地系统安全的设置策略，包括通过账户策略来设置密码复杂度；通过账户锁定策略来保护系统账户安全；通过配置审核策略确定安全日志的记录内容，以便跟踪用户和操作系统的活动；通过用户权限分配实现不同用户的精细化管理，明确授权界限；通过定义防火墙的出站、入站规则，实现数据流动的可控性。

保护计算机系统需要不同层次、不同角度的策略和规则相配合，法律法规对网络安全的规范便是其中重要的一个方面。我们的社会是一个复杂的系统，社会的和谐稳定离不开科学、完善的法律法规和公序良俗。作为新时代青年，我们应该遵纪守法，为社会主义法治国家建设出一份力。

技能检测

一、选择题

1. 要让某台安装了 Windows Server 2016 的主机上只有管理员组中的成员才能登录，应该（　　）。

A. 在本地安全策略中的 Deny logon locally 选项中添加 Users 组

B. 在本地安全策略中的 Deny logon locally 选项中添加 Everyone 组

C. 将本地安全策略中的 Logon locally 选项设置为只有 Administrators 组

D. 将本地安全策略中的 Logon locally 选项设置为只有 Administrator 用户

2. 在 Windows Server 2016 系统中，（　　）是本地安全策略中特有的，主要作用于域用户账户。

A. 密码策略　　B. 账户锁定策略　　C. 本地策略　　D. Kerberos 策略

3. 用户 stu 是一台 Windows Server 2016 计算机上的普通用户，若其登录后发现无法关机，应该采取（　　）措施，同时要保证系统的安全性。

A. 把用户 stu 加入 Administrators 组

B. 以 Administrator 登录，设置计算机的本地安全策略，赋予用户 stu 关机的权利

C. 以 stu 登录，设置计算机的本地安全策略，赋予用户 stu 关机的权利

D. 以 Administrator 登录，设置计算机的本地安全策略，赋予用户 stu 管理操作系统的权利

4. 你是一台 Windows Server 2016 计算机的管理员，出于安全考虑，你希望使用这台计算机的用户能够定期更改密码，应该如何设置？(　　)

A. 设置计算机账户策略中的密码策略，设置“密码最长使用期限”的值

B. 设置计算机账户策略中的密码策略，设置“密码最短使用期限”的值

C. 制定一个行政规定，要求用户必须定期更改密码

D. 设置计算机本地策略中的安全选项，规定用户更改密码的时间

5. 某公司的计算机处于单域中，且储存了非常重要的资料，操作系统为 Windows Server 2016，设置下列（　　）密码比较安全。

A. 无　　B. xiaoli123　　C. bcdefGhijklm　　D. cb^9L2i

6. 对于 Windows Server 2016，下面有关安全策略的描述中正确的是（　　）。

（1）用户账户一旦被锁定，用户只能等网络管理员解锁后才可以再次使用。

（2）域中一台成员服务器上既设置了本地安全策略，也设置了域安全策略，如果两种策略有冲突，本地安全策略中的设置优先起作用。

（3）缺省状态下，管理员可以为所有新建的域用户账户设置统一的密码：8888。

A.（1）(3）　　B. 全部不正确　　C.（1）(2）(3）　　D.（1）(2）

二、简答题

1. 简述本地安全策略中的密码策略。

2. 简述 Windows 防火墙的入站规则和出站规则。

参考文献

[1] 满昌勇．计算机网络基础（第 2 版）．北京：清华大学出版社，2015．
[2] 裴有柱．计算机网络技术（第 4 版）．北京：电子工业出版社，2016．
[3] 尚晓航．Internet 技术与应用（第 3 版）．北京：中国铁道出版社，2016．
[4] 刘远生．计算机网络安全（第 3 版）．北京：清华大学出版社，2018．
[5] 于德海．计算机网络实用教程．北京：人民邮电出版社，2014．
[6] 盛立军．计算机网络技术基础．上海：上海交通大学出版社，2017．
[7] 包海山，吴宏波．计算机网络应用基础．北京：机械工业出版社，2015．
[8] 朱迅．计算机网络基础：基于案例与实训．北京：机械工业出版社，2018．
[9] 宋一兵．计算机网络基础与应用．北京：人民邮电出版社，2019．